权威·前沿·原创

皮书系列为

“十二五”“十三五”“十四五”时期国家重点出版物出版专项规划项目

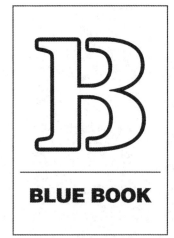

智库成果出版与传播平台

中国风险治理发展报告

（2024）

ANNUAL REPORT ON RISK GOVERNANCE DEVELOPMENT OF CHINA (2024)

主　编／张　强　钟开斌　朱　伟
副主编／张海波　马　奔　詹承豫

社会科学文献出版社
SOCIAL SCIENCES ACADEMIC PRESS (CHINA)

图书在版编目(CIP)数据

中国风险治理发展报告 . 2024 / 张强，钟开斌，朱伟主编 . --北京：社会科学文献出版社，2024. 9.

(风险治理蓝皮书) . --ISBN 978-7-5228-3960-8

Ⅰ. X432

中国国家版本馆 CIP 数据核字第 20249XR465 号

风险治理蓝皮书

中国风险治理发展报告（2024）

主　　编 / 张　强　钟开斌　朱　伟

副 主 编 / 张海波　马　奔　詹承豫

出 版 人 / 冀祥德

责任编辑 / 桂　芳

责任印制 / 王京美

出　　版 / 社会科学文献出版社 · 皮书分社（010）59367127

地址：北京市北三环中路甲 29 号院华龙大厦　邮编：100029

网址：www. ssap. com. cn

发　　行 / 社会科学文献出版社（010）59367028

印　　装 / 天津千鹤文化传播有限公司

规　　格 / 开 本：787mm × 1092mm　1/16

印 张：27. 5　字 数：410 千字

版　　次 / 2024 年 9 月第 1 版　2024 年 9 月第 1 次印刷

书　　号 / ISBN 978-7-5228-3960-8

定　　价 / 168. 00 元

读者服务电话：4008918866

本皮书出版得到南都公益基金会、基金会救灾协调会、北京师范大学“全球发展战略合作伙伴计划之国际人道与可持续发展创新者计划全球在线学堂项目”的资助以及中国应急管理学会蓝皮书系列编写指导委员会的支持。

中国应急管理学会蓝皮书系列
编写指导委员会

《中国风险治理发展报告（2024）》
编　委　会

主要编撰者简介

张　强　联合国开发计划署与中国风险治理创新项目实验室主任，北京师范大学风险治理创新研究中心主任、政府管理学院教授，博士生导师。2004年博士毕业于清华大学公共管理学院，哈佛大学燕京学社访问学者（2011~2012年）。兼任世界卫生组织学习战略发展顾问组成员、联合国全球志愿发展报告专家顾问组成员、国际应急管理学会中国国家委员会副主席、中国行政管理学会理事、中国志愿服务联合会理事、中国慈善联合会救灾委员会常务副主任委员、清华大学中国应急管理研究基地兼职研究员等。研究领域涉及应急管理、公共政策、志愿服务、非营利组织管理与社会创新等。先后主持及负责国家社科基金、科技部国家科技支撑计划项目等国家级重大、重点科研项目，发表SCI/SSCI/CSSCI论文数十篇，出版中英文学术著作多部。其中《危机管理：转型期中国面临的挑战》一书荣获第四届中国高校人文社会科学研究优秀成果奖管理学二等奖、第四届行政管理科学优秀成果一等奖。《关于汶川地震灾后恢复重建体制及若干问题的研究报告》获北京哲学社科优秀成果二等奖。

钟开斌　中共中央党校（国家行政学院）应急管理研究院（中欧应急管理学院）副院长、教授，博士生导师，管理学博士，中国应急管理学会秘书长。主要研究领域为应急管理、风险治理、国家安全、公共政策。主持国家级课题5项，出版《应急管理十二讲》《应急决策——理论与案例》等专著6部，在*International Public Management Journal*、*Disasters*、*International*

Review of Administrative Sciences、《管理世界》、《政治学研究》、《公共管理学报》、《中国软科学》等报刊发表中英文学术论文90余篇，曾获中共中央党校（国家行政学院）科研创新一等奖、教学创新一等奖，所撰写的著作《应急管理十二讲》被评为全国干部教育培训好教材。

朱　伟　北京市科学技术研究院科研处处长、城市系统工程研究所所长，研究员，博士。兼任中国应急管理学会理事、全国公共安全基础标准化技术委员会委员、全国安全生产标准化技术委员会委员等职。主要研究领域为城市公共安全、风险评估等。入选北京市百千万人才工程、北京市应急管理领域学科带头人，获茅以升北京青年科技奖、北京市科学技术奖、公安部科技奖等省部级奖10余项。承担国家和省部级重大项目20余项，作为主要起草人完成国家和行业标准10余部。

张海波　南京大学政府管理学院教授，博士生导师，副院长，江苏省中安应急管理研究院理事长，南京大学社会风险与公共危机管理研究中心（江苏省社会风险管理研究基地）执行主任，南京大学数据智能与交叉创新实验室副主任，CSSCI集刊《风险灾害危机研究》执行主编，国家社科基金重大项目“提升我国应急管理体系与能力现代化水平研究”首席专家。主要研究领域为应急管理（危机管理/风险管理）、公共安全、社会治理等。出版著作《中国应急管理：理论、实践、政策》《中国转型期公共危机治理》《公共安全管理：整合与重构》《中国转型期的社会风险及其识别》等。

马　奔　山东大学政治学与公共管理学院院长、教授，博士生导师，山东大学风险治理与应急管理研究中心主任，哈佛大学肯尼迪学院访问学者（2012~2013年）。主要学术兼职为山东省人民政协理论研究会第三届理事会副会长、山东省信访学会第三届理事会副会长、山东省应急管理咨询专家，清华大学中国应急管理研究基地兼职研究员，中国应急管理50人论坛成员等。主要研究领域为风险治理与应急管理，主持和参与相关课题20余项，发表相关论文60余篇。

詹承豫 北京航空航天大学公共管理学院副院长、教授，博士生导师，清华大学应急管理研究基地兼职研究员，入选教育部青年长江学者、北京市应急管理领域学科带头人，兼任中国行政管理学会理事、中国应急管理学会理事。清华大学公共管理学博士，哈佛大学肯尼迪学院访问学者。主要研究领域为应急管理、风险治理、统筹发展和安全等。主持国家社科基金重大项目、重点项目等20余项，发表高水平学术论文50余篇，参与多项国家层面法律法规、安全标准、应急预案的起草编制和修订工作，研究成果获教育部优秀成果奖、工信部优秀成果奖等，多篇政策报告获时任党和国家领导人批示。

摘 要

2023~2024 年是我国继续全面深化改革开放、实现高质量发展、全面建设社会主义现代化国家迈出坚实步伐的重要年份。中国经济在复杂的外部环境中保持稳定增长，经济结构进一步优化，全国统一大市场建设加快推进，科技创新领域取得新的突破，能源资源供应、重要产业链供应链自主可控能力提升。我国的风险治理工作在稳步推进的同时，所面临的风险也呈现复合性、复杂性和跨界性增强的态势，尤其体现在气候变化、安全生产以及社会风险三个方面。

在国际政治经济环境依然复杂多变、国内结构性周期性问题突出、各领域风险耦合叠加可能性不断增大的时代背景下，中国面临的风险挑战严峻复杂。在外部环境复杂多变、疫情防控平稳转段的背景下，我国不断完善风险治理体制和规章制度，防范化解经济领域重大风险取得新的成效，有力应对极端气象灾害，韧性城市建设取得新的进展，安全生产领域多措并举，有效遏制重特大事故发生，数智技术在应急管理多场景中得到了深度应用，风险治理国际交流合作往前推进。

2023 年是全面贯彻党的二十大精神的开局之年，是全球突发新冠疫情后的持续震荡之年，也是落实可持续发展的关键之年。预防为主的理念转化为各领域风险治理具体行动，使得我国在气候变化、经济发展和安全生产等领域的风险治理水平稳步提高。我国整合设立了国家防灾减灾救灾委员会，进一步加强灾害应对各方面全过程统筹协调，健全体制机制，完善国家层面重特大灾害救助的工作机制及应急响应措施。全国范围自然灾害综合风险普

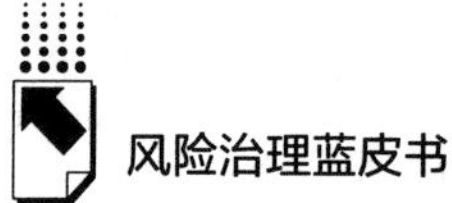

查工作全面收官，全国自然灾害风险隐患底数基本摸清。面对疫后常态化情境，要稳妥应对疫情风险，积极推动公共卫生风险治理体系建设，保障人民群众的生命安全和身体健康。加强城市基础设施的韧性改造及全国综合减灾示范社区的建设和社区风险治理实践，提升抵御自然灾害和应对社会风险的能力。积极探索将数智技术与风险治理相结合，通过大数据分析、人工智能等技术手段，提高风险识别、评估、预警和应对的精准度和效率。同时，中国风险治理体系进一步完善，政府部门、企业、社会组织以及公众等多主体协同治理得到强化，尤其是在京津冀暴雨和积石山地震应急响应行动中，社会力量参与取得显著成效。

随着全球化的深入发展和社会的发展变迁，我国依然面临着诸多复杂、叠加的风险因子和严峻挑战。人类社会面临前所未有的世界之变、时代之变和历史之变。展望未来，每一个挑战都对中国的改革、发展和稳定提出了新的要求。面对这些潜在的诸多复杂而严峻的挑战，我国需要不断深化改革、加强创新、促进协调、扩大开放，构建起更加完善的风险治理体系，特别是通过建设安全治理共同体、发展新质生产力和加强技术治理与风险管控，更好地应对多元风险耦合叠加的新局面，推动经济社会持续健康发展，为中国式现代化建设提供坚强的安全保障。

关键词： 风险治理　气候变化　韧性城市　社会参与　人工智能

目录

Ⅰ 总报告

Ⅱ 分报告

Ⅲ 专题报告

Ⅳ 案例报告

皮书数据库阅读使用指南

总报告

B.1
2023年中国风险治理发展概况

张 强 钟开斌 朱 伟*

摘 要： 当前，世界面临百年未有之大变局，各种风险交叉耦合交织成复杂的风险综合体。2023~2024年度，在外部环境复杂多变、疫情防控平稳转段的背景下，我国不断完善风险治理体制和规章制度，防范经济领域风险转移，有力应对极端气象灾害，韧性城市建设取得新的进展，安全生产领域多措并举，有效遏制重特大事故发生，数智技术在应急管理多场景中得到了深度应用，同时，积极推动风险治理的国际交流合作。预防为主的理念转化为各领域风险治理具体行动，使得我国在气候变化、经济发展和安全生产等领域的风险治理水平稳步提高。未来，在统筹发展与安全的指导方针与坚持总体国家安全观的基础上，推进国际国内安全治理共同体的建设，发展新质生

* 张强，北京师范大学风险治理创新研究中心主任、政府管理学院教授，博士生导师，研究方向为应急管理、公共政策、志愿服务、非营利组织管理与社会创新等；钟开斌，中共中央党校（国家行政学院）应急管理研究院教授、博士生导师，研究方向为应急管理、风险治理、国家安全、公共政策；朱伟，北京市科学技术研究院科研处处长、城市系统工程研究所所长、研究员，研究方向为城市公共安全、风险评估。钟开斌教授的博士研究生刘妍、张强教授的博士研究生艾心参与了资料整理与报告撰写工作。

产力，从政策与技术两个方面，实现顶层设计与实践经验的相辅相成，系统地、创新地实现多维风险的全流程应对，有效防范化解各类重大风险，让国家发展建立在更为安全的基础之上。

关键词： 气候变化　复合风险　协同治理　发展与安全　灾害应对

2023年、2024年是我国继续推进国家发展战略实施、深化改革开放、实现高质量发展的重要年份。中国经济在复杂的外部环境中保持稳定增长，经济结构进一步优化；科技创新领域取得新的突破；新一轮机构改革基本完成，全国统一大市场建设加快推进；粮食产量、能源资源供应、产业链供应链自主可控能力等方面取得显著成就。我国的风险治理工作在社会发展新阶段也取得了重要成绩。然而，国际政治经济环境依然复杂多变，国内结构性周期性问题突出，各领域风险耦合叠加可能性不断增大，中国仍将面临严峻的风险挑战。

一　中国总体风险态势

2023~2024年度，在中国总体防灾减灾救灾成效稳步提高的同时，风险也呈现灾害种类复合性、复杂性和跨界性增强的态势，尤其体现在气候变化、安全生产以及社会治理三个方面。

（一）气候变化风险灾害损失有降有升①

2023年，我国发生的自然灾害主要表现出以下几个特点：在灾害种类上，以洪涝、台风、地震和地质灾害为主；在灾害的空间分布上，北部受灾

① 《国家防灾减灾救灾委员会办公室 应急管理部发布2023年全国自然灾害基本情况》，中华人民共和国应急管理部网站，2023年1月20日，https://www.mem.gov.cn/xw/yjglbgzdt/202401/t20240120_475697.shtml，最后访问日期：2024年4月2日。

相对较重；在季节分布上，自然灾害多发生在夏季和冬季；在灾害损失上，相较于过去五年的平均值，灾害受灾人次、因灾害导致的死亡和失踪人数，以及农作物受灾面积分别降低了 24.4%、2.8%和 37.2%。然而，损毁的房屋数量和直接经济损失分别增加了 96.9%和 12.6%。

表 1　2023 年全国重大自然灾害

时间	事件	受灾程度
1 月 17 日	西藏林芝派墨公路雪崩	部分车辆和人员被埋，造成 28 人死亡
6 月底 7 月初	重庆暴雨洪涝和地质灾害	35.8 万人遭受灾害，其中 25 人因此丧生或失踪，1.8 万人被紧急转移并安置。此次灾害导致 600 余间房屋倒塌，700 余间房屋遭受严重损坏，另有 1800 余间房屋受到一般性损坏。农作物受灾面积达到 22.8 千公顷，直接经济损失估计为 13.1 亿元
7 月 28 日	第 5 号台风“杜苏芮”	295 万人受到灾害影响，其中 26.3 万人被迅速撤离并得到妥善安置。此次灾害导致 3500 余间房屋坍塌，另有 4500 余间房屋遭受严重毁损、1.7 万间房屋受到不同程度的损害。同时，农作物受灾范围达到 42 千公顷，造成的直接经济损失估计为 149.5 亿元
7 月底 8 月初	京津冀地区暴雨洪涝灾害	总计 551.2 万人受灾，其中 107 人因灾害不幸死亡或失踪。为了应对灾情，相关部门迅速行动，成功紧急转移并安置了 143.4 万人。灾害还导致了大规模的房屋损坏，其中包括 10.4 万间房屋倒塌、45.9 万间房屋严重损毁，以及 77.5 万间房屋遭受一般性损坏。农作物受灾面积达 416.1 千公顷，直接经济损失 1657.9 亿元
8 月初	东北地区暴雨洪涝灾害	119.4 万人遭受灾害影响，其中 47 人不幸死亡或失踪。相关部门紧急转移并妥善安置了 40.4 万人。此次灾害还造成了大量房屋损毁，包括 1.8 万间房屋倒塌、2.6 万间房屋遭受严重破坏，以及 7.4 万间房屋受到一般性损害。同时，农作物受灾面积 544.1 千公顷，直接经济 215.2 亿元
8 月 11 日	陕西西安长安区山洪泥石流灾害	27 人死亡失踪
8 月 21 日	四川金阳山洪灾害	52 人死亡失踪
9 月上旬	第 11 号台风“海葵”	受灾人数 312 万人，其中 6 人不幸因灾死亡。相关部门转移并安置了 17.7 万人。此次灾害还导致了房屋损坏，其中包括 2600 余间房屋倒塌、近 2300 间房屋遭受严重损毁，以及 5000 余间房屋受到一般性损坏。农作物受灾面积 66.5 千公顷。最终，灾害造成的直接经济损失 166.6 亿元

续表

时间	事件	受灾程度
9月中旬	江苏盐城等地风雹灾害	灾害导致两万人受到影响，其中10人不幸丧生。此次灾害还造成500多间房屋坍塌，1600余间房屋遭受严重破坏，另有1.2万间房屋受到不同程度的损害。此外，农作物的受灾面积达到了1.2千公顷，直接导致4.8亿元的经济损失
12月18日	甘肃积石山6.2级地震	灾害造成77.2万人受到波及，导致151人不幸身亡，983人受到不同程度的身体伤害。灾害中，有7万间房屋完全坍塌，9.9万间房屋遭受了严重毁损，另外25.2万间房屋也遭受了一般性损坏。此次灾害直接经济损失146.12亿元

资料来源：课题组根据《国家防灾减灾救灾委员会办公室　应急管理部发布2023年全国十大自然灾害》整理。

（二）安全生产事故发生率总体下降，重特大事故有所反弹①②③

2023年全年各类安全生产事故共死亡21242人，比2022年下降4.7%。其中，工矿商贸企业就业人员每10万人安全生产事故死亡人数1.244人，比上年上升4.2%；煤矿每百万吨死亡人数0.094人，上升23.7%；道路交通事故每万车死亡人数1.38人，下降5.5%。2023年上半年，疫情防控平稳转段，企业全面复工复产，各种不确定因素明显增多，发生了多起重特大事故，在习近平总书记作出重要指示的背景下，国务院安委会部署开展全国重大事故隐患专项排查整治2023行动，各地排查重大事故隐患39.52万项（是2020~2022年三年行动期间排查数量的8.1倍），排查质量明显提高。2024年，国务院安委会在深入学习贯彻习近平总书记关于安全生

① 《中华人民共和国2023年国民经济和社会发展统计公报》，国家统计局网站，2024年2月29日，https://www.stats.gov.cn/sj/zxfb/202402/t20240228_1947915.html，最后访问日期：2024年4月2日。

② 《应急管理部举行全国重大事故隐患专项排查整治2023行动专题新闻发布会》，中华人民共和国应急管理部网站，2023年5月10日，https://www.mem.gov.cn/xw/xwfbh/2023n5y10rxwfbh/，最后访问日期：2024年4月2日。

③ 《安全生产治本攻坚三年行动答记者问》，中华人民共和国应急管理部网站，2024年2月5日，https://www.mem.gov.cn/xw/yjglbgzdt/202402/t20240205_477371.shtm，最后访问日期：2024年4月2日。

产的重要指示精神、综合分析研判安全生产面临的形势和任务基础上作出开展安全生产治本攻坚三年行动的重要部署，并印发了《安全生产治本攻坚三年行动方案（2024—2026 年）》。这一方案提出了涵盖 8 个范畴的 20 项详细举措，与此同时，国务院安委会办公室统一汇编并发布了由各部委主导制定的 31 个部门子方案，从而构建“1+31”安全生产治本攻坚行动整体架构。

表 2　各地减少安全生产事故典型举措

省份	时间	重点举措
山　西	2024 年 1 月 24 日	提高政治站位，坚持问题导向，严格落实各级、各部门责任及企业主体责任
河　南	2023 年 8 月 8 日	就河南省发生的重大安全生产事故开展主题教育，对典型案例进行深刻剖析，推动主题教育走深走实，提升全省安全发展水平
湖　北	2023 年 11 月 23 日	要求各地高度重视工贸企业危险化学品生产储存使用环节的安全风险，彻底排查治理安全隐患，坚决杜绝安全生产事故的发生
陕　西	2023 年 6 月 13 日	围绕 16 个重点行业领域以及新业态新领域开展重大事故隐患 2023 专项执法督查活动，组建 10 个市级督查分队、107 个县级督查小分队，采取异地交叉的方式进行执法督查
黑龙江	2024 年 1 月 31 日	紧盯重点行业领域突出风险隐患，积极推进机械化、自动化、信息化、智能化改造

资料来源：课题组根据应急管理部网站地方应急栏目内容整理。

（三）社会治理风险

社会治理风险可能包括但不限于社会冲突、政治动荡、自然灾害、经济危机、社会不公、技术变革等，这些因素可能对社会造成不利影响，需要通过合适的政策、措施和机制加以管理和应对，以维护社会的稳定和可持续发展。除了上述典型风险类型外，2023 年度我国面临的社会治理风险还包括新兴科技风险和疫情后经济增长面临的风险。

1. 经济增长风险①

2023 年是三年新冠疫情防控转段后经济恢复发展的一年，我国面临的国际形势依旧错综复杂且严峻，国内市场需求萎缩、供应受到冲击、市场预期低迷等三重压力依然显著，同时经济复苏的根基尚不稳固，2023 年中国经济活动较上一年的低迷状况有所好转（见图 1），全年国内生产总值（GDP）达到了 126.06 万亿元，实现了 4.6%的增长率；在城镇地区，新增 1244 万个就业岗位，全国范围内的城镇调查失业率平均保持在 5.2%的水平；居民消费价格指数（CPI）微幅上扬 0.2%；国际收支保持了大体平衡，至 2023 年末，外汇储备的规模稳定在 32379.77 亿美元。

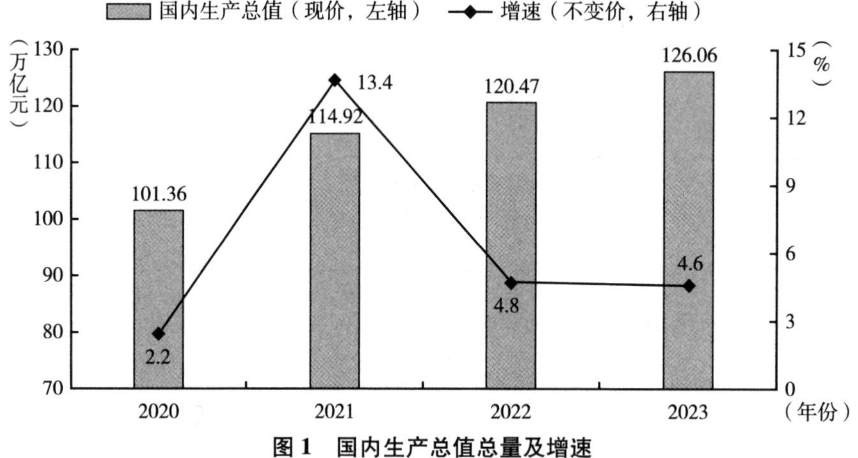

图 1　国内生产总值总量及增速

资料来源：《关于 2023 年国民经济和社会发展计划执行情况与 2024 年国民经济和社会发展计划草案的报告》，中华人民共和国中央人民政府网站，2024 年 3 月 13 日，https://www.gov.cn/yaowen/liebiao/202403/content_ 6939276.htm。

与此同时，由于全球贸易和投资疲软，风险和动荡的来源明显增加，这导致了外部环境的复杂性、严峻性以及不确定性均显著提升。当前，国内有效需求依旧不充分，这既包括市场需求的有效性仍然欠缺，也体现为居民在扩大消费方面的能力不足以及消费意愿的薄弱，表现之一是消费者信心疲软

① 《2022 年国民经济顶住压力再上新台阶》，国家统计局网站，2023 年 1 月 17 日，https://www.stats.gov.cn/sj/zxfb/202302/t20230203_ 1901709.html，最后访问日期：2024 年 4 月 2 日。

(见图2)。产业布局上，部分行业产能过剩，社会预期偏弱，房地产发展新模式建立还需要一个过程；在创新能力方面，我们仍需提高产业创新水平，因为关键核心技术的“卡脖子”问题依然明显；同时，部分新兴行业存在过度布局和过度投资的问题。在企业规模层面，部分中小企业和个体工商户在生产经营上仍然面临较大的挑战。而在金融风险防控上，地方性债务和金融风险等隐患仍然不容忽视；在社会保障上，民生保障存在短板弱项，稳就业压力较大。

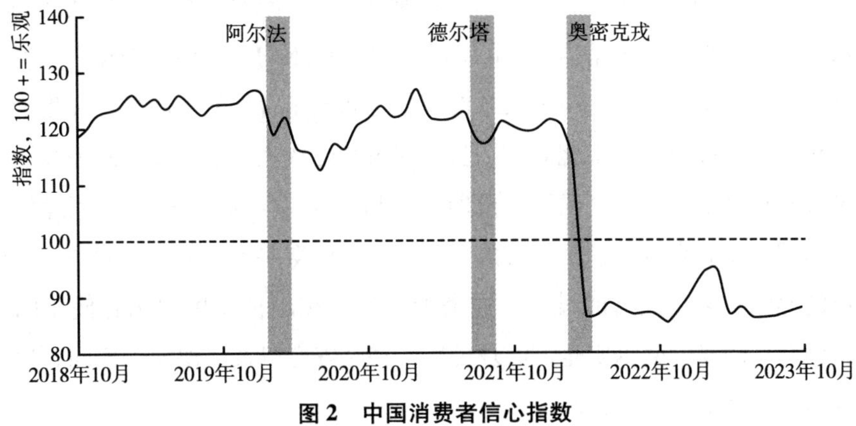

图2 中国消费者信心指数

资料来源：世界银行集团：《何去何从——驾驭后疫情时代中国经济增长路径》，《中国经济简报》2023年12月。

2. 新兴科技风险①②③

2023~2024年，中国在人工智能、自动驾驶、生物科技、太空探索等领域的新兴科技发展迅速，同时也面临着诸多风险和挑战。

在AI领域，大型模型的发展引领了智能体与人类互动的新模式，这些智能体在学习和迁移能力方面取得了显著进步。同时，3D生成技术也

---

① 《2023年度十大前沿科技趋势报告》，MEET 2024智能未来大会，2024年12月14日。

② 《薛澜：人工智能面临治理挑战》，清华大学公共管理学院网站，2024年3月26日，https://www.sppm.tsinghua.edu.cn/info/1007/9530.htm，最后访问日期：2024年4月3日。

③ 《2023年世界前沿科技发展态势及2024年趋势展望——综述篇》，搜狐网，2024年2月11日，https://www.sohu.com/a/757616070_120319119，最后访问日期：2024年4月3日。

实现了重大突破，创新算法和模型的问世提升了生成质量和效率。自动驾驶技术不断发展，端到端自动驾驶已成为行业共识，而空间计算技术开始进入消费级市场，有望改变信息展示和交互的传统方式。在生物科技领域，mRNA 技术的发展为精准医疗提供了新的解决方案，开启了生物医药的新篇章。此外，脑机接口技术也取得了新的进展，产品可靠性得到提高。

然而，随着这些创新科技的崛起，它们也带来了潜在的新风险。在人工智能方面，管理框架难以跟上技术的快速进步，导致政府和企业之间在关注的风险领域存在信息不平衡、风险管理成本分配不均，从而使得建立全球性治理结构面临挑战，并且中美关系的现状也妨碍了合作的可能性。在生物技术领域，脑机接口、干细胞研究、基因编辑和合成生物学等技术的进步引发了伦理和道德上的辩论；同时，机器学习和 ChatGPT 等 AI 技术大幅降低了进入基因编辑和合成生物学领域的知识门槛，使得非专业人士也能进行生化反应的操纵和生化武器的设计。这增加了生物技术被误用和恶意使用的风险，因此，隐私、数据安全、心理健康、神经安全以及法律和责任问题迫切需要得到更多的关注并被解决。

二　中国风险治理总体情况

（一）风险治理体制机制概况

1. 将预防摆在更加突出的位置，推进风险治理向事前预防转变①②③

在过去的一年里，随着疫情防控平稳转段，一些长期积累的安全生

① 《2023 应急管理成绩单新鲜出炉》，中华人民共和国应急管理部网站，2024 年 1 月 4 日，https：//www.mem.gov.cn/zl/202401/t20240104_474189.shtml，最后访问日期：2024 年 4 月 5 日。

② 《国务院办公厅关于印发〈突发事件应急预案管理办法〉的通知》，国办发〔2024〕5 号，2024 年 1 月 31 日。

③ 《〈突发事件应急预案管理办法〉解读》，中华人民共和国应急管理部网站，2024 年 4 月 1 日，https：//www.mem.gov.cn/gk/zcjd/202404/t20240401_483215.shtml，最后访问日期：2024 年 4 月 5 日。

产隐患开始显现，极端天气事件的发生频率和强度也有所增加，这些都对风险治理构成了严峻挑战。为了应对这些问题，各领域将风险管理的防范举措置于更为重要的位置，充分发挥了相应议事协调机构的功能，促使公共安全治理从被动应对型向主动预防型转变，成功防范并控制了重大安全风险的发生。2024 年 2 月 7 日，国务院办公厅颁布了新修订的《突发事件应急预案管理办法》，此次修订紧密结合了我国应急管理体制改革的实际情况，提出了对应急预案全流程管理的要求，为现在和未来我国应急预案管理工作提供了制度上的支持，将推动各领域风险治理工作有效进行。

2. 推动构建与中国式现代化相适应的应急管理体系[①]

为了加强灾害管理的综合调度与协同能力，我国在国家减灾委员会的基础上进行了整合，成立了国家防灾减灾救灾委员会，专注于解决整体性、根本性和长期性的关键问题。同时，为了引导并优化应急指挥系统，我们建立了国家应急指挥总部的运行机制。2023 年，我们还成功举办了“一带一路”自然灾害防治和应急管理国际合作部长论坛，构建了相应的协作体系，并提出了 14 项合作举措。在法律法规构建层面，我们积极推动关键法律条例的制定和修改，实施了《应急管理行政裁量权基准暂行规定》和《安全生产严重失信主体名单管理办法》，并改进了安全生产强制性国家标准的修订协调机制，还公布了一系列行业标准。

3. 统筹推进应急救援体系建设，全面提升应急处置能力[①]

应急管理部着力提升快速反应和有效处置紧急、危险灾害事故的能力，系统地推进了应急救援力量的构建，从而大幅提升了处理紧急、困难、危险及重大灾害事故的能力。首要任务是打造一支实力雄厚的国家级综合性消防救援团队，为此，国家消防救援局正式成立了，并扩充编制，组建了国家级的综合消防救援机动部队。同时，六个国家级的区域

① 《2023 应急管理成绩单新鲜出炉》，中华人民共和国应急管理部网站，2024 年 1 月 4 日，https：//www. mem. gov. cn/zl/202401/t20240104_ 474189. shtml，最后访问日期：2024 年 4 月 5 日。

应急救援中心的建设加快了步伐，装备了大量新型特种设备，并通过加强实战演练，大幅增强了抵御洪水、地震、森林火灾等自然灾害的能力。在第十八届世界消防救援锦标赛中，我国队伍取得了优异的成绩，夺得了金牌和银牌。

（二）风险治理政策概览①②③

政策变化主要表现在气候环境风险、安全生产风险、经济发展风险、公共卫生风险和新兴技术风险五种主要的风险类型上。

1. 气候环境风险

2024 年 2 月 4 日，国务院办公厅公布了《碳排放权交易管理暂行条例》，条例中明确提出，全国碳排放权的登记注册部门及交易部门，需遵循国家相关法规，对业务规则进行全面完善，同时构建风险防范和信息公开制度。2024 年 2 月 7 日，国务院办公厅发布了新修订的《国家自然灾害救助应急预案》，该预案紧密关注新时代自然灾害的发展趋势和救灾救助工作的任务需求，聚焦于受灾群众基本生活保障的新需求，对国家在处理重特大灾害时的救助工作机制和响应措施进行了全面的调整与优化。2024 年 2 月 9 日，国务院办公厅颁布了《关于加快构建废弃物循环利用体系的意见》，该意见着重指出，在技术可行、环境风险可管理的条件下，且符合相关法律规章以及环境与安全标准的基础上，应有组织地推进生活垃圾焚烧处理设施同时处理部分固体废弃物。

① 《国务院办公厅关于印发〈国家自然灾害救助应急预案〉的通知》，国办函〔2024〕11 号，2024 年 2 月 4 日。

② 《国务院办公厅关于加快构建废弃物循环利用体系的意见》，国办发〔2024〕7 号，2024 年 2 月 9 日。

③ 《碳排放权交易管理暂行条例》，中国政府网，2024 年 2 月 4 日，https：//www.gov.cn/zhengce/content/202402/content_ 6930137.htm，最后访问日期：2024 年 4 月 5 日。

2. 安全生产风险①②

2024 年 1 月 24 日，国务院总理李强签署了第 774 号国务院令，发布了《煤矿安全生产条例》，该条例定于 2024 年 5 月 1 日开始实施。这一新条例在借鉴《煤矿安全监察条例》和《国务院关于预防煤矿生产安全事故的特别规定》等相关立法成果的基础上，旨在建立一个以“国家监察、地方监管、企业负责”为核心架构的煤矿安全生产法治管理体系。这一架构成为新时代煤矿安全生产法治化的显著特征。作为一部综合性的行政法规，它旨在实现遏制重大和特别重大事故的宏伟目标，同时针对煤矿安全生产面临的痛点和难点问题进行直接有效的干预，对于优化煤矿安全生产的顶层设计、完善煤矿安全生产的法律规范体系将起到至关重要的作用。

在当前阶段，信用监管已成为安全生产监管的一个关键手段，其在改革监管体制、增强监管效能方面扮演着重要角色。安全生产领域的严重失信主体名单制度，作为信用监管的一个重要组成部分，对于构建安全生产的信用体系至关重要。2023 年 8 月 8 日，应急管理部发布了《安全生产严重失信主体名单管理办法》，该办法的出台有助于完善相关制度，确保“利剑常悬”，促使生产经营单位树立敬畏之心、保持警惕、遵守规则，从而更加有效地落实生产经营单位的主体责任，并通过监管体制的创新进一步推动安全生产监管能力的提高。

3. 经济发展风险

近年来，在中国经济下行压力较大的背景下，中国政府出台了一系列经济政策，涉及投资、金融、支付、消费等领域，在优化营商环境、消费环境的同时，防范化解风险，促进经济健康发展（见表 3）。

① 《司法部、应急管理部、国家矿山安全监察局负责人就〈煤矿安全生产条例〉答记者问》，中华人民共和国应急管理部网站，2024 年 2 月 4 日，https：//www. mem. gov. cn/gk/zcjd/202402/t20240204_ 477266. shtml，最后访问日期：2024 年 4 月 7 日。

② 《〈安全生产严重失信主体名单管理办法〉政策解读》，中华人民共和国应急管理部网站，2023 年 8 月 15 日，http：//www. mem. gov. cn/gk/zcjd/202308/t20230815_ 459438. shtml，最后访问日期：2024 年 4 月 7 日。

表3　中国2022～2024年度经济发展风险治理相关政策

发布年份	领域	名称	风险治理重点内容
2022年	乡村发展风险	《乡村振兴责任制实施办法》	健全农村社会治安防控体系、公共安全体系和矛盾纠纷一站式解决机制，加强农业综合执法，及时处置自然灾害、公共卫生、安全生产、食品安全等风险隐患
2023年	投资风险	《关于进一步优化外商投资环境　加大吸引外商投资力度的意见》	整体规划与优化涉及外商投资企业的执法检查工作。全面推进"双随机、一公开"的监管机制，并结合信用风险分类管理，针对信用风险较低的外商投资企业，进一步降低其被抽查的比例和频率。鼓励具备条件的地区综合协调安全生产、环保、产品品质等企业相关执法检查事项，以达到"进一次门、查多项事"
2023年	金融领域	《国务院关于推进普惠金融高质量发展的实施意见》	恪守金融工作的政治原则与为人民服务的根本宗旨，全面贯彻创新、协调、绿色、开放、共享的新发展理念，深入推进金融领域的供给侧结构性改革，大力推动普惠金融实现优质发展，不断增强服务实体经济的效能，积极预防并有效化解多元化的金融风险，以助力实现全体人民的共同富裕目标。秉承风险意识，统筹发展与安全，优化现代金融监管机制。对非法金融行为进行严厉打击，专注于预防和化解中小金融机构的潜在风险，加强金融稳定机制，确保系统性金融风险得到有效控制。推广责任金融观念，切实维护金融消费者的正当权益
2023年	支付领域	《非银行支付机构监督管理条例》	为了规范非银行支付机构行为，保护当事人合法权益，防范化解风险，促进非银行支付行业健康发展
2024年	消费领域	《国务院办公厅关于发展银发经济增进老年人福祉的意见》	加快构建新发展格局，着力推动高质量发展，坚持以人民为中心的发展思想，实施积极应对人口老龄化国家战略，坚持尽力而为、量力而行，推动有效市场和有为政府更好结合，促进事业产业协同发展，加快银发经济规模化、标准化、集群化、品牌化发展，培育高精尖产品和高品质服务模式，让老年人共享发展成果、安享幸福晚年，不断实现人民对美好生活的向往

资料来源：课题组根据相关网站整理（按时间顺序）。

4. 公共卫生风险

2023年，公共卫生领域出台了《国务院办公厅关于加强医疗保障基金使用常态化监管的实施意见》，通过强化日常监督，完善预警监测机制并提前做好形势分析，优化处理流程及应对措施等，防范医保基金风险；而《国务院办公厅关于推动疾病预防控制事业高质量发展的指导意见》的发布，将在推动中共中央、国务院关于疾控体系改革与完善的决策和战略安排的实施，以及推进疾控事业的高品质发展和实现健康中国的宏伟蓝图方面，起到举足轻重的作用（见表4）。

表4　中国2023年公共卫生风险治理相关政策

发布日期	领域	名称	风险治理重点内容
2023年5月30日	医疗保障基金监管	《国务院办公厅关于加强医疗保障基金使用常态化监管的实施意见》	构建并完善重大事件处理机制，强化日常监管信息的上报工作。优化预警监测和前瞻性分析，细化应对措施和处理流程，并进行有针对性的培训，以提高各级医疗保障行政机构在处理重大事件时的能力。若医疗保障基金监管政策未得到有效执行，或出现严重的医疗保障基金监管问题，甚至存在重大的风险隐患，国家医疗保障局可通过发函咨询或面谈提醒等方式，督导相关医疗保障行政部门和定点医药机构等严格履行职责，并确保整改措施得到有效执行
2023年12月26日	疾病预防	《国务院办公厅关于推动疾病预防控制事业高质量发展的指导意见》	增强公共卫生预防与控制效能。不断推进艾滋病、病毒性肝炎、结核病等关键传染性疾病的防控工作。夯实重点寄生虫病和地方病的防治基础。加强疫苗接种预防工作。完善环境健康综合监测网络及风险预警系统，构建并优化环境健康风险评估机制。强化对学生常见疾病如近视、肥胖等的监测与全面干预。同时，加大对职业卫生、放射卫生、食品安全风险的监测评估与标准制定力度，加强营养健康、伤害监测工作，深化老年人健康风险因素监测，以及对重点慢性疾病的早期筛查、干预及分类管理

资料来源：课题组根据相关网站整理（按时间顺序）。

5. 新兴技术风险

2023年，在新兴技术领域，中国政府也紧跟时代脚步，积极回应社会发展需求，发布了一系列规范和支持相关行业发展、指导个人行为的政策（见表5）。

表 5　中国 2023 年新兴技术风险治理相关政策

发布日期	领域	名称	风险治理重点内容
2023 年 6 月 19 日	新能源	《关于进一步构建高质量充电基础设施体系的指导意见》	针对未来新能源汽车，尤其是电动汽车的迅猛增长态势，我们必须正视当前充电设施存在的不足，如布局尚待优化、结构尚需调整、服务尚不均衡、运营尚未规范化等问题。推动高质量充电设施网络的建设，更有效地支持新能源汽车行业的发展，刺激包括汽车在内的大宗商品消费，以及推动实现碳达峰和碳中和的宏伟目标
2023 年 6 月 28 日	新兴科技	《无人驾驶航空器飞行管理暂行条例》	使用无人驾驶航空器的单位或者个人应当按照有关规定，制定飞行紧急情况处置预案，落实风险防范措施，及时消除安全隐患
2023 年 10 月 24 日	信息安全	《未成年人网络保护条例》	作为未成年人的监护人，有责任教育和引导未成年人提升对个人信息的保护意识和技能，帮助他们明确个人信息的涵盖范围，并充分认识到个人信息安全所面临的潜在风险。同时，监护人还需指导未成年人在处理个人信息时，如何有效行使查阅、复制、修改、增补、删除等相关权利，从而全面维护未成年人的个人信息权益

资料来源：课题组根据相关网站整理（按时间顺序）。

（三）风险治理规章制度概述

为了有效应对各类风险挑战，2023~2024 年度，国家在完善风险治理规章制度体系方面取得了显著成绩。2023 年，国务院安委会开展了名为“2023 年行动”的重大事故隐患专项排查整治工作，经过近一年的大力推动，共制定、修订出台了 51 个行业领域重大事故隐患判定标准或重点检查事项，基本涵盖了各行业领域实际需求。与此同时，应急管理部在过去的一年多时间里还陆续出台了《安全生产严重失信主体名单管理办法》（2023 年 8 月 8 日公布）、《应急管理行政裁量权基准暂行规定》（2023 年 11 月 1 日公布）、《生产安全事故罚款处罚规定》（2024 年 1 月 10 日公布）、《应急管理部行政复议和行政应诉工作办法》（2024 年 4 月 4 日公布）等规章。在行业标准制定方面，应急管理部批准了 18 项安全生产行业标准、10 项消防救援行业标准和 3 项应急管理行业标准，为各级政府和相关机构提供了统一的操作规范和指导原则。

（四）风险治理应对行为总结

2023~2024 年度，我国的风险应对行为有着把风险预防摆在更加突出位置、风险应对能力更加适应中国式现代化的特点。

1. 风险治理举措更加凸显关口前移

关口前移，以有效控制和预防重大安全风险，是一个全方位、多层次、系统性的工作。它要求政府、企业和社会各界共同努力，形成人人关注安全、人人维护安全的良好氛围，从而为实现社会的长期稳定和繁荣奠定坚实的基础。国务院安全生产委员会启动了 2023 年全国性的重大隐患排查整治行动，重点关注关键行业和领域的重大隐患以及事故频发区域，同时特别关注企业主要负责人和基层执行层面，通过实施“四不两直”策略来加强监督和管理，对发现的问题进行频繁通报、发放督促函，同时引导主流媒体深入现场，揭示存在的问题，以促进各方责任的落实；除此之外，还推动相关部门制定了 51 项重大事故隐患的判定准则和关键检查点，创建了全国性的重大事故隐患数据库。截至目前，已排查出 39. 5 万起重大事故隐患。河北省应急管理厅结合专项整治部署，以及该省洪涝灾害灾后重建帮扶和企业复产复工等工作实际，会同河北省金融监管等部门认真研究全省助力安责险、助力全省重大事故隐患排查整治 2023 年专项行动，明确应急管理等监管部门、保险机构、相关企业的 11 项任务，形成各方工作合力；明确重点服务事项内容和要求，指导服务有效落地；明确宣传引导、执法检查等保障措施，推动提升助力活动实效。山东青岛持续构建“政保双联”工作机制，用安责险凝聚政府、保险、企业、专家合力，共同推动双重预防机制建设。

为应对化工装置设备存在的“带病”运行安全隐患，应急管理部启动

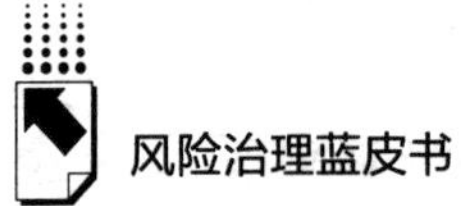

了特别整顿活动，强化对油气储藏、开采作业以及长距离输送管道潜在安全风险的管控。同时，针对重点领域进行了消防治理，并对一些重大火灾隐患单位实施了挂牌督办。此外，应急管理部与相关部门协作，针对城镇燃气安全实施了专项整治，明确了各部门在燃气安全“一件事”全链条中的监管职责；对山东、新疆、山西等地区开展特定的安全生产督导和帮扶工作，并全面完成了自然灾害综合风险的普查工作；安排了各大河流流域的汛期前检查、督导存在安全隐患的水库，优化了地震高发区的预防策略；深入进行了森林和草原火灾潜在危险的排查与整改，并特别开展了违规用火行为的调查和处罚行动，同时全面规划并推动了应急避难所的建设，以提升灾害综合治理能力。

2024 年初，国务院安全生产委员会启动了为期三年的安全生产治本攻坚行动，旨在推动全国各地区、各有关部门和单位在接下来的三年里，全面实施一系列安全生产提升措施。这些措施包括：对生产经营单位的主要负责人进行全面的安全教育培训，以增强其安全意识；优化并完善重大事故隐患的判定准则和体系，以提升评估的准确性；促进并实现重大事故隐患的及时消除，以保持安全生产环境的动态稳定；强化安全技术的支撑作用，并加强工程治理措施，以提升整体安全防范能力；提升生产经营单位从业人员的安全素养和能力水平，以确保工作安全，推动生产经营单位建立健全安全管理体系、实施精准的安全生产执法、提升全民的安全意识，形成全社会共同参与的安全文化。

2. 风险应对能力更加适应中国式现代化

按照建立“大安全、大应急”框架的要求，应急管理部议事协调机构作出重大调整，整合设立国家防灾减灾救灾委员会，旨在更有效地加强对各种灾害应对的全局性、全程性协调与管理，以促进解决那些具有全局性、基础性和长远性的关键难题。应急管理领域的科技创新、装备升级、智慧化应急响应以及应急卫星计划得到了进一步的推进和实施。国家应急指挥中心的信息基础设施建设正在全面加速。安全风险监控和预警系统在不断完善，电力、通信铁塔、通信网络、视频监控以及卫星遥感大数据等先进科技的应用也日益深化。在防汛抢险等紧急技术领域，我们已成功攻克关键技术难题，并成功发射了两颗应急减灾雷达卫星。此外，国家地震烈度快速报告与预警系统建设也已圆满完成。同时，乡镇和街道消防站的建设和运营得到加强，并成功创建了一批全国综合减灾示范县。在县域风险普查成果的应用方面，以及乡镇森林和草原防火工作的规范化管理方面，也进行了试点和推广。这些措施从完善体制机制法制、增强科技支持保障及提高基层应急管理能力多个方面优化应急体系、增强应急能力，使我国应急体系和能力更加适应中国式现代化。

三　2023年度典型重大风险治理案例

（一）气候变化风险治理案例

1. 京津冀地区暴雨洪涝灾害

（1）案例描述①

在 2023 年 7 月末至 8 月初这一时段内，受台风“杜苏芮”残留环流的影响，京津冀等地区经历了极端强降雨过程。这场极端天气引发了严重的暴雨洪灾、山体滑坡以及泥石流等自然灾害。北京、天津、河北三地共有 551.2 万人受到不同程度的影响。灾害导致 107 人死亡或失踪，143.4 万人被迫紧急撤离并转移安置。此外，有 10.4 万间房屋倒塌，45.9 万间房屋遭受严重损毁，77.5 万间房屋受到一般性损坏。农作物受灾范围达到 416.1 千公顷，因此次灾害而产生的直接经济损失高达 1657.9 亿元人民币。

①《国家防灾减灾救灾委员会办公室　应急管理部发布 2023 年全国十大自然灾害》，中华人民共和国应急管理部网站，2024 年 1 月 20 日，https://www.mem.gov.cn/xw/yjglbgzdt/202401/t20240120_475696.shtml，最后访问日期：2024 年 4 月 17 日。

表 6　京津冀地区暴雨洪涝灾害启动应急响应时间

响应时间	响应级别	针对区域	相关部署
2023 年 7 月 20 日 16 时	国家防总Ⅳ级应急响应	北京、天津、河北	国家防总要求深入贯彻习近平总书记关于防汛救灾工作重要指示精神，密切关注雨情汛情发展变化，加强多部门联合会商研判，强化气象预警和应急响应联动，加强山洪地质灾害、中小河流洪水、中小水库安全度汛、城市内涝等薄弱环节应对，及时果断采取关停管控和人员避险转移等措施，切实把保障人民群众生命财产安全放在第一位落到实处
2023 年 7 月 30 日 9 时	国家防总Ⅱ级应急响应	北京、天津、河北、山西、河南等重点省份	全面落实党委、政府防汛救灾主体责任，细化实化部门行业监督和地方属地责任，压实防洪工程、重要基础设施和生产经营单位的防洪保安责任，督促各级行政责任人上岗到位、下沉一线、靠前指挥，真正做到守土有责、守土负责、守土尽责
2023 年 8 月 2 日 10 时	国家救灾应急响应Ⅲ级	河北洪涝灾区	国家减灾委、应急管理部派出救灾工作组在灾区一线指导开展工作，实地检查蓄滞洪区受灾群众转移、安置点管理服务等情况，指导督促做好救灾款物发放、群众基本生活保障以及灾情统计核查等工作

资料来源：课题组根据相关网站整理（按时间顺序）。

考虑到京津冀等地区所经历的严重暴雨洪灾，财政部与应急管理部于 8 月 6 日再次提前下拨了 3.5 亿元人民币的中央自然灾害救助资金，以协助京津冀等 7 个省（市）的防洪抗灾工作。这些资金将由地方政府统一筹划，用于危险排除、紧急抢险与受灾群众的救助工作，特别是搜救受灾人员、转移受灾群众、排查潜在次生灾害隐患，以及修复受损的居民住房等工作。此前，中央财政已预先拨付了 1.7 亿元人民币给这些受灾地区。至此，中央财政对上述地区累计预拨的自然灾害救助资金已达 5.2 亿元人民币。

根据应急管理部的安排，国家安全生产应急救援中心迅速派遣前方工作组，并率领 4 支国家级专业救援队伍，共计 38 辆车 151 人，携带着大流量排水泵以及发电车、宿营车、餐车等后勤支持设备，赶赴涿州市参与排涝和抢险救援任务。与此同时，社会应急救援力量也积极投身于抗洪救援工作，包括腾讯公益慈善基金、卡特彼勒基金、壹基金等多家基金会和社会组织，以及社会应急救援队伍，快速响应京津冀地区的暴雨洪涝灾害应对，赶赴灾区进行灾情评估、人员疏散和物资分发等救援工作。北京、河北、天津的红十字会也纷纷派出红十字救援队伍，协助当地政府和党委进行人员安置和物资管理工作。

（2）问题与反思①②

此次暴雨灾害过程也暴露出受灾地区基础设施薄弱、居民防灾意识欠缺及社会力量参与不畅等问题。基础设施方面，水库、河道、堤防、蓄滞洪区，是江河防洪工程体系的组成部分。但是目前的防御工程不足以抵挡巨灾的侵袭。防灾意识方面，在这场暴雨之前，北京市及各地区均发布多项预警，但部分市民仍然没有意识到问题的严重性，存在侥幸心理，导致撤离延误甚至造成更多的人员伤亡。社会力量参与方面，在各方社会应急力量积极开展灾害响应的同时，通信中断、行动协调不畅、手续办理困难、道路通行受阻等在往次灾害响应中出现的问题仍然存在，给跨区域救援带来不小的挑战。

京津冀地区暴雨洪涝灾害中所暴露的是我国现代化进程中不可回避且需要久久为功逐步解决的问题。因此，我们必须遵循客观规律、依据地方实际，结合工程性措施和非工程性措施，切实提高整个社会抵御灾害风险的能力。

首先，加强城乡韧性建设，提高抵御暴雨洪涝能力。比如北京市计划制定“北京市韧性城市建设特别规划”，该规划将阐明基础设施布局、应急

① 《北京将编制韧性城市专项规划　谋划建设一批“平急两用”项目》，中国政府网，2023 年 12 月 29 日，https：//www. gov. cn/lianbo/difang/202312/content_ 6923170. htm，最后访问日期：2024 年 4 月 17 日。

② 《支持引导社会力量全链条、高效能参与灾害应对》，光明网，2023 年 8 月 4 日，https：//theory. gmw. cn/2023-08/04/content_ 36745080. htm，最后访问日期：2024 年 4 月 17 日。

响应机制构建以及社会韧性素质提高等方面的基本准则和目标设定。规划着重强调中长期的发展策略，旨在为提升城市韧性提供切实可操作的指引。同时，规划还将通过改进防洪排涝体系、强化城市关键服务设施的韧性，以及加强基层应急响应能力等途径，分层次、分类别地确定 2024 年的核心项目，以保障韧性城市建设的稳步推进，并持续增强首都的防灾减灾能力。

其次，推动超大型城市的双重功能设施建设。由于超大型和特大型城市具有庞大的人口规模和快速的人员流动，自然灾害和突发公共事件始终构成潜在的威胁。因此，有必要积极而稳健地推进公共基础设施的“平急两用”建设，这些设施在平常时期可以用于旅游、康复、休闲等活动，而在紧急情况下则能够迅速转换为应急设施，满足避难、临时住宿、物资供应等紧急需求，从而实现城市更高品质、更可持续、更安全的发展。

再次，加强多元应急救援力量建设，提升应急救援水平。应急救援水平的提升不仅关系国家安全和人民群众的福祉，也是实现国家长治久安、社会和谐稳定的重要保障。要重视并加强消防救援队伍的构建，特别是要着重关注消防救援培训基地、战勤保障枢纽、装备物资储备仓库以及专业化救援中心（或队伍）的建设。此外，还需提高省级应急救援队伍的装备水平，配备先进的水域救援，空中立体救援，一体化物资投送，应对重特大自然灾害的智能化、专业化、轻型化、模块化救援等现代化装备和高风险环境下的无人智能装备。

最后，确保社会力量有序、有力、有效参与。社会力量通常具有灵活性和多样性，能够迅速响应，与政府救援力量形成互补，提升整体救援效率。针对目前社会力量参与中存在的问题，未来应重点关注加强灾时程序的弹性，确保应急救援的效率和效果；强调灾时协调平台的主体作用，提升协调平台的专业化和数字化能力，确保社会应急力量的有序参与。特别重要的是强化基层安全韧性防护网，充分发挥“第一响应人”的作用。

2. 甘肃积石山6.2级地震

（1）案例描述①②③

2023 年 12 月 18 日 23 时 59 分，甘肃省临夏回族自治州积石山县发生 6.2 级的地震，此次地震的震源深度达到 10 公里。震中位于积石山县柳沟乡。此次地震对甘肃和青海两省造成了严重影响，导致 151 人不幸丧生、983 人受伤。此次地震还造成了大规模的房屋损坏，其中包括 7 万间房屋倒塌，9.9 万间房屋严重损毁，以及 25.2 万间房屋遭受一般性破坏，直接导致的经济损失达 146.12 亿元。

地震发生之后，习近平总书记对此高度重视，并立即作出重要指示。李强总理也迅速作出批示。副总理张国清于 19 日清晨率领国务院工作组急速前往甘肃和青海的地震受灾区域，以指导并协调抗震救灾工作。国务院抗震救灾指挥部深入贯彻落实习近平总书记的重要指示精神，严格执行党中央和国务院的部署。各成员单位迅速回应，积极指导和协助甘肃、青海两省开展全方位的抗震救灾工作。应急管理部也立即行动，迅速调配中央的救灾物资，并启动了中央企业、军地联合救灾以及航空救援等多方面的协作机制，统一指挥各种应急救援队伍，全面支持抗震救灾工作。包括中国安能、中国建筑、中国中铁等在内的多家中央企业，以及三一重工、中联重科等设备制造商，共派出 41 支救援队伍共 1155 人、386 台（套）设备，承担起抢修道路、运送物资、搜救人员、排查危房、处理泥石流、修复电力等救灾任务，确保了甘肃省积石山县、青海省民和县灾区救援道路的畅通，清理了塌方和泥石流，并捐赠了近 3300 箱的应急物资，包括帐篷、床上用品、行军床、电

---

① 《应急管理部持续统筹调派力量在地震灾区开展道路抢险、物资投送和排危除险》，中华人民共和国应急管理部网站，2023 年 12 月 20 日，https：//www.mem.gov.cn/xw/yjglbgzdt/202312/t20231220_472613.shtml，最后访问日期：2024 年 4 月 17 日。

② 《甘肃积石山 6.2 级地震｜基金会差异化服务概览》，“基金会救灾协调会”微信公众号，2023 年 12 月 29 日，https：//mp.weixin.qq.com/s/IEGuFpy5jUbD8od2hKbjhw，最后访问日期：2024 年 4 月 17 日。

③ 《甘肃积石山 6.2 级地震背后：专家解读地震成因、救援难点》，搜狐网，2023 年 12 月 19 日，https：//www.sohu.com/a/745272518_121627717，最后访问日期：2024 年 4 月 17 日。

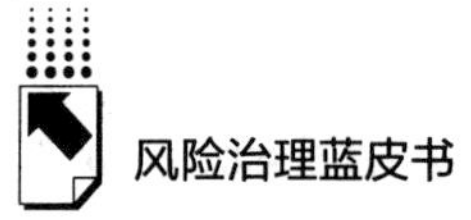

热毯、取暖器以及方便食品和饮料等生活必需品，检查了59处危房。应急管理部还从青海西宁调派了一架贝尔407直升机和从四川自贡调派了一架翼龙无人机，于12月19日抵达积石山县，执行空中侦察和应急通信保障任务，另有3架直升机和1架大型长航时固定翼无人机随时待命。此外，多个基金会根据自己的特色、资源和专长领域，开展了丰富多样的救援活动，提供了针对性的援助项目和服务，这在不同细分领域形成了“组群”化响应的特点，体现为提供多样化的生活救助和物资支持，以及关注不同群体的特定需求。

本次地震震源机制具有逆冲型破裂的特点，此次地震为主震-余震型地震，能量释放过程较为缓慢，地震持续时间长，余震较多，且容易引发山体滑坡、泥石流和地表破裂等地质灾害。本次地震造成人员伤亡的原因来自多方面。比如，虽然老旧房屋的改造已经发挥一定作用，但房屋的抗震避灾性能仍有待提高。加之当时已经是深夜，很多人处于入睡状态，地震发生时来不及避险。同时，地震当晚，积石山县温度低至零下10摄氏度左右，地震发生时，很多人来不及穿上厚衣服就匆忙逃生。对于被埋压人员来说，低温是最大的威胁之一。高寒地区人被埋压的时间越长，失温的危险越大。救援队伍调拨了大量的棉衣、棉被、棉帐篷，以及其他的御寒保暖的物资，包括取暖炉等，连夜赶往灾区。

（2）案例亮点①②

首先，本次地震中彰显出预防工作初见实效。在本次地震中，青海省海东市民和县37所寄宿制学校的1.78万名师生在短短5分钟内全部安全撤离，未出现任何伤亡情况。该县始终将学生和教师的安全视为教育提质增效的核心要素，有效建立了一个“全体参与、全面覆盖、全程管控”的校园安全保障责任体系，将应急疏散演练视为常规训练项目之一，在保持每月至

① 《一万多名师生五分钟内完成撤离 青海民和县构建“三全”校园安全责任落实体系成效初显》，中华人民共和国应急管理部网站，2024年1月11日，https://www.mem.gov.cn/xw/mtxx/202401/t20240111_474817.shtml，最后访问日期：2024年4月17日。

② 《央视丨〈应急时刻〉：积石山6.2级地震抗震救灾纪实（上）》，“中华人民共和国应急管理部”微信公众号，2024年1月4日，https://mp.weixin.qq.com/s/i26qK7JX-XSR3oIDDpViSg，最后访问日期：2024年4月17日。

少进行一次的基础上，额外增加寄宿生夜间应急疏散演练的频率，改为每两周进行一次；坚持以长效化宣教强化师生应急避险意识，真正让安全教育见实效。

其次，信息技术显高效。地震发生后的第16分钟，应急管理部科技和信息化司已通过大数据初步研判了受灾情况，为指挥部研判灾情、快速有效调派各部门救援力量等提供了数据支持。比如应急管理部的应急指挥一张图，对接地震的速报数据（各区域人数、震源距离等数据）进行灾情估计。

（二）安全生产事故治理案例

1. 北京长峰医院火灾事故

（1）案例描述[①②]

2023年4月18日12时，位于北京市丰台区靛厂新村291号的北京长峰医院发生重大火灾事故。此次事故导致29人不幸丧生、42人受伤，造成的直接经济损失达3831.82万元。经深入调查，该事故的根本原因在于医院方违法违规对设施进行改造，施工过程中安全管理不严格，日常运营秩序混乱，长期存在火灾隐患。同时，施工单位在作业过程中违反规定，现场缺乏必要的安全管理措施。此外，应急处置措施不力，地方党委、政府和相关部门在职责履行上也存在疏忽。这一系列因素共同导致了这场重大的安全事故。

在接到报警后，北京市消防救援总队与丰台区消防救援支队两级全勤指挥部迅速行动，调集了9个消防救援站的30辆消防车和180名消防人员赶赴现场进行处理。消防人员抵达现场后，立即使用云梯、拉梯、连廊及建筑物的室外平台，搭建了5条临时救生通道和2部固定楼梯。他们迅速启动了火灾扑救和人员搜救行动，并协调组织楼内人员安全撤离。

---

① 《北京长峰医院发生火灾　消防救援队伍全力扑救》，中华人民共和国应急管理部网站，2023年4月19日，https：//www.mem.gov.cn/xw/bndt/202304/t20230419_448256.shtml，最后访问日期：2024年4月20日。

② 《北京长峰医院重大火灾事故调查报告公布》，中华人民共和国应急管理部网站，2023年10月25日，https：//www.mem.gov.cn/xw/bndt/202310/t20231025_466750.shtml，最后访问日期：2024年4月20日。

事故调查报告指出，经过视频分析、现场勘查、检测验证以及模拟实验，确定了事故的直接原因：在北京长峰医院改造工程的施工场地，施工单位在执行自流平地面施工和门框切割作业时违规操作，导致环氧树脂底涂材料中的易燃易爆成分挥发，形成了爆炸性气体混合物。这些气体遇到角磨机切割金属时产生的火花引发了爆燃；现场附近的可燃物被点燃，产生的明火和高温烟气进一步引燃了建筑物内部的木质装饰材料。部分防火隔离措施未能发挥预期作用，固定消防设施失效，导致火势蔓延和大量烟雾扩散。由于初期应对措施不力，未能有效组织高层患者疏散，最终导致了严重的人员伤亡。

（2）教训与反思①

北京丰台长峰医院“4·18”火灾事故导致重大人员伤亡，对人民群众的安全感和幸福感造成了严重冲击。习近平总书记对此作出重要指示，明确提出了排查整改重大隐患、坚决防范和遏制重特大事故等具体要求。基于此，国务院安委会办公室与应急管理部共同提请国务院安委会进行审议，并在获得李强总理的审定后，于 4 月底正式发布了《全国重大事故隐患专项排查整治 2023 行动总体方案》。随即，全国范围内迅速启动了重大事故隐患的专项排查与整治行动。此次行动的核心目标是切实提升风险隐患排查整改的质量，以及增强发现问题和解决问题的能力与意愿，以最为严格的措施、最为严谨的作风、最为严肃的问责制度来确保各项工作的落实，从而彻底改变重特大事故频发的现状。

2. 齐齐哈尔体育馆坍塌事故②

（1）案例描述

2023 年 7 月 23 日，黑龙江省齐齐哈尔市龙沙区内的齐齐哈尔市第三十

① 《应急管理部举行全国重大事故隐患专项排查整治 2023 行动专题新闻发布会》，中华人民共和国应急管理部网站，2023 年 5 月 10 日，https://www.mem.gov.cn/xw/xwfbh/2023n5y10rxwfbh/，最后访问日期：2024 年 4 月 20 日。

② 《齐齐哈尔第三十四中坍塌事故调查报告》，“中国安全生产网”微信公众号，2024 年 2 月 21 日，https://mp.weixin.qq.com/s?__biz=MjM5Mjg5NzQwMQ==&mid=2650524386&idx=1&sn=496f53bfafdf739ae825bd172207b8a2&scene=21#wechat_redirect，最后访问日期：2024 年 4 月 17 日。

四中学校体育馆屋顶发生了倒塌事件。此次事故导致了 11 人不幸丧生、7 人受伤，造成的直接经济损失达 1254. 1 万元。

调查报告显示，这起坍塌事件是一起严重的安全生产责任事故。该事故的直接原因是在修缮建设期间，施工单位违反了相关法规，违规地将大量珍珠岩放置在屋顶，珍珠岩浸水造成雨水汇聚，从而大幅增加并超出了体育馆屋顶的承重负荷，最终引发了屋顶的突然坍塌。间接原因涉及四个主要方面：首先，建设单位在质量和安全生产方面的首要责任没有得到充分履行，未经办理施工许可就擅自开始施工，缺乏对施工单位和监理单位的指导、检查和督促，组织虚假竣工验收。其次，施工单位在质量和安全生产方面的主体责任严重缺失，违法违规出借资质，未获得施工许可擅自开工，安全管理岗位人员未能到岗履行职责，实际项目经理不具备相应的执业资格，非法将工程分包给无资质的个人，未按照设计图纸进行施工，降低了工程质量标准，导致施工现场管理混乱。再次，监理单位在质量和安全生产方面的主体责任未能落实，现场监理人员数量不足以满足监理工作的需求，对施工单位备案管理人员未到岗履职、现场实际项目经理不具备执业资格以及未经批准擅自施工等违法违规行为未能予以制止，未对隐蔽工程进行旁站监理，伪造监理记录。最后，行业监管部门履行监管职责不到位。

（2）教训与反思

这起事故凸显了多个问题。首先，一些地方政府和官员在树立底线思维和红线意识、统筹发展与安全两件大事方面存在差距。其次，建设单位对施工单位、监理单位的督促管理缺失。再次，行业部门的监管不力。最后，随着现有建筑物的数量不断增加，建筑设施逐年老化，使用中的安全风险也日益显著。

这起事故为全国各地安全生产工作特别是校园安全工作敲响警钟。首先，必须增强安全意识，充分认识建设领域，特别是行政事业单位在建设项目安全管理方面存在的突出问题，确保各环节的责任得到落实，并采取综合措施，从严整治，以创造有利于安全发展的环境。其次，企业应进一步增强法治意识，确保安全生产的主体责任得到真正落实。要建立和完善安全生产

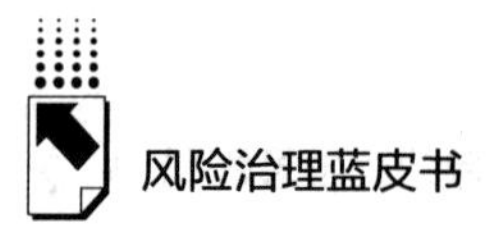

责任制和规章制度，增加对安全生产资金、物资、技术和人员的投入，以全面建立安全风险分级控制和安全隐患排查治理的双重预防机制，从而提高安全生产水平。最后，要深入开展校园安全隐患的排查和整治工作，重点关注关键环节，全面分析和评估校园周边存在的薄弱环节和问题，制定和实施专门的治理措施。加强校园安全隐患的排查工作，加大对体育馆、艺术馆、报告厅、图书馆、会议室等大跨度钢结构屋面的安全隐患排查力度，并推动问题隐患的销号管理。

（三）韧性城市建设

2020 年的中央财经委员会第七次会议上，习近平总书记的讲话中明确将韧性城市的建设视为完善城市化战略的重点内容。之后“韧性城市”被写入《中华人民共和国国民经济和社会发展第十四个五年规划和 2035 年远景目标纲要》和党的二十大报告两份重要文件。近年来，我国众多城市都在努力探寻提高城市韧性与安全治理水平的路径。党的二十大报告中明确指出：“我们需要提升城市规划、建设与治理的层级，加速转变超大及特大城市的发展模式，以构建宜居、有韧性且智慧的都市环境。”诸如北京、上海、广州、西安、成都等城市，已将韧性城市建设纳入其城市整体规划或政府工作报告之中，目前这些规划正在逐步落实。另外，德阳、黄石、义乌和海盐等城市被洛克菲勒基金会选为“全球 100 韧性城市”项目的成员，这些城市正在探索与国际合作打造韧性城市的新道路。其中，北京和诸暨的韧性城市建设在 2023~2024 年中有明显的进展。

1. 案例描述①②

2024 年 3 月 22 日，北京市规划和自然资源委员会发布了《北京市韧性

① 《北京市韧性城市空间专项规划（2022 年—2035 年）》，北京市政府网，2024 年 3 月 22 日，https://www.beijing.gov.cn/zhengce/zhengcefagui/202403/t20240325_3599383.html，最后访问日期：2024 年 4 月 20 日。

② 《全国首个！获评“世界韧性示范城市”，诸暨是怎么做到的?》，“杭州日报”百家号，2024 年 3 月 17 日，https://baijiahao.baidu.com/s?id=1793688051585154158&wfr=spider&for=pc，最后访问日期：2024 年 4 月 17 日。

城市空间专项规划（2022 年—2035 年）》。该规划在空间维度超前谋划，以极限思维为导向，完善具有资源环境适应能力的城市规模结构，打造兼顾适应性、多样性、前瞻性的空间布局，构建“三环八廊多支点”的市域韧性城市支撑体系、协同互补的京津冀区域韧性保障体系和兼具维持力与恢复力的韧性城市空间格局，最终形成安全可靠、灵活转换、快速恢复、有机组织、适应未来的首都韧性城市空间治理体系，是北京市韧性城市建设在空间领域的指导性文件。

2024 年 3 月 15 日，诸暨市荣获由联合国减灾署颁发的“世界韧性示范城市”荣誉称号，这标志着它成为全国首个获此殊荣的城市。同时，诸暨市也是继韩国仁川、菲律宾马尼拉、韩国蔚山之后，亚太地区第四个被授予“世界韧性示范城市”称号的城市，联合国仅公布了 28 个世界韧性示范城市。2022 年 11 月，诸暨市开启了“世界韧性示范城市”创建之旅，2023 年 10 月 14 日提交申报联合国“创建韧性城市 2030（MCR2030）计划”，获得申报示范城市的资格。最终，经过系统考评、严格复核，通过了联合国减灾署的批准。近年来，诸暨市为了实现“构建韧性安全城市”的目标，加强了顶层设计与规划。为此，诸暨市发布了一系列城市发展规划，如《诸暨市国土空间总体规划（2021—2035 年）》《诸暨市海绵城市建设规划（2021—2035）》《诸暨市突发事件总体应急预案》《诸暨市国家森林城市建设总体规划（2017—2026）》。这些规划为提升城市的韧性提供了明确的指导。遵循这些规划，诸暨市持续强化城市基础建设、生态保护、紧急救援机制以及智慧化管理等多个领域。此外，诸暨还建立了市级的应急管理综合平台、基层的防汛防台系统以及 15 分钟应急消防救援圈；推进市域避灾场所规范化建设，实施救灾物资常态化补充置换，建立避险转移工作清单，巩固提升极端情况下防控与应急救援工作能力；针对诸暨历史上地质灾害频发、多发的情况，该市以数字孪生仿真为基础，打造地质灾害风险防控数字孪生应用项目，即整合地质灾害风险区域资料等大数据信息，通过地质灾害预警模型进行数字化、可视化表达，贯通地质灾害监测、巡查、预警、核实、决策、指挥、反馈全链条，全面提高城市对各种自然灾害的抵御能力、对社会危机的应对水平、对气候变化的适应能力，助推经济转型顺利进行，更好地保障和增进民生福祉。

2. 韧性城市建设未来展望①

2023 年 11 月 10 日，在考察北京和河北的灾后恢复与重建工作时，习近平总书记着重强调："要坚持以人民为中心，着眼长远、科学规划，把恢复重建与推动高质量发展、推进韧性城市建设、推进乡村振兴、推进生态文明建设等紧密结合起来，有针对性地采取措施，全面提升防灾减灾救灾能力。"

首要任务是强化顶层设计，确保将韧性城市建设目标有机融入城市的整体规划之中，从而提升城市规划的效能。我们需要进一步完善韧性安全城市的评估指标和准则框架，改进相关制度，并丰富政策措施，以便不断提高民生保障和公共服务质量。韧性城市的建设不仅要着眼于短期的灾害防范和减轻，更要通过城市空间的综合规划、城市结构的优化调整、绿色建筑的推广等手段，从管理、技术和制度等多个维度持续促进城市生态环境品质的改善与治理体系的现代化。通过这种方式，我们能够统筹发展和安全，显著提升城市的应急管理能力和可持续发展潜力。

此外，在科技推动韧性建设方面，习近平总书记强调："要强化智能化管理，提高城市管理标准，更多运用互联网、大数据等信息技术手段，提高城市科学化、精细化、智能化管理水平。"这意味着我们需要利用智能技术来增强城市治理能力，构建标准化的智慧城市感知系统，特别是要充分发挥大数据、人工智能等先进信息技术的优势，以实现对灾害和风险的实时感知、监测和预警，并建立数字化的综合响应平台。从实践角度来看，我们必须加强气候适应性城市建设的试点工作。自 2017 年以来，我国已在全国范围内选定了 28 个城市，启动了气候适应性城市建设的试点项目。这些试点城市结合自身实际情况，积极进行探索和创新，在推广气候适应理念、创新工作机制、加强关键领域的适应行动等方面取得了显著成果，并积累了宝贵

① 《关于深化气候适应型城市建设试点的通知》，环办气候〔2023〕13 号，2023 年 8 月 18 日。

的经验，为进一步推进气候适应性城市建设试点奠定了坚实的基础。然而，总体来看，气候适应性城市建设仍然面临重大的挑战。目前，我们对气候风险的认识仍然不足，工作机制有待完善，资源投入和行动力度需要加大，适应能力也亟待提高。因此，我们迫切需要进一步深化气候适应性城市建设的试点工作，以探索和总结出更加有效的气候适应性城市建设路径和模式，从而提升城市应对气候变化的能力，并为全球适应气候变化的努力贡献中国的智慧和方案。

（四）风险治理国际合作①

在 2021 年 11 月，应急管理部举办了首届“一带一路”自然灾害防治和应急管理国际合作部长论坛，并公布了《“一带一路”自然灾害防治和应急管理国际合作北京宣言》。该宣言提出了一个共同愿景，即各方携手构建合作机制，以协同强化自然灾害防治和应急管理能力。2023 年迎来共建“一带一路”倡议的 10 周年纪念，应急管理部与外交部、国家国际合作发展署等部门紧密合作，在“一带一路”框架下，大力推进自然灾害防治和应急管理的国际合作机制构建。在灾害防范、减灾救灾、安全生产以及紧急救援等多个领域，我们已经实施多项实质性合作，并取得了显著的进展和成果。

首先，合作机制的基本框架已经搭建完毕。该机制旨在成为全球灾害治理的新型平台，制定相关章程，并规划了合作机制理事会、协调人会、秘书处和咨询委员会等组织架构。同时，合作网络的建设正式启动，合作机制的官方网站已上线。此外，成立“一带一路”国际灾害风险研究中心等六个支持机构，初步形成了一个以政府间合作为主导，以合作网络和支撑机构为辅助的完整平台体系，即将进入实际运作阶段。目前，这一合作

① 《应急管理部举行“一带一路”自然灾害防治和应急管理国际合作机制建设进展成效专题新闻发布会》，中华人民共和国应急管理部网站，2023 年 11 月 14 日，https：//www.mem.gov.cn/xw/xwfbh/2023n11y14rxwfbh_5791/wzsl_4260/202311/t20231114_468513.shtml，最后访问日期：2024 年 4 月 19 日。

机制已经被纳入中国政府推进“一带一路”高质量共建的八项具体行动中，其章程也被列入第三届“一带一路”国际合作高峰论坛的多边合作成果文件清单。

其次，该合作机制得到了国际社会的广泛响应。合作机制与多个国际倡议相衔接，如联合国的《2015—2030 年仙台减少灾害风险框架》、2030 年可持续发展议程以及气候变化的《巴黎协定》等。这一举措得到了联合国减轻灾害风险办公室、人道主义事务协调办公室、国际劳工组织等联合国机构、国际组织以及共建国家的积极响应。2023 年 2 月，协调人会议顺利召开了，有 100 多个国家和地区的应急管理部门、驻华使馆及国际（区域）组织的代表参与，就合作机制的建设进行了深入交流，并就合作机制章程达成了一致意见。在与有关国家和国际、区域组织的双边合作文件中，共建合作机制的内容越来越多。

最后，实质性合作正在不断深化。各方在防灾、减灾、救灾、安全生产以及紧急救援等领域展开了深度合作，旨在提升“一带一路”合作伙伴的应急管理能力，从而切实保障共建“一带一路”国家人民的生命财产安全和经济社会的可持续发展。我们已经举办 10 多期灾害管理、应急救援和地震监测等方面的对外培训班，培养了 600 余名应急管理和救援人才。同时，我们也在不断加强与联合国相关机构的合作，并持续参与金砖国家、二十国集团、亚太经合组织等多边合作；致力于加强与共建国家的政策沟通和实质性合作，不断丰富双边合作的内涵并拓展合作领域。此外，我们还积极参与对外紧急人道主义援助，如派遣中国救援队前往莫桑比克、土耳其等国进行紧急人道主义救援。这一合作机制的建设充分体现了“一带一路”倡议源于中国，但其成果和机遇属于全世界的理念。

四　成效与挑战

2023 年是全面贯彻党的二十大精神的开局之年，是全球遭受新冠疫情后的持续震荡之年，也是落实可持续发展的关键之年。在这一年中，应急管理部门和消防救援队伍始终把学习和贯彻党的二十大精神作为首要政治任务，坚决践行习近平总书记重要指示精神，尤其表现在风险防范化解方面。首先，灾害事故的预防被摆在更加突出位置，通过全国重大隐患排查整治行动，有效防控了重大安全风险，大力提升了全社会的安全防范能力；其次，通过完善预案和力量预置，更加全面地应对各类灾害事故，全力保护人民群众生命财产安全；最后，按照“建立大安全大应急框架”的要求，强化综合统筹，从体制机制法制、科技发展和基层应急能力建设三个方面着手，推动构建符合中国式现代化的应急管理体系和能力①。

随着全球化深入发展和社会的发展变迁，中国依然面临诸多复杂、互相叠加的风险因子，在 2023~2024 年度突出表现在人口结构、就业、全球气候变化、人工智能技术等多个方面。这些风险因子不仅具有单一维度的直接影响，而且会对社会长期稳定和可持续发展造成深远影响。总的来说，我国风险治理中面临的严峻挑战有以下三个特点。

（一）气候变化下多元风险相互叠加共振

在当前全球化背景下，国内外安全形势呈现多元风险叠加共振的新特征。在气候变化背景下，《联合国气候变化框架公约（UNFCCC）》第二十八次缔约方大会第一次全球盘点技术对话的综合报告指出，全球气候行动仍不足以实现《巴黎协定》的目标，气候问题仍然严峻②。在此基础上，国内外的各种风险挑战与气候变化大背景相互交织、相互影响，形成了复杂的安全格局。例如，我国面临的人口结构问题和就业压力与全球气候变化问题相互作用，加剧了社会稳定风险。人口老龄化加剧了社会的脆弱性，提高了脆弱群体对气候变化和自然灾害的敏感度和脆弱性；气候变化导致的自然灾害

① 《2023 应急管理成绩单新鲜出炉》，中华人民共和国应急管理部网站，2024 年 1 月 4 日，https：//www. mem. gov. cn/zl/202401/t20240104_ 474189. shtml，最后访问日期：2024 年 4 月 12 日。

② 《〈巴黎协定〉首次全球盘点为何意义重大》，新华每日电讯，2023 年 12 月 11 日，http：//www. news. cn/mrdx/2023-12/11/c_ 1310754650. htm，最后访问日期，2024 年 4 月 12 日。

进一步加剧了就业压力，农村地区的农业生产受灾严重，可能导致农民失业、转移人口增加等问题。如何应对这种复杂的、叠加的风险是当代中国风险治理中亟待解决的难题之一。

（二）国内外发展面临增速放缓和下行风险

当前，我国经济发展面临增速放缓风险。国内方面，疫后时期我国经济增速放缓、结构调整难度加大、社会矛盾积累等因素导致了经济增长动力不足，金融市场、产业链供应链和房地产业等方面的疲软，使得就业不足、收入分配不均等现象产生，加剧了社会不稳定。外部方面，全球疫后经济增长乏力、贸易摩擦加剧、国际金融市场波动等因素也给中国的发展带来了不确定性和挑战。此外，全球化进程中的地缘政治竞争、国际环境的动荡不安、恐怖主义和极端主义的威胁、地区冲突和战争的持续发生，也对中国的经济发展和国家安全构成影响。这些经济趋缓压力和风险的存在，使得中国在实现经济增长和社会稳定方面面临更大的挑战，需要采取更加积极的政策措施和应对策略。

（三）新技术变革引发多维衍生风险挑战

信息技术的快速发展和全球化的传播网络，加剧了现代社会多维安全风险的传播和叠加效应。首先，人工智能技术的广泛应用使得部分传统产业进行了自动化和机械化升级，在提高产能效率的同时，也造成了一定程度的就业岗位减少，继而加剧了失业风险。其次，生成式人工智能如 ChatGPT 等大语言模型的使用可能引发隐私和信息安全风险①。例如，黑客攻击、数据泄露等问题可能对个人和组织的信息安全造成威胁；个人信息的滥用和泄露，也将损害公民的合法权益。此外，人工智能技术的运用也带来了道德问题，比如使用人工智能进行决策和行为判断可能存在偏见，做出不公平和不

① 《生成式人工智能治理的态势、挑战与展望》，人民论坛，2024 年 1 月 30 日，http://paper.people.com.cn/rmlt/html/2024-01/30/content_26040377.htm，最后访问日期：2024 年 4 月 12 日。

道德的结论。最后，由于人工智能等信息技术的应用需要大量的数据和资源，企业间的市场竞争将会加剧。新兴科技企业将依靠大数据分析和机器学习算法来优化产品设计、市场营销、供应链管理等方面的业务流程，而传统企业无法充分快速转型利用大数据和 AI 技术，将面临市场份额下降和竞争压力增加的风险。

五　发展与展望

人类社会面临前所未有的世界之变、时代之变和历史之变。上述每一个挑战都对中国的发展与稳定提出了新的要求和考验，面对这些潜在的诸多复杂而严峻的风险治理挑战，我国需要不断深化改革、加强创新、促进协调、扩大开放，构建起更加完善的风险治理体系，不断提高治理能力与水平，更好地应对多元风险耦合叠加的新局面，实现经济社会的高质量发展。我们要通过深入建设安全治理共同体、发展新质生产力和加强技术治理与风险管控，来保障国家长期稳定和社会和谐发展。

（一）深入建设安全治理共同体，推动跨领域合作与国际合作

2023 年 2 月，中国政府发表了《全球安全倡议概念文件》，提出构建人类安全共同体，并坚持相互尊重、开放包容、多边主义、互利共赢和统筹兼顾五项原则，以携手建设一个远离恐惧、普遍安全的世界的重大立场主张①。全球化的背景下，安全问题已经不再局限于单一领域或国家范围内，而是具有跨领域、跨国界的复杂性和交叉性。为了更好地深入建设安全治理共同体，中国需要进一步加强跨领域合作与国际合作。一方面，加强与其他国家和国际组织的合作。积极参加国际组织和多边机制，通过这些国际平台开展跨领域合作与对话；同时加强政府间的交流与合作，通过签订双边和多

① 《践行全球安全倡议，破解人类安全困境》，中华人民共和国外交部网站，2023 年 2 月 22 日，https：//www. mfa. gov. cn/web/wjbz_ 673089/zyjh_ 673099/202302/t20230222_ 11029586. shtml，最后访问日期：2024 年 4 月 12 日。

边协议，促进各领域的合作与交流，共同推动国际安全治理体系的建设，特别是在应对跨国犯罪、恐怖主义等威胁方面，加强情报交流、信息共享，形成国际社会的共识与合力。另一方面，加强民间组织、非政府组织和企业之间的交流与合作，推动跨领域、多元化、多角度的合作与创新，协同应对全球性挑战，增进人类福祉和全球发展。

（二）发展新质生产力，推动经济社会高质量发展[①]

中国经济正处于转型升级的关键阶段，需要通过发展新质生产力，以新技术、新模式、新理念为导向，推动建设创新、质优的先进生产力，从而推动中国经济稳健增长和转型发展。新质生产力的发展包括技术创新、产业升级、人力资本提升等方面。在加强技术创新方面，一是通过国家战略引领和政策支持，摆脱高度依赖要素驱动经济增长的传统模式，推动关键核心技术和“从0到1”的前沿科技的突破，培育具有国际竞争力的科技企业，推动科技成果向产业化转化，摆脱陷入“卡脖子”困境的经济循环模式；二是加快数字化转型，推动信息技术与实体经济深度融合，促进新技术、新产业和已有技术与产业的结合。继续发展电子商务、数字支付、云计算等数字经济领域，拓展数字产业链条，推动传统产业转型升级，提升经济增长质量；三是加强生物科技研发与应用，推动生物医药、农业生物技术等领域的发展，提高公共卫生水平，降低疾病带来的健康风险。在产业结构调整和升级方面，加大对战略性新兴产业和现代服务业的支持力度，通过政府的政策引导和财政支持，促进战略性新兴产业（如生物科技、人工智能、新能源等）和现代服务业（如金融、信息技术、文化创意等）的共同发展壮大，带动整个产业链的优化和升级。人力资本的培养与发展方面，通过加强教育体系的建设，提高教育质量和覆盖率，培养更多高素质的青年科技人才、卓越工程师、大国工匠、高技能人才，满足战略性新兴产业和现代服务业的人才需

---

① 《习近平总书记强调的“新质生产力”》，人民网，2024年3月18日，http：//theory.people.com.cn/n1/2024/0318/c40531-40197632.html，最后访问日期：2024年4月12日。

求；同时加大对职业培训和技能提升的投入，增强劳动力市场的灵活性和适应性。

（三）加强技术治理与风险管控，利用新技术推动风险预测与研判

随着新技术的快速发展，我国面临着新技术变革引发的多维衍生风险挑战。为了有效应对这些风险，中国需要加强技术治理与风险管控，并在此基础上利用新技术推动风险预测与研判，实现利用技术化解风险。在技术运用风险管控上，一是需要建立健全的法律法规和监管体系，加强对新技术的规范和引导；二是需要加强数据安全和隐私保护，制定严格的数据保护法律和政策，保障个人信息的安全和隐私权利。在风险预测与研判上，利用大数据、人工智能等技术手段，加强对各类风险的监测和预警，及时采取有效措施防范和化解风险。一是化解社会风险。比如通过大数据分析、自然语言处理、情感分析等技术手段，快速准确地监测和分析网络舆情，识别出可能引发社会风险的事件和舆论情绪趋势，帮助企业、政府等机构及时了解公众舆论动态，及时发现并处理潜在的危机事件。二是加强人工智能等技术在气候风险中的运用。比如预测洪水等自然灾害的发生概率和演变过程，或通过无人机、卫星等技术获取灾情数据，或利用图像识别、语音识别等技术实现灾情信息的自动化分析和处理，推动人工智能在防范自然灾害风险方面发挥作用。

参考文献

赵姗：《薛澜：人工智能面临治理挑战》，《中国经济时报》2024 年 3 月 25 日，第 3 版。

Nearing, G. , Cohen, D. , Dube, V. , et al. , "Global Prediction of Extreme Floods in Ungauged Watersheds," *Nature* 627 (2024): pp. 559-563.

分报告

B.2
2023年中国自然灾害风险治理发展报告

赵飞　佟婧　闫雪*

摘　要：　本文系统梳理了2023年我国自然灾害总体情况，并对当前我国应对自然灾害的重要举措、存在的问题和未来发展趋势进行了分析。2023年在极端天气事件多发、自然灾害风险依然复杂严峻的环境下，在以习近平同志为核心的党中央的坚强领导下，我国推动构建与中国式现代化相适应的灾害治理体系，强化综合统筹。中国政府整合设立国家防灾减灾救灾委员会，进一步加强灾害应对各方面全过程统筹协调，健全体制机制，印发实施新修订的《国家自然灾害救助应急预案》，完善国家层面重特大灾害救助的工作机制及应急响应措施，全力做好防灾减灾救灾工作。当前，中国已从追求高速度转向谋求高质量发展的新阶段，对统筹发展与安全提出了更高的要

* 赵飞，中华人民共和国应急管理部国家减灾中心副研究员，研究方向为灾害评估与风险防范；佟婧，中华人民共和国应急管理部国家减灾中心副研究员，研究方向为灾害风险防范与综合减灾；闫雪，中华人民共和国应急管理部国家减灾中心研究实习员，研究方向为灾害风险调查与评估。

求。中国将持续推进深化改革，加快自然灾害防治领域综合性法律法规出台，加强基层应急管理能力，提高综合风险监测预警预报能力，充分发挥制度优势，全面协调政府、市场、社会和个人，实现治理格局的多元化，积极推动自然灾害防治和应急管理国际合作机制完善，实现应急管理体系和灾害风险治理能力现代化。

关键词： 自然灾害　风险治理　风险普查　防治理念　防灾减灾规划

一　2023年度中国自然灾害情况概述

（一）中国年度自然灾害风险新态势

2023 年是全球有气象记录以来的最暖年份，联合国秘书长古特雷斯就 2023 年 7 月全球气温创下历史新高发表声明，表示全球沸腾时代已经到来，极端气候正成为新常态。在全球显著升温变暖的气候变化大背景下，中国气温升高速率高于同期全球平均水平，是全球气候变化的敏感区，气候风险指数逐步呈上升趋势[①]。中国 2023 年平均气温较 1991～2020 年平均值偏高 0.81℃，创下有气象观测记录以来新高，暴雨洪涝、高温热浪和强台风等极端天气气候事件风险多点散发，呈现广发、强发、并发的新特征。

受极端灾害天气影响，2023 年中国华北、东北地区相继出现极端暴雨天气，造成京津冀、黑龙江、吉林等地受灾严重。西南、西北等局部地区强降雨导致山洪地质灾害多发散发。全年共观测记录 26 次龙卷风，其中强龙卷风 9 次，显著高于多年平均次数。12 月冷空气强度一度为强寒潮，河南、陕西、北京、天津等地共有 18 站日最低气温跌破建站以来 12 月历史极值，

① 《〈中国气候变化蓝皮书（2023）〉发布　全球变暖趋势持续　中国多项气候变化指标创新高》，中国气象局网站，2023 年 7 月 8 日，https：//www. cma. gov. cn/2011xwzx/2011xqxxw/2011xqxyw/202307/t20230708_ 5635282. html，最后访问日期：2024 年 4 月 9 日。

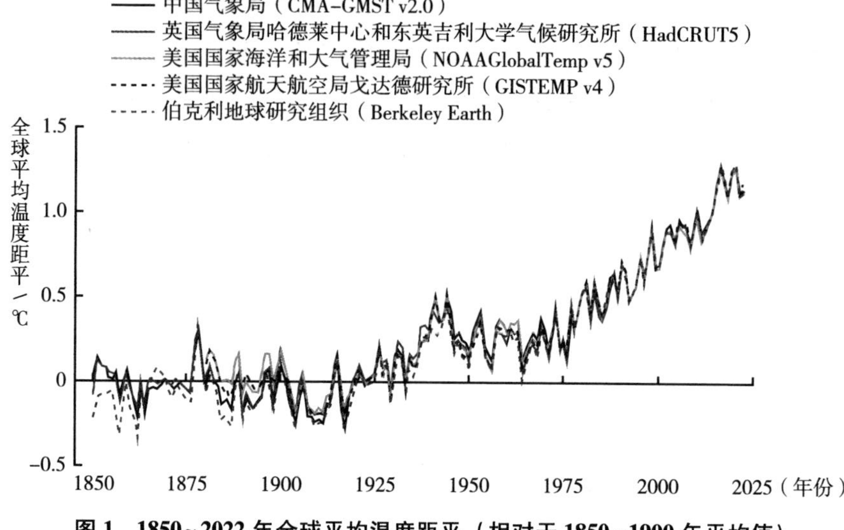

图 1　1850~2022 年全球平均温度距平（相对于 1850~1900 年平均值）

资料来源：《国家气候中心主任巢清尘：全球变暖趋势下，中国气候风险水平有多高》，网易，2023 年 9 月 5 日，https://www.163.com/dy/article/IDS1P5LV05506BEH.html，最后访问日期：2024 年 4 月 9 日。

气候风险造成极端天气事件频率和强度不断增加。

中国地震台网发布的相关统计数据显示，2023 年，全球范围共发生 6 级以上地震 129 次，其中 7 级以上地震达 19 次，呈现 7 级以上地震活动由弱转强的特点①。2023 年，中国大陆发生 5 级以上地震 11 次，包括 6 级以上地震 2 次，5 级以上地震呈现时间分布不均匀特征，风险防范难度增大。

（二）自然灾害基本情况和典型灾害梳理

2023 年中国主要经历了包括洪涝、台风、干旱、地震和地质灾害在内的多类自然灾害，全年相继发生 5 月底河南麦收季连阴雨、第 5 号台风“杜苏芮”、海河“23·7”流域性特大洪水、8 月初东北暴雨洪涝、四川金阳

① 《中国地震台网：2023 年全球发生 6 级以上地震 129 次》，央广网，2024 年 1 月 4 日，https://news.cnr.cn/native/gd/20240104/t20240104_526546708.shtml，最后访问日期：2024 年 4 月 9 日。

"8·21"山洪泥石流、12月8日甘肃积石山6.2级地震等重大自然灾害①。应急管理部公开的统计数据显示，全国全年因各类自然灾害累计造成9500余万人次受灾，因灾死亡、失踪人口691人，紧急转移安置334.4万人次，农作物受灾面积10539.3千公顷，直接经济损失3454.5亿元。与2022年相比，2023年受灾人次同比下降14.8%，因灾死亡失踪人数、农作物受灾面积和直接经济损失同比分别上升24.7%、12.7%，44.8%②。

与近20年（2003~2022年，2008年未计入）均值相比，2023年全国受灾人次、因灾死亡失踪人数、倒塌房屋数量和直接经济损失（各年直接经济损失均以2003年可比价格为基准，按照国内生产总值指数进行折算）分别下降66.7%、63.4%、78.9%和16.4%。与近10年均值相比，2023年受灾人次、因灾死亡失踪人数、倒塌房屋数量、直接经济损失分别下降46%、39%、25%、2%。

2023年，中国自然灾害总体灾情指数为0.18，位列近20年来第三低值（仅高于2018年和2022年），较2003~2022年均值（0.43，2008年未计入）下降58.1%，灾情指数明显偏轻。

1. 2023年全国因自然灾害受灾人口分灾种占比情况

2023年，全国因各类自然灾害造成的受灾人口中，洪涝灾害占比最高（55.3%），其后依次为干旱灾害（22.0%）、台风灾害（11.9%）、风雹灾害（6.3%）、低温冷冻和雪灾（3.4%），地震、地质、沙尘暴灾害等其他灾害占比均相对较低（见图2）。

2. 2023年全国因自然灾害死亡失踪人口分灾种占比情况

2023年，全国因各类自然灾害造成的死亡失踪人口中，洪涝灾害占比最高（44.7%），其后依次为地震灾害（21.9%）、地质灾害（18.7%）、风

① 《国家防灾减灾救灾委员会办公室　应急管理部发布2023年全国十大自然灾害》，中华人民共和国应急管理部网站，2024年1月20日，https://www.mem.gov.cn/xw/yjglbgzdt/202401/t20240120_475696.shtml，最后访问日期：2024年4月9日。

② 《国家防灾减灾救灾委员会办公室　应急管理部发布2023年全国自然灾害基本情况》，中国政府网，2024年1月21日，https://www.gov.cn/lianbo/bumen/202401/content_6927328.htm，最后访问日期：2024年4月9日。

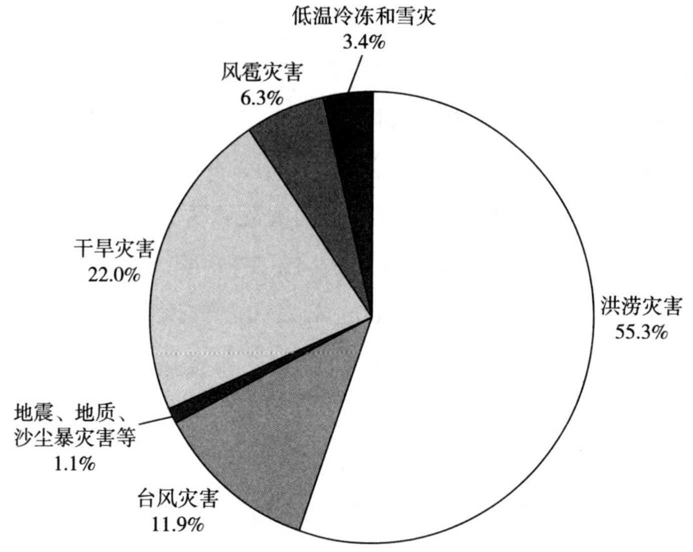

图 2　2023 年全国因自然灾害受灾人口分灾种占比情况

资料来源：《中国自然灾害报告（2023）》，应急管理部国家减灾中心（报告涉及的全国性灾害损失和影响统计汇总数据，均未包含香港特别行政区、澳门特别行政区和台湾地区，下同）。

雹灾害（8.2%）、低温冷冻和雪灾（4.3%），台风和森林草原火灾等其他灾害占比均相对较低（见图 3）。

3. 全国因各类自然灾害造成的直接经济损失

2023 年，从灾种看全国因各类自然灾害造成的直接经济损失中，洪涝、台风、干旱灾害影响最为严重，其造成的直接经济损失分别占全国总损失的 70.8%、13.7% 和 5.9%。风雹灾害（3.4%）、地震灾害（4.3%）、低温冷冻和雪灾（1.4%），地质灾害、沙尘暴等其他灾害占比均相对较低（见图 4）。

4. 2023年自然灾害呈现的基本特点

2023 年中国洪涝、台风、干旱灾害突出，自然灾害分布总体呈现“北重南轻”的格局。年初西南地区发生冬春连续干旱的情况，西藏林芝嘎隆拉山雪崩，“七下八上”期间，先有超强台风“杜苏芮”登陆福建，造成浙

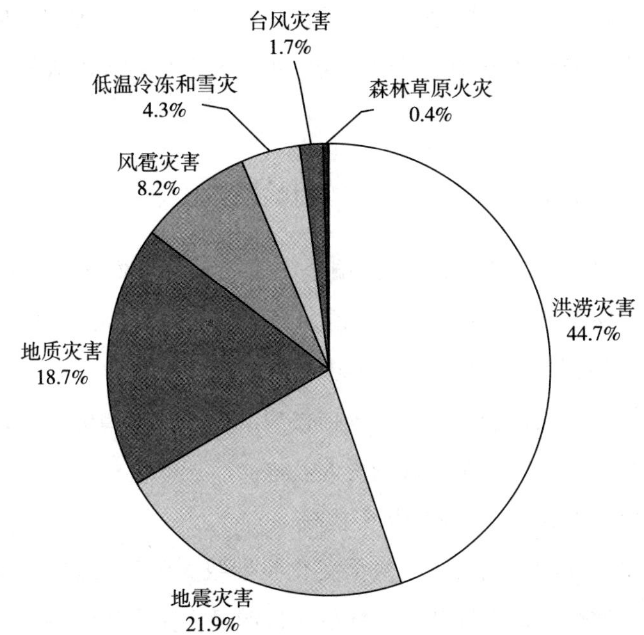

图 3　2023 年全国因自然灾害死亡失踪人口分灾种占比情况

资料来源：《中国自然灾害报告（2023）》，应急管理部国家减灾中心。

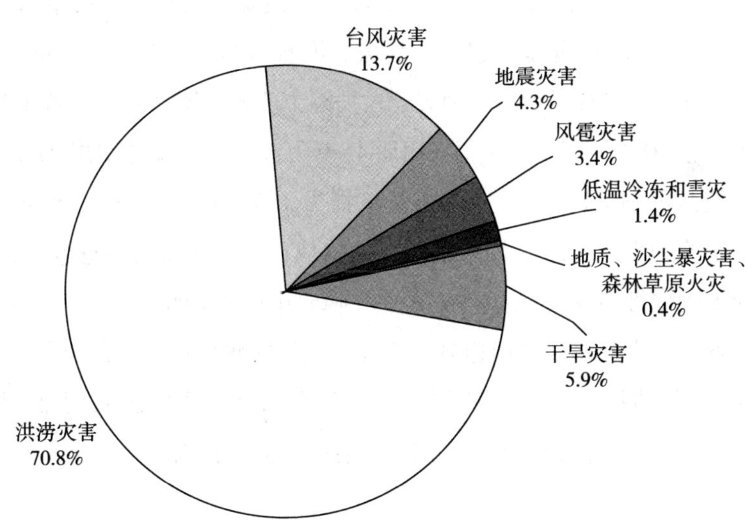

图 4　2023 年全国因自然灾害直接经济损失分灾种占比情况

资料来源：《中国自然灾害报告（2023）》，应急管理部国家减灾中心。

江、福建等地出现极端强降雨，局部地区出现严重的洪涝灾害；后有海河流域性特大洪水、松辽流域特大暴雨洪涝灾害，皆造成较大的人员伤亡和财产损失。

（三）存在的风险挑战和面临的风险形势

2023 年全国范围气候状况总体偏差，极端天气事件多发，自然灾害风险形势复杂严峻，“杜苏芮”残余环流北上引发京津冀罕见暴雨洪涝，2023 年 12 月强寒潮创多地低温与积雪新纪录。极端天气带来的不利影响叠加城市规模不断扩大、人口密度高、承灾体密集造成的社会高脆弱性，系统性风险挑战比以往更多、更复杂、影响更大。

1. 气候变化不确定性带来的风险挑战

越来越多的观测证据表明，气候变化将导致天气和气候异常现象增加，自然灾害的突发性、极端性和反常性越来越明显，灾害风险持续加大。但目前对气候变化影响的评价尚存在较大的不确定性，这对区域系统性风险防范与应对提出了挑战。

2023 年 7 月底 8 月初，受台风“杜苏芮”残余环流影响，京津冀等地遭受极端强降雨，引发严重暴雨洪涝、滑坡、泥石流等灾害，造成北京、河北、天津 551.2 万人不同程度受灾，因灾死亡失踪 107 人，紧急转移安置 143.4 万人；倒塌房屋 10.4 万间，严重损坏房屋 45.9 万间，一般损坏房屋 77.5 万间；农作物受灾面积 416.1 千公顷；直接经济损失 1657.9 亿元①。此次极端强降雨对位于华北的京津冀地区带来了极大的挑战，北方大城市遭遇暴雨洪涝是气候变化不确定性带来的风险挑战之一，随着中国平均年气温逐年升高，未来中国平均年降水量将呈增加趋势，极端天气与气候事件发生的可能性增大，“黑天鹅”事件的不确定难预料因素增多，社会和生态系统面临的风险挑战进一步加剧，将对经济社会发展和人们的生活产生很大影响。

---

① 《国家防灾减灾救灾委员会办公室　应急管理部发布 2023 年全国十大自然灾害》，中华人民共和国应急管理部网站，2024 年 1 月 20 日，https://www.mem.gov.cn/xw/yjglbgzdt/202401/t20240120_475696.shtml，最后访问日期：2024 年 4 月 9 日。

2. 城市风险复杂叠加

中国仍处于城镇化快速发展进程中，党的十八大以来，中国城市规模不断扩大，城镇化水平持续提高。国家统计局的数据显示，截至 2023 年末，全国城镇常住人口为 93267 万人，比 2022 年增加 1196 万人；乡村常住人口为 47700 万人，比 2022 年减少 1404 万人；常住人口城镇化率为 66.2%，比 2022 年提高 0.94 个百分点。从提高幅度看，较 2022 年扩大 0.44 个百分点①。

表 1　2023 年年末人口数及其构成

单位：万人，%

指标	年末数	比重
全国人口	140967	100.0
其中:城镇	93267	66.2
乡村	47700	33.8
其中:男性	72032	51.1
女性	68935	48.9
其中:0~15 岁(含不满 16 周岁)	24789	17.6
16~59 岁(含不满 60 周岁)	86481	61.3
60 周岁及以上	29697	21.1
其中:65 周岁及以上	21676	15.4

资料来源：《中华人民共和国 2023 年国民经济和社会发展统计公报》，国家统计局网站。

国家统计局数据显示，截至 2023 年末，京津冀、长江三角洲、珠江三角洲三大城市群，以 5.2% 的国土面积集聚了全国 23% 的人口，创造了 39.4%的国内生产总值。随着经济发展、城市扩张，城镇人口数量、流动速度不断增长，产业高度集聚，大型、特大型城市数量持续递增，城市群、都市圈也加速形成。人口密度大、各类设施建筑密集、轨道交通承载量超负

① 《中华人民共和国 2023 年国民经济和社会发展统计公报》，国家统计局网站，2024 年 2 月 29 日，https://www.stats.gov.cn/sj/zxfb/202402/t20240228_1947915.html，最后访问日期：2024 年 4 月 9 日。

荷，叠加长期累积的隐患逐步显露，暴露出城市脆弱性，安全威胁正在不断加剧。而自然灾害侵扰会导致城市安全隐患增加，同时影响城市灾害风险研究水平、安全防控措施能力建设等诸多方面，与城市经济发展水平难以得到匹配和平衡，风险提前预判与科学管控能力面临新的挑战，考验政府应对能力。

城市风险管理已经成为中国未来城市管理的重中之重。将灾害风险管控纳入安全城市、韧性城市建设，在国土空间规划等重大规划和专项规划中充分体现灾害风险影响因素，是遏制各类灾害事故发生的必然条件，也是守住生命底线、保障社会和平发展的根本需要。

3. 灾害链导致巨灾风险的挑战

随着气候变化和经济社会不断发展，多灾种聚集和灾害链特征日益突出。灾害链产生的危害性大幅超过了单一灾害事件，重特大灾害引发的灾害链也是巨灾形成的重要原因，对人民群众的生命安全和财产造成了严重的损失和威胁，并对灾害的管理和决策支持形成了巨大的挑战。

二　中国自然灾害风险治理的主要进展

2023 年中国自然灾害形势严峻复杂，在以习近平同志为核心的党中央坚强领导下，中国政府坚持“人民至上、生命至上”，积极推进应急管理体系和能力现代化，坚持高质量发展和高水平安全良性互动，更加注重预防为主，突出源头防控，加快建立以风险治理为重点的应急管理体系，全面提升应急处置能力，实施好自然灾害应急能力提升工程，聚焦灾害风险治理短板弱项，高质量推进预警指挥、救援能力、巨灾防范、基层防灾工程实施等稳步发展，加快建成跨地域、跨层级、跨部门的灾害预警指挥体系，支持基层实施一批物资储备、实战实训、战勤保障等基础设施改造升级项目，完善震害防御数据系统和构造探查装备，加快补齐应急救援队伍装备短板，全力防范化解重大安全风险、应对各类灾害事故，有力保障了人民生命财产安全。

灾害风险治理各项措施的实施落地，防止和减轻了灾害带来的损失，同时也有效减少了人员伤亡，为经济社会平稳发展奠定了坚实基础。据统计，2003~2023年，全国各类自然灾害造成的受灾人口总体呈现下降趋势，2023年中国各类自然灾害共造成9544.4万人次不同程度受灾，位列2003年以来最低值，较2003~2022年全国受灾人口均值（2008年未计入）下降66.7%。

（一）体制机制进一步健全

为推动构建与中国式现代化相适应的灾害治理体系，强化综合统筹，2023年中国政府整合设立国家防灾减灾救灾委员会，进一步加强灾害应对各方面全过程统筹协调，推动解决全局性、基础性、长远性重大问题，各项防灾减灾救灾机制得到进一步优化，完善了应急响应机制、健全联防联控机制、强化救灾物资储备和快速调拨机制、建立了自然灾害风险普查评估常态化机制。

着眼灾害风险综合管理，建立国家应急指挥总部指挥协调运行机制，指导各级进一步完善应急指挥体系。应急指挥坚持系统观念，通过实战牵引、科技赋能来强化应急指挥场所功能建设，全面建立健全工作机制以提升保障能力，基本形成行业部门横向会商、部省市县纵向贯通、协调联动的应急指挥部体系。

着眼新时期自然灾害救助工作面临的形势和救灾救助任务新要求，国务院办公厅已于2024年1月将新修订的《国家自然灾害救助应急预案》印发并实施，针对国家层面重特大灾害救助的工作机制、应急响应措施等进行了系统的调整和完善，并印发基层应急预案编制参考，切实推动全国救助预案体系建设，全力保障好受灾群众基本生活。

（二）风险防控能力不断提升

近年来，中国不断提升自然灾害风险防控能力，并于2020年首次开展全国范围自然灾害综合风险普查工作，这项重大的国情国力调查工作于2024年全面收官，共获取全国灾害风险要素数据数十亿条，为提升中国自然灾害防治能力奠定坚实基础。

1. 摸清风险底数，提高风险防控水平

通过第一次全国自然灾害综合风险普查，实现了自然灾害风险要素、风险区划和综合防治区划、风险评估等全链条调查评估；实现了致灾因子和承灾体相关数据的有机融合；第一次全面摸清了全国房屋建筑和市政设施的"家底"，形成了具有空间位置和物理属性的房屋建筑海量数据成果，全国房屋建筑第一次有了"数字身份证"；第一次开展了对全国灌木、草木、枯落物的普查，填补了全国林下植被可燃物载量空间信息的空白；第一次全面掌握了主要公共服务设施的空间信息和灾害属性；第一次完成了对全国县、乡、村公路、桥梁、涵洞等的普查，采集了全国公路设施的抗震、防洪等设防信息，形成了全国国、省干线公路承灾体风险数据库、全国水路承灾体风险数据集等。①

2. 全面完成国家、省、市、县四级灾害风险评估与区划

首次实现了在统一的技术体系框架和较为完整的数据支撑下，开展单灾种和综合风险评估与区划。此次普查完成了地震、地质、气象、水旱、海洋灾害和森林草原火灾等全国 6 大类灾害风险评估与区划、灾害综合风险评估与区划任务，编制了全国主要灾害类型灾害风险图和区划图、全国自然灾害综合风险图和综合防治区划图，制修订了全国地震烈度区划、地质灾害防治区划、主要江河防洪区防治区划、山地洪水威胁区防治区划、干旱灾害防治区划、风暴潮灾害重点防御区划、森林火灾防治区划等，客观认识了全国和各地区自然灾害综合风险水平。

基于孕灾环境、历史灾情、主要承灾体综合风险区域差异划分，全国划分出 6 个自然灾害综合风险大区、30 个综合风险区。根据评估与区划成果，中国自然灾害综合风险总体呈现"东、中部高，西部低"的格局，为防范化解重大灾害风险提供依据。

---

① 《第一次全国自然灾害综合风险普查公报汇编》，中华人民共和国应急管理部网站，2024 年 5 月 7 日，https：//www. mem. gov. cn/xw/yjglbgzdt/202405/t20240507_ 487067. shtml，最后访问日期：2024 年 5 月 9 日。

完成了31个省（区、市）和新疆生产建设兵团、333个市级、2846个县级风险评估与区划任务，第一次明确了全国高灾损区、高致灾与承灾体隐患区、高风险区和低减灾能力区（“三高一低”区域），从而为进一步在单灾种风险防范基础上开展综合风险防范和针对性灾害防治提供依据。①

3. 建成分类型、分区域的国家自然灾害综合风险基础数据库

按照“统一规划、共同建设，统一标准、共享共用，常态运行、分类管理”的原则，以本次普查成果数据为基础，建成了由1个国家级综合库、10个国家级行业库和31个省级数据库构成的国家自然灾害综合风险基础数据库，印发《国家自然灾害综合风险基础数据库管理暂行办法》，建设集数据汇交、质检、管理、共享、展示等功能于一体的数据库系统平台。国家级综合库实现与国家行业库、省级库的互联互通，为数据更新、共享使用和常态化灾害风险评估区划打下基础。

4. 示范应用成效显著

各地各部门结合自身实际情况，因地制宜，广泛开展普查数据成果应用，将致灾因子、孕灾环境、承灾体统筹综合考虑，创新思路，多管齐下，持续推进普查数据成果应用工作，在灾害评估、灾后恢复重建、重大规划、韧性安全城乡建设等方面取得明显成效。国务院普查办先后组织4次全国普查成果应用交流会和多次区域、部门普查成果应用交流活动，总结提炼各地各部门典型应用案例经验160余条，线上线下累计参会人数超过10万人（次），各地方各行业交流了近700篇普查成果应用案例，充分挖掘了普查成果蕴含的价值，形成了一批具有行业特色和地域特点的普查应用成果，推动了普查成果在更广范围、更深层次、更高水平的转化和落地应用。

在全国68个市县开展县域综合风险普查成果应用试点，推动普查成果服务基层应急能力提升。各地因地制宜，在构建、完善监测预警体系、应急响应体系、风险防范体系等三大体系方面，充分应用普查成果，切实发挥普

① 《第一次全国自然灾害综合风险普查公报汇编》，中华人民共和国应急管理部网站，2024年5月7日，https://www.mem.gov.cn/xw/yjglbgzdt/202405/t20240507_487067.shtml，最后访问日期：2024年5月9日。

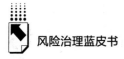

查在提升自然灾害防治能力中的重要基础性作用，形成了一批可推广、可复制的应用示范，显著提升了基层防灾减灾和应急救援能力。

积极推进利用普查成果开展专项普查评估和成果应用示范工作。聚焦服务重大活动和重要战略区安全保障，完成北京冬奥会、杭州亚运会、长三角地区等专项评估，提出自然灾害防治与极端灾害应对建议。聚焦服务部门业务发展，将普查数据成果应用于地质灾害“点面双控”防治、海洋灾害风险预警、全国自建房安全专项整治、交通灾害防治工程、七大流域防洪规划修编、灾害综合监测预警和应急指挥、气象灾害危险性评估、森林火源和防火设施物资管理、重大地震灾害风险评估等工作，有效提升了相关业务的科学性和精准化、精细化水平。将普查成果应用于京津冀协同发展、粤港澳大湾区建设、长三角一体化发展等重大国家战略，全面厘清地区历史重大自然灾害特征，开展极端灾害及灾害链情景模拟，揭示主要承灾体面临的灾害风险，提升地区防范化解重大自然灾害风险能力，提高防灾减灾救灾能力，以高质量安全保障高质量发展。

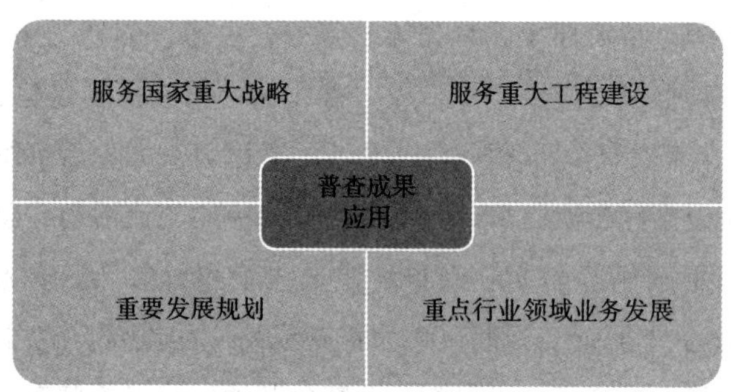

图 5　第一次全国自然灾害综合风险普查成果应用示意

资料来源：作者根据资料绘制。

（三）应急处置高效有序

中国政府始终坚持“人民至上、生命至上”，坚持稳中求进的工作总基调，注重应急协调联动，树立协同共治的理念。在 2023 年发生的海河流域性特大洪水、松辽流域特大暴雨洪涝灾害、甘肃积石山6.2级地震等重大自然灾害应急处置中，中国政府将受伤群众救治、紧急转移避险作为首要任务，第一时间联合调动涉灾行业部门展开滚动会商研判，进行灾情评估，协调落实相关支持措施，高效有序地组织抢险救援，与财政部建立中央救灾资金预拨机制，与国家粮储局紧急调拨中央救灾物资，保障灾后援救工作。

信息传递与共享方面：中国已建立健全“省—市—县—乡—村”五级灾害信息员队伍，确保在灾害发生后，能够实现第一时间村级上报。截至2023年10月，全国约90万人次参加了应急管理部组织的灾害风险隐患信息报送工作培训，完成全国102万人的灾害风险隐患信息报送队伍摸底和更新入库工作，2023年以来，各地积极报送灾害风险隐患信息22万余条，实现737户11476人成功避险①。开发自然灾害综合监测预警平台，建立各部门的数据共享机制，同时接入中国气象局监测预报预警等相关数据信息、水利部重点河道和水库实时水情数据、中国地震局地震速报数据、自然资源部海洋预报预警数据以及全国第一次自然灾害综合风险普查成果数据，建立自然灾害综合风险监测预警数据库，充实应急数据资源体系，强化灾情信息共享支撑。建成部省应急管理数据交换平台，实现相关部委和各地能够共享灾害事故信息、救援进展信息、应急物资情况等信息，有效提高灾害事故信息支撑能力。开发灾害风险隐患信息报送系统和国家防灾预警一张图系统，完成“95707”智能虚拟呼叫中心，部署3360个地震预警服务示范终端②，和广电总局建立合作，拓宽应急广播和电视播出渠道，推动灾害风险隐患信息收集、灾害现场信息采集和灾害风险预警信息发送。建设灾害应急救援救助平台和社会应急力量救援协调系统，面向社会公众提供“我要求救”

① 《应急管理部2023年全国灾害风险隐患信息报送培训工作圆满结束》，中华人民共和国应急管理部网站，2023年11月2日，https://www.mem.gov.cn/xw/yjglbgzdt/202311/t20231102_467414.shtml，最后访问日期：2024年3月29日。

② 《关于政协第十四届全国委员会第一次会议第03339号（工交邮电类459号）提案答复的函》，中华人民共和国应急管理部网站，2024年1月30日，https://www.mem.gov.cn/gk/jytabljggk/zxwytadfzy/2023zx_5985/202401/t20240130_476758.shtml，最后访问日期：2024年3月29日。

“我要救援”“灾情动态”等功能，为老年人等特殊群体提供了“代人求救”“一键电话求救”等便捷服务；同时，为社会应急力量在线开展队伍管理、参与救援行动、接领救援任务等提供信息化支撑。开发互联网灾害应急救援救助平台，大量社会应急力量队伍备案其中，在灾害发生时能够及时统筹各界求助信息，完成应急救援专业力量和社会应急力量的统一调度，其中，在 2023 年 3 月 1 日四川泸定 6.8 级地震救援中，该平台共接收并响应 106 名受灾群众的求救信息，有效引导 32 支社会应急力量参与救援①。

救援队伍建设与物资调配方面：2023 年中国依旧持续推进自然灾害抢险救援力量建设，继续完善以国家综合性消防救援队伍为主力，国家队、专业救援队伍为协同，以军队应急力量为突击，以社会力量为辅助的中国特色应急救援力量体系。为全面提升应急处置能力，建强应急救援力量综合性消防队伍，2023 年 1 月 6 日挂牌成立国家消防救援局，增加国家综合性消防救援队伍编制，持续投入使用新特装备，强化实战练兵，在应对各类自然灾害时的应急救援能力明显提升。至 2023 年底，共新建 15 支国家安全生产应急救援专业队伍②，总数已经达到 113 支。与财政部、国家粮食和物资储备局协同印发《中央应急抢险救灾物资储备管理暂行办法》，对中央救灾物资储备管理的各个环节进行细化和完善，实现救援物资高效发放。完成国家应急资源管理平台建设工作，实现 58 个中央救灾物资储备库辐射全国 31 个省份，此外，对灾害事故高风险地区和交通建设不发达的地区加大布局密度，确保实现救灾物资能在灾害发生后第一时间送达。2023 年中国政府时刻关注台风、地震、洪涝等重大自然灾害，时刻做好救灾物资储备，财政部门统计数据显

① 《关于政协第十四届全国委员会第一次会议第 03339 号（工交邮电类 459 号）提案答复的函》，中华人民共和国应急管理部网站，2024 年 1 月 30 日，https：//www.mem.gov.cn/gk/jytabljggk/zxwytadfzy/2023zx_ 5985/202401/t20240130_ 476758.shtml，最后访问日期：2024 年 3 月 29 日。

② 《2023 应急管理成绩单新鲜出炉》，中华人民共和国应急管理部网站，2024 年 1 月 4 日，https：//www.mem.gov.cn/zl/202401/t20240104_ 474189.shtml，最后访问日期：2024 年 3 月28 日。

示，全年启动快速预拨机制 22 次，共下达中央自然灾害救灾资金 121.75 亿元[①]。

技术支撑方面：为建强国家应急指挥总部信息基础，中国深化电力、铁塔、通信、视频和卫星遥感大数据分析应用，2023 年中国成功发射 2 颗应急减灾雷达卫星，助力防灾减灾和国家地震烈度速报。建设应急卫星通信网，基本建成 370MHz 应急指挥窄宽带无线通信网，打造大型长航时无人机空中信息平台。建立建成国家通信网应急指挥调度系统，形成部、省、企业、现场四级扁平指挥体系，覆盖全国的应急宽带 VSAT 网、短波网，配合高通量卫星、大型无人机平台、海上应急通信浮空平台，构建了空、天、地、海一体的国家应急通信网络。强化航空救援力量建设，大中型航空救援直升机增加至 100 余架[②]，航空消防业务开展省份增加至 21 个。根据《中国航空科技活动蓝皮书（2023 年）》，2023 年高分、环境、资源等卫星完成 600 余次安全预警，为灾害事故提供立体化灾情救援；通过通信广播卫星，为 1500 个基站和近 200 台应急通信车提供通信保障，应急卫星遥感保障机制为中国自然灾害应急保障工作保驾护航。

信息发布透明：搭建灾情报告系统，统一公布灾情，要求中央及地方各级政府以及时准确、公开透明为原则，切实做好各类自然灾害突发事件的灾情信息发布工作，采取包括授权发布、新闻稿发布、组织记者采访、举办新闻发布会等多种方式向公众第一时间公布灾害发展情况及应急处置工作进展，保障人民群众的知情权和监督权。

灾后救助及时；2023 年汛期，华北、东北等地遭受严重暴雨洪涝灾害，习近平总书记高度重视，先后前往黑龙江、北京、河北等地慰问受灾群众，

---

① 《2023 年中国财政政策执行情况报告》，中华人民共和国财政部网站，2024 年 3 月 7 日，https：//www.mof.gov.cn/zhengwuxinxi/caizhengxinwen/202403/t20240307_3930117.htm，最后访问日期：2024 年 3 月 28 日。

② 《关于政协第十四届全国委员会第一次会议第 00236 号（城乡建设类 034 号）提案答复的函》，中华人民共和国应急管理部网站，2024 年 1 月 30 日，https：//www.mem.gov.cn/gk/jytabljggk/zxwytadfzy/2023zx_5985/202401/t20240130_476748.shtml，最后访问日期：2024 年 3 月 29 日。

明确要求做好救灾救助和灾后重建工作，有关部门认真贯彻习近平总书记的重要指示精神，统筹考虑各地灾情及实际需求，下拨48.46亿元救助资金①给26个省（区、市）和新疆生产建设兵团，紧急调拨37万件棉大衣、棉被等救灾物资②给15个重点受灾省份，帮助地方做好冬春救助工作，保障受灾群众基本生活。

（四）防灾工程建设持续强化

财政部发布的信息显示，由十四届全国人大常委会第六次会议审批，在2023年第四季度增发国债10000亿元③，用于支持地方灾后重建和提升防灾减灾能力的项目建设，重点用于八大方面，包括灾后恢复重建、重点防洪治理工程、自然灾害应急能力提升工程、其他重点防洪工程、灌区建设改造和重点水土流失治理工程、城市排水防涝能力提升行动、重点自然灾害综合防治体系建设工程、东北地区和京津冀受灾地区等高标准农田建设。一批防汛抗旱、引水调水等重大水利工程开工建设，进一步提升中国防灾减灾救灾能力。

（五）强化国际合作治理手段（“一带一路”灾害管理发展）

当前全球重大灾害频发，中国积极推进建立“一带一路”自然灾害防治和应急管理国际合作机制，携手夯实灾害防治、联动救援、科技创新、人才培养等方面合作，紧急协调渠道随时畅通，相互提供及时高效的支持与帮助，携手应对灾害风险挑战，更好地造福各国人民，为构建人类命运共同体

① 《国家防灾减灾救灾委员会办公室、应急管理部向多地派出工作组　调研指导受灾群众安全温暖过冬情况》，中华人民共和国应急管理部网站，2024年1月10日，https：//www.mem.gov.cn/xw/yjglbgzdt/202401/t20240110_474748.shtml，最后访问日期：2024年3月29日。

② 《应急管理部、财政部、国家粮食和物资储备局调拨中央救灾物资支持做好受灾群众冬春救助工作》，中华人民共和国应急管理部网站，2023年12月7日，https：//www.mem.gov.cn/xw/yjglbgzdt/202312/t20231207_471223.shtml，最后访问日期：2024年3月29日。

③ 《关于2023年中央和地方预算执行情况与2024年中央和地方预算草案的报告》，中华人民共和国财政部网站，2024年3月14日，https：//www.mof.gov.cn/zhengwuxinxi/caizhengxinwen/202403/t20240314_3930581.htm，最后访问日期：2024年3月28日。

作出更大贡献。在共商共建共享原则指引下，共建“一带一路”国家高度重视防灾减灾工作，并都有着各具特色的灾害管理体系机制。2023 年中国成功举办“一带一路”自然灾害防治和应急管理国际合作部长论坛，建立相关合作机制，推出 14 项合作举措；举行共建“一带一路”国家应急救援联合演练，彼时来自 9 个国家和地区及部分国际组织、驻华使馆的代表等共 170 余人熟悉国际城市搜索与救援理论方法，加强救援队伍现场协调能力，交流各国应急救援实践经验，携手提升应急救援水平，助力共建“一带一路”国家共享发展、共助繁荣。

三　中国自然灾害风险治理展望

（一）持续推进自然灾害治理法治建设

法治是自然灾害治理事业的基石和保障，《中共中央 国务院关于推进防灾减灾救灾体制机制改革的意见》提出，强化防灾减灾救灾法治保障，加强综合立法研究，“加快形成以专项防灾减灾法律法规为骨干、相关应急预案和技术标准配套的防灾减灾法规体系”。健全完善法治建设工作推进机制，将法治政府建设与自然灾害风险治理工作同谋划、同部署、同落实，在法治轨道上推进中国自然灾害治理工作高质量发展，是中国未来一段时间自然灾害风险治理工作顺利推进的基础和前提。

（二）持续深化应急管理体制改革

应急管理部自成立以来，正在逐渐解锁新的应急管理体制优势，其不凡成绩有目共睹。应急管理体制改革运行仍存在一些困难，需要进一步处理好统一分散、防治救援、上下联动的关系，发挥好应急管理部门整合各行业相关部门的专业优势方面的能力，持续提高实战能力，紧抓每一次重大灾害事件，结合应对评估改革落实情况、实际运行质量效果，完善体制机制；紧紧围绕构建现代化的应急指挥、风险防范、应急救援力量、应急物资保障、科技支撑和人才保障、应急管理法治等六个方面，尽快形成适应时代的现代化应急管理体系；各地方因地制宜、攻坚克难、率先突破，提供深化改革的新鲜经验。

（三）开创自然灾害多元治理新局面

自然灾害风险治理能力提升是一个系统工程，实现灾害风险治理主体的多元化、治理手段的多样化、治理过程的科学化、治理路径的合理化等等，最终形成灾害风险治理体系与能力的现代化。新时期的多元治理格局不仅包括传统的全面调动政府、市场、社会和个人等各个方面的资源，治理参与方的多元化，也逐步扩展到基于地理位置的区域深度协作，开创区域多元治理理念新局面，对提升政府自然灾害风险治理能力具有重要意义。

（四）持续提升基层应急管理能力

应急管理是一项“重在日常”的复杂系统工程，新时期重大自然灾害多发、并发，应急管理工作繁重，也暴露出基层应急管理能力亟待提升。2024 年 2 月 19 日习近平总书记在中央全面深化改革委员会第四次会议上强调，要理顺管理体制，加强党对基层应急管理工作的领导，完善工作机制，健全保障机制，提升基层应急管理能力。提升基层应急管理能力，既是基础工作，又是长期任务，需要工作重心前移、力量下沉，不仅要发挥职能部门专业优势，让党员干部齐参与，更要有效发动群众，注重发挥城乡社区网格员、各类志愿者、社会从业人员等群体的作用，健全平急转换机制；强化部门间的协同，依靠群众的支持、社会力量的参与，以基层善治带给人民群众更多实实在在的安全感。

（五）积极构建灾害风险治理国际合作新机制

当前全球重大灾害频发，中国积极推进应急管理体系和能力现代化，有力保障了人民生命财产安全，积累了很多成功经验。随着共建“一带一路”沿线成员国对自然灾害防治重视程度的不断加深，携手应对自然灾害的合作需求日益上升。中国会与各方共同推进自然灾害防治和应急管理国际合作机制，携手夯实灾害防治、联动救援、科技创新、人才培养等方面合作，随时畅通紧急协调渠道，相互提供及时高效的支持与帮助，共同应对灾害风险挑战，更好地造福各国人民，为构建人类命运共同体作出更大贡献。

参考文献

《中国自然灾害报告（2023）》，应急管理部国家减灾中心。

中国气象局气候变化中心编著《中国气候变化蓝皮书 2023》，科学出版社，2023。

《国家防灾减灾救灾委员会办公室　应急管理部发布 2023 年全国自然灾害基本情况》，中国政府网官网。

中国航天科技集团：《中国航天科技活动蓝皮书（2023 年）》，2024 年 2 月 26 日。

B.3
2023年中国公共卫生事件风险治理发展报告

郝晓宁　丰志强*

摘　要：　近年来，我国公共卫生风险治理体系不断完善，公共卫生应急管理体系与管理能力日益强化，科学防范和有效应对突发公共卫生事件，对保障社会稳定、促进经济发展与维护人民健康具有重要意义。本文系统梳理了2023年我国公共卫生风险治理取得的相关进展，并对风险治理的优化完善和持续发展提出相关对策建议。我国公共卫生风险治理在人工智能技术、医防融合，以及城乡研究的实践中取得了长足进展。进一步增强我国风险治理能力，需要不断完善体制机制，提升风险管理水平、加强风险预警法治建设、数字赋能公共卫生风险治理、强化弱势群体风险治理支持。

关键词：　风险治理　公共卫生事件　应急管理　医防融合

一　公共卫生风险治理政策进展

（一）公共卫生风险治理的国内与国外动态

1. 公共卫生风险治理的国内动态

近年来，我国公共卫生风险治理体系不断完善，国家先后出台了《中

---

* 郝晓宁，国家卫生健康委卫生发展研究中心研究员，博士生导师，研究方向为卫生应急管理、老龄健康研究等；丰志强，国家卫生健康委卫生发展研究中心助理研究员，研究方向为卫生应急管理。

华人民共和国突发事件应对法》《突发公共卫生事件应急条例》等法律法规，《国家突发公共卫生事件应急预案》《国家突发公共事件医疗卫生救援应急预案》等预案，政策框架日益健全，同时针对公共卫生风险治理采取了一系列有力措施。

（1）加强疾病监测与预警

政府高度重视疫情防控工作，持续加强疾病监测和预警系统的建设。2023 年，中央财政通过转移支付方式下拨疾控项目经费 176.87 亿元，用于重大传染病、地方病等防控工作①。国家卫健委在应对新发和重点传染病方面，持续优化并健全传染病疫情应急预案系统，强化应急模拟训练，旨在提升应急响应和流行病学调查的专业能力。同时，加速构建国家级传染病应急响应团队，目前已有 20 支国家突发急性传染病防控队伍，并获得中央财政的大力支持以新设 5 支国家防控队伍，并确保在全国各市县建立起基层传染病应急小组。为有效监测和管理，我国已搭建覆盖 8.4 万家医疗机构的法定传染病和突发公共卫生事件网络直报系统，对鼠疫、脊髓灰质炎、疟疾、流感等关键传染病进行常规主动监测。

针对急性呼吸道疾病，我国构建了一套包含哨点医院监测、病毒变异监测和城市污水监测在内的多维度监测系统，内含 10 个监测子系统。该系统不仅开展了多病原监测试点，还设置了 4 类风险信号，以便科学评估监测结果，并实时报告和发布预警信息，为疫情防控提供强有力的技术支持②。此外，借助大数据和人工智能等先进技术，国家卫健委正全力推进智慧化多点触发传染病监测预警系统建设，以建立健全的传染病监测预警与应急指挥信息平台，实现监测数据的自动化采集、处理、分析和预警，实现对传染病的实时监测和预警，提高了疾病监测的准确性和时效性，不断提升综合研判能

---

① 《我国疾控事业发展迈上新台阶》，中国政府网，2023 年 12 月 28 日，https：//www.gov.cn/xinwen/jdzc/202312/content_6922954.htm，最后访日日期：2024 年 4 月 22 日。

② 《全面推进智慧化多点触发传染病监测预警体系建设》，中国政府网，2023 年 12 月 28 日，https：//www.gov.cn/xinwen/jdzc/202312/content_6922957.htm，最后访问日期：2024 年 4 月 22 日。

力，推动新一代信息技术的智能化应用。同时，加强了对基层医疗机构的培训和技术支持。在国家卫健委基层司指导下，中国社区卫生协会开展大规模基层医疗卫生机构传染病防治能力提升项目，对31个省份3000余家全国基层卫生服务机构超过15万名基层医生进行系统的传染病防治培训，助力提升基层医疗卫生机构对传染病的认知及诊疗水平①，提高了基层医疗机构对传染病、慢性病的识别和报告能力。

（2）疫苗研发与接种

在疫苗研发方面，政府还加大了对疫苗研发、生产和接种的投入。2023年3月，中共中央办公厅、国务院办公厅印发《关于进一步完善医疗卫生服务体系的意见》，在应对重大公共卫生事件时，应着重提升医疗卫生技术的水平，并强化科研攻关的核心支撑作用。特别是在重大传染病、重大疾病等领域，应积极推动疫苗研发、检测技术革新以及新药创制等方面的科研突破。政策鼓励企业加大对技术创新的投入，提高疫苗研发的质量和效率，并推动行业整合和资源整合，以优化产业链、提高行业整体竞争力。2023年11月，国家疾控局、国家卫生健康委印发《预防接种工作规范（2023年版）》，完善对疫苗生产、流通、使用等各个环节的监管机制，加强质量控制，提高疫苗安全性和可靠性，保障公众的健康安全。综合来看，相关政策为疫苗研发、使用及推广等方面提供了有力的支持，为保障公众健康作出了积极贡献。

（3）完善医疗应急体系

近年来，我国医疗应急体系和能力建设取得了显著进展。秉持“人民至上、生命至上”的理念，我国以快速响应、高效处置为目标，不断补短板、强弱项，建立了全面健全的医疗应急预案体系，强化了各环节工作，加强了医疗应急基地、队伍、物资储备等各方面建设，初步构建了中国特色医疗应急体系。在指挥管理体制机制方面，我国明确了各方责任，形成

① 《我国首个大规模基层传染病诊疗培训启动，覆盖15万名社区医生》，光明网百家号，2023年5月21日，https://baijiahao.baidu.com/s?id=1766463834609939384&wfr=spider&for=pc，最后访问日期：2024年4月22日。

了顺畅的联动机制，确保医疗应急工作的高效协同，形成了“上下贯通、横向联动”的工作格局。同时，国家紧急医学救援基地和重大传染病防治基地的建设，提升了定点救治能力。国家卫生健康委会同财政部建成了国家级的医疗应急队伍 40 支，省、市、县三级的医疗应急队伍 6500 支，队伍的类别包括了紧急医学救援队伍、突发中毒事件处置队伍以及核辐射的医疗应急队伍，实现了设备集成化和队伍自我保障化，成为应对突发事件的核心力量。此外，我国还充分发挥专家力量，成立了涵盖多个专业领域的“国家医疗应急专家组”，总计接近 540 人，为医疗应急工作提供专业支撑和决策参考①。

2. 公共卫生风险治理的国际经验

公共卫生风险治理在全球范围内都受到了高度重视，各国在面对公共卫生风险时，都积极采取了各种措施来加强风险治理。

（1）美国

美国的公共卫生应急管理网络系统是一个全方位、立体化、多层次和综合性的网络，该系统以“联邦—州—地方”三级公共卫生部门为基本架构，形成了一个垂直式管理体系，在该体系中，美国疾病控制和预防中心（CDC）作为核心与协调的枢纽，负责统筹全局；卫生资源和服务部（HRSA）则专注于州和地方医院的应急准备，确保在紧急情况下能够迅速响应；而地方城市医疗应对系统（MMRS）则负责具体的执行工作，确保各项措施能够落到实处。这个网络系统独具五大显著特色系统，分别是：高效的公共卫生信息系统，用于快速收集和分析数据；公共卫生实验室快速诊断应急网络系统，确保在紧急情况下能够迅速进行实验室检测；现场流行病学调查控制机动队伍和网络系统，用于现场调查和控制疫情的传播；全国大都市医学应急网络系统，为大城市提供医学应急支持；以及全国医药器械应急物品救援快速反应系统，确保在紧急情况下能够迅速调配和运输所需的医疗物资。这些系统

① 《国家卫生健康委员会 2023 年 7 月 3 日新闻发布会　介绍医疗应急体系和能力建设有关情况》，中华人民共和国国家卫生健康委员会网站，2023 年 7 月 3 日，http：//www.nhc.gov.cn/xwzb/webcontroller.do？titleSeq=11520&gecstype=1，最后访问日期：2024 年 4 月 26 日。

共同协作，确保在公共卫生危机事件发生时，能够迅速、有效地进行应对。美国的公共卫生应急管理网络系统还得到了立法的有力支持，相关法律对防范和应对中的主管部门以及具体措施等做出了详细的规定。这使得整个系统在运作过程中有法可依，确保了应急管理的规范性和有效性。在应对公共卫生危机方面，美国的历史经验也证明了其应急管理网络系统的有效性。例如，在2003年的SARS和2009年的H1N1疫情中，美国通过“早发现、早治疗、疫情信息及时播报、多部门协作、隔离监测”的防控措施，成功实现了国民零死亡的纪录。然而，任何系统都不是完美的，美国的公共卫生应急管理网络系统也可能存在一些挑战和不足。在应对新型传染病或病毒变异时，系统可能需要不断更新和完善以应对新的挑战。美国的公共卫生应急管理网络系统是一个高效、全面且具备较强应对能力的系统，为全球公共卫生事业做出了积极贡献。

（2）日本

日本突发公共卫生事件应急处置体系由三级政府（国家层级、都道府县层级、市町村层级）指导，通过开展三级防灾会议，统筹协调卫生应急管理的各项工作。围绕厚生劳动省这一核心机构，建立了国家突发公共卫生事件应急管理系统以及地方相应的管理系统。这两大系统依托三级政府架构，通过行业系统的纵向管理与地区管理的横向衔接，共同编织起一张覆盖全国的突发公共卫生事件应急管理网络。此外，日本还建立了公共卫生应急处理的纵向行业系统和分地区管理体系，形成了覆盖全国的应急管理网络。通过与地方政府、警察、消防、医师协会等部门的协作，以及国立传染病研究所的感染信息跟踪监视调查制度，共同构建了多维度、全方位的公共卫生应急管理组织架构[①]（见图1）。

日本突发公共卫生事件应急处置体系通过中央与地方、各部门之间的紧密协作，形成了高效、全面且多维度的组织架构。这一体系在应对突发公共

① 宋晓波：《日本突发公共卫生事件应急管理体系借鉴及对我国新冠肺炎疫情应对的启示》，《中国应急救援》2020年第3期，第20~26页。

卫生事件时展现出了强大的应对能力和高效的运作机制，为保障人民的生命安全和身体健康提供了有力保障。

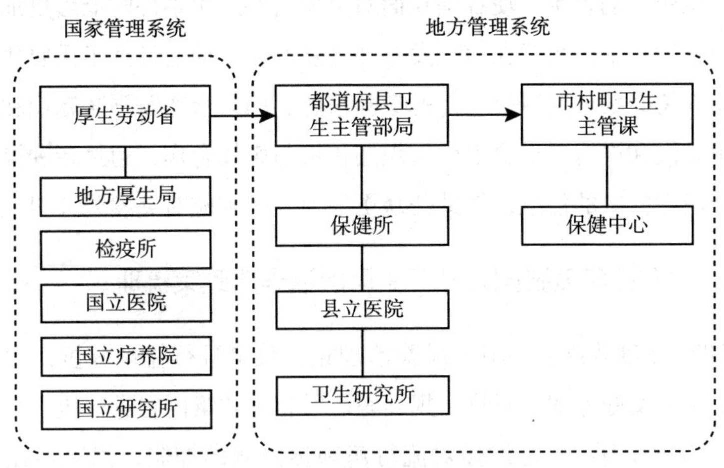

图1　日本卫生应急管理组织体系

资料来源：笔者根据相关资料整理。

（3）世界卫生组织

作为联合国系统内负责公共卫生事务的权威机构，世界卫生组织在协调全球公共卫生行动、制定公共卫生政策和标准、提供技术支持等方面发挥着核心作用。首先，世界卫生组织为各国提供了全球性的指导和支持。通过发布一系列的国际卫生条例、指南和建议，世界卫生组织帮助各国建立和完善突发公共卫生事件的预防、监测、报告和应对机制。这些指导文件不仅提供了科学的技术支持，还强调了国际合作和信息共享的重要性，有助于各国更好地应对突发公共卫生事件。其次，世界卫生组织在协调和促进国际合作方面发挥了关键作用。面对全球性的突发公共卫生事件，各国需要共同应对，而世界卫生组织正是这一合作的桥梁和纽带。它组织召开国际会议，推动各国政府、国际组织和非政府组织之间的沟通与协作，共同制定应对策略和措施。这种跨国界的合作对于有效应对突发公共卫生事件至关重要。此外，世界卫生组织还致力于提升全球公共卫生应急能力。通过提供培训、技术支持和资金援助等方式，世界卫生组织帮助发展中国家加强公共卫生体系建设，提高应对突发公共卫生事件的能力。这种能力建设的努力有助于缩小全球公共卫生应急能力的差距，使各国在面对突发公共卫生事件时能够更加从容应对。最后，世界卫生组织在信息发布和公众沟通方面也发挥了重要作用。它及时发布有关突发公共卫生事件的最新信息，向公众普及预防知识和应对措施，减少恐慌和误解。世界卫生组织还积极与媒体合作，通过各种渠道向公众传递准确、权威的信息，帮助公众更好地理解和应对突发公共卫生事件。

（二）2023年度我国公共卫生风险治理的政策梳理

对 2023 年度我国公共卫生风险治理相关政策进行梳理分析，发现发文形式主要包括实施方案、意见、规划等。对相关政策内容进行梳理，需要集中在以下几个方面：一是加强对流行病和传染病的控制，国家疾控局发布《关于印发加快实现消除血吸虫病目标行动方案（2023—2030 年）的通知》（国疾控卫免发〔2023〕13 号）、《关于印发猴痘防控方案的通知》（国疾控传防发〔2023〕16 号）、《国家疾控局关于印发传染病疫情风险评估管理办法（试行）的通知》（国疾控监测发〔2023〕17 号）等文件，为做好传染病、流行病的防控提出明确要求和具体目标，陕西、甘肃、安徽、新疆等地也出台相关配套政策，强化传染病、流行病防治，进一步保障居民的安全。二是加强突发事件医疗应急工作管理，制定管理办法，在突发事件医疗应急信息的发现和报告、突发事件医疗应急处置和突发事件医疗应急保障方面提出标准，并对地方单位的政策文件提供方针指引。三是大力支持中医药项目的发展，提出强化中医药参与重大疾病防治协同作用，充分发挥中医药在突发公共卫生事件应急处置等方面的重大优势，例如《广西壮族自治区中医药管理局等 9 部门关于印发广西基层中医药服务能力提升工程“十四五”行动实施方案的通知》（桂中医药医发〔2022〕12 号）、《辽宁省中医药工作领导小组关于印发辽宁省“十四五”中医药发展规划的通知》（辽中医药组发〔2023〕1 号）。四是提高养老服务应急能力，例如《遵义市“十四五”养老服务发展规划》提出，发挥公办养老机构作用，辐射带动周边各类养老机构完善突发事件预防与应急准备、监测与预警、应急处置与救援等机制，提升老年人和养老服务从业人员的危机意识和应急处理能力。五是各省根据地域特点，出台适合本区域发展的政策文件，进一步加强当地应对突发公共卫生事件的应急能力，完善应急体系，例如《四川省卫生健康委员会关于印发〈四川省突发事件紧急医学救援规划（2023-2025 年）〉的通知》（川卫发〔2023〕4 号）、安徽省卫生健康委员会下发《关于做好高温天气卫生应急工作的通知》等。从整体来看，政策文件的核心要点是要在不同层面提高应对突发卫生事件的应急处置能力和完善突发公共事件应急体系，建立科学完善的应急管理制度，为后期突发公共卫生事件的治理奠定坚实基础。文件详情见表 1。

表 1　公共卫生风险治理相关文件

时间	发文部门	文件名称	相关内容
2022 年 12 月 5 日	国家卫生健康委办公厅	《关于印发〈委属（管）医院分院区建设管理办法（试行）〉的通知》（国卫办规划发〔2022〕15 号）	其中第八条：委属（管）医院分院区建设应当强化平急结合功能，适当预留可扩展空间，确保重大疫情发生时迅速转换启用，提升重大突发公共卫生事件应急处置能力
2023 年 3 月 23 日	中共中央办公厅、国务院办公厅	《关于进一步完善医疗卫生服务体系的意见》	工作目标：到 2025 年，医疗卫生服务体系进一步健全，资源配置和服务均衡性逐步提高，重大疾病防控、救治和应急处置能力明显增强，中西医发展更加协调，有序就医和诊疗体系建设取得积极成效
2023 年 6 月 16 日	国家疾控局	《关于印发加快实现消除血吸虫病目标行动方案（2023—2030 年）的通知》（国疾控卫免发〔2023〕13 号）	当前血防工作仍面临诸多挑战，109 个流行县（市、区）尚未达到消除标准。到 2025 年，所有血吸虫病流行县（市、区）达到传播阻断标准，其中 85%的县（市、区）达到消除标准。到 2028 年，力争所有血吸虫病流行县（市、区）达到消除标准。到 2030 年，巩固消除成果，完成消除血吸虫病考核验收，维持稳固血吸虫病消除状态

续表

时间	发文部门	文件名称	相关内容
2023 年 7 月 27 日	国家疾控局 国家卫生健康委	《关于印发猴痘防控方案的通知》(国疾控传防发〔2023〕16 号)	为进一步做好猴痘防控工作,及时有效应对猴痘疫情,提升猴痘防控工作的科学性、精准性和有效性,切实维护人民群众生命安全和身体健康,制定本方案
2023 年 8 月 31 日	国家疾控局	《国家疾控局关于印发传染病疫情风险评估管理办法(试行)的通知》(国疾控监测发〔2023〕17 号)	目的:为建立和完善传染病疫情风险评估工作机制,规范开展传染病疫情风险评估工作

地方相关政策

时间	发文部门	文件名称	相关内容
2023 年 1 月 5 日	陕西省卫生健康委	《陕西省卫生健康委关于印发陕西"十四五"卫生健康标准化工作规划的通知》(陕卫法规发〔2022〕55 号)	研究建立应急标准体系,以标准化提高应对突发公共卫生事件的能力和水平,制定传染病疫情、灾害事故的预防、应急准备、监测、响应、处置及应急演练等技术标准。健全重大疫情防控救治相关标准。推进医防协同,完善综合医院传染病防治设施建设标准,提升应急医疗救治储备能力,加强医疗机构发热门诊标准化建设。配合相关部门,研究大型公共建筑设施平疫结合改造标准化接口和标准化流程
2023 年 1 月 9 日	广西壮族自治区中医药管理局等 9 部门	《广西壮族自治区中医药管理局等 9 部门关于印发广西基层中医药服务能力提升工程"十四五"行动实施方案的通知》(桂中医药医发〔2022〕12 号)	将县级中医类医院纳入应急管理与救治体系统筹建设,建立中医医院第一时间参与公共卫生应急救治制度,加强医务人员院感防控、中医药应急医疗技术培训,加强中药材及中药饮片应急储备

续表

地方相关政策			
时间	发文部门	文件名称	相关内容
2023 年 1 月 30 日	贵州省遵义市民政局	《遵义市"十四五"养老服务发展规划》	提高应急救援处置能力:加强市、县、乡三级养老服务应急能力建设,构建"分层分类、平战结合、高效协作"的应急救援体系。发挥公办养老机构作用,辐射带动周边各类养老机构完善突发事件预防与应急准备、监测与预警、应急处置与救援等机制。依托市、县两级医康养中心、片区养老服务中心建立三级养老应急救援中心,适度保留一定比例的养老床位,作为应急储备和应对突发公共事件的资源统筹。加强应急救援队伍建设,确保每个养老机构有专人负责应急救援工作,每年参加不少于 1 次应急知识技能培训。督促指导养老机构制定自然灾害、事故灾难、公共卫生和社会安全等突发事件应急预案,配备必要的物资和设施设备,每年开展不少于 1 次应急演练,定期面向养老服务人员和老年人开展消防安全、疫情防控、避灾避险、应急处置等的宣传培训,提升老年人和养老服务从业人员的危机意识和应急处理能力
2023 年 3 月 28 日	辽宁省中医药工作领导小组(省卫生健康委代章)	《辽宁省中医药工作领导小组关于　印发辽宁省"十四五"中医药发展规划的通知》(辽中医药组发〔2023〕1 号)	强化中医药参与重大疾病防治协同作用。充分发挥中医药在突发公共卫生事件应急处置和重大传染病防治等工作中的作用,建设国家和省级中医紧急医学救援基地和疫病防治基地,组建中医疫病防治和紧急医学救援队伍,确保市、县两级区域卫生应急队伍中配备中医药人员,强化中医药应急救治支撑保障。二级以上公立中医医院全部设置感染性疾病科,三级公立中医医院和中西医结合医院(不含中医专科医院)按标准设置发热门诊,加强急诊、重症、呼吸、检验等科室的建设

续表

地方相关政策			
时间	发文部门	文件名称	相关内容
2023年4月10日	安徽省卫生健康委	《关于印发安徽省突发事件紧急医学救援规划(2023-2025)的通知》(皖卫应急秘〔2023〕15号)	总体目标:到2025年末,建立健全紧急医学救援管理机制,全面提升现场紧急医学救援处置能力和收治能力,进一步推进医疗救援信息化指挥、批量伤员救治、突发中毒紧急医学救援、突发核辐射事件医学救援、基层突发事件快速医疗应急处置、紧急医学救援培训、专业人才培养等方面工作
2023年4月13日	新疆维吾尔自治区和田地区策勒县人民政府办公室	《关于印发〈策勒县突发公共卫生事件应急预案〉的通知》(办规〔2023〕2号)	编制目的:为有效预防、及时控制和消除突发公共卫生事件及其危害,科学、规范、有序处理可能出现的各类重点传染病疫情,做到早发现、早报告、早处理,最大限度地减少突发公共卫生事件对公众健康造成的危害,维护社会稳定,保障公众身心健康与生命安全,结合本县实际,特制定本预案
2023年5月30日	四川省卫生健康委员会	《四川省卫生健康委员会关于印发〈四川省突发事件紧急医学救援规划(2023-2025年)〉的通知》(川卫发〔2023〕4号)	为深入推进四川省卫生应急事业发展,建立和完善与四川经济社会发展相适应的突发事件紧急医学救援体系,特编制规划。包括规划基础与面临形势,指导思想、基本原则和规划目标,主要任务和措施,保障措施四部分内容,对全省医疗应急救治体系、紧急医学救援基地网络、紧急医学救援队伍能力、社会素养等作出了明确规定
2023年7月27日	安徽省卫生健康委	《关于做好高温天气卫生应急工作的通知》	各级各类医疗卫生机构要加强门、急诊管理,优化服务流程,加强对高温中暑的医疗救治准备工作,配强技术力量,合理安排人员,开通高温中暑急救绿色通道,备足防暑救治药品,一旦发生人员中暑病例,迅速开展救治,尽最大努力保障群众生命健康安全。各级紧急医疗救援中心(急救中心)要做好院前急救各项准备工作,确保迅速出诊,妥善做好患者救治和转运

续表

地方相关政策			
时间	发文部门	文件名称	相关内容
2023 年 12 月 11 日	湖南省人民政府办公厅	《印发〈关于进一步完善医疗卫生服务体系的实施方案〉的通知》	从改革完善疾病预防控制体系、全面提升疾病防控专业能力、健全重大疾病防治体系等三个方面加强公共卫生体系建设,并将此作为重点任务

资料来源：笔者根据相关网站资料整理。

（三）公共卫生风险治理的发展趋势

1. 加强全球化合作

随着全球化的推进，公共卫生风险不再局限于某一国家或地区，而是成为全球性的问题，各国在公共卫生领域的联系日益紧密，共同面对的挑战也日益增多，这使得全球化合作变得愈发重要和必要。一是信息共享、透明成为全球化合作的关键。各国在公共卫生事件发生时，能够及时、准确、全面地分享相关信息，这对于全球范围内快速响应和有效应对至关重要。通过提高透明度，可以增进各国之间的互信，推动全球化合作的深入开展。二是跨国界的协作与联动日益加强。在应对公共卫生风险时，各国需要超越国界，共同制定和执行防控策略。在联合研发疫苗和药物、医疗资源调配等方面，各国可以开展深度合作，共同应对挑战。这种跨国界的协作与联动有助于提高全球公共卫生治理的效率和效果。三是国际组织在推动全球化合作中作用更重要。世界卫生组织等国际组织通过制定国际公共卫生标准、提供技术支持、协调各国行动等方式，促进全球公共卫生事业的发展。国际组织还可通过举办国际会议、研讨会等活动，为各国提供交流、合作的平台。

2. 实施科技创新驱动

未来公共卫生风险治理将更加依赖科技创新的驱动。首先，随着科技的不断进步，新技术、新方法将不断涌现，大数据、人工智能等先进技术被广泛应用于公共卫生领域，有助于提高疾病监测和预警的准确性和时效性，为政策制定和决策提供科学依据。同时，这些技术还可以帮助优化资源配置，提高医疗服务的效率和质量，也为全球化合作提供了新的手段和工具，使得各国能够更加高效地开展合作。基因组学、疫苗技术等生命科学领域的创新将为公共卫生风险治理提供新的手段。如通过基因组学研究，可以更早地发现和应对潜在的健康风险；疫苗技术的不断进步则有助于我们更有效地预防和控制传染病的传播。此外，跨学科合作也将成为未来公共卫生风险治理的重要趋势。公共卫生问题往往涉及医学、环境科学、社会科学等多个领域，加强跨学科合作将有助于更全面地理解和应对公共卫生风险。

3. 形成社会共治格局

公共卫生风险治理的发展趋势正在逐渐形成一个社会共治格局，这一格局强调政府、社会组织和公众之间的协同合作，共同承担公共卫生风险治理的责任，推动公共卫生风险治理工作深入开展。

首先，政府在公共卫生风险治理中仍将发挥主导作用，但不再是唯一的主体。政府将更多地扮演政策制定者、协调者和监督者的角色，负责引导、规范和保障社会共治格局的形成和发展。政府将加强与社会组织和公众的沟通与合作，建立更加紧密的合作关系，共同推动公共卫生风险治理工作。其次，社会组织在公共卫生风险治理中的地位和作用将进一步提升。社会组织具有专业性、灵活性和创新性等特点，能够针对公共卫生风险治理中的特定问题提供有效的解决方案。随着社会组织的发展壮大，它们将更多地参与到公共卫生风险治理的各个环节中，与政府形成互补和协同效应。此外，公众的参与意识将不断增强，成为公共卫生风险治理的重要力量。公众对公共卫生安全的需求和关注度不断提高，他们将更加积极地参与到公共卫生风险治理中来，通过自我防护、信息分享和社区参与等方式，共同维护公共卫生安全。

基于公共卫生风险治理的复杂性和多元性，加强全球化合作、实施科技创新驱动、形成社会共治格局是公共卫生风险治理必然的趋势。公共卫生风险是全球性的问题，通过国际合作共同研究和制定应对策略，以更有效地控制和应对公共卫生风险；创新技术能够提供更加精准、高效的公共卫生风险监测、预警和应对手段；形成社会共治格局能够更好地满足公众的需求和期待，提升政府和社会组织在公共卫生风险治理方面的公信力和形象。通过各方协同合作、统筹资源，能够有效地应对公共卫生风险，保障人民群众的健康和安全。

二　公共卫生风险治理典型案例分析

（一）人工智能技术在风险治理中的应用

随着信息技术的迅猛发展，人工智能技术在公共卫生风险治理中的应用越来越广泛，从疾病预测到病毒识别，从流行病模型建立到人群监测，人工智能技术已成为公共卫生风险治理的重要工具，发挥着强有力的支持作用，主要体现在以下几个方面。

一是疾病预测与监测，通过人工智能技术，可以分析大规模的医疗数据和社交媒体数据，识别潜在的疾病暴发或流行趋势。研究者基于 Transformer 的机器学习模型来预测时间序列数据，通过利用自我注意机制对序列数据进行建模，可以从时间序列数据中学习各种长度的复杂依赖关系。此外，该方法具有可扩展性，可用于单变量和多变量时间序列数据建模。该研究以流感样疾病预测为案例进行验证，研究表明基于 Transformer 的机器学习模型能够准确预测流感样疾病的流行率①。二是疾病诊断与病原体识别，将人工智能与医学影像进行结合，将深度学习算法应用于医学图像分析领域，实现图像识别与分析，帮助医生快速准确地识别病原体。例如，利用基于 VGG19 的深度迁移学习模型，对儿童支原体肺炎进行早期诊断，通过类激活热力图可直接观察到卷积神经网络对不同图像的激活区域和方式各不相同，因此能够有效区分细菌组、肺炎支原体肺炎组和病毒组，研究结果表明通过深度迁移学习模型，对儿童胸部 X 线片进行分析，具有良好、可靠的诊断

① Wu N., Green B., Ben X., et al., *Deep Transformer Models for Time Series Forecasting: The Influenza Prevalence Case*, 2020.

准确性[①]。三是建立流行病模型，可以利用人工智能技术中的机器学习算法分析疾病传播的复杂动态，构建流行病学模型，帮助政府制定最佳的公共卫生政策。例如，有研究提出数据驱动的复杂系统自主推理新框架，这是一种用于复杂网络动力学自主推理的两阶段方法，并通过了各种合成和真实网络上推断神经元、遗传、社会和耦合振荡器动力学的有效性测试，该方法实现了结构信息不完整和强噪声场景下的鲁棒推理，可推断出甲型流感、SARS 等全球性传染病早期传播行为[②]。四是进行人群行为监测，利用人工智能技术来分析大规模的移动定位数据和社交媒体数据，监测人群的活动轨迹和行为模式，及时发现潜在的感染风险区域，并采取针对性的防控措施。例如，日本东京的研究团队通过人工智能技术开发设计的一种基于递归神经网络构建的新型深度学习架构的 Deep Urban Event 在线系统[③]，可以提取当前的瞬时观测数据的深层趋势，并对短期内的趋势进行准确预测，如将输入当前一小时的全市人群动态，可预测未来一小时的人群动态，通过监测、预测人群的活动轨迹和行为模式来有效应对突发公共卫生事件。

（二）公共卫生风险治理中医防融合的地方实践

医防融合是指通过医疗与预防保健的有机结合，实现疾病预防、治疗、康复和健康管理的一体化服务[④]。在公共卫生风险治理中，通过医防融合的不断实践、探索和创新，探索建立新型公共卫生防治体系，有效提高了公共卫生风险治理的能力和水平。如山东济南市“齐鲁医防融合

① 孟名柱、潘昌杰、张浩等：《基于胸部 X 线片的深度迁移学习模型早期诊断儿童肺炎支原体肺炎》，《放射学实践》2024 年第 1 期，第 37~41 页。

② Gao, T. T., Yan, G., Autonomous Inference of Complex Network Dynamics from Incomplete and Noisy Data, *Nat Comput Sci 2*, 2022, pp. 160–168.

③ Jiang R., Song X., Huang D., et al., Deep Urban Event: A System for Predicting Citywide Crowd Dynamics at Big Events, The 25th ACM SIGKDD International Conference, ACM, 2019.

④ 陈家应、胡丹：《医防融合：内涵、障碍与对策》，《卫生经济研究》2021 年第 8 期，第 3~5、10 页。

创新机制"[①]，该机制以新发、突发感染/传染病疫情的防控和早期识别为核心目标，通过"个案识别与群体溯源相结合、应急流调处置与诊疗相结合、研发教学培养与转化相结合"等形式创新医防融合路径。2023年10月，济南市疾病预防控制中心接报山东大学齐鲁医院一例不明原因发热病例[②]，经市疾控中心细菌性疾病检验所进一步信息跟踪，结合经验抗感染效果欠佳以及患者有鸽子排泄物接触史等综合分析研判后，认为该病例有较大可能感染非常见病原体。市疾控中心立即启动了"齐鲁医防融合创新机制"，第一时间安排对患者开展病原微生物宏基因组检测。后来，检测结果显示患者是鹦鹉热衣原体感染，市疾控中心迅速将检测结果反馈医院，医院明确病因后，对患者进行针对性治疗，患者转危为安。通过建立医防融合联动机制，推动医疗卫生机构与疾控中心之间的紧密合作，信息、资源共享互通，提高应对突发公共卫生事件的能力，同时也为其他地区提供了宝贵的经验和借鉴，推动公共卫生风险治理的进一步发展和完善。又如浙江宁波鄞州区的大数据驱动下的医防融合模式[③]，该模式以健康画像为基础，通过大数据技术，创新医防融合模式，为其居民提供精准医疗健康服务。"健康画像"不是传统意义上的一幅画，是一份以个人健康状况为核心的，基于全生命、全生活、全数据等维度的综合健康评估报告，它将个人医疗数据与生活数据相结合，融合数据与算法能力，实现健康评估分析、疾病风险预测、个人健康教育等功能的"健康画像"。它能帮助居民全面了解自身健康情况、掌握基本健康数据，防患于未然。另外，针对透析患者、肿瘤患者、孕产妇、慢病人群、慢阻肺高危人群等重点人群，健康画像对其进行特征标识，动态监测健康状

① 《"齐鲁医防融合创新机制"初见成效　危重布鲁氏菌病患者获成功救治》，山东大学齐鲁医院网站，2023年5月5日，https://www.qiluhospital.com/show-26-29091-1.html，最后访问日期：2024年5月8日。

② 《济南市疾控中心开辟"医防融合"新道路，为群众编织健康防护网》，齐鲁网，2023年11月21日，https://news.iqilu.com/shandong/shandonggedi/20231121/5552267.shtml，最后访问日期：2024年4月21日。

③ 《数字家医！大数据驱动下的医防融合模式创新》，宁波市卫生健康委员会网站，2022年7月19日，http://wjw.ningbo.gov.cn/art/2022/7/19/art_1229129176_58939418.html，最后访问日期：2024年5月8日。

况，当出现急危重症时，为患者开通绿色通道，对接定点医院，高效无缝式保障特殊人群的健康需求，实现了精准医疗。此外，“健康画像精准服务”功能还可对慢阻肺的高危人员（即慢性支气管炎患者）进行高效筛查，对辖区内慢阻肺的高危人员发出慢阻肺筛查健康管理提示，使得原本一周内需要排查的工作5分钟即可实现服务通知送达，精准又高效。再如，湖南省长沙县创新高血压病的医防融合模式，通过建立高血压大数据分析平台，为长沙县86万多名群众建立了电子监控档案，开发设计了高血压患者的诊疗信息、用药指南和血压监测系统，不仅能实时录入、调阅患者诊疗信息、用药情况，还可以依据高血压患者病情严重程度进行分级分类，按照低危、中危、高危、极高危等程度进行精准管理，提升患者治疗效果①。

（三）公共卫生风险治理的城乡研究实践

在城乡二元体制的长期影响下，我国公共卫生风险治理城乡之间存在较大差异，需要根据城乡特点和实际情况制定更具针对性和有效性的公共卫生风险治理策略。在城市社区，由于人口密度高、流动性大，公共卫生风险治理实践更加侧重于预防和控制传染病的传播，通过建立多部门协同的联防联控机制，加强疫情监测和预警，及时发现并控制传染病的暴发。同时，城市社区还注重整合多元力量，包括组织动员辖区共驻共建单位、下沉党员干部、社会组织、物业企业、群团组织、志愿者等多方力量，来共同应对突发公共卫生事件，提高公共卫生风险治理能力。如湖北省武汉市江岸区百步亭社区②作为一个人口达18万的超大型社区，以其丰富多彩的社区文化活动增强了居民的认同感和共同体的凝聚力，培育了较好的社区公共精神。这里不设街道办事处，将社区党群组织、政府职能部门、居民自治组织、企业经

---

① 《医防相融合　群众少得病——湖南长沙县的高血压防治探索》，新华网，2019年7月14日，http：//www.xinhuanet.com/politics/2019-07/14/c_1124751355.htm，最后访问日期：2024年5月8日。

② 《湖北省武汉市江岸区百步亭社区》，中国社区网，http：//hb.cncn.org.cn/wuhan/baibuting/，最后访问日期：2024年5月9日。

济组织等相互整合，共同形成社区“大治理”格局。在应对公共卫生风险时，该社区始终坚持党建引领，凝聚社区公共精神，通过组织动员辖区共驻共建单位、下沉党员干部、社会组织、物业企业、群团组织、志愿者等多方力量积极参与到突发公共卫生事件应对工作中，依靠网格化治理、联防联控、隐患排查、资源保障、柔性关怀等工作机制，实现了集体行动、主动应对，维护了社区秩序，助力构建社区公共卫生风险治理新模式。

相比之下，农村地区由于医疗资源相对匮乏，基层医疗卫生机构的服务能力有限，农村居民应对突发公共卫生事件的知识和行为水平有待加强，尤其是高年龄、低文化程度、低收入的农村居民对其认知存在一定差距，因而应针对农村地区实际情况，强化农村地区应对突发公共卫生事件的资源保障，加强对农村居民的危机意识和应急意识教育工作，提升居民的健康意识和自我防护能力①，提高农村地区公共卫生风险治理能力和水平。如湖南省邵阳市洞口县雪峰街道双联村②地处雪峰山东麓，全村面积 6.49 平方公里，2868 人。该村在应对突发公共卫生事件时，重视加强村民医疗物资和基本生活资源保障工作，不仅积极向县、街道两级争取医疗资源，还发动在外的流动党员、乡贤、企业家通过各种方式各种渠道捐赠赞助医疗物资。在宣传教育和引导工作中，第一时间通过村村响介绍当前突发公共卫生事件形势，并及时张贴上级部门的各类指令、倡议书，利用发微信、敲铜锣、入户宣讲等多种形式广泛宣传突发公共卫生事件防控知识，提高居民公共卫生风险治理能力。另外，双联村加强对五保户、特困户等重点人群的人文关怀工作，为其送去大米、慰问金等生活资源，以及借助电商平台，帮助贫困户销售农副产品等，关心关爱重点人群，有效应对了突发公共卫生事件，维护了社区秩序，保障了居民服务供给，守护了居民生命安全。公共卫生风险治理城乡

① 曹舒、米乐平：《农村应对突发公共卫生事件的多重困境与优化治理——基于典型案例的分析》，《中国农村观察》2020 年第 3 期，第 2~15 页。

② 《疫情防控急先锋　洞口县雪峰街道双联村党总支获评全国先进》，红星网，2020 年 9 月 8 日，https：//www. hxw. gov. cn/content/2020/09/08/12403904. html，最后访问日期：2024 年 5 月 9 日。

实践是一个不断探索和完善的过程，应在实践中创新、优化公共卫生风险治理的措施，通过合作与协同来更好地应对公共卫生风险，保障人民的健康和生命安全。

（四）公共卫生风险治理的经验总结

1. 科技赋能，强化监测和预警

建立健全的疾病监测和预警系统是公共卫生风险治理的重要手段，通过借助人工智能技术及时监测、发现疾病的暴发和传播，可以有针对性地采取措施控制疾病的蔓延。人工智能在卫生风险领域的应用能够提高卫生资源利用效率，辅助卫生部门的决策，释放卫生数据的价值。人工智能在卫生风险治理监测和预警领域的机遇是巨大的，但同时也要兼顾人工智能自身的风险，如人工智能算法产生的不良结果，个人数据的泄露以及后续不利结果的问责机制不明确等问题，需要国家通过立法或行为规范等手段进行干预，提升人工智能在卫生领域的公益性。

2. 提升应急响应能力

应对突发公共卫生事件需要高效的应急响应机制。这包括快速的信息报告、准确的疾病评估、有效的资源调配、及时的医疗救治与定期的演练和培训，提高各级组织和人员的应急响应能力，是确保公共卫生安全的重要保障。在快速信息报告层面，建立高效完善的卫生信息报告制度是卫生风险治理体系的基础，目前我国的《传染病防治法》《突发公共卫生事件应急条例》等，均以法律法规的形式，明确规定了卫生事件上报的制度，以法律手段提高了信息传递的效率。同时大数据平台的应用，也加快了信息传递的速度和疾病评估的准确性。医疗救治能力的提升，体现为健全和完善应急救治指挥管理制度、加强医疗卫生人员的储备和设施的建设，提高医务人员的专业技能和卫生防护能力。

3. 加强部门间协作

公共卫生风险治理是多元主体参与的、从公共利益角度出发的行为。公共卫生风险治理需要各部门、各主体之间的密切协作和合作，包括政府、卫

生行政部门、医疗机构、疾病预防控制机构、社会组织等，通过整合各方资源，形成合力，有效地应对公共卫生风险。同时，基于不同的利益需求和诉求，不同利益相关主体间需要共同承担风险防控的压力，需要强化各主体间的风险意识，梳理个人、社会和政府的权力与职责，构建良性的社会风险分担机制，最大限度地保障所有利益相关群体的健康利益，尽可能规避公共卫生风险的产生。

4. 推动社区参与

公共卫生风险治理不仅仅是政府和医疗机构的责任，也需要社区的广泛参与和支持。基层社区对公共卫生风险治理的发展发挥着至关重要的作用。而目前以政府为核心的责任主体制度，导致社区居民往往缺少对公共卫生风险防控的意识，对公共卫生治理参与度不高。这需要政府加强与社区居民的沟通和合作，通过多元化的方式，如组织社区宣传、开通居民建言献策通道和及时公布突发公共卫生事件情况等方式，加强健康教育、提高居民的健康素养和自我防护能力，以期形成全民参与、共同防控的良好氛围，提高治理效果和应急防控能力。

三　公共卫生风险治理取得的成绩及启示

（一）我国公共卫生事件风险治理取得的成绩

1. 传染病预防控制进一步强化

一是乙肝临床治愈门诊开启。世界卫生组织提出以“2030 年消除病毒性肝炎作为公共卫生危害”的目标，届时慢性乙型肝炎的诊断率将达到90%和治疗率达到 80%[①]。攻克乙肝临床治愈，将大大减少肝癌发生。2023 年 11 月 17 日，国家卫生健康委医院管理研究所面向全国启动“乙肝临床治

① 封晓洁、于俊杰、隋营营等：《中药治疗病毒性肝炎研究进展》，《中国实验方剂学杂志》2024 年第 13 期，第 1~16 页。

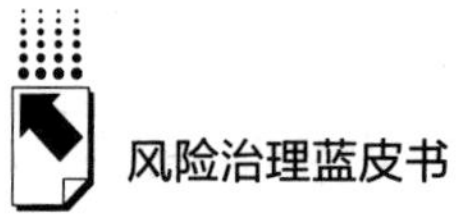

愈门诊规范化建设与能力提升项目”。国家卫生健康委医院管理研究所主任马丽平指出，乙肝临床治愈门诊将从五个方面提升患者服务：为中国乙肝患者提供全病程管理模式；搭建专病数据库，智能辅助治疗；创建一站式服务，提升患者就医满意度；构建肝病智慧地图，让乙肝患者轻松找到就诊医院、医生；助力 2030 年消除病毒性肝炎危害，为医学资料库、诊疗指南、专家共识提供循证基础。

二是我国近十年社区获得性肺炎死亡率下降。社区获得性肺炎（CAP）严重威胁人类健康。在中国，CAP 发病率高达 7.13 例/千人・年，随着人口老龄化，CAP 的发病数量和死亡人数将迅速增加，加重疾病负担。2023 年 11 月 20 日，《柳叶刀-区域健康（西太平洋）》在线发表由中日医院曹彬教授团队、中国疾病预防控制中心慢病中心周脉耕教授团队的联合研究成果，首次系统描述我国近 10 年来肺炎死亡率下降趋势，其中，病毒性肺炎死亡率下降最为显著，证实了疫情防控期间的非药物干预极大降低了肺炎疾病负担。本研究成果对医疗资源的合理调配、促进疫苗接种的公共卫生措施、降低肺炎的疾病负担，进而保障人群整体和长远健康、促进经济社会发展有重要意义。

三是人工智能技术逐步应用铺开。2023 年 7 月 13 日，*Science* 杂志刊发了一项利用人工智能来应对感染病的综述研究。该研究强调了人工智能在抗感染药物、疫苗研发和感染病诊断方面的潜力。借助复杂的算法和机器学习，人工智能可分析大数据，提前预测药物活性、药物靶标相互作用，快速制定治疗策略。此外，人工智能有助于深入了解感染生物学，揭示疾病机制，为疫苗设计提供信息。在感染病诊断方面，人工智能可提高准确性和效率，通过机器学习分析医学影像、基因组和临床记录来精确检测和预测疾病。

四是麻风病防治工作取得新的进展。麻风是一种由麻风分枝杆菌引起的慢性传染病，主要侵犯人的皮肤及周围神经。2016~2019 年，全球每年新发病例超过 20 万例，随着抗麻风药物的出现，特别是自 20 世纪 80 年代初多药物疗法出现以来，麻风已成为一种可治疗的疾病。尽管在治疗方面取得了显著成就，但目前的干预措施尚不足以控制全球麻风新病例的数量。当一个人患麻风病时，住在同一所房子里的人感染风险很高。2023 年 5 月 18 日，中国医学科学院整形外科医院王宝玺教授、中国医学科学院皮肤病医院王洪生教授团队在《新英格兰医学杂志》（NEJM）发表研究证实，单剂量利福喷汀对麻风家内接触者可产生显著保护作用，且比世界卫生组织（WHO）推荐的利福平预防效力持续时间翻倍（4 年 vs2 年）。从此，预防麻风病有了中国方案。

2. 公共卫生体系建设取得进展

2023 年，疾控体系改革再加速，各地疾控机构加速挂牌，更多的地方政府对疾控机构进行整合和优化，以提高疾控工作的效率和协同性。7 月，国家卫生健康委、国家发展改革委、财政部等联合印发的《深化医药卫生体制改革 2023 年下半年重点工作任务》明确提出，要推动地方落实疾病预防控制体系改革方案，年底前全部完成改革任务①。

医防协同和医防融合都是疾控体系改革较为重要的部分。2023 年 8 月，国家疾控局召开医疗机构疾控监督员制度试点工作启动会。疾控监督员制度试点的开展，不仅是落实党的二十大关于创新医防协同、医防融合机制目标任务的重要抓手，还是提升综合监督能力和创新监管方式的积极探索。该启动会指出，开展试点工作要突出重点，要聚焦难点，把握好医疗机构疾控监督员的遴选培训、职责定位、激励保障等关键步骤，争取政策支持，勇于探索，精准推进试点工作任务落实，为推动疾控监督员制度在全国范围内的推广奠定坚实基础，以扎实的试点成效为疾控事业高质量发展贡献积极力量②。在医防协同与医防融合方面，各个地方也在不断地探索经验。比如，重庆市政府网站在 2023 年 8 月发布《重庆市公共卫生能力提升三年行动计划（2023—2025 年）（征求意见稿）》中，提出了将探索公共卫生医师处方权列入其中，其中明确，到 2025 年，全市获得处方权的公

① 王虎峰：《健康中国：政策体系与发展进路》，《人民论坛》2024 年第 5 期，第 14~19 页。

② 席恒、凯迪日耶·阿不都热合曼：《社会保障促进共同富裕：来自地方的实践与创新》，《中州学刊》2024 年第 4 期，第 101~110 页。

共卫生医师达到 20~40 人。这代表在乡镇卫生院和社区卫生服务中心等基层医疗机构中执业的公共卫生医师在医疗诊断和治疗方面更加灵活和权威，可以因工作需要，通过考核培训后获得一定范围的处方权，为乡村居民提供更全面、专业的医疗卫生服务。

2023 年 12 月 18 日，国务院常务会议审议通过《关于推动疾病预防控制事业高质量发展的指导意见》，强调要坚持以人民为中心的发展思想，整体谋划疾控事业发展、系统重塑疾控体系、全面提升疾控能力，更好地发挥疾控事业在国家整体战略中的重要作用①；我们需要改进联防联控机制，加强传染病监测预警、应急响应和治疗的能力建设，并完善分级诊疗机制。在当前的传染病防控工作中，要毫不放松抓好当前传染病防控工作。

（二）我国公共卫生事件风险治理的启示

1. 坚持科学治理

科学治理是应对突发公共卫生风险的关键，国家顶层设计是应对突发公共卫生风险的保障。一是优化重大突发公共卫生政策文件，提供决策依据。进一步修订和完善《国家突发公共事件总体应急预案》《突发公共卫生事件应急条例》等相关法规，提高法规指引的全面性，保障各区域、各部门之间应对突发公共卫生事件的协调治理的合理性和有法可依，从而进一步提高危险应对的能力。二是规范地方性政策法规的制定。制定应急演练预案是基础，按规开展应急演练是保障。要完善地方的应急演练预案，加强地方政府及领导干部在重大公共卫生事件预防、应急处置等方面的能力，要以政策法规为保障，提高突发公共卫生应急风险治理水平。三是增强责任意识，提升依法治理能力。各级领导干部要主动加强对相关政策文件的学习，要完全理解和掌握突发公共卫生事件时的应急措施，增强个人责任担当意识，并积极完善当地的应急防控政策，按规进行信息发布等相关工作，真正做到按规

① 谢地、武晓岚：《健康中国建设的政治经济学解析》，《山东大学学报》（哲学社会科学版）2024 年第 3 期，第 1~15 页。

办事、有法可依。四是加强各区域、各部门之间的协同治理策略。建立重大突发公共卫生事件区域协同治理机制，建立领导机制和责任落实机制，明确各相关部门职能职责，做到权责分明；细化卫生健康、公安、交通、教育等部门在重大突发公共卫生事件区域协同预防及应对目标职责，设立权责清单，使各方明确职责，在工作中具有更强的目标性、可操作性和针对性。

2. 完善体制机制

一是建立协同治理的动力与补偿机制。对于有较强突发公共卫生风险应急能力的地区要加大政策倾斜力度，提高当地的应急能力，为协同治理奠定坚实基础。根据不同地区的经济发展水平以及面对突发公共卫生事件的应急能力，科学设定不同地区在预防控制、应对处置等方面的职能定位，通过国家财政资金支持、产业优化配置等手段进行调控，降低或避免协同过程中的能力不匹配风险。二是完善协同治理策略，改进监督机制。建立面向指挥决策体系的突发公共卫生协同合作治理机制，建立上下联动分工协作机制、协同监测预警和应急反应机制，促进多种机制共同作用，实现信息传递的及时有效性，降低因信息传递缓慢而造成的信息不确定性导致的应对决策障碍，最终形成平战结合、区域协作、上下联动的联防联控协调机制。三是健全协同治理的奖惩机制。建立健全应对重大突发公共卫生事件的考核机制和监督机制，将治理成效纳入日常部门考核、个人绩效考评、个人年底评优、人才选拔等方面，提高个人的担当作为，强化各级领导干部协同治理的意愿和动力。

3. 加强技术支撑

一是事前协同监控。要进一步明确国家传染病网络直报系统的功能与作用，强化传染病上报机制。在此前提下，建立以国家级重大突发公共卫生事件预防为核心的区域网络中心。利用区块链技术去中心化、信息对称、透明可信、可查询、可追溯等特点，设定区域内信息报送和查看权限，提高各区域的责任意识，促进区域协同监控的敏锐性。二是事中协同应对。要重点强化技术对于突发事件的管控，利用技术促进突发事件信息发布，避免信息的

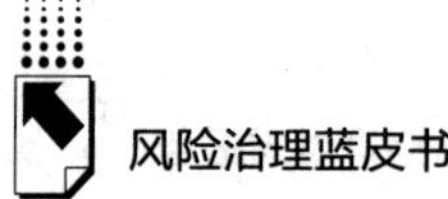

不及时及误传；管控等级提升，提高管控能力；应急物资统筹调配，促进资源的合理分配；社会捐助资金接收及使用等方面的支持，充分发挥社会能动性，提高民族凝聚力。三是事后协同提升。在“后危机”时期，要通过对事前、事中的全部执行流程中预防及处置过程中的信息、数据进行查询和梳理，比对三个阶段的全部数据和操作流程，找出监测预警及应急处置中的优势和不足，针对性补齐短板漏洞。在此基础上，研究利用技术手段建立一套上下贯通、全国一体的危机管理信息和决策支持系统，把突发公共事件数据资料、重大传染性疾病知识系统等对全民健康产生危害事件的相关资料全部纳入其中，以技术支撑来有效进行突发公共卫生事件风险治理，提高应对能力，保障人民的生命健康。

四　我国公共卫生事件风险治理优化建议

（一）公共风险治理优化完善对策

基于对我国当前公共卫生风险治理领域的分析和关键问题的挖掘，围绕风险治理理论体系的完善、法律制度优化、数字化赋能以及注重弱势群体角度，提出完善我国公共卫生事件风险治理的建议。

1. 建立健全体系，提升风险管理水平

公共卫生事件风险治理体系建设为公共卫生风险领域提供了组织结构、制度规范和运行机制，是确保工作有序开展的基础。完善我国公共卫生事件风险治理体系建设可以从以下几个方面考虑。首先，建立统一的卫生应急管理体系，对各级政府和相关部门的职责权限进行界定，统一指挥、协调和管理公共卫生应急工作，提高应对突发公共卫生事件的效率和协同性。其次，健全风险评估和预警机制，通过多学科协作和整合，建立多元化的数据采集和监测体系，加强对潜在危险因素的识别和监测，提前预警可能发生的公共卫生风险。再次，加强应急响应和医疗救援的能力，一方面需要加强应急救援队伍的建设和队伍技能培训，提高响应速度。另一方面，提高医疗卫生应对能力，加强医疗卫生设施的建设和装备更新，提高医务人员的专业技能和卫生防护能力，确保在突发公共卫生事件中能够有效救治患者。最后，对公共卫生事件发生的后续评估和改进进行整合，制定未来预防和应对策略。

2. 优化制度结构，加强风险预警法治建设

由于公共卫生事件的频发不断挑战着公共卫生体系的建设，我国先后建立了应对突发公共卫生事件的相关法律法规，预警作为风险治理体系的重要环节，未得到相应的法制角度重视。风险预警法治化需要立法机关重塑风险治理理念，改变被动应对模式，强调政府的主导作用，同时拓宽信息渠道，强调风险治理的多元共治。优化当前公共部门的风险预防机制，提升预警制度效率，实现多元主体共同参与。通过对风险预警的法治化建设，完成从单一的被动接受递进到系统化的风险预警管理。

3. 数字赋能公共卫生风险治理

目前，数字技术的发展提高了公共卫生事件风险处理部门的互联互通的效率，为国家层面统筹应急管理，地方层面问题识别、执行处理、日常督办和反馈提供了闭环式的信息化平台，并且数字赋能加强了多元主题间的合作。数字化赋能公共卫生风险治理，能够完善现有风险治理的理论框架。首先，在监测和预警阶段，建立实时监测模型，以便发现并应对潜在的风险事件，以最小化其影响。在风险识别阶段，利用人工智能和机器学习等技术，自动识别和分类各种风险，提高风险识别的准确性和效率。在数据决策领域，建立基于数据的决策机制，利用数据分析和预测技术识别、评估和应对各种风险。在数据隐私和安全方面，提高应对安全信息丢失或被攻击的技术和方法，重视数据安全和隐私保护，确保敏感信息不被泄露或滥用。同时建立信息共享与合作平台，促进各方之间的信息交流和合作，共同应对复杂的风险挑战。利用数字技术和数据赋能来提升公共卫生领域风险治理的效果和效率。

4. 补短板、强弱项，注重弱势群体的风险治理

加强对弱势群体公共卫生风险的保护和关爱，关注农村地区、贫困人

口、老年人、儿童等特殊群体的公共卫生需求和危险因素的识别，通过风险识别，将有限的公共卫生服务和资源下沉到基层弱势群体，制定针对弱势群体的社会保障制度，提供教育和培训机会、鼓励弱势群体参与社会和政治活动，提供社会支持和援助。

（二）公共风险治理可持续发展对策

公共风险治理是实现可持续发展的关键之一，提供风险治理可以提高社会的抵御能力，增强社会的适应性和灵活性，更好地应对公共卫生领域产生的风险与挑战，促进经济社会和环境的协调发展。风险治理对于可持续发展尤为重要，因此也必然需要实现公共风险治理的可持续发展。

1. 新质生产力融入公共风险治理，推动可持续发展

公共风险治理是多元共治的，是顺应时代的发展的。新质生产力作为顺应时代发展的一种生产力跃迁，体现了生产力在数字时代更具融合性、更具新内涵的特点①。新质生产力是指能够实现关键性颠覆技术突破的生产力，而公共风险治理领域，需要大量科技信息的支撑，通过创新型技术可以实现风险数据的识别、追踪和评估，智能化信息平台能实现风险的智能化处理和大数据决策分析，及时应对公共风险，提高风险管理的效率和精准度。新质生产力为风险治理可持续发展提供了新的机遇和挑战，通过充分发挥数字技术和创新模式的作用，我们能够更有效地处理各种风险，促进可持续发展目标的达成，并实现经济、环境和社会的协调进步。

2. 加强国际交流合作，共同应对公共风险

重大公共卫生事件，如艾滋病、SARS 等影响范围覆盖到了全球，需要国际社会的共同应对，加强国际交流合作可以资源共享、分享经验、促进技术创新和应用、实现共同发展和繁荣。所以未来公共风险治理的可持续发展需要加强与国际的公共风险信息共享沟通机制，及时分享信息，提高全球应

---

① 周文、许凌云：《论新质生产力：内涵特征与重要着力点》，《改革》2023 年第 10 期，第 1~13 页。

对风险的认识。同时需要与各国加强协调，研究和制定应对风险的措施和方案，分享成功经验和最佳案例。发挥人道主义精神，加强资源的互助和支持。促进国际创新研发和跨国项目合作，提高公共风险的预警、监测和治理能力。

3. 促进社会公平，缩小风险承担差距

从社会公平的角度来看，推动实现社会公平和包容性，可以稳定社会矛盾激化，推动社会的可持续发展。不同群体对于风险承担的能力不同，一方面，要强化弱势群体的社会保障和法律保护，缓解因风险事件而带来的经济冲击，维护自身权益。另一方面，确保风险分担的公平性，避免风险过度转嫁给弱势群体，防止社会公平性失衡。国家对风险治理的决策过程需要保证一定的公开性，听取各方意见。促进社会资本的投入与社会团体的协助，给予弱势群体更多的支持和帮助。

4. 加强宣传，提高公众对公共风险的认识

提高公众的风险意识，保障公众的权益必须加大宣传力度，提高公众对“公共卫生风险”的认知，树立公共卫生风险预警的理念对完善公共卫生风险治理具有重要意义。首先，应建立公众的风险意识，通过多样化的传播渠道向公众传播公共卫生风险知识，同时注意加强对新闻媒体的引导，创造积极的公共卫生舆论环境，保证宣传信息的可靠性和信息更新的及时性，确保公众获得信息的准确，增强公众的安全意识和应对能力。其次，引导公众正确的行为和态度，避免由于风险过度担忧造成恐慌。同时强调个人责任和参与，鼓励公众积极参与风险应对和预防，如疫苗接种、注意个人卫生等。

参考文献

王京京：《国外社会风险理论研究的进展及启示》，《国外理论动态》2014 年第 9 期。

张龙辉、肖克：《人工智能应用下的特大城市风险治理：契合、技术变革与路径》，《理论月刊》2020 年第 9 期。

朱正威、刘莹莹：《韧性治理：风险与应急管理的新路径》，《行政论坛》2020 年第 5 期。

李雪峰：《健全国家突发公共卫生事件应急管理体系的对策研究》，《行政管理改革》2020 年第 4 期。

B.4

2023年中国社会风险治理发展报告

孙 瑞　张睿涵　韩自强*

摘　要： 社会安全是国家安全的重要组成部分，加强社会安全风险治理是坚持总体国家安全观的重要举措。本报告首先从内涵类型、现状分析、治理挑战等方面对社会安全风险治理进行概述；其次，在研究层面，从研究理论与视角、研究主题与内容、研究方法与技术不同角度总结2023年度最新有关社会安全的研究进展；再次，在实践层面，对社会治安基本情况、基层社会矛盾纠纷化解、新时代"枫桥经验"的政策与实践情况进行梳理；最后，从完善社会安全风险治理体系、提升社会韧性治理水平、加强技术适应性治理、以人为本培育良好社会心态、加强风险灾害危机研究五方面提出社会安全风险治理展望，助力社会治理体系和治理能力现代化建设。

关键词： 社会安全　风险治理　社会治安　风险社会

一　社会安全风险治理概述

（一）社会安全风险内涵与类型

党的二十大报告提出，"国家安全是民族复兴的根基，社会稳定是国家

* 孙瑞，山东大学政治学与公共管理学院博士研究生，风险治理与应急管理研究中心研究助理，研究方向为社会安全与应急管理；张睿涵，山东大学政治学与公共管理学院硕士研究生，风险治理与应急管理研究中心研究助理，研究方向为警察信任与风险治理；韩自强，山东大学政治学与公共管理学院教授、博士生导师，风险治理与应急管理研究中心执行主任，研究方向为风险、灾难、危机与应急管理、计算社会科学。

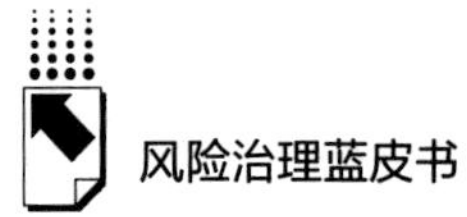

强盛的前提。必须坚定不移贯彻总体国家安全观，把维护国家安全贯穿党和国家工作各方面全过程，确保国家安全和社会稳定。”① 社会安全是总体国家安全观的构成要素之一，关注社会安全，防范和化解社会风险，已经成为新时代的重要议题。广义的社会安全是指“整个社会系统能够保持良性运行和协调发展，而把妨碍社会良性运行与协调发展的因素及其作用控制在最小范围内”②；狭义的社会安全是指相对独立于政治、经济子系统等的社会子系统安全。在“五位一体”总体布局下，本文聚焦于探索社会子系统安全，即狭义的社会安全。

风险指的是“由自然或人为因素相互作用而导致的有害后果的可能性或预期损失”③。“社会风险”是与现代性相伴随的概念，其内涵是“由于自然灾害、经济因素、技术因素以及社会因素等方面的原因而可能引发社会失序或社会动荡”④。关于“社会安全风险”的内涵，目前学界有两种理解，一种是将社会安全风险视为社会风险的同义词，另一种是对“社会安全风险”单独明确地进行界定，如曾润喜等基于网络社会场域提出网络空间的社会安全风险指的是“网民在网络空间中的正常生活秩序因各类伤害、欺骗性事件而被破坏的可能性”⑤；王驰等认为安全风险可以理解为安全事件发生的可能性及其后果严重性的组合⑥。笔者认为虽然社会风险和社会安全风险都是社会安全与社会稳定领域的重要概念，但是在侧重点上有所不同，

① 《习近平：高举中国特色社会主义伟大旗帜　为全面建设社会主义现代化国家而团结奋斗——在中国共产党第二十次全国代表大会上的报告》，中华人民共和国中央人民政府网站，2022 年 10 月 25 日，https：//www. gov. cn/xinwen/2022-10/25/content_ 5721685. htm，最后访问日期：2024 年 5 月 6 日。

② 郑杭生、洪大用：《中国转型期的社会安全隐患与对策》，《中国人民大学学报》2004 年第 2 期，第 2~9 页。

③ 闪淳昌、薛澜主编《应急管理概论：理论与实践（第二版）》，高等教育出版社，2020。

④ 吴忠民：《现阶段中国的社会风险与社会安全运行——当前中国重大问题研究报告之一》，《科学社会主义》2004 年第 5 期，第 16~20 页。

⑤ 曾润喜、罗俊杰、朱美玲：《网络社会安全风险评估指标体系研究》，《电子政务》2019 年第 3 期，第 36~45 页。

⑥ 王驰、曹劲松：《数字新型基础设施建设下的安全风险及其治理》，《江苏社会科学》2021 年第 5 期，第 88~99、242~243 页。

社会风险概念更为广泛，涵盖了社会生活中各种可能导致负面影响的不确定性，而社会安全风险则更侧重于衡量社会安全或者治安方面的状况，如治安刑事案件、群体性突发事件等，所以社会安全风险在本文指的是“由自然灾害、经济因素、技术因素以及社会因素等方面的原因引发的社会安全事件发生的可能性及其后果严重性的组合”，其中社会安全事件主要参考《中华人民共和国突发事件应对管理法》和《国家突发公共事件总体应急预案》等相关法律法规中对我国突发事件类型的界定。

根据发生诱因，可将社会安全风险进一步划分为经济相关风险、技术相关风险和社会相关风险等。社会安全风险具有如下特征：一是客观存在性与主观感知性并存，一方面它是客观存在的社会事实，另一方面也有“主观建构性”；二是具有时间维度和空间维度，在时间维度上，随着互联网技术的发展，社会安全风险的传播速度加快，在空间维度上，涉及的地域范围不断扩展；三是显著的社会性，由于人的社会性及其与经济、文化的联系，再加上社交媒体的作用，它不单影响特定人群的生命或财产安全，而且将产生广泛的社会影响。社会安全风险在一定条件下会发展演化为社会安全事件。关于社会安全事件的类型划分，《国家突发公共事件总体应急预案》规定社会安全事件主要包括恐怖袭击事件、经济安全事件和涉外突发事件等；有学者认为社会安全事件包括重大刑事案件、涉外突发事件、恐怖袭击事件以及规模较大的群体性突发事件①。因此社会安全事件主要由重大刑事案件、恐怖袭击事件、民族宗教事件、规模较大的群体性突发事件、涉外突发事件等组成。

（二）中国社会安全风险现状分析

1. 社会治安整体防控状况

2023 年中国社会治安整体防控状况呈现以下特点：第一，如图 1 所示，全国范围内的治安案件数量与 2022 年相比基本保持稳定，刑事案件的立案数

① 薛澜、钟开斌：《突发公共事件分类、分级与分期：应急体制的管理基础》，《中国行政管理》2005 年第 2 期，第 102~107 页。

量为421万起，较2022年有所减少，反映出社会治安状况总体上保持平稳。第二，针对性打击涉黑恶犯罪组织、网络谣言等犯罪行为，打掉涉黑恶犯罪组织1900余个，侦办各类涉网违法犯罪案件19.2万起。通过开展包括针对地下钱庄的“十大行动”和打击信用卡非法套现在内的多项专案行动，防范各类经济犯罪，共侦破经济犯罪案件8.4万起，成功挽回了248亿元的经济损失。第三，开展国际合作，打击跨境犯罪。针对缅北涉我电信网络诈骗犯罪，加强边境地区的警务执法协作，并实施了多轮集中打击。缅北地区的执法机构已向我方移交了超过4.1万名犯罪嫌疑人①。同时，公安机关还发起了缉捕和遣返境外赌博犯罪嫌疑人的专项行动，全面加大对跨国犯罪的打击力度②。

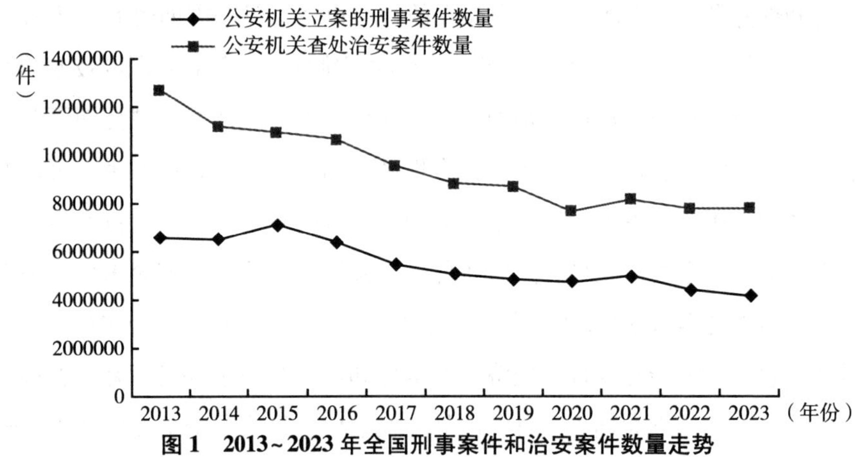

图1　2013~2023年全国刑事案件和治安案件数量走势

资料来源：作者依据官方统计数据自行整理。2013~2022年数据根据《中国统计年鉴》历年公布的数据整理，参见 http://www.stats.gov.cn/tjsj/ndsj；2023年数据参见2024年《最高人民检察院工作报告》《最高人民法院工作报告》公布的有关数据。

2.新时代“枫桥经验”推广落实情况

2019年，新时代“枫桥经验”被纳入党的十九届四中全会决议；2022

① 《2023年公安工作和队伍建设交出亮眼“成绩单”》，中国警察网，2024年1月10日，https://news.cpd.com.cn/yw_30937/124/t_1119101.html，最后访问日期：2024年5月4日。

② 《公安部通报2023年公安工作和队伍建设成效 介绍第四个中国人民警察节相关庆祝活动安排》，中华人民共和国国务院新闻办公室网站，2024年1月9日，http://www.scio.gov.cn/xwfb/bwxwfb/gbwfbh/gab/202401/t20240115_828128.html，最后访问日期：2024年5月4日。

年党的二十大报告提出，要在社会基层坚持和发展新时代“枫桥经验”，完善正确处理新形势下人民内部矛盾机制，及时把矛盾纠纷化解在基层、化解在萌芽状态，这一经验首次出现在党代会报告中。2023 年习近平总书记进一步强调，要坚持好、发展好新时代“枫桥经验”，坚持党的群众路线[①]。在系列重要指示精神的指导下，新时代“枫桥经验”进一步贯彻落实。在警民互动方面，自 2019 年起，“枫桥式公安派出所”创建活动在全国公安机关广泛开展。截至 2023 年底，全国部省两级共命名“枫桥式公安派出所”1313 个。这些派出所不仅是民警深入社区、密切联系群众的平台，也是与民众建立深厚联系的中心，有效地搭建起警民之间的沟通桥梁。民警们年均走访 5200 余万户各类家庭，接受 1200 余万起群众求助，并成功化解了约 600 万起矛盾纠纷。在基层服务体系建设方面，全国已建立超过 58.3 万个各级综治中心，并拥有 450 万名网格员[②]。与此同时，全国信访总量明显下降，集体访总量已连续 11 年下降[③]。新时代“枫桥经验”逐渐深入基层实践中，成为解决社会矛盾的重要方式。

3. 基层社会矛盾纠纷化解情况

基层社会矛盾纠纷化解是社会稳定的重要保障。近年来，基层社会矛盾纠纷呈现多样化、复杂化的趋势，其中涉及的问题类型和纠纷性质日益多样。在“枫桥经验”的指导下，各级政府和相关部门积极探索，采取了一系列矛盾纠纷化解措施。2018 年以来，有 3314 万件诉至法院的纠纷化解在审判之前。2023 年，全国法院诉前调解纠纷成功案件达 1204 万件，占诉至法院民事行政案件总量的 40.3%[④]。

---

① 《坚持好发展好新时代“枫桥经验”》，求是网，2024 年 1 月 2 日，http://www.qstheory.cn/dukan/hqwg/2024-01/02/c_1130051205.htm，最后访问日期：2024 年 5 月 4 日。

② 董凡超：《欣逢盛世守平安》，《法治日报》2022 年 2 月 10 日，第 5 版。

③ 《谱写基层善治新篇章——坚持和发展新时代“枫桥经验”综述》，中华人民共和国中央人民政府网站，2023 年 11 月 5 日，https://www.gov.cn/yaowen/liebiao/202311/content_6913690.htm，最后访问日期：2024 年 5 月 4 日。

④ 《2023 年全国法院诉前调解成功案件 1204 万件》，中华人民共和国最高人民法院网站，2024 年 1 月 16 日，https://ipc.court.gov.cn/zh-cn/news/view-2735.html，最后访问日期：2024 年 5 月 4 日。

司法部在2023年2月印发《关于充分发挥调解职能作用，切实做好矛盾纠纷排查化解工作的通知》。在此文件指导下，各地开展了一系列针对性的矛盾纠纷排查和化解活动，旨在动员广泛的调解组织及调解人员，做好源头预防、识别预警信号并有效调解矛盾纠纷。截至目前，全国已建立约70万个人民调解委员会，拥有近320万名人民调解员，其中包含超过41万名专职调解员，调解员队伍结构不断优化。2023年，全国人民调解委员会共调解矛盾纠纷1720万件（含人民法院委派委托调解成功728万件），将大量矛盾纠纷解决在基层①。

（三）中国社会安全风险治理面临的新挑战

一是打击违法犯罪面临新挑战，公众对安全有着更高的期盼。第一，新型犯罪不断涌现，随着互联网技术的发展，网络黑产等新型犯罪不断出现，给社会带来了严重危害。第二，犯罪组织具有严密性和暴力性，往往利用新技术和新手段进行暴力犯罪，使得打击犯罪工作更加复杂和困难。第三，跨国犯罪增多，涉及多个国家和地区，需要各国之间进行密切合作才能有效打击。第四，公众对安全有着更高的需求，同时也存在公众参与社会治安活动主动性不足等问题。

二是新兴科技在服务社会的同时也会为社会安全带来风险隐患。截至2023年6月，我国网民规模达10.79亿人，互联网普及率达76.4%，② 万物互联不断加强；与此同时，技术相关的社会安全风险凸显，具体表现为技术本身的本体性风险、源于技术利用主体的主体性风险和在规模化应用中对社会群体产生影响的客体性风险。③ 第一，软硬件基础设施若遭到破坏，会导

① 《聚焦急难愁盼全面提升群众法治获得感》，中华人民共和国司法部网站，2024年1月18日，https://www.moj.gov.cn/pub/sfbgw/fzgz/fzgzggflfwx/fzgzggflfw/202401/t20240118_493802.html，最后访问日期：2024年5月4日。

② 《10.79亿网民如何共享美好数字生活？——透视第52次〈中国互联网络发展状况统计报告〉》，中华人民共和国国家互联网信息办公室网站，2023年8月29日，https://www.cac.gov.cn/2023-08/29/c_1694965940144802.htm，最后访问日期：2024年5月6日。

③ 容志、任晨宇：《人工智能的社会安全风险及其治理路径》，《广州大学学报》（社会科学版）2023年第6期，第93~104页。

致服务中断，影响社会的正常运行并带来损失。第二，人工智能技术的发展也会产生“隐私侵犯”“信息泄露”“群体歧视”“角色危机”等主体性风险，如“虚拟数字人”可能会带来主体异化的风险，包括主体自主性缺失、道德失范等表现。① 第三，“数字鸿沟”“自动不平等”等客体性风险易成为社会安全事件的导火索，非数字用户同时面临着硬件层面的接入型数字鸿沟、软件层面的使用型数字鸿沟和应用层面的能力型数字鸿沟，② 遭到新一轮数字排斥，使得其就业机会进一步减少，易成为社会安全隐患。

三是经济系统的风险容易外溢、衍生成社会安全风险。随着数字新基建赋能，数字经济新业态蓬勃发展，但现行法规制度未能对其实现有效全覆盖，部分转型的从业者游离在既有社会保障体系之外，存在劳动关系不明晰、劳动者合法权益保障难等问题，这些就业压力和矛盾容易转化为社会矛盾纠纷。③ 此外，房地产供需矛盾、地方债务危机等经济风险易激发社会公众不满或恐慌情绪，进而引发社会稳定风险。

四是社会心态失衡易导致社会矛盾的积累和社会安全事件的发生。社会心态从被视为社会问题的主观反映到成为社会问题本身，从社会风险的次生性要素逐渐转为结构性要素。④ 首先，社会能力和社会预期之间不匹配易引发相对剥夺感，产生认知冲突、态度极化和心态失衡，负面心态受到外在刺激的诱导，容易爆发出破坏性的情感力量和毁灭性的反社会行为，如个体极端事件以及心态失衡导致的社会冲突。其次，随着互联网络的普及，情绪传导速度加快、涉及范围变广，当个体的社会恐慌、不安全感等负面情绪在网络空间传递时，消极的网络心态氛围容易加快形成，易引发网络舆情事件。

① 杜智涛：《技术身体再造　虚拟数字人的正面效应与风险研究》，《人民论坛》2023 年第 23 期，第 44~47 页。

② 王驰、曹劲松：《数字新型基础设施建设下的安全风险及其治理》，《江苏社会科学》2021 年第 5 期，第 88~99、242~243 页。

③ 王驰、曹劲松：《数字新型基础设施建设下的安全风险及其治理》，《江苏社会科学》2021 年第 5 期，第 88~99、242~243 页。

④ 吕小康：《“以人为本”：数字时代社会心态治理的价值指引》，《人民论坛·学术前沿》2023 年第 22 期，第 34~44 页。

最后，随着“陌生人”“原子化”社会的演变，复杂性与不确定性增强，风险治理的集体行动因缺乏普遍的社会信任而降低了行动效能。①

五是多重社会风险共生对风险治理能力提出挑战。第一是风险叠加，自然风险与人为风险、传统风险与非传统风险、社会各个子系统之间的风险相互交织，形成复合型风险；第二是风险溢出，由于风险耦合性增强，一个子系统的风险会传导到其他子系统，产生风险级联，最终形成系统性风险；第三是风险放大，当风险事件与媒体、心理、社会等因素相互作用时，往往会对公众的风险感知和风险行为产生影响，形成蝴蝶效应，产生次生衍生风险。风险具有复杂性、耦合性、非线性等特征，对治理体系和治理能力提出了更高的要求。

二　中国社会安全风险及治理研究进展

（一）2023年国内社会安全风险研究概览

为全面了解中国社会安全风险及治理最新研究进展，本文以“社会安全风险”“社会风险”“社会安全”为主题词在中国知网（CNKI）数据库进行检索，共找到12631条结果，限定发表年度为2023年后，得到581条记录；本研究仅对学术期刊（302条记录）和学位论文（231条记录）进行可视化分析；将数据进行格式转换后导入CiteSpace软件，节点类型为关键词，分别进行共现分析和聚类分析，以获取该研究领域内的研究重点和基本情况。

在关键词共现分析中，出现次数大于或等于10次的高频词包括社会风险、风险管理、风险评估、社会安全、风险社会、风险评价、风险治理、人工智能、社会治理、国家安全和绿色信贷。在关键词聚类分析中，聚类的模块值（Q值）和平均轮廓值（S值）是重要的判断依据，本研究的Q值为0.5797，大于0.3；S值为0.8736，大于0.7，说明聚类结果可靠②；最终共

① 南锐、朱文俊：《风险消弭与能动调适：风险社会韧性治理的逻辑与路径》，《中共天津市委党校学报》2023年第6期，第63~73页。

② 陈悦、陈超美、刘则渊等：《CiteSpace知识图谱的方法论功能》，《科学学研究》2015年第2期，第242~253页。

形成 8 个分类，分别是#0 社会风险、#1 风险评估、#2 风险防控、#3 风险管理、#4 风险治理、#5 社会安全、#6 风险社会、#7 城中村（见图 2）。其中，社会风险、社会安全、风险社会和城中村侧重于研究理论和研究内容层面；而风险评估、风险防控、风险管理和风险治理侧重于研究方法和应对措施层面。接下来将从研究理论与视角、研究主题与内容、研究方法与技术三个方面详细阐述最新的研究进展。

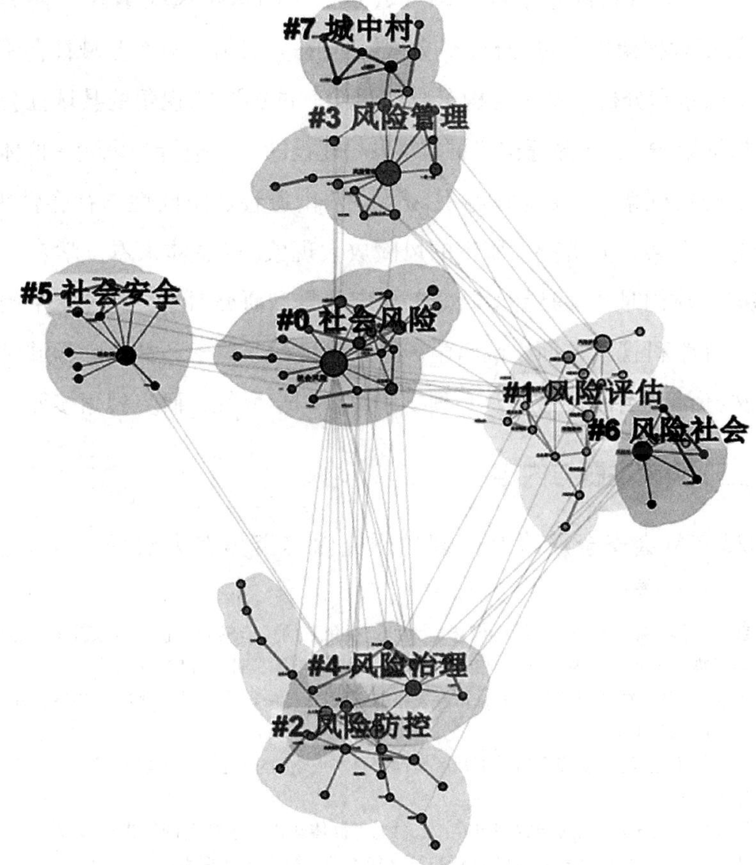

图 2　社会安全风险研究关键词聚类图谱

资料来源：作者使用 CiteSpace 软件自行绘制。

（二）研究理论与视角

社会安全风险及治理的理论研究总体经历了“学习—仿效—自主”的探索，目前应用较多的理论包括社会风险理论、风险的社会放大理论①和蝴蝶突变理论等②，此外，国内学者基于本土实践自主构建理论分析框架。如汪超等从价值、结构、管理、技术、环境维度构建社区韧性理论的本土化分析框架；③ 匡亚林等将农村老年群体融入数字社会的衍生风险纳入“能力—属性”的类型学框架中予以分析；④ 蔡毅臣等通过对国内60个县域社会矛盾纠纷案例的收集和分析，系统建构了以“风险—冲突”为视角的县域社会矛盾纠纷分析框架；⑤ 贾海薇等构建了数字乡村建设的“适应行为风险—群体心态危机”总分析框架；⑥ 吴晓林等引入风险“内源性、空间性与社会性因素”的三维分析框架，分析特大城市的风险放大现象。⑦ 总体来看，学者在进行理论框架的建构时，多是针对特定的研究场景和研究对象，且注重采用类型学划分。在学科视角方面，政治学、公共管理学、法学和社会学领域研究较多，此外还涉及新闻传播学、心理学以及工程学科等，研究视角多元。

（三）研究主题与内容

2023年社会安全风险及治理的研究内容聚焦在大数据与人工智能、

---

① 郭羽、侯永康、樊凡：《社会风险放大理论视角下的风险感知与扩散：以日本福岛核电站核污染水排放事件为例》，《全球传媒学刊》2023年第3期，第82~98页。

② 杨超：《基于蝴蝶突变理论的城市突发事件研究》，《中国安全科学学报》2023年第S1期，第235~242页。

③ 汪超、宋纪祥：《新安全格局下社区韧性理论本土化的建构路径》，《探索》2023年第6期，第67~79页。

④ 匡亚林、蒋子恒：《迈向数字包容：农村老年群体融入数字社会的衍生风险及治理》，《华中科技大学学报》（社会科学版）2023年第6期，第100~108页。

⑤ 蔡毅臣、周志忍：《“风险—冲突”框架下县域社会矛盾纠纷生成机理及防范策略》，《学习与探索》2023年第11期，第65~72、175页。

⑥ 贾海薇、李明磊：《农民适应行为的风险分析与乡村心态危机的柔性治理——基于数字乡村建设的公共管理情境》，《广州大学学报》（社会科学版）2023年第6期，第105~117页。

⑦ 吴晓林、李慧慧：《风险差异、空间基础与社会反应：特大城市的风险放大路径——基于43个案例的定性比较分析》，《政治学研究》2023年第4期，第59~73、150页。

网络舆情、环境社会风险、风险评估、政府治理和枫桥经验等话题上。在大数据与人工智能相关研究中，有学者对人工智能赋能国家安全的机理进行阐释；[①] 更多学者关注人工智能发展带来的风险及应对举措，如张诗濛等认为ChatGPT类生成式人工智能存在虚假信息泛滥、数字隐私泄露风险加大等问题，并从构建人工智能治理共同体等方面提出应对举措。[②] 在网络舆情相关研究中，有学者通过爬取网络平台的信息传播用户数据，基于用户特征进行信息传播规律分析；[③] 也有学者对网络舆情事件的衍生风险及其传导机制进行理论探讨。[④] 由于社会公众环保意识增强，对生态环境的影响更加敏感，“邻避冲突”等更容易被触发，防范化解环境社会风险面临着新的挑战，有学者建议加强环境社会风险的基础研究，进行逻辑与演化规律分析；[⑤] 也有学者运用大数据、空间分析等方法进行风险识别与评估，为应对策略提供科学依据。[⑥] 风险评估是风险治理的重要组成部分，有利于全面客观地认识风险现状，并有效作出预警，已有研究主要可以分为两类：基于风险因子的研究和基于风险机理的研究。重大决策社会稳定风险评估是社会风险评估的重要内容，“如何促进其专业化”这一问题引发了学者的探究。[⑦] 随着数字社会的发展，政府风险治理智能化也面临着新的难点，向静林等总结数字社会发展带来三个关键性变化，分别是“信

① 肖晞、王一民：《人工智能赋能国家安全：理念、机理与路径》，《探索》2023年第6期，第53~66页。

② 张诗濛、李赟、李韬：《ChatGPT类生成式人工智能的风险及其治理》，《贵州社会科学》2023年第11期，第138~143页。

③ 李思佳、郑德铭、孙正义：《微博中基于用户特征的突发事件信息传播分析》，《农业图书情报学报》2023年第11期，第86~97页。

④ 朱国伟：《网络舆情反转事件中的衍生风险及其传导：类型划分与疏解策略》，《吉首大学学报》（社会科学版）2023年第3期，第99~111页。

⑤ 张庆川：《新时期我国环境社会风险的演变、特征与法律因应》，《中国环境管理》2023年第6期，第19~24、77页。

⑥ 杨静、刘会东、刘海东等：《我国县级地区生活垃圾焚烧设施环境社会风险分析及应对策略研究——基于31省份设施负荷率与网络舆情的分析》，《中国环境管理》2023年第6期，第25~31页。

⑦ 钟宗炬、张海波：《重大决策社会稳定风险评估如何更加专业化？——基于江苏实践的分析》，《公共行政评论》2023年第2期，第63~83、197页。

息优势的上下分化”“属地原则的效能衰减”“社会风险的规模放大”[①]；欧阳康等认为社会治理智能化的重点和难点在于数据收集、数据统一与整合、数据保障的法治化和规范度等方面；[②] 卢良栋等提出社会风险治理在数字化转型中并不是沿着单一维度和方向进行的。[③] 风险社会、数字社会等社会属性为政府风险治理带来了新的挑战。“枫桥经验”是社会共治的中国典型模式，对于防范化解基层社会矛盾纠纷、促进社会综合治理影响深远，研究多从新时代条件下“枫桥经验”的创新性内涵、演进机理和实践路径等方面着手。[④] 除此之外，社会保障[⑤]、校园安全等话题也在2023年得到学者较多关注。

在研究对象方面，老年人、青年人和农民工群体在社会安全风险及治理的研究中均有所涉及；在研究区域方面，农村地区所受关注较多，如探究乡村振兴与数字技术融合的困境与应对举措、乡村社会心态和乡村社会风险演变等。随着中国对外合作不断深化，也有学者将研究视野拓展到共建“一带一路”国家，并对社会风险进行科学评估。[⑥]

（四）研究方法与技术

总体来看，在社会安全风险及治理研究中，多学科方法被应用，定性研究居多，定量研究有待于进一步拓展。具体来看，在多学科方法的

---

① 向静林、艾云：《数字社会发展与中国政府治理新模式》，《中国社会科学》2023年第11期，第4~23、204页。

② 欧阳康、胡志康：《大数据时代的社会治理智能化探析》，《天津社会科学》2023年第6期，第20~26页。

③ 卢良栋、魏玖长：《基于数字平台的社会风险协同治理模式研究》，《广州大学学报》（社会科学版）2023年第6期，第78~92页。

④ 王道勇：《新时代“枫桥经验”的演进路径与创新趋向》，《行政管理改革》2023年第9期，第15~22页。

⑤ 丁建定：《“新社会风险”下西方福利国家社会保障制度道路的新选择》，《社会保障评论》2023年第4期，第34~51页。

⑥ 赵振宇、刘宇帆、刘善存等：《“一带一路”沿线国家社会风险——基于BP神经网络的实证分析》，《北京航空航天大学学报》（社会科学版）2023年第4期，第105~114页。

应用中，如杨静等基于大数据和泰森多边形等空间分析方法进行环境社会风险分析；①在大型活动风险评估中，风险矩阵、区块链、博弈论、贝叶斯定理等方法被运用；②张春颜等利用多维情景空间分析法构建衍生社会风险评估指标体系，最后利用熵权-TOPSIS方法构建预警模型；③赵振宇等利用机器学习方法，构建基于共建“一带一路”国家社会风险的BP神经网络。④定性研究方法多用于概念阐释、机制推演、理论建构方面；定量研究方法中，较常运用问卷调查，如郭羽等运用此方法探究人们针对媒体披露的特定风险事件所形成的风险认知结构，以及风险扩散的产生机制。⑤

综上所述，国内社会安全风险及治理研究在最近一年里呈现如下特征：研究理论方面，从学习走向自主；研究内容方面，主题丰富且有所侧重；研究方法方面，具有多学科交叉性。

三　中国社会安全风险治理政策与实践

（一）社会治安相关政策梳理

党的二十大报告指出，加快推进市域社会治理现代化，提高市域社会治理能力，强化社会治安整体防控。以“社会治安”“治安”为关键词，通过检索中华人民共和国公安部官网，本文对近一年与社会治安相关的政

① 杨静、刘会东、刘海东等：《我国县级地区生活垃圾焚烧设施环境社会风险分析及应对策略研究——基于31省份设施负荷率与网络舆情的分析》，《中国环境管理》2023年第6期，第25~31页。

② 徐晨、王嘉悦：《宏微观视域下大型活动风险评估研究进展》，《自然灾害学报》2023年第6期，第23~36页。

③ 张春颜、郭涛、姜伟：《突发公共卫生事件衍生社会风险预警与防范的实证分析》，《灾害学》2023年第4期，第144~149页。

④ 赵振宇、刘宇帆、刘善存等：《“一带一路”沿线国家社会风险——基于BP神经网络的实证分析》，《北京航空航天大学学报》（社会科学版）2023年第4期，第105~114页。

⑤ 郭羽、侯永康、樊凡：《社会风险放大理论视角下的风险感知与扩散：以日本福岛核电站核污染水排放事件为例》，《全球传媒学刊》2023年第3期，第82~98页。

策进行梳理（见表1），从内容、主体（发文机关）、时间三个方面总结政策特征。

表1　社会治安相关政策梳理

发布时间	政策名称	发文机关
2022年8月26日	《公安机关反有组织犯罪工作规定》（公安部令第165号）	公安部
2022年9月5日	关于印发《关于取保候审若干问题的规定》的通知	最高人民法院　最高人民检察院　公安部　国家安全部
2022年11月25日	《互联网信息服务深度合成管理规定》	国家互联网信息办公室　工业和信息化部　公安部
2023年5月25日	关于印发《关于办理性侵害未成年人刑事案件的意见》的通知	最高人民法院　最高人民检察院　公安部　司法部
2023年5月19日	公安部关于印发《公安机关信访工作规定》的通知	公安部
2023年8月10日	《关于加强电竞酒店管理中未成年人保护工作的通知》	文化和旅游部　公安部
2023年9月13日	《关于进一步加强大型营业性演出活动规范管理促进演出市场健康有序发展的通知》	文化和旅游部　公安部
2023年9月25日	《关于依法惩治网络暴力违法犯罪的指导意见》	最高人民法院　最高人民检察院　公安部

资料来源：表中内容均由作者依据官网检索结果自行整理所得。

从内容来看，近一年社会治安政策内容涵盖了多个领域，如公安、司法、文化旅游等。这些政策在内容上都具有综合性和系统性，不仅对具体问题进行了规范，还建立了一套完整的管理和执行机制。例如，《公安机关反有组织犯罪工作规定》详细规定了对有组织犯罪的打击措施和工作机制，而《关于取保候审若干问题的规定》则规范了取保候审制度的程序和条件。与此同时，这些政策涉及多个领域，包括公安、司法、互联网信息服务、文化旅游等。例如，《公安机关反有组织犯罪工作规定》着重于打击犯罪活动，而《关于办理性侵害未成年人刑事案件的意见》则关注未成年人的权益保护。

从政策主体来看，政策发文机关包括了多个政府机关，如公安部、最高人民法院、最高人民检察院、国家互联网信息办公室、工业和信息化部、文化和旅游部等。这些机关在政策制定和发布中各司其职，共同推动政策的实施，体现了在社会治安防控过程中政府的组织协调和部门协同。

从政策发布时间来看，大约一年内社会治安相关政策持续发布，这表明政府对各个领域问题的关注是持续的、渐进的，政策的发布是根据问题的出现和解决的需要及时制定和调整的。例如，2022 年 8 月发布的《公安机关反有组织犯罪工作规定》反映了当时社会有组织犯罪的严峻形势和对反犯罪工作的紧迫需求；而 2023 年 9 月发布的《关于依法惩治网络暴力违法犯罪的指导意见》则反映了当时社会对网络暴力问题的重视和对网络空间秩序的维护需求。可以看出，政策的发布时间具有一定的针对性和时效性，为政府及时解决社会治安问题提供保障。

综上所述，社会治安相关政策的发布明确了各方责任、工作重点和方法，对政策执行与实践产生了深远影响。政策的明确性有助于提升社会治安维护的效率和水平，同时促进了更多社会力量的参与和支持，有利于社会环境的和谐稳定。

（二）基层社会矛盾纠纷化解政策与实践

目前，我国社会矛盾纠纷呈现多元主体、多样类型、复杂诉求等特征，如何有效化解基层社会矛盾、维护社会和谐稳定，以促进改革发展成为推进我国社会治理现代化的重要议题。党的二十大报告指出，要在社会基层坚持和发展新时代“枫桥经验”，完善正确处理新形势下人民内部矛盾机制，健全城乡社区治理体系，及时把矛盾纠纷化解在基层、化解在萌芽状态①。为此，政府出台了一系列政策措施，各地开展了一系列创新实践。

① 《习近平：高举中国特色社会主义伟大旗帜　为全面建设社会主义现代化国家而团结奋斗——在中国共产党第二十次全国代表大会上的报告》，中华人民共和国中央人民政府网站，2022 年 10 月 25 日，https：//www.gov.cn/xinwen/2022-10/25/content_5721685.htm，最后访问日期：2024 年 5 月 6 日。

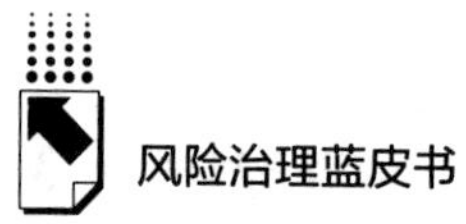

公安部在2023年3月印发《加强新时代公安派出所工作三年行动计划（2023-2025年）》（以下简称《行动计划》），持续推动重心下移、警力下沉、保障下倾①，其中有关基层社会矛盾纠纷化解的举措可以总结为以下五个方面。第一，通过加强派出所党支部标准化、规范化建设，进一步发挥党支部战斗堡垒作用，有助于增强基层组织的凝聚力和战斗力，为社会矛盾的化解提供坚强的组织保障。第二，优化警力分配，促进警力向基层深入，全面实现派出所总警力配置和社区民警警力配置分别达到40%以上的目标，从而加强基层治安和社区安全保障，活跃城乡社区警务团队，发展壮大群防群治力量，实现“一村（格）一警”全覆盖，这有助于提高警力在基层的覆盖率和反应速度，加强社会治安的基础防控能力。第三，完善社会面巡逻防控网和警情协同处置机制，加强对派出所处置警情的勤务支援，提高警情协同处置效能。第四，加强基层社会治理和群防群治力量建设。扩大“百万警进千万家”活动的实施范围，积极开展全面的社区宣传活动，内容涵盖防盗、防诈骗、禁毒、预防矛盾纠纷以及防范安全灾害事故等多个方面，以提升社区居民的安全意识和自我保护能力，推进群防群治力量的红色化、组织化、信息化、年轻化。第五，加强对基层警务队伍的培训和管理，如思想淬炼、政治历练、实践锻炼等，不断提高民警的处警办案、矛盾化解、群众工作等方面的能力②。

除了制度政策的供给外，各地还进行了创新实践，形成了一些基层社会矛盾纠纷化解的典型案例。四川的“诉源治理”方案突出特点在于在矛盾发生的一线化解纠纷以实现“治未病”，实现源头治理，能够提前发现、预防、化解纠纷，减少诉讼量。通过设立矛盾纠纷多元化解工作领导小组，尝试从多个角度解决问题；浙江的“矛调中心”方案通过设置社会矛盾纠纷

---

① 《公安部印发〈加强新时代公安派出所工作三年行动计划（2023-2025年）〉》，中华人民共和国中央人民政府网站，2023年3月29日，https://www.gov.cn/xinwen/2023-03/29/content_5748938.htm，最后访问日期：2024年5月4日。

② 《公安部印发〈加强新时代公安派出所工作三年行动计划（2023-2025年）〉》，中华人民共和国中央人民政府网站，2023年3月29日，https://www.gov.cn/xinwen/2023-03/29/content_5748938.htm，最后访问日期：2024年5月4日。

调处化解中心，突出了资源整合和跨部门协商处理的特点。通过资源集成、人员整合，将政府各部门业务在同一场地集中，形成了统一的服务平台，让群众“最多跑一地”就能化解矛盾纠纷，提高了纠纷解决的效率和质量；陕西的“两说一联”方案强调了在群众说事、法官说法、干部联村三治融合中化解矛盾纠纷，实现主体协同。通过拉家常、讲道理的方式化解基层社会矛盾，增强了社区的凝聚力和稳定性[①]。

综上所述，近年在基层社会矛盾纠纷化解方面采取了一系列措施，公安部的《行动计划》为基层社会治理提供了政策支持和指导，地方政府的实践案例则为政策的落实提供了有力的保障和支持，这有助于未来进一步完善政策措施，创新工作机制，提高基层社会治理的能力和水平。

（三）新时代“枫桥经验”政策与实践

新时代“枫桥经验”是中国式现代化在基层社会治理领域的具体表现，是推动基层社会治理现代化的一项重要实践成果[②]。在过去六十多年的实践过程中，“枫桥经验”不断创新，从最初的地方实践逐步演变为全国推广的典型经验，从集体共识不断上升到党和国家的制度规范。表 2 呈现了与新时代“枫桥经验”相关的代表性政策文件，在中央层面，新时代“枫桥经验”逐渐成为中国共产党治国理政的重要经验，被写入《中国共产党农村基层组织工作条例》、党的十九届四中全会《决定》以及党的二十大报告等文件。此外，国家政策法规也强调贯彻落实这一经验，如出台《信访工作条例》《中共中央 国务院关于做好二〇二三年全面推进乡村振兴重点工作的意见》等。在地方层面，《绍兴市“枫桥经验”传承发展条例》是全国首部以“枫桥经验”为旗帜的地方性法规；《浙江省平安建设条例》将新时代“枫桥经验”作为开展相关工作的根本原则；浙江省《关于坚持和

① 曾志伟、覃颖玲：《基层社会矛盾化解的创新实践分析——基于三个典型案例的考察》，《行政与法》2024 年第 1 期，第 119~128 页。

② 景跃进、杨开峰、余潇枫等：《新时代“枫桥经验”：基层社会治理现代化的中国探索》，《探索与争鸣》2023 年第 8 期，第 4、177 页。

发展新时代“枫桥经验”的决定》是全国首部有关“枫桥经验”的省级人大决定[①]。

表 2　与新时代“枫桥经验”相关的政策文件

	年份	文件
中央层面	2019 年	《中国共产党农村基层组织工作条例》
	2019 年	《中共中央关于坚持和完善中国特色社会主义制度　推进国家治理体系和治理能力现代化若干重大问题的决定》
	2020 年	《中共中央关于制定国民经济和社会发展第十四个五年规划和二〇三五年远景目标的建议》
	2021 年	《法治中国建设规划(2020—2025 年)》
	2021 年	《关于加强诉源治理推动矛盾纠纷源头化解的意见》
	2021 年	《中共中央　国务院关于加强基层治理体系和治理能力现代化建设的意见》
	2021 年	《中共中央关于党的百年奋斗重大成就和历史经验的决议》
	2022 年	《信访工作条例》
	2022 年	党的二十大报告
	2023 年	《中共中央　国务院关于做好 2023 年全面推进乡村振兴重点工作的意见》
地方层面	2022 年	《绍兴市“枫桥经验”传承发展条例》
	2023 年	《浙江省平安建设条例》
	2023 年	《关于坚持和发展新时代“枫桥经验”的决定》

资料来源：作者依据文献资料自行整理。

在具体内容方面，新时代“枫桥经验”在实践过程中形成了三大基本原则——坚持群众路线、矛盾柔性化解、风险源头预防。第一，“枫桥经验”诞生伊始就强调通过发动和依靠群众来就地解决矛盾[②]，虽然随着历史的演进，其具体做法有所变化，但始终贯穿着坚持党的群众路线这一核心理

① 蒋建森、邵安：《新时代“枫桥经验”：从治理方案走向治理范式》，《浙江警察学院学报》2023 年第 5 期，第 3~19 页。

② 张文显：《新时代“枫桥经验”的核心要义》，《社会治理》2021 年第 9 期，第 5~9 页。

念。这一理念强调信任群众、依靠群众，汇集群众的智慧，激发群众的潜力，以实现共同参与、共同治理和共同享有的目标，这是其始终如一的关键原则。新时代志愿服务体系就是“枫桥经验”群众路线的一个生动例子。2024 年 4 月《中共中央办公厅 国务院办公厅关于健全新时代志愿服务体系的意见》发布，为健全新时代志愿服务体系提出指导意见①。新时代志愿服务体系的建设充分体现了群众动员的重要性。政府通过宣传教育、政策引导等方式，鼓励更多的人参与志愿服务活动。此外，新时代志愿服务体系的建设突出了共同治理的理念。志愿服务不再局限于个人行为，而是形成了组织化、制度化的发展模式。政府、社会组织、企业以及广大志愿者共同参与志愿服务事业的规划、组织和实施，形成了多方合作、协同发展的格局。各方力量相互配合、相互促进，有助于推动志愿服务事业的健康发展和社会治理的现代化进程。因此，新时代志愿服务体系的建设是对“枫桥经验”的传承和发展，也是对党的群众路线的生动实践和深刻诠释。

第二，新时代“枫桥经验”的柔性治理理念正逐步融入行政执法、司法诉讼、信访等制度体系之中，其典型代表是人民调解机制，主要体现在以下方面：2021 年中央全面深化改革委员会审议通过了《关于加强诉源治理推动矛盾纠纷源头化解的意见》，该意见将民事调解设为诉讼的前置程序，建立了调解前置制度。各级法院主动引导当事人采用最合适的方法处理纠纷，以实现多数纠纷在诉讼早期阶段得到迅速、平稳解决②。各地公安机关坚持“调解优先”的原则，例如黄岩公安的“阳光调解”体系、龙游公安试行的“拘调衔接”机制，就地解决矛盾纠纷③，在警调衔接中实现柔性

① 《中共中央办公厅　国务院办公厅关于健全新时代志愿服务体系的意见》，中华人民共和国中央人民政府网站，2024 年 4 月 22 日，https：//www. gov. cn/zhengce/202404/content_6946879. htm，最后访问日期：2024 年 5 月 4 日。

② 《解码中国之治：贯彻新发展理念实践案例精选 2021》，《上海人大月刊》2022 年第 11 期，第 54 页。

③ 蒋建森、邵安：《新时代“枫桥经验”：从治理方案走向治理范式》，《浙江警察学院学报》2023 年第 5 期，第 3~19 页。

治理。

第三，“枫桥经验”体现了防患于未然的源头治理理念。随着社会发展，各地也不断探索创新源头治理的方式方法。与此相关的实践经验有：首先，创新矛盾不上交的策略，注重责任落实，改进工作制度和方法。通过创建“零上访村（镇）”的有效机制，促进治理矛盾问题在基层解决。其次，探索源头治理的工作方法，强调预防为主、教育先行、规划靠前和监管前移，促使问题在萌芽阶段就被识别和解决。最后，探索源头治理的机制，注重预警优先、早期介入、快速反应和早期解决，以形成长效的治理体系，有效预防和及时处理矛盾①。新时代“枫桥经验”的源头治理融入了两个关键特征：一方面，重视构建长效机制，确保民众的诉求得到表达、利益得到协调、权益得到保障；另一方面，着重于提供更公平的公共服务，降低矛盾发生的可能性，为有效的源头治理打下坚实基础②。

（四）基层治理制度改革创新：组建党的社会工作部

2023 年 3 月，中共中央、国务院印发《党和国家机构改革方案》，提出组建中央社会工作部③，其主要职责和工作内容归纳如下：一是加强理论武装和基层导向，统筹推进党建引领基层治理和基层政权建设，将矛盾纠纷化解在基层。二是加强机制保障，建立健全党建引领基层治理机制、志愿服务制度等，为基层赋能。三是构建共建共治共享的基层治理格局，统筹指导人民信访工作、人民建议征集工作；协调推动行业协会商会深化改革和转型发展，引导其在基层治理中发挥积极作用④；推进混合所有制企业、非公有制

① 侯学华：《枫桥经验：“以人民为中心”的基层社会治理经验》，《人民法治》2019 年第 4 期，第 22~27 页。

② 杨平、王馨曼：《新时代“枫桥经验”向社会治理效能的转化》，《江汉大学学报》（社会科学版）2021 年第 2 期，第 26~36、125~126 页。

③ 《中共中央　国务院印发〈党和国家机构改革方案〉》，中华人民共和国中央人民政府网站，2023 年 3 月 16 日，https：//www. gov. cn/gongbao/content/2023/content_ 5748649. htm? eqid=fb6d12260005d8c6000000036464969d，最后访问日期：2024 年 5 月 25 日。

④ 吴汉圣：《基层强则国家强　基层安则天下安》，求是网，2024 年 5 月 16 日，http：//www. qstheory. cn/dukan/qs/2024-05/16/c_ 1130145185. htm，最后访问日期：2024 年 5 月 25 日。

企业和新经济组织、新社会组织、新就业群体党建工作[①]；坚持和发展新时代“枫桥经验”。四是培育基层治理人才队伍，加强社区工作者队伍建设，激发社区志愿服务内生动力，提升基层治理效能[②]。社会工作部的成立，正是响应中国深化全面改革的重要举措，旨在促进基层治理体系及其治理能力的现代化，并提升基层党组织的凝聚力与服务效能。在过去的一年，各级党委逐渐组建相应的社会工作部门，社会工作部在全国的制度建设逐步完成。

在应对各种社会风险和挑战的背景下，社会工作部功能发挥主要体现在以下几个方面：第一，矛盾纾解与民意回应。社会工作部致力于广泛吸纳和回应民意诉求，以解决基层社会矛盾，预防和化解社会风险。通过统一领导国家信访局等机构，加强信访工作，实现民意表达渠道的畅通，体现了党对基层民意的高度重视。第二，强化基层党组织组织力。社会工作部整合优化机构职能，加强基层党组织的政治功能和组织力量。通过统筹推进党建引领基层治理，将社会治理事务集中归口到一个部门，提高了基层党组织的战斗力。第三，提升党建引领共治水平。社会工作部有助于推动公共服务体系完善和社会治理模式创新。通过激发基层治理活力，实现多元化、开放式、协同参与的治理格局，将基层社会活力转化为治理动力。第四，增强工作实效。社会工作部的建立有助于加强党对社会领域的整合，通过构建上下联动的工作局面和凝聚多元主体的团结力量，推动社会大团结大联合工作的创新发展，同时减少社会矛盾的发生[③]。由此可见，社会工作部的功能发挥与中国社会安全风险治理密切相关，有助于提升基层社会治理能力，实现全面深化改革和国家治理体系现代化的目标。

---

① 《中央社会工作部：努力实现良好开局　推进社会工作高质量发展》，中国新闻网，2024 年 2 月 23 日，https：//www. chinanews. com. cn/gn/2024/02－23/10168184. shtml，最后访问日期：2024 年 5 月 25 日。

② 《大力加强社区工作者队伍建设　不断壮大城市基层治理骨干力量》，求是网，2024 年 4 月 11 日，http：//www. qstheory. cn/qshyjx/2024－04/11/c_ 1130107120. htm，最后访问日期：2024 年 5 月 25 日。

③ 赵亚楠、樊士博、徐敏：《统合治理与团结意蕴：组建社会工作部的逻辑理路探析》，《统一战线学研究》2023 年第 3 期，第 85~94 页。

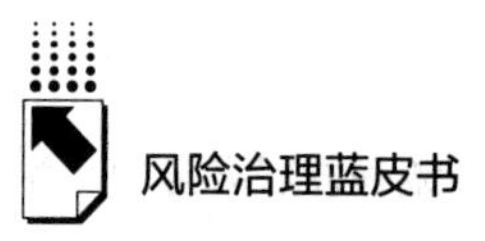

四　社会安全风险治理展望

（一）坚持总体国家安全观，完善社会安全风险治理体系

第一，坚持总体国家安全观，统筹高质量发展和高水平安全，安全是发展的前提，发展是安全的保障，实现发展和安全的动态平衡。[①] 关注经济系统、新兴科技等对社会安全带来的风险隐患，注重共享社会发展成果。第二，完善社会风险治理体系，不断健全法治体系，协调、补充、完善现有的法律和政策；健全风险管理机构，打破部门利益，增强其协同能力与抗风险能力，比如充分发挥社会工作部门的统筹作用，推进社会治理体系和治理能力的现代化；健全基层社会矛盾纠纷化解机制，加强社会治安防控体系建设。

（二）提升韧性治理水平，以"枫桥经验"推进基层治理

第一，强化协同治理，由于风险存在级联性和溢出性，社会各界休戚与共，促进更多层次的广泛合作以共同应对风险危机，包括政府之间的合作、企业之间的合作等。第二，创新治理模式，以"枫桥经验"为引领促进公民参与，发展壮大群防群治力量，促进矛盾柔性化解，凝聚社会共识，汇成治理合力。第三，注重危机全周期管理，尤其强化前期预防与准备，将工作重心前移，由减少灾害损失向减轻灾害风险转变。第四，在考虑风险防范的同时，也要考虑以能力为核心的韧性建设，具体表现在硬件和软件两个方面，硬件方面如完善监测预警等基础设施建设，软件方面如促进信息化管理系统的应用。

---

① 韩自强、刘杰：《联合国倡导下的韧性城市建设：内容、机制与启示》，《中国行政管理》2022 年第 7 期，第 139～145 页。

（三）加强技术适应性治理，促进社会治理智能化

大数据、元宇宙、生成式人工智能等技术是一把双刃剑，在充分发挥其价值的同时，需采取有力措施防范化解潜在的社会风险。第一，对于技术本身进行审慎监管，明确法律底线、推动人工智能向上向善；细化责任、清晰界定不同环节的要求；强化披露、提高算法的透明度与可问责性。[①] 第二，建立健全数字经济发展相关的就业和社会保障体系，完善相应的劳动争议处理机制，不断提升劳动者的可持续就业能力，防范就业风险转移。第三，正视数字鸿沟风险，促进数字包容，从硬件、软件等方面促进区域协调发展，关注老年人等特殊群体的特殊需求。

（四）以人为本加强风险沟通，培育良好的社会心态

第一，以人为本加强风险沟通，关注利益相关者的风险感知，实施多样化、针对性的风险沟通策略。第二，培育自尊自信、理性平和、积极向上的社会心态，促进社会公正公平，加强社会支持、包容和关爱，增进社会信任和政民信任。第三，加强风险教育，提升公众的风险意识，有助于增进公众对风险的认知进而舒缓紧张焦虑的情绪，也有利于在危机发生前引起警觉，在危机发生后进行反思学习。第四，顺应数字社会发展潮流，重视电子政务，建设回应型政府，同时也要培养提升公众的数字素养和技术接受能力。

（五）加强风险灾害危机研究，促进多学科交叉互融

第一，强化知识积累并培养“想象力”，提升抵御“黑天鹅”“灰犀牛”事件的能力。第二，注重完善风险评估，评估的难点在于风险识别和风险分析的全面性和准确性，需进一步提升重大决策社会稳定风险评估的科学化、民主化和法治化水平。第三，强化不同情境下风险演化机理研究，深

① 《专家解读丨推动生成式人工智能精细化治理》，中华人民共和国国家互联网信息办公室网站，2023 年 7 月 13 日，https：//www. cac. gov. cn/2023-07/13/c_ 1690898363806525. htm，最后访问日期：2024 年 5 月 6 日。

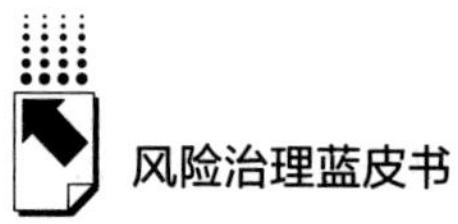

刻理解风险发生的宏观规律和微观机理，系统分析风险因素之间的相互关系。第四，促进多学科理论与方法的交融互鉴，培养复合型应急管理、社会工作人才。

参考文献

杨健、李增元:《中国乡村社会风险研究的现状、热点与审思——基于 1064 篇 CSSCI 来源期刊论文的文献计量分析》,《重庆社会科学》2023 年第 2 期。

曾宇航、史军:《政府治理中的生成式人工智能: 逻辑理路与风险规制》,《中国行政管理》2023 年第 9 期。

黄河、杨小涵、王芳菲:《由风险感知到集体行动——重大突发公共卫生事件中公众社交媒体的摇摆使用与作用机制》,《新闻与传播研究》2023 年第 2 期。

吴金群、刘花花:《行政区划调整何以引发社会风险? ——基于 20 个案例的模糊集定性比较研究》,《浙江大学学报》(人文社会科学版) 2023 年第 7 期。

于水、范德志:《新一代人工智能 (ChatGPT) 的主要特征、社会风险及其治理路径》,《大连理工大学学报》(社会科学版) 2023 年第 5 期。

B.5

2023年中国社区风险治理发展报告

朱 伟*

摘 要： 本文基于综合减灾示范社区的建设和社区风险治理实践，通过全国各应急管理厅（局）的官方网站收集综合减灾示范社区的数量，进行宏观的统计和对比分析，对各省区市的总数分布、社区和村的类型变化进行对比分析，发现北京市的推进数量较多，正在由社区转向农村。本文从微观角度对北京市具体社区的风险、灾害链、风险特征进行分析，建议在社区层面构建全面的风险治理模式，结合城市更新、完整社区建设、智慧城市建设将安全规划与居民生活融合，提升社区风险治理的数字化水平，培育社区内部的凝聚力和防灾减灾能力。

关键词： 社区 风险治理 防灾减灾

一 引言

近年来，我国大力提升城市治理水平和效能，围绕城市精细化治理进行探索与创新，基层治理体系、能力、机制不断完善和提高，构建了逐步完善的城市基层治理体系。但基层社区治理体系仍面临着脆弱性、精细化水平不足等挑战，社区风险治理需要完成从局部功能强化到治理体系系统化的转变，全面加强社区风险治理，打造可持续发展的基层治理新格局。

---

* 朱伟，北京市科学技术研究院城市系统工程研究所所长、研究员，研究方向为城市公共安全、风险评估。

我国正在积极推进城市基层治理现代化，社区风险治理的重要性日益凸显。在新冠疫情防控中，社区作为最前沿的防线发挥了关键作用，因此，加强社区风险治理体系建设、推动治理重心向社区下移、发挥基层组织作用至关重要。为提升社区风险治理的精细化水平，必须整合资源、加强专业化治理、强化网格化管理等措施，不断提升治理效能。创新社区风险治理模式，以人民为中心，实现信息化、智能化、常态化的治理机制，是当前的重要任务。为此要将党建与风险治理结合，将资源下沉到基层，动员各界参与，构建政府治理、社会调节、居民自治、良性互动的社区治理体系。

二 政策进展

（一）社区风险治理的国际动态

当今世界在社会、环境和技术上的相互联系性日益增强，这也意味着灾难可能会迅速蔓延。自 2015 年以来，气候变化的影响日益严重，并带来极其不平等的后果，这些后果在发展中国家要严重得多。新冠全球疫情 2019 年开始迅速蔓延，到 2022 年底已导致约 650 万人死亡；2022 年巴基斯坦的大洪水，影响了 3300 多万人，破坏了数百万英亩的农田，造成了严重的粮食短缺。许多国家在国家一级制订着计划，保护公民安全，减轻灾害风险。迄今为止，125 个国家已经制订备灾计划。从哥斯达黎加通过立法，允许所有机构分配灾害预防和应急预算；到澳大利亚的灾害准备基金，该基金将在 2023～2024 年每年投资高达 2 亿澳元用于防灾和抗灾举措；再到巴巴多斯的灾难条款，该条款允许在灾难造成经济影响时立即冻结债务。尽管受灾害影响的人数在增加，但死亡人数的占比却减少了一半以上。2005～2014 年，与灾害相关的死亡率为每 10 万全球人口中 1.77 个，2012～2021 年降至每 10 万全球人口中 0.84 个（排除新冠的影响）。灾害成本继续上升，但减灾资金增长速度远未达到应对灾害所需的速度。

国际社会呼吁，应为风险大的社区建立预警系统，并使其具备足够的机构、财政和人力对发出的预警采取行动，采取措施保护脆弱的社区和弱势群体。

2023 年 5 月 18 日，联合国大会举行会议，审查《仙台减少灾害风险框架》的实施进展。联合国常务副秘书长阿明娜·穆罕默德指出，全球在灾害风险管理方面的进展不足，这给 2030 年实现可持续发展目标带来了风险。在通过的政治宣言中，联合国呼吁各国改善国家机制，共享灾害风险数据与分析[①]。中期审查会上，联大第 77 届会议主席克勒希说，中期审查是“我们在 2030 年之前集体改变未来道路的最后机会”；他强调，现在迫切需要采取行动。他表示：“自 2015 年以来，已知的受灾害影响的人数已经猛增了 80 倍。”穆罕默德说：“我们必须承认，进展是微弱而不足的。”她说，由于各国没有履行气候和可持续发展承诺，本可以预防的自然灾害夺走了数十万人的生命，迫使数百万人背井离乡，尤其是妇女、儿童和其他弱势群体。联合国常务副秘书长穆罕默德在会议上表示，管理风险不是一种选择，而是一项全球承诺。穆罕默德强调：“应对这些挑战意味着我们要通过系统思维和协作行动，明智、敏捷地部署应对措施，来改变我们对风险的应对能力，以预防、管理和减轻全球风险。”联合国减少灾害风险办公室（UNDRR）负责人水鸟真美（Mami Mizutori）指出，自 2015 年以来，这一路并非毫无进展。例如，越来越多的政府建立或升级了国家损失核算系统，越来越多的国家制定了减少灾害风险战略。然而，进展仍然不平等。灾难的风险继续对世界上最不发达国家、小岛屿发展中国家、内陆发展中国家、非洲国家以及中等收入国家造成不成比例的影响。她说：“由于无人管理灾难风险，灾难的发生速度越来越快，超过了我们的应对能力，给人民、生计、社会和我们赖以生存的

---

① United Nations Office for Disaster Risk Reduction, The Report of the Midterm Review of the Implementation of the Sendai Framework for Disaster Risk Reduction 2015－2030, https://www.undrr.org/publication/report-midterm-review-implementation-sendai-framework-disaster-risk-reduction-2015-2030，最后访问日期：2024 年 4 月 13 日。

生态系统带来了愈发严重的后果。”来自土耳其的基林克（Mustafa Kemal Kılınç）也强调了这一点，2023 年 2 月的土耳其地震造成了 5 万多人死亡，而他幸存了下来。他说：“我们无法预测自然灾害。但无论何时何地，我们都可以做好准备。我希望，因为你们的努力，世界各地像我这样的灾难受害者会减少。”

2023 年 7 月 25～27 日举行了亚洲及太平洋经济社会委员会的附属机构减少灾害风险委员会（the Economic and Social Commission for Asia and the Pacific，the Committee on Disaster Risk Reduction）第八届会议，会议指出风险超过抵御能力，亚太地区面临灾难“紧急情况”①。根据联合国亚洲及太平洋经济社会委员会（亚太经社会）的最新报告，面对气候变化的社会经济影响，亚太地区在提高抵御能力和保护来之不易的发展成果方面，机会之窗十分有限。如果不立即采取行动，1.5℃和 2℃的升温幅度将导致灾害风险超过抵御能力，超出可行适应能力的极限，并危及可持续发展。气候变化引发的灾害对亚太地区构成了日益严重的威胁，与气候灾害相关的损失已经非常大。仅在 2022 年，亚太地区就发生了超过 140 起灾难，导致 7500 多人死亡，6400 多万人受到影响，造成估计高达 570 亿美元的经济损失。然而，不采取行动的后果更为严重。《2023 年亚太灾害报告》预计，在升温 2℃的情况下，与灾害相关的死亡和经济影响将导致年度损失接近 1 万亿美元，相当于该地区生产总值的 3%。报告进一步表明，最脆弱的亚太次区域，如太平洋小岛屿发展中国家，将在农业和能源部门经历更加严重的不平等和破坏，威胁粮食和能源安全。联合国副秘书长兼亚太经社会执行秘书阿里沙赫巴纳（Armida Salsiah Alisjahbana）表示：“随着气温持续上升，正在出现新的灾难热点，而现有的热点正在加剧。亚太地区正处于灾难紧急状态，我们必须从根本上转变我们建设抗灾能力的方法。”亚太经社会指出，增加对多灾害早期预警系统的投资以及扩

① 《风险超过抵御能力，亚太地区面临灾难“紧急情况”》，联合国中文网站，2023 年 7 月 25 日，https：//news. un. org/zh/story/2023/07/1120082，最后访问日期：2024 年 4 月13 日。

大覆盖范围，特别是在最不发达国家，对于减少人员伤亡至关重要。早期预警系统还可以将灾害损失降低60%，实现10倍的投资回报率，这会是一个显著的进展。2023年委员会将进一步关注关键行动，如有针对性的变革性适应措施，使脆弱家庭能够在灾害风险高发区保护其资产和生计。该委员会还预计将批准一项旨在2027年前实现全面预警的区域战略，这是建立在联合国秘书长启动的《2023-2027年全民预警行动计划》的基础上，旨在促进世界上最容易发生灾害的亚太地区各国之间的跨境协同作用。

2023年10月13日“国际减少灾害风险日”的主题是“消除不平等，创造更具韧性的未来”，旨在提高人们对与灾害相关的严重不平等现象的认识。联合国秘书长古特雷斯呼吁投资于抗灾能力[①]，他在致辞中指出，2023年的气温打破了历史纪录，世界各地出现了创纪录的干旱、火灾和洪水，而贫困和不平等正在加剧这些灾害。他呼吁各国投资于抗灾能力和适应能力，为世界各地的每一个人建设一个安全和公正的未来。古特雷斯表示，最贫困的人往往面临最严峻的极端天气风险。他们可能生活在更容易遭受洪水和干旱的地方，他们应对损害和从中恢复的资源也更少。因此，他们不成比例地受到冲击，并可能进一步陷入贫困。古特雷斯强调，“各国必须遵守《巴黎协定》，努力实现可持续发展目标，落实《仙台减少灾害风险框架》，从而打破贫困和灾害的循环”。他敦促在第28届联合国气候变化大会上启动损失和损害基金，并确保预警系统到2027年覆盖地球上每个人。该项目由开发署、世界气象组织、联合国减少灾害风险办公室、国际电信联盟和红十字会与红新月会国际联合会共同设计，将为实现联合国秘书长提出的《全民预警行动计划》作出关键贡献。这些国家包括安提瓜和巴布达、柬埔寨、乍得、厄瓜多尔、埃塞俄比亚、斐济和索马里。

---

① 《国际减少灾害风险日：必须打破灾害和不平等的恶性循环》，联合国中文网站，2023年10月13日，https：//news. un. org/zh/story/2023/10/1122957，最后访问日期：2024年4月13日。

2024 年 2 月 16 日，联合国亚洲及太平洋经济社会委员会（亚太经社会）空间技术应用处负责人王克然在接受《联合国新闻》记者提问时表示，早期预警可以减小社区的脆弱性，并尽可能让灾害的影响降到最低，预警一定要提供可以预测对实地影响的准确信息。“现在随着大数据驱动的数字创新，以及卫星信息和地面信息的结合，那么我们会有更多的工具来提高灾害预测的准确性。亚太经社会正在执行联合国在全球和区域层面为所有人提供预警的计划。我们现在正在利用数字创新和其他的一些手段，并且与我们的成员国密切合作，与我们的合作伙伴共同努力，使人们能够更有针对性地和更及时地采取政策应对措施，来做好灾前的准备工作，做好预警，做好服务。”①王克然的观点正是对古特雷斯的呼吁的支持与实践。

2023 年 9 月 14 日联合国多家机构联合发布年度报告《团结在科学之中》②，系统地研究了气候变化和极端天气对可持续发展目标的影响，并具体阐述了与天气、气候和水有关的科学如何能够推动粮食和水安全、清洁能源、更好的健康、可持续海洋和具韧性的城市等目标的实现。特别指出：城市约占全球温室气体排放量的 70%，这里是全球一半以上人口的家园。城市容易受到海平面上升和风暴潮、热浪、极端降水和洪水、干旱和缺水以及空气污染的影响。而半数国家报告称没有建立多灾种早期预警系统，即使有，其覆盖范围也存在很大差距。与天气、气候和水有关的科学加强了对灾害的实际认识，增进了对相关风险和影响的了解，并促进对灾害的探测、监测和预报，从而为有效的多学科水、环境、生命和政策服务奠定基础。在包括天气、气候和水科学界在内的不同利益相关方之间建立伙伴关系，对于开展全民早期预警和实现可持续发展目

① 《早期预警是减少灾害风险的关键——专访联合国亚太经社会空间技术应用处处长王克然》，联合国中文网站，2024 年 2 月 16 日，https：//news. un. org/zh/story/2024/02/1126737，最后访问日期：2024 年 4 月 13 日。

② 《气候变化损害了几乎所有可持续发展目标的实现》，联合国中文网站，2023 年 9 月 14 日，https：//news. un. org/zh/story/2023/09/1121557，最后访问日期：2024 年 4 月 13 日。

标至关重要。高分辨率观测、预报模式和多灾种早期预警系统是城市综合服务的根本基础。

（二）社区风险治理的政策梳理

2023 年 8 月 20~24 日，中央组织部、中央社会工作部、中央党校（国家行政学院）联合举办全国社区党组织书记和居委会主任视频培训班，首次通过视频直播形式同步培训全国所有社区带头人。培训班为推动优质培训资源直达基层、带动各地大抓社区工作者队伍培训作出了示范，对全面提升社区党组织领导社区各类组织和各项工作、加强基层社会治理能力具有重要意义。

2023 年 7 月，住房城乡建设部办公厅等部门发布了《完整社区建设试点名单的通知》①，决定在 106 个社区开展试点工作，持续两年。通知要求各部门建立协同机制，统筹推进完整社区建设与其他重点工作，解决社区设施不足问题，提高居民的获得感。同时，要加强全程指导评估，及时协调解决问题，营造良好氛围。省级部门需定期报告试点工作进展情况。

2023 年 8 月应急管理部办公厅印发《乡镇（街道）突发事件应急预案编制参考》和《村（社区）突发事件应急预案编制参考》②（应急厅函〔2023〕231 号），为基层单位编制应急预案提供“菜单式服务”和参考借鉴。各地应急管理部门可结合本地区实际，参照研究起草基层应急预案编制模板或者范本，进一步为基层单位提供服务指导。

2023 年第四季度，全国综合减灾示范县（市）开展了创建试点的现场

① 《住房城乡建设部办公厅等关于印发完整社区建设试点名单的通知》，中华人民共和国中央人民政府网站，2023 年 7 月 20 日，https：//www. gov. cn/zhengce/zhengceku/202307/content_ 6893776. htm，最后访问日期：2024 年 4 月 13 日。

② 《应急管理部办公厅关于印发〈乡镇（街道）突发事件应急预案编制参考〉和〈村（社区）突发事件应急预案编制参考〉的通知》，中华人民共和国中央人民政府网站，2023 年 8 月 17 日，https：//www. gov. cn/zhengce/zhengceku/202308/content_ 6900302. htm，最后访问日期：2024 年 4 月 13 日。

验收评估工作①。验收期间，验收评估组分为综合组、访谈组、防灾减灾检查组、安全生产和消防检查组、乡镇（街道）社区检查组五个组，主要通过听取汇报、查阅资料、座谈访谈、实地查看、问卷调查、现场核实等方式进行检查验收。

2023 年 11 月，国家发展和改革委员会与相关部门共同制定了《城市社区嵌入式服务设施建设工程实施方案》②，旨在推进城市基层公共服务普及和提升社区治理有效性。方案重点提供社区助餐、儿童托管等服务，优先在人口超过 100 万的城市实施，旨在解决居民服务需求问题，提升其获得感。自然资源部也在推动公共服务设施等方面的专题研究，指导各地因地制宜、探索创新。住房城乡建设部副司长张雁指出，为了有效衔接完整社区建设与实施社区嵌入式服务设施建设工程，采取了重点关注社区服务设施、统筹协调建设标准、建立高效衔接机制等举措。未来将与国家发展改革委共同努力，开展城市体检，发现社区设施不足问题；推动城市更新行动，因地制宜完善社区设施；加强物业管理，提升社区服务水平。

2023 年 11 月 10 日，习近平总书记在北京、河北考察灾后恢复重建工作时强调③，“大涝大灾之后，务必大建大治，大幅度提高水利设施、防汛设施水平。要坚持以人民为中心，着眼长远、科学规划，把恢复重建与推动高质量发展、推进韧性城市建设、推进乡村振兴、推进生态文明建设等紧密结合起来，有针对性地采取措施，全面提升防灾减灾救灾能力。特别要完善城乡基层应急管理组织体系，提升基层防灾避险和自救

---

① 《福泉市顺利通过首批全国综合减灾示范县（市）创建试点现场验收评估》，福泉市人民政府网站，2023 年 11 月 17 日，https：//www. gzfuquan. gov. cn/ztzl/rdzt/fqsc/202311/t20231121_83106763. html，最后访问日期：2024 年 4 月 13 日。

② 《国务院办公厅关于转发国家发展改革委〈城市社区嵌入式服务设施建设工程实施方案〉的通知》，中华人民共和国中央人民政府网站，2023 年 11 月 26 日，https：//www. gov. cn/zhengce/zhengceku/202311/content_ 6917191. htm，最后访问日期：2024 年 4 月 13 日。

③ 《习近平在北京河北考察灾后恢复重建工作时强调 再接再厉抓好灾后恢复重建 确保广大人民群众安居乐业温暖过冬》，中共中央党校（国家行政学院）网站，2023 年 11 月 10 日，https：//www. ccps. gov. cn/xtt/202311/t20231110_ 159815. shtml？ from = singlemessage&wd = &eqid = b596f4a400309d0c000000026577e91c，最后访问日期：2024 年 4 月 13 日。

互救能力”。“城市恢复重建要做好防灾减灾论证规划，充分考虑避险避灾，留出行洪通道和泄洪区、滞洪区，更新排水管网等基础设施，提升城市运行保障能力。”

2023年11月28日习近平总书记在上海提出①，“要全面践行人民城市理念，充分发挥党的领导和社会主义制度的显著优势，充分调动人民群众积极性主动性创造性，在城市规划和执行上坚持一张蓝图绘到底，加快城市数字化转型，积极推动经济社会发展全面绿色转型，全面推进韧性安全城市建设，努力走出一条中国特色超大城市治理现代化的新路。要把增进民生福祉作为城市建设和治理的出发点和落脚点，把全过程人民民主融入城市治理现代化，构建人人参与、人人负责、人人奉献、人人共享的城市治理共同体，打通服务群众的‘最后一公里’，认真解决涉及群众切身利益的问题，坚持和发展新时代‘枫桥经验’，完善基层治理体系，筑牢社会和谐稳定的基础”。

2024年4月1日出版的第7期《求是》杂志发表节录习近平总书记2012年11月至2023年12月期间有关重要论述节录的重要文章《必须坚持人民至上》②，文章强调全体人民是建设社会主义现代化强国的决定性力量，必须实现全民共建共享。贯彻以人民为中心的发展思想，解决好人民群众急难愁盼问题，让现代化建设成果更多更公平地惠及全体人民，在推进全体人民共同富裕上不断取得更为明显的实质性进展。

2024年3月李强总理在政府工作报告中提出，切实保障和改善民生，加强和创新社会治理③。贯彻总体国家安全观，加强国家安全体系和能力建设。提高公共安全治理水平，推动治理模式向事前预防转型。着力夯实安全

---

① 《习近平在上海考察时强调　聚焦建设“五个中心”重要使命　加快建成社会主义现代化国际大都市　返京途中在江苏盐城考察》，中华人民共和国中央人民政府网站，2023年12月3日，https：//www.gov.cn/yaowen/liebiao/202312/content_6918294.htm？type=1，最后访问日期：2024年4月13日。

② 字振华：《必须坚持人民至上》，求是网，2022年11月26日，http：//www.qstheory.cn/dukan/hqwg/2022-11/26/c_1129162125.htm，最后访问日期：2024年4月13日。

③ 《李强在政府工作报告中提出，切实保障和改善民生，加强和创新社会治理》，中华人民共和国中央人民政府网站，2024年3月5日，https：//www.gov.cn/yaowen/liebiao/202403/content_6936366.htm，最后访问日期：2024年4月13日。

生产和防灾减灾救灾基层基础，增强应急处置能力。扎实开展安全生产治本攻坚三年行动，加强重点行业领域风险隐患排查整治，压实各方责任，坚决遏制重特大事故发生。做好洪涝干旱、森林草原火灾、地质灾害、地震等防范应对，加强气象服务。强化城乡社区服务功能。引导支持社会组织、人道救助、志愿服务、公益慈善等健康发展。

2024 年 3 月，习近平总书记来到湖南省常德市鼎城区谢家铺镇港中坪村考察调研①，习近平总书记指出，党中央明确要求为基层减负，坚决整治形式主义、官僚主义问题，要精兵简政，继续把这项工作抓下去。

三　综合减灾示范社区建设现状分析

（一）社区风险治理的主要载体

自 2008 年以来，我国各地开展了全国综合减灾示范社区创建活动。这项工作促进了社区防灾减灾能力和应急管理水平的不断提升，同时也增强了城乡社区居民的防灾减灾意识和避灾自救能力。截至 2023 年 11 月，应急管理部已经公布十五批全国综合减灾示范社区名单②。全国范围内共有 15154 个单位被评选为全国综合减灾示范社区。

（二）综合减灾示范社区建设工作主要成效

本文查阅了应急管理部和全国各省级应急管理厅（局）的官方网站，收集了 2022 年和 2023 年全国综合减灾示范社区与各地方综合减灾示范社区

① 《习近平在湖南考察农村基层减负情况》，中华人民共和国中央人民政府网站，2024 年 3 月 20 日，https：//www. gov. cn/yaowen/liebiao/202403/content_ 6940385. htm，最后访问日期：2024 年 4 月 13 日。

② 《2021 年度全国综合减灾示范社区公示公告》，中华人民共和国应急管理部网站，2022 年 11 月 14 日，https：//www. mem. gov. cn/gk/zfxxgkpt/fdzdgknr/202211/P020221118625809227152. pdf，最后访问日期：2024 年 4 月 13 日。

的建设情况。2023 年全国各省级应急管理厅（局）均通知部署了全国综合减灾示范社区的申报工作，但截至 2024 年 4 月应急管理部官网未公布 2023 年申报的结果。因此，通过对 34 个省（区、市）应急管理厅（局）的官方网站的数据完整性筛选后（个别省应急管理厅网页无法打开，部分省应急管理厅官方网站未查询到相关信息），得到九省区市①②③④⑤⑥⑦⑧⑨的地方综合减灾示范社区的数据，对此进行统计分析。

根据以上数据，2022~2023 年，北京市、安徽省、湖南省、湖北省、江西省、陕西省、山东省、广西壮族自治区、西藏自治区 9 个地区综合减灾示范社区区域分布数据参见表 1 和图 1（山东省无 2022 年数据，选取 2020~2021 年数据分析）。

---

① 《2023 年北京市综合减灾示范社区拟命名名单公示》，北京市应急管理局网站，2023 年 12 月 5 日，https：//yjglj. beijing. gov. cn/art/2023/12/5/art_ 8994_ 671402. html，最后访问日期：2024 年 4 月 13 日。

② 《2023 年全省综合减灾示范社区公示》，安徽省应急管理厅网站，2024 年 2 月 18 日，https：//yjt. ah. gov. cn/gsgg/gsgg/149171991. html，最后访问日期：2024 年 4 月 13 日。

③ 《2023 年湖南省综合减灾示范社区公示》，湖南省应急管理厅网站，2023 年 12 月 28 日，http：//yjt. hunan. gov. cn/yjt/gggsx/202312/t20231228_ 32613308. html，最后访问日期：2024 年 4 月 13 日。

④ 《2023 年全省综合减灾示范社区（村）名单》，湖北省应急管理厅网站，2024 年 3 月 19 日，https：//yjt. hubei. gov. cn/bsfw/bmcxfw/xxcx/jzsfsq/202403/t20240319_ 5125552. shtml，最后访问日期：2024 年 4 月 13 日。

⑤ 《关于命名 2023 年度省级综合减灾示范单位（第二批）的通知》，江西省应急管理厅网站，2023 年 12 月 12 日，http：//yjglt. jiangxi. gov. cn/art/2023/12/12/art_ 38544_ 4711282. html，最后访问日期：2024 年 4 月 13 日。

⑥ 《陕西省防灾减灾救灾工作委员会关于命名“长安区郭杜街道书苑社区”等 100 个社区为陕西省综合减灾示范社区的决定》，陕西省应急管理厅网站，2024 年 1 月 26 日，http：//yjt. shaanxi. gov. cn/c/2024-01-26/885825. shtml，最后访问日期：2024 年 4 月 13 日。

⑦ 《关于命名济南市历下区甸柳新村街道吉祥苑社区等 113 个社区为 2023 年度全省综合减灾示范社区的通知》，山东省应急管理厅网站，2024 年 3 月 26 日，http：//yjt. shandong. gov. cn/zfgw/202403/t20240326_ 4714682. html，最后访问日期：2024 年 4 月 13 日。

⑧ 《广西壮族自治区减灾委员会办公室　广西壮族自治区应急管理厅关于 2023 年广西壮族自治区综合减灾示范社区名单的公示》，广西壮族自治区应急管理厅网站，2024 年 2 月 1 日，http：//yjglt. gxzf. gov. cn/gwgg/t17937352. shtml，最后访问日期：2024 年 4 月 13 日。

⑨ 《2023 年度西藏自治区综合减灾示范村（社区）公示公告》，西藏自治区应急管理厅网站，2024 年 2 月 20 日，https：//yjt. xizang. gov. cn/p1/sylmgsgg/20240220/96158. html，最后访问日期：2024 年 4 月 13 日。

表 1　2022~2023 年九省区市综合减灾示范社区区域分布情况

单位：个

区域	2022 年/(山东 2020~2021 年)			2023 年		
	社区数量	村数量	合计	社区数量	村数量	合计
北京市	496	141	637	430	134	564
安徽省	58	42	100	56	44	100
湖南省	24	26	50	24	26	50
湖北省	56	64	120	48	72	120
江西省	47	38	85	45	36	81
陕西省	84	16	100	79	21	100
山东省	96	6	102	91	22	113
广西壮族自治区	67	33	100	45	55	100
西藏自治区	—	—	—	14	71	85
合计	928	366	1294	832	481	1313

资料来源：九省区市应急管理厅（局）的官方网站数据。

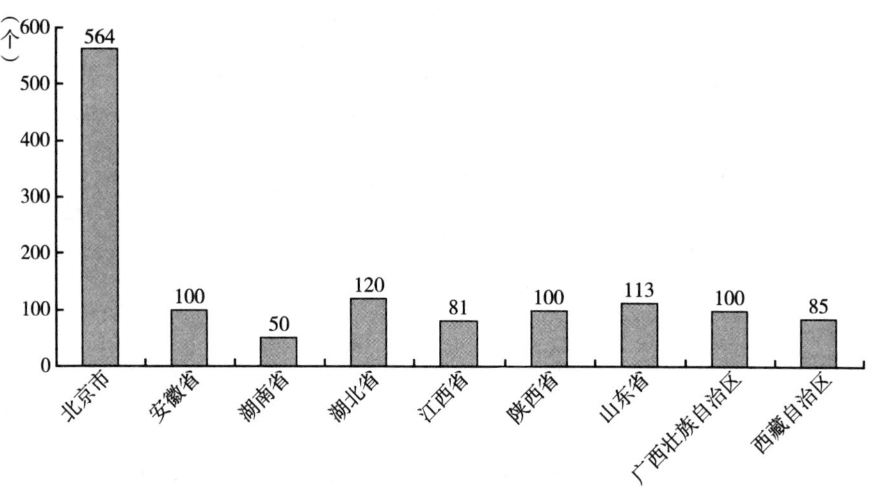

图 1　2023 年九省区市综合减灾示范社区数量分布

资料来源：九省区市应急管理厅（局）的官方网站数据。

数据显示，收集到的各省级应急管理厅（局）的地方综合减灾示范社区的数量合计 1313 个，其中数量最多的为北京市，为 564 家，占总数的 42.96%，其他各省份的数量保持在 120 个以内。这与两个方面有关，一是北京市 2019 年发布的《关于加强安全社区与综合减灾示范社区融合推进意见》（京应急通〔2019〕76 号），在《北京市安全社区评审标准》中明确了将“街道辖区内‘综合减灾示范社区’比例不低于 50%，乡镇辖区内‘综合减灾示范社区’的比例不低于 20%”作为安全社区申请评审前的基本条件之一。二是北京市应急管理局优选社会资源，借力专业机构，精心组织、科学筹划，对建设单位实行精准帮扶等举措。

通过对各省区市应急管理厅（局）的社区和农村两类综合减灾示范社区数量进行统计分析和对比，发现社区的占比在全国和各省份都呈下降趋势，村的占比在全国和各省份都呈上升趋势。变化较为明显的是山东省和广西壮族自治区（见表 2）。综合减灾示范社区建设从 2008 年至今，已经过 16 年的发展，地方性综合减灾示范社区的覆盖面越来越广，工作推进时也逐步由城市社区向农村发展。

表 2　2022~2023 年九省区市综合减灾示范社区/村占比分布

单位：%

区域	2022 年社区占比	2022 年村占比	2023 年社区占比	2023 年村占比
北京市	77.86	22.14	76.24	23.76
安徽省	58.00	42.00	56.00	44.00
湖南省	48.00	52.00	48.00	52.00
湖北省	46.67	53.33	40.00	60.00
江西省	55.29	44.71	55.56	44.44
陕西省	84.00	16.00	79.00	21.00
山东省	94.12	5.88	80.53	19.47
广西壮族自治区	67.00	33.00	45.00	55.00
西藏自治区	—	—	16.47	83.53
合计	71.72	28.28	63.37	36.63

资料来源：九省区市应急管理厅（局）的官方网站数据。

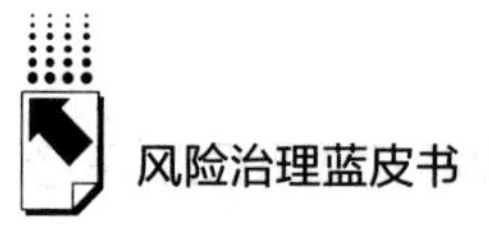

（三）以北京市为例的综合减灾示范社区建设工作分析

根据北京市应急管理局相关公告，2023 年北京市市级综合减灾示范社区区域分布数据如表 3 和图 2 所示。

表 3　2023 年北京市综合减灾示范社区区域分布情况

单位：个

项目	北京市行政区划																	
	东城区	西城区	朝阳区	丰台区	石景山区	海淀区	顺义区	通州区	大兴区	房山区	门头沟区	昌平区	平谷区	密云区	怀柔区	延庆区	经开区	合计
命名	2	2	13	5	2	11	13	13	14	14	1	10	6	1	7	9	1	124
复评通过	24	49	27	56	23	45	24	33	25	21	12	55	15	8	5	18	0	440
合计	26	51	40	61	25	56	37	46	39	35	13	65	21	9	12	27	1	564

资料来源：北京市应急管理局官方网站数据。

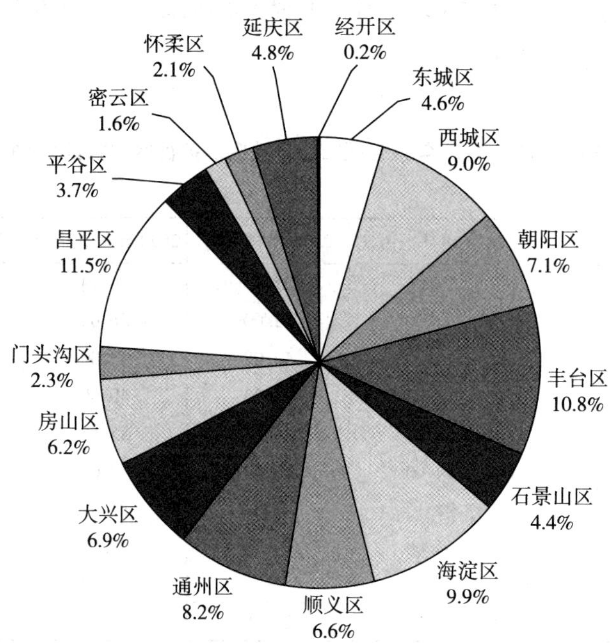

图 2　2023 年北京市各区域市级综合减灾示范社区数量占比

资料来源：北京市应急管理局官方网站数据。

1. 北京市中心城区社区总体情况

从中心城区北京市综合减灾示范社区总体情况看，东城区、西城区、朝阳区、丰台区、石景山区和海淀区2023年北京市综合减灾示范社区命名及复评通过的单位数量分别为26个、51个、40个、61个、25个和56个。其中，西城区北京市综合减灾示范社区覆盖率最高，为19.39%；其次是石景山区，覆盖率为16.13%；再次是东城区，覆盖率为15.48%；随后是丰台区、海淀区和朝阳区，北京市综合减灾示范社区覆盖率分别为13.96%、8.43%和5.54%（见图3）。

按照北京市综合减灾示范社区数量，排名前6的分别为昌平区65个，丰台区61个，海淀区56个，西城区51个，通州区46个，朝阳区40个，其中昌平区、通州区北京市综合减灾示范社区覆盖率分别为11.73%和7.11%。

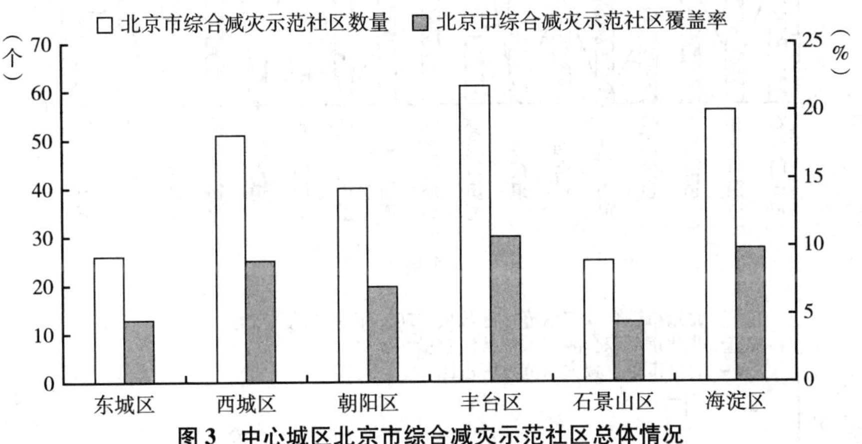

图3　中心城区北京市综合减灾示范社区总体情况

资料来源：北京市应急管理局官方网站数据。

2. 北京市各中心城区具体情况①②③

通过对2023年各中心城区北京市综合减灾示范社区具体分布数据

① 《北京金名片 各区概览》，北京市人民政府网站，https://www.beijing.gov.cn/renwen/bjgk/xzqh，最后访问日期：2024年4月13日。

② 《2022年北京市行政区划名称和行政区划代码》，北京市民政局网站，2023年6月12日，https://mzj.beijing.gov.cn/art/2023/6/12/art_9984_644480.html，最后访问日期：2024年4月13日。

③ 《中国：北京市（区、乡、镇、街道）-人口统计，图表和地图》，citypopulation.de网站，https://www.citypopulation.de/zh/china/townships/beijing/admin/，最后访问日期：2024年4月13日。

（2023 年北京市综合减灾示范社区命名及复评通过数据）进行分析发现，北京市中心城区各街道的综合防灾减灾能力和应急管理水平存在一定差异（见图 4）。

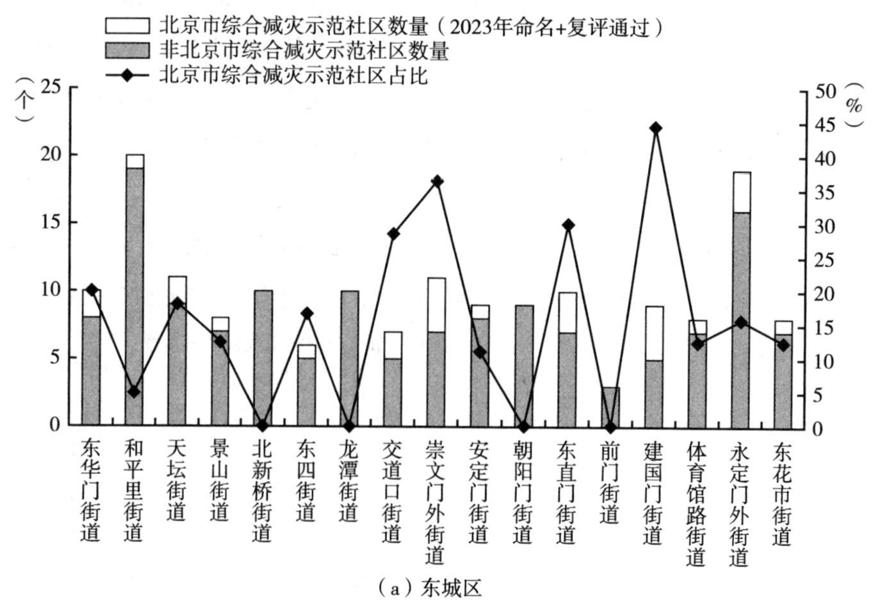

（a）东城区

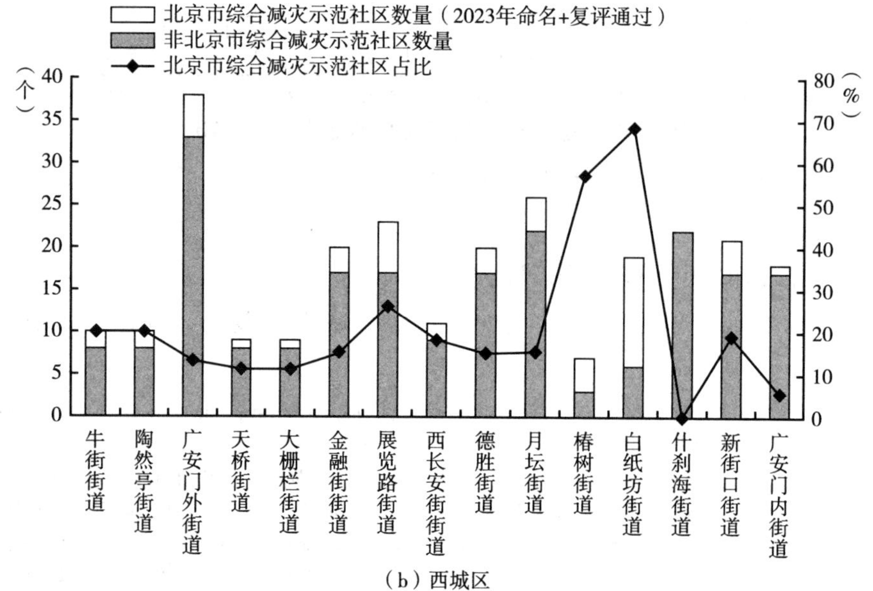

（b）西城区

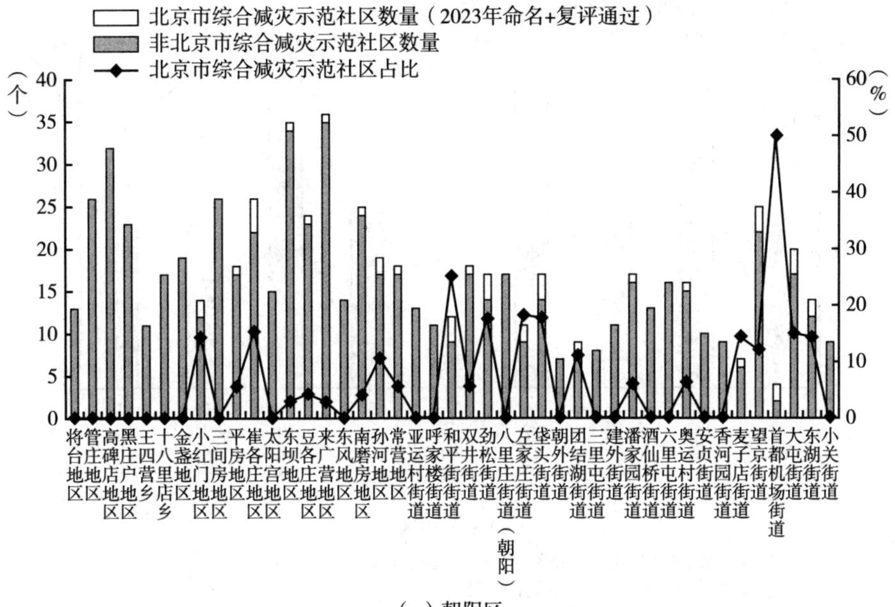
北京市综合减灾示范社区数量（2023年命名+复评通过）
非北京市综合减灾示范社区数量
北京市综合减灾示范社区占比
（个）
0
5
10
15
20
25
30
35
40
（%）
0
10
20
30
40
50
60
将台地区
管庄地区
高碑店地区
黑庄户地区
王四营乡
十八里店乡
金盏地区
小红门地区
三间房地区
平房地区
崔各庄地区
太阳宫地区
东坝地区
豆各庄地区
来广营地区
东风地区
南磨房地区
孙河地区
常营地区
亚运村街道
呼家楼街道
和平街街道
双井街道
劲松街道
八里庄街道（朝阳）
左家庄街道
垡头街道
朝外街道
团结湖街道
三里屯街道
建外街道
潘家园街道
酒仙桥街道
六里屯街道
奥运村街道
安贞街道
香河园街道
麦子店街道
望京街道
首都机场街道
大屯街道
东湖街道
小关街道

（c）朝阳区

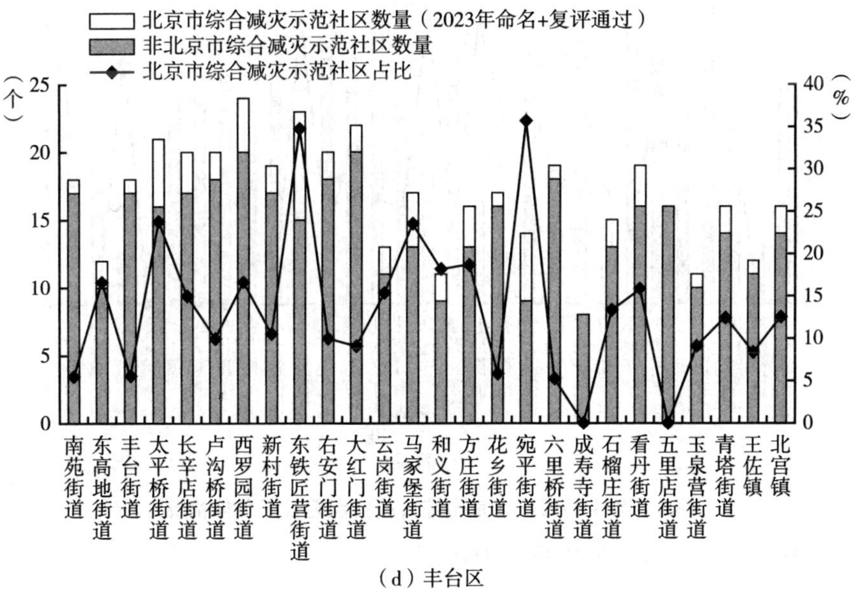
北京市综合减灾示范社区数量（2023年命名+复评通过）
非北京市综合减灾示范社区数量
北京市综合减灾示范社区占比
（个）
0
5
10
15
20
25
（%）
0
5
10
15
20
25
30
35
40
南苑街道
东高地街道
丰台街道
太平桥街道
长辛店街道
卢沟桥街道
西罗园街道
新村街道
东铁匠营街道
右安门街道
大红门街道
云岗街道
马家堡街道
和义街道
方庄街道
花乡街道
宛平街道
六里桥街道
成寿寺街道
石榴庄街道
看丹街道
五里店街道
玉泉营街道
青塔街道
王佐镇
北宫镇

（d）丰台区

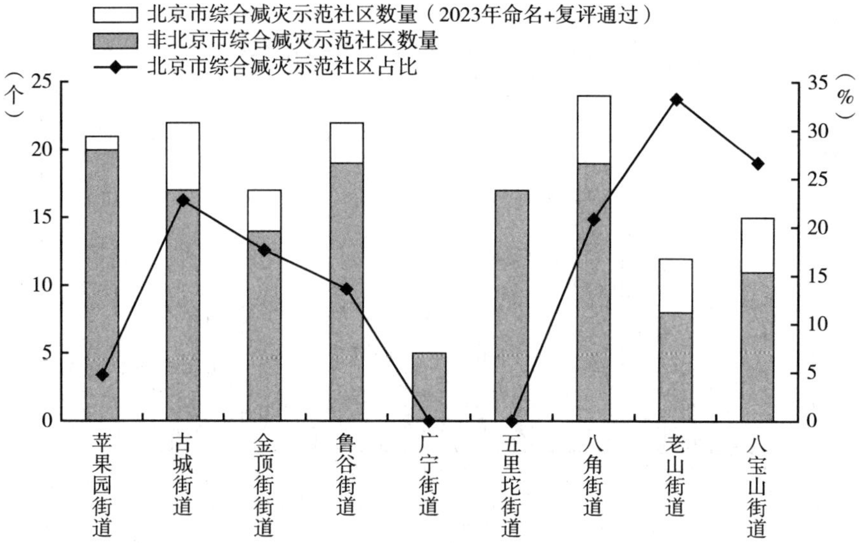

北京市综合减灾示范社区数量（2023年命名+复评通过）
非北京市综合减灾示范社区数量
北京市综合减灾示范社区占比

（个） （%）

苹果园街道 古城街道 金顶街街道 鲁谷街道 广宁街道 五里坨街道 八角街道 老山街道 八宝山街道

（e）石景山区

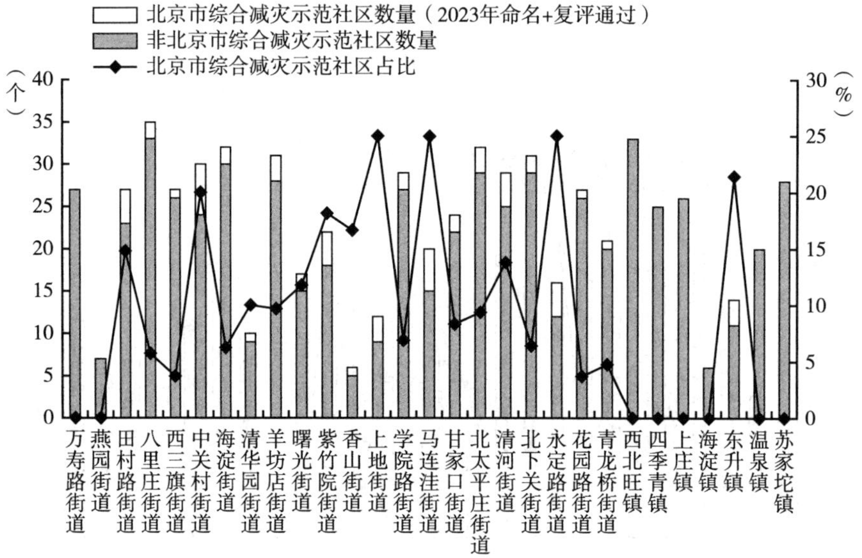

北京市综合减灾示范社区数量（2023年命名+复评通过）
非北京市综合减灾示范社区数量
北京市综合减灾示范社区占比

（个） （%）

万寿路街道 燕园街道 田村路街道 八里庄街道 西三旗街道 中关村街道 海淀街道 清华园街道 羊坊店街道 曙光街道 紫竹院街道 香山街道 上地街道 学院路街道 马连洼街道 甘家口街道 北太平庄街道 清河街道 北下关街道 永定路街道 花园路街道 青龙桥街道 西北旺镇 四季青镇 上庄镇 海淀镇 东升镇 温泉镇 苏家坨镇

（f）海淀区

图 4　各中心城区北京市综合减灾示范社区具体情况

资料来源：北京市应急管理局官方网站数据。

整体来看，以 2023 年街道命名及复评通过北京市综合减灾示范社区的单位数量比例为参考，其中，西城区白纸坊街道的平均综合减灾能力最高，北京市综合减灾示范社区覆盖率达68.42%，其次是朝阳区的首都机场街道和东城区的建国门街道，2023年实现命名及复评通过北京市综合减灾示范社区的比例分别占所属街道的50.00%和44.44%。结合具体数据，各中心城区综合减灾能力较突出的街道情况如表4所示，在2023年入选及复评通过全国综合减灾示范社区的单位数量方面，西城区白纸坊街道最多，有13个社区，其次为丰台区的东铁匠营街道和海淀区的中关村街道，分别有8个和6个社区。

表4　各中心城区综合减灾能力较突出的街道情况

中心城区	2023年北京市综合减灾示范社区覆盖率最高的街道			2023年北京市综合减灾示范社区数量最多的街道		
	街道名称	数量(个)	社区覆盖率(%)	街道名称	数量(个)	社区覆盖率(%)
东城区	建国门街道	4	44.44	崇文门外街道	4	36.36
				建国门街道	4	44.44
西城区	白纸坊街道	13	68.42	白纸坊街道	13	68.42
朝阳区	首都机场街道	2	50.00	崔各庄地区	4	15.38
丰台区	宛平街道	5	35.71	东铁匠营街道	8	34.78
石景山区	老山街道	4	33.33	古城街道	5	22.73
				八角街道	5	20.83
海淀区	上地街道	3	25.00	中关村街道	6	20.00
	马连洼街道	5	25.00			
	永定路街道	4	25.00			

注：社区覆盖率=2023年该街道北京市综合减灾示范社区数量/该街道社区总数。
资料来源：北京市应急管理局官方网站数据。

3. 北京市综合减灾示范社区/村占比情况

根据北京市应急管理局相关公告①，2022~2023年北京市市级综合减灾示范社区/示范村区域分布数据如表5所示。

① 《2023年北京市综合减灾示范社区拟命名名单公示》，北京市应急管理局网站，2023年12月5日，https://yjglj.beijing.gov.cn/art/2023/12/5/art_8994_671402.html，最后访问日期：2024年4月13日。

表 5　2022~2023 年北京市市级综合减灾示范社区区域分布情况

单位：个

行政区划	2022 年			2023 年		
	社区	村	合计	社区	村	合计
1. 东城区	34	0	34	26	0	26
2. 西城区	46	0	46	51	0	51
3. 朝阳区	71	0	71	40	0	40
4. 丰台区	61	8	69	57	4	61
5. 石景山区	33	0	33	25	0	25
6. 海淀区	66	0	66	56	0	56
7. 顺义区	20	39	59	26	11	37
8. 通州区	25	20	45	23	23	46
9. 大兴区	34	5	39	35	4	39
10. 房山区	16	32	48	18	17	35
11. 门头沟区	6	0	6	4	9	13
12. 昌平区	40	13	53	38	27	65
13. 平谷区	8	14	22	8	13	21
14. 密云区	5	5	10	6	3	9
15. 怀柔区	5	1	6	4	8	12
16. 延庆区	19	4	23	12	15	27
17. 经开区	7	0	7	1	0	1
合计	496	141	637	430	134	564

资料来源：北京市应急管理局官方网站数据。

2022 年与 2023 年社区/村入选北京市综合减灾示范社区/示范村占比如表 6 所示。

表 6　2022~2023 年北京市市级综合减灾示范社区/村占比分布

单位：%

行政区划	2022 年社区占比	2022 年村占比	2023 年社区占比	2023 年村占比
1. 东城区	100. 00	0	100. 00	0
2. 西城区	100. 00	0	100. 00	0
3. 朝阳区	100. 00	0	100. 00	0

续表

行政区划	2022 年社区占比	2022 年村占比	2023 年社区占比	2023 年村占比
4. 丰台区	88.41	11.59	93.44	6.56
5. 石景山区	100.00	0	100.00	0
6. 海淀区	100.00	0	100.00	0
7. 顺义区	33.90	66.10	70.27	29.73
8. 通州区	55.56	44.44	50.00	50.00
9. 大兴区	87.18	12.82	89.74	10.26
10. 房山区	33.33	66.67	51.43	48.57
11. 门头沟区	100.00	0	30.77	69.23
12. 昌平区	75.47	24.53	58.46	41.54
13. 平谷区	36.36	63.64	38.10	61.90
14. 密云区	50.00	50.00	66.67	33.33
15. 怀柔区	83.33	16.67	33.33	66.67
16. 延庆区	82.61	17.39	44.44	55.56
17. 经开区	100.00	0	100.00	0
合计	77.86	22.14	76.24	23.76

注：示范社区占比=示范社区/（示范社区+示范村）；示范村占比=示范村/（示范社区+示范村）。
资料来源：北京市应急管理局官方网站数据。

四 社区风险治理的现状

社区是最基本的治理单元，事关居民群众的切身利益。2022 年，我国以完善党建引领的社区风险治理体系建设为关键、以城市更新完善空间和设施的精细化为基础、以风险特征和居民需求为导向、以文化营造和信息沟通为保障，不断完善社区风险治理体系。

（一）社区风险情况

以综合减灾示范社区评审为契机，选择了两个社区进行了风险现状的调查。通过北京市某镇安全管理人员、物业、安全专家等相关工作人员的积极配合、共同努力，完成此次现场评估。共发现小区一、小区二两个小区共 22 个风险点，按风险种类为风险分类，如表 7 所示。

表 7　某两个社区风险分析

风险类别	隐患描述	诱发因素	依据
火灾	小区一楼道电箱不受控，且缺少屏护	电箱不受控可能导致线路短路，引发火灾；缺少屏护可能会因误碰发生触电事故	DB11/T 1322.2—2017《安全生产等级评定技术规范　第2部分：安全生产通用要求》 3.6.2.3动力（照明）配电箱（柜）
	小区二中控室外楼道的电箱无标识、电线杂乱无跨接	电箱电线杂乱无跨接可能引起火花导致火灾	DB11/T 1322.2—2017《安全生产等级评定技术规范　第2部分：安全生产通用要求》 3.6.2.3动力（照明）配电箱（柜）
	小区二喷泉的电箱无漏电保护，且电箱生锈情况严重，无锁控	无漏电保护在电路出现问题时不会自动跳闸，可能发生触电事故，电箱生锈情况和无锁控都会增加发生触电事故和火灾事故的风险	DB11/T 1322.2—2017《安全生产等级评定技术规范　第2部分：安全生产通用要求》 3.6.2.3动力（照明）配电箱（柜）
	小区二配电室电箱有杂物	众多杂物堆积，且都是易燃物质，有可能导致火灾事故的发生	DB11/T 1322.2—2017《安全生产通用要求》 3.6.2.3动力（照明）配电箱（柜）
	小区二充电桩均为自主安装	如存在违规操作可能引发火灾等事故	
高处坠落	小区一消防水井无明显标识，且无防护网	增加了坠落的风险	DB11/T 852—2019《有限空间作业安全技术规范》 附录D（资料性附录）有限空间作业安全告知牌示例
	小区二电梯呼叫无人应答	人员被困时不能及时救援	DB11/T 852—2019《有限空间作业安全技术规范》 表C.1特种设备要素的安全生产等级评定细则3.4.5.1.2
	小区二配电室电缆井缺少有限空间标识	不能起到警示的作用，可能会发生高处坠落的事故	DB11/T 852—2019《有限空间作业安全技术规范》 附录D（资料性附录）有限空间作业安全告知牌示例

续表

风险类别	隐患描述	诱发因素	依据
触电伤害	小区一燃气管道法兰无跨接	缺乏静电导通性，可能导致触电	DB11/T 1322.2—2017《安全生产等级评定技术规范　第2部分：安全生产通用要求》 3.5.4公用辅助用房及设备设施应符合本系列标准行业部分中的相关要求
	小区一楼道电箱不受控，且缺少屏护	电箱缺少屏护且无锁控，人员误触可能导致触电	DB11/T 1322.2—2017《安全生产等级评定技术规范　第2部分：安全生产通用要求》 3.6.2.3动力(照明)配电箱(柜)
	小区二中控室外楼道的电箱无标识、电线杂乱无跨接	电箱无标识导致操作人员在维修和日常应用时不方便，且电线杂乱无跨接增加了火灾和触电事故的风险	DB11/T 1322.2—2017《安全生产等级评定技术规范　第2部分：安全生产通用要求》 3.6.2.3动力(照明)配电箱(柜)
	小区二喷泉的电箱无漏电保护，生锈情况严重	缺乏漏电保护装置，可能导致人员触电	DB11/T 1322.2—2017《安全生产等级评定技术规范　第2部分：安全生产通用要求》 3.6.2.3动力(照明)配电箱(柜)
爆炸伤害	小区一燃气阀门损坏	阀门损坏，可能导致气体泄漏从而发生爆炸事故	DB11/T 1322.2—2017《安全生产等级评定技术规范　第2部分：安全生产通用要求》 3.5.4公用辅助用房及设备设施应符合本系列标准行业部分中的相关要求
	小区二化粪池都在停车位上，均无有限空间标识	化粪池中的沼气遇到微火源或摩擦可能发生爆炸事故	DB11/T 852—2019《有限空间作业安全技术规范》 附录D(资料性附录)有限空间作业安全告知牌示例
其他伤害	小区一居委会二楼消防栓水带盘错	火灾发生后不能及时应对	
	小区一缺少六月检查记录	隐患不能及时排除	DB11/T 1322.2—2017《安全生产等级评定技术规范　第2部分：安全生产通用要求》 3.7.3.2消火栓的管理应符合GB 14561和GA 654的规定

续表

风险类别	隐患描述	诱发因素	依据
其他伤害	小区一收费室内消防报警终端处有杂物	发生紧急情况可能会堵塞重要应急通道	DB11/T 1322. 2—2017《安全生产等级评定技术规范　第 2 部分:安全生产通用要求》 表 D. 1 用电要素的安全生产等级评定细则 3. 6. 1. 2. 1
	小区一中控室应急灯失效	事故发生后影响救援工作开展	DB11/T 1322. 2—2017《安全生产等级评定技术规范　第 2 部分:安全生产通用要求》 表 E. 1 消防要素的安全生产等级评定细则 3. 7. 6. 2
	小区一燃气管道未标准化	不便于日常管理维护和检查	《城镇燃气设计规范》
	小区二消防水泵房在 2015 年就已损坏	火灾事故发生后,不能满足灭火对水压和水量的要求,不能起到及时灭火的作用	DB11/T 1322. 2—2017《安全生产等级评定技术规范　第 2 部分:安全生产通用要求》 表 E. 1 消防要素的安全生产等级评定细则 3. 7. 13
	小区二消防系统瘫痪、无消防报警终端等设备,重要部位无监控	不能监控社区情况,发生紧急情况不能及时发现并采取措施	DB11/T 1322. 2—2017《安全生产等级评定技术规范　第 2 部分:安全生产通用要求》 表 E. 1 消防要素的安全生产等级评定细则 3. 7. 1
	小区二安防监控室内仅有管理规定,无其他软件	制度不完善,管理易出现漏洞	
	小区二安防监控无专人值班	出现紧急情况不能及时应对	
	小区二配电室缺软件	制度不完善,管理易出现漏洞	
	配电室无安全出口标识	在紧急疏散时不能起到提醒的作用,影响人员的逃生疏散	DB11/T 1322. 2—2017《安全生产等级评定技术规范　第 2 部分:安全生产通用要求》 表 E. 1 消防要素的安全生产等级评定细则 3. 7. 5

资料来源：现场调研数据。

（二）社区风险的灾害链分析

根据上述风险分类，分析其衍生事故，灾害链分析如表 8 所示。

表 8　某社区灾害链分析

风险类别	隐患描述	诱发因素	衍生事故
火灾	小区一楼道电箱不受控，且缺少屏护	电箱不受控导致线路短路，引发火灾	灼烫、坍塌、中毒和窒息、容器爆炸、其他伤害
	小区二中控室外楼道的电箱无标识、电线杂乱无跨接	电箱电线杂乱无跨接可能引起火花导致火灾	
	小区二喷泉的电箱无漏电保护，生锈情况严重，无锁控	电线短路，引发火灾	
	小区二配电室电箱有杂物，无标识	杂物堆积，易燃物质引发火灾	
	小区二充电桩均为自主安装	如存在违规操作可能引发火灾	
高处坠落	小区一消防水井无明显标识，且无防护网	人员踩空、坠落	窒息、淹溺、其他伤害
	小区二电梯呼叫无人应答	人员被困时不能及时救援	
	小区二配电室电缆井缺少有限空间标识	没有警示标识，人员踏空	
触电伤害	小区一楼道电箱不受控，且缺少屏护	电箱缺少屏护，人员误触可能触电	高处坠落
	小区二中控室外楼道的电箱无标识、电线杂乱无跨接	检修人员在工作时误触电	高处坠落
爆炸伤害	小区一燃气阀门损坏	阀门损坏，可能导致气体泄漏从而发生爆炸事故	中毒、火灾
	小区二化粪池都在停车位上，均无有限空间标识	化粪池中的沼气遇到微火源或摩擦可能发生爆炸事故	

资料来源：作者根据现场调研数据分析制作。

社区要重点预防火灾事故、高处坠落事故以及触电事故的发生，针对上述社区存在的安全隐患，提出以下措施建议。

关于配电箱的管理，配电箱应装设在干燥、通风及常温的场所，不得装设在有严重损伤作用的瓦斯、烟气、蒸气和有侵蚀性气体、液体的场所；配电箱（柜）下方地面应平整、坚实、无下沉、无积水，周围不得有灌木、杂草，不得堆放任何妨碍操作、维修的物品。配电箱内的电器应首先安装在金属或非木质的绝缘电器安装板上，然后整体紧紧固定在配电箱箱体内；配电箱内的电器和导线严禁有任何带电裸露部位，电器必须可靠完好，不得使用破损、不合格的电器，开关电器必须在任何情况下都能保证用电设备电源管理。配电箱做好屏护措施，配电室内严禁堆积杂物。

配电室、发电机房、消防水箱间、水泵房、消防控制室等场所的入口处应设置与其他房间区分的识别类标识和“非工作人员勿入”警示类标识。消防井盖上面需要有明显的消防标志，消防标志是用于表明消防设施特征的符号，它用于说明建筑配有各种消防设备、设施，标志安装的位置，并引导人们在事故时采取合理正确的行动。消防水井要设置防护网，以防人员不小心掉入导致高处坠落；应在电缆井周边明显位置设置有限空间警示标识，以警醒人员防止不慎坠落。

社区和居民应及时检修配电线路和电器设施，更换陈旧老化的电线，对容易被雨水浸泡的电线，应采取迁移或架空等防护措施。严防雷电引发火灾、伤人事故，雷雨天不宜在楼（屋）顶逗留，注意关闭门窗；不要接近建筑（构）物的裸露金属物，远离专门的避雷引下线，及时拔掉电器的电源和信号插头。应按照相关规定规范用电，改变配电建筑结构、配电装置及线路要严格按照有关电气规程；按规定对设备、线路采用与电压相符、与使用环境和运营条件相适应的绝缘，并定期检查、维修，保持完好状态。

社区要预防爆炸事故的发生，定期检查并维修天然气相关设备设施，防止燃气泄漏；要规范有限空间作业，按照规定设置相应的警示标识。

（三）社区现阶段风险特征

1. 社区风险的物理空间特征

对象社区主要建筑建成年代为 2001 年前后，周围没有重大危险源，不涉及地质灾害，建筑的抗震设防能力满足区域的抗震要求，社区的避难空间与应急通道分布合理、主要出入口通畅。不足表现为道路排水性能有缺陷，应急避难标识不齐全，疏散通道有被占用的情况。

2. 社区风险的设施特征

社区设施风险突出。由于小区建成时间为2001年前后，水、电、气等管网由于管理不到位而发生跑冒滴漏以及坍塌、爆炸的风险越来越大。某社区的小区一燃气阀门损坏，燃气管道法兰无跨接；小区二喷泉的电箱无漏电保护，生锈情况严重，无锁控；小区一楼道电箱不受控，且缺少屏护，这些都能够反映出社区设施韧性的短板。同时发现：小区二消防水泵房在2015年就已瘫痪，且无消防报警终端等设备，中控室外楼道的电箱无标识、电线杂乱无跨接；小区一中控室应急灯失效；某社区没有应急供水设施，但按照规定车库区、管理区和辅助设施区均应配置给水管道，并做好防冻措施。近年来，应急电源一直使用蓄电池EPS，特别是将它用作消防应急电源，某社区应急供电系统不够稳定，开启时间在半小时以上，有定期维护；社区内部的应急指示系统不能正常工作；缺少社区自备应急物资储备。

3. 社区风险的人员特征

某社区居民年龄结构合理，经济收入水平较高，人员的基础韧性很好。

同时，社区建立了防灾减灾社区志愿者队伍，提高社区的应急救援能力，通过防汛抢险队伍备勤200人，常态化培训演练和汛期备勤值守，强化了社区的队伍和人员力量。社区自身常态化的教育培训和演练都能按照规定频次开展，但居民的参与度有待进一步提升，社区对避难场所和通道及相关设施的了解程度有待提升。

4. 社区风险的管理特征

社区已经建立应急管理组织，但小组织内部的协同性需要加强；已制定社区应急预案，但预案的针对性和衔接性不够，尤其是预案制定后成员之间的桌面推演需要再强化；社区没有防灾基金支持，目前我国灾害保险体系不够健全，社区的防灾资金主要靠政府兜底；社区应急设施管理方面，如消防栓水带盘错、小区一中控室缺少检查记录，小区二安防监控无专人值班；此外，与应急预案需求的匹配程度需要提升，需要进一步调查并明确辖区内可以共享的应急设施底数。

5. 社区风险的社会特征

社区居民参与社区活动以福利性事务和活动为主，这些活动的参与者多为老年人，社区居民的参与程度不够；在社区的预警信息和应急沟通方面，不能保证每个居民都能第一时间接到预警信息，存在预警盲区，在应急沟通和响应的过程中，社区的应急动员有待加强。

五　发展与展望

（一）构建起政府树立愿景并引导和支持、社区行动为主导、全员行动的风险治理模式

社区风险治理应坚持动态、可持续发展的理念，构建起政府树立愿景并引导和支持、社区行动为主导的全员行动的模式。

一是坚持党建引领推进社区风险治理，以社区党委为主体建立领导小组，做好风险治理顶层设计和总体部署，完善基层风险治理体系，扩大多方主体参与。二是强调社区主导作用，制订和实施战略计划应以社区为主导，基于当地解决方案，探索长期综合风险治理与韧性提升规划、可持续融资方案、行动计划。三是重视社区多元主体作用，推进社区、社会组织、社会工作三方联动，提升社区居委会和利益相关方风险治理能力，充分利用社区福利组织，提升服务水平。四是减少不平等和不包容因素，采用基于人权的方法提供信息支持，优先考虑面临最大风险和边缘化人群的需求。五是反映妇女声音，实施性别敏感型方法，采取降低风险和提升韧性的干预措施，降低妇女脆弱性。六是制定和实施韧性安全社区计划要反映儿童、青少年和青年专业人士的意见，制度化他们的参与，释放其能力。

（二）结合城市更新、完整社区、智慧社区等，在空间、设施、管理等方面将社区安全规划与居民休闲生活融合

一是结合完整社区建设，形成“点—网—圈”平战融合的减灾空间体

系和居民生活空间，以街区为基本“据点”。借鉴东京的模式，在规划层面逐步将各类场所与居民生活紧密融合，构建减灾社区空间体系和生活娱乐网络。二是结合城市更新推动社区设施韧性能力提升。在更新老旧小区和楼宇、改善环境秩序、消除安全隐患的同时，进行社区“微更新”，解决设施设备带病运行、适宜性和听取居民意见的问题。三是通过智慧社区建设提升社区安全管理水平。利用智慧化建设丰富社区安全治理数据来源，建立风险导向的智慧服务，完善大数据在社区安全治理中的作用，推动不同层级、部门的社区信息系统与智慧社区平台对接。

（三）提升社区风险治理的数字化水平

社区风险治理是一项基础性、系统性、长期性工作。除了抓好顶层设计和系统谋划、夯实社区多元共治的群众基础外，还需要不断推进智慧社区建设，以数字化推进社区治理体系和治理能力的现代化。

一是推动不同层级、不同部门的社区信息系统与智慧社区平台的对接或迁移集成。二是结合社区服务，拓展智慧社区建设的风险治理场景，建立以风险为导向的智慧服务。三是完善大数据在社区风险治理中的作用，构建规范统一的数据资源体系，加强乡镇（街道）与部门政务信息系统的数据共享交换机制，利用大数据挖掘辅助决策。四是完善智慧化建设，丰富社区风险治理的数据来源，提高自助便民服务网络的智能化水平。

（四）培育社区内部的凝聚力和平战结合的防灾减灾综合能力

一是完善平战结合的服务网络，提升全员应急准备能力。首先是完善高风险人员台账，组织社区居委会、卫生服务机构，联系重点人群并动态更新台账。其次是了解特殊群体安全需求，开展入户走访，关心特殊困难人群，及时了解安全需求。最后是引导社会力量参与社区安全风险治理，推动社会组织参与服务，塑造非正式网络。二是加强社区文化凝聚力，建立社区参与的激励机制。首先是提升应对灾害时的社区凝聚力，挖掘社区文化内涵，打造社区文化项目，传播社区文化精神。其次是建立激励机制，明确参与职责权限和模式，推行积分制、时间银行等方式，对表现优秀者给予奖励。最后是听取居民意见，让居民实质性参与，强化社区认同感。三是重视极端条件下社区第一响应能力建设。首先是完善应急组织体系和工作预案，强化物资储备保障，加强应急避难场所建设。其次是提升突发事件应对能力，对安全巡查员、志愿者等进行培训，引导社会力量参与处置。最后是支持专业组织开展服务，加强社区安全风险治理。

参考文献

Meng Xiangkun, Chen Guoming, Zhu Gaogeng, et al., "Dynamic Quantitative Risk Assessment of Accidents Induced by Leak Age on Offshore Platforms Using DEMATEL-BN", *International Journal of Naval Architecture and Ocean Engineering*, 2019, 11 (1): 22-32.

Yuanjiang Chang et al., "A Bayesian Network Model for Risk Analysis of Deepwater Drilling Riser Fracture Failure", *Ocean Engineering*, 2019, 181: 1-12.

李来西、孙宁、于立博、董晓欣、应宇辰：《基于居家养老模式的失能老年人适老化改造需求研究》，《城市住宅》2020 年第 2 期。

彭翀、郭祖源、彭仲仁：《国外社区韧性的理论与实践进展》，《国际城市规划》2017 年第 4 期。

马超、运迎霞、马小淞：《城市防灾减灾规划中提升社区韧性的方法研究》，《城市规划》2020 年第 6 期。

B.6

2023年中国社会组织参与风险治理发展报告*

卢毅　李健强**

摘　要：　2023年度，中国社会组织在应对各类灾害事件中展示了其专业价值与优势功能，社会力量已被纳入国家救援体系，融入国家风险治理体系。本文梳理了2023年度中国社会组织参与风险治理的概况和相关政策，以京津冀暴雨和积石山地震为例，总结了社会组织参与国内灾害应急响应的宝贵经验。尽管社会组织参与风险治理已取得显著成效，但仍面临专业救援组织数量不足、经费短缺、保障制度不健全、应急管理体系协同性差以及参与机制待优化等问题。然而，随着政府支持政策的出台、社会认知的提升以及社会组织自身能力的增强，社会组织在风险治理中的影响力和贡献将持续扩大，迎来发展良机。未来，提升专业化水平、加强协作、推进现代化治理将成为社会组织发展的关键方向。

关键词：　社会组织　风险治理　应急响应　协同救援

---

* 本文获得国家自然科学基金面上项目“社会应急力量联合救灾网络的构建、运行与评估研究”（编号：72274131）和四川省社会科学基金重点项目“四川社会应急力量有序参与救灾的长效机制研究”（编号：SCJJ23ND43）的资助。

** 卢毅，四川大学研究员、博导，应急管理研究中心副主任，四川尚明公益发展研究中心研究员，研究方向为社会应急力量参与灾害治理；李健强，四川尚明公益发展研究中心主任，研究方向为社区治理、灾害管理。卢毅老师团队研究生甘雨桐、余露共同参与了资料搜集与报告撰写工作。

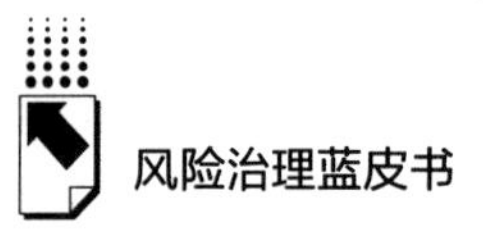

一　2023年发展概述与回顾

（一）治理实践成效

基于2023年西藏林芝重大雪崩、杜苏芮台风、京津冀暴雨洪涝灾害、积石山地震等一系列灾害事件应对的实践经验，社会组织在风险治理领域展现出重要价值和功能，已然成为国家应急管理体系不可或缺的重要组成部分。我国风险治理的技术体系是一个多层次、立体化的网络，其主体框架以国家、省、市、县四级行政层级为基础，构建了从中央到地方的逐级响应与协调机制。随着社会经济的快速发展以及社会风险治理理念的不断进步，多元主体参与风险治理的需求日益凸显。

2023年6月8日，应急管理部部长王祥喜在国务院举行的“权威部门话开局”应急管理部专场新闻发布会上指出，近年来我国应急救援能力明显提升，特别是在统筹与优化应急救援力量方面，已将社会力量纳入国家救援体系，下一步将加强对社会力量的规范建设。这一举措意味着社会组织正式被系统性地整合到了我国风险治理的整体架构之中，有助于扩大治理覆盖面、提升治理效率，构筑更为坚实、多元、适应新时代要求的国家风险治理体系。

（二）活跃组织类型

广义的社会组织涵盖范围广，泛指任何为了共同的目标、利益或活动而自发或有意识地形成的群体结构，而本报告所讨论的社会组织特指狭义概念，指经过民政部门依法登记注册的实体，具体包括社会团体、民办非企业单位以及基金会。参与风险治理的社会组织是指具备专业背景、社会资源和社交能力，能够参与并作用于社会风险治理、社会发展与进步的单一性群体性力量，主要分为社会团体、基金会和民办非企业单位（社会服务机构）三类，如表1所示。社会组织作为参与属地救援的重要力量，在现实情况中表现为文体类社会组织自发成立较多、风险治理类社会组织数量较少。

表 1　参与风险治理的社会组织分类定义

名称	定义	示例	依据
基金会	利用自然人、法人或其他组织捐赠的财产，以从事风险治理事业为目的，开展非营利性活动的社会组织，包括公募基金会和非公募基金会	壹基金等公募基金会，腾讯基金会等非公募基金会	《基金会管理条例》
社会团体	由公民或企事业单位自愿组成、按章程开展风险治理活动的社会组织，包括行业性、学术性、专业性和联合性社团	救援协会、志愿者协会、救援队、应急协会、应急管理学会等	《社会团体登记管理条例》
民办非企业单位（社会服务机构）	由企业事业单位、社会团体和其他社会力量以及公民个人利用非国有资产举办的、从事风险治理活动的社会组织，分为教育、卫生、科技、文化、劳动、民政、体育、中介服务和法律服务等十大类	救援服务中心、应急安全中心、救护培训服务中心、志愿服务中心、应急管理研究院等	《民办非企业单位登记管理暂行条例》

资料来源：课题组依据相关条例编制。

基金会是利用自然人、法人或其他组织捐赠财产，以从事公益事业为目的、按照一定规则成立、开展非营利性活动的社会组织，包括公募基金会和非公募基金会①，参与风险治理的知名基金会包括中国乡村发展基金会、深圳壹基金、爱德基金会等。基金会参与风险治理，主要体现在风险预防与识别、风险沟通与披露、社会责任投资与影响力管理等多个维度，由于《中华人民共和国慈善法》对慈善组织的法定标准设置相对严苛，基金会作为社会参与风险治理领域的枢纽，在社会组织总量中占比不足1%。

参与风险治理的社会组织主要以救援队、协会、学会等形式存在。救援

① 《基金会管理条例》，中华人民共和国中央人民政府网站，2005 年 5 月 23 日，https://www.gov.cn/zwgk/2005-05/23/content_201.htm，最后访问日期：2024 年 4 月 15 日。

队或救援协会（以下统称救援队），是由社会人员自发创立，具备专业救援能力，致力于灾害防范与应急救援活动，将防灾、减灾、救灾活动作为组织活动内容的公益性社会组织。通过“全国社会组织信用信息公示平台”① 查询，可知参与到风险治理的大多数救援队的总体情况，目前全国共有 4611 支民间救援队，其组织类型大多为民办非企业单位（3926 支），其余的以社会团体形式存在（685 支）。当前我国民间救援队伍多以“某某救援队”来命名，典型且知名的民间救援队有蓝天救援队、公羊救援队、蓝豹救援队等。与救援队直接参与一线应急救援行动相比，一些社会组织致力于从事风险治理相关的学术研究、风险意识教育、技能培训指导、救灾协调等支援性工作，地区性社会组织有成都授渔公益发展中心、四川尚明公益发展研究中心等，知名的全国性社会组织包括中国应急管理学会、中国灾害防御协会、卓明灾害信息服务中心等。

（三）主要参与方式

我国已经进入必须直面各类自然风险和人因风险，尤其是新兴风险的时代，在此背景下，风险治理上升到了维护国家安全的战略高度②。社会组织在风险治理的不同阶段和多种情境下扮演着重要角色。目前社会组织参与风险治理的主要方式可以分为以下三类：应急抢险救援、救灾物资管理、其他专业服务（见表 2）。在参与风险治理的过程中，社会组织以其灵活性强、针对性强、贴近民众等优势，成为连接政府、市场与民众的桥梁，不仅直接参与服务提供，还促进了社会资源的有效整合与配置，有助于提升社会综合抗灾能力，促进我国多层次、立体化的风险治理体系建立。

---

① 全国社会组织信用信息公示平台（试运行），https：//xxgs. chinanpo. mca. gov. cn/gsxt/newList，最后访问日期：2024 年 4 月 15 日。

② 《做好从“应急管理”到“应急治理”理论范式的转变》，中华人民共和国应急管理部网站，2019 年 11 月 21 日，https：//www. mem. gov. cn/xw/ztzl/2019/xxgcddsjjszqhjs/thwz/201911/t20191121_ 341444. shtml，最后访问日期：2024 年 4 月 15 日。

表 2　社会组织参与风险治理的主要方式

分类	具体内容
应急抢险救援	群众疏散、应急救援、伤员转运、受灾群众安置等
救灾物资管理	救灾捐赠、物资协议储备、物资运输与分发、物资仓储服务、科技和信息服务等
其他专业服务	心理疏导服务、疾病防控与医疗服务、风险调查、隐患排查治理、科普宣传教育等

资料来源：课题组依据相关论文编制。

1. 应急抢险救援

应急抢险救援是指通过协助政府对受灾群众开展救援救助、引导自救互救、落实群众转移安置等方面的工作，是社会组织参与风险治理的一项重要功能。面对地震、洪涝、火灾等自然灾害以及疫病等公共卫生突发事件，社会组织能够依据灾害性质精准施策，展现出强大的应急抢险效能，如在地震救援中快速进行生命迹象探测与废墟搜救；洪涝灾害时组织疏散转移、筑堤防洪及灾后清理；火灾现场协助消防部门进行人员撤离与火势控制；在疫情暴发时，进行社区排查、健康宣教、疫苗接种推广乃至方舱医院运营等多元防疫任务。例如 2023 年，在积石山地震中，共有 157 支社会组织队伍 2200 人次深入灾区一线，在当地党委、政府统一调度下，积极开展应急抢险救援工作。应急抢险救援中社会组织的介入，显著增强了社会风险应对的整体效能，促进了多元主体共治格局的形成。

2. 救灾物资管理

救灾物资管理涵盖了社会款物捐赠的募集与接收、物资协议储备的规范化管理、物资运输与分发、需求预测与决策支持等多方面的工作，是社会组织参与风险治理的主要功能之一。社会组织凭借广泛的群众基础，方便从民间多方筹集资金与物资，同时协助政府进行应急物资管理，加强对灾区资源的持续供给。通过对救灾物资进行管理，社会组织不仅确保了应急资源在灾难发生时能够迅速、有序地被送达受灾地区，满足受援群众的即时需求，还能够在风险防范、准备与恢复的全周期中，发挥其独特优势，助力韧性社会构建。

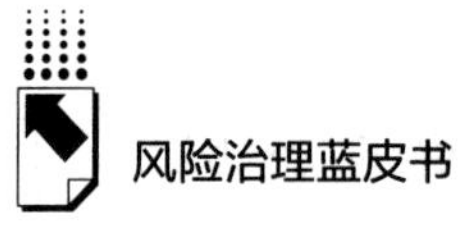

3. 其他专业服务

由于社会组织的成员大多来自社会基层的各行各业，遍及社会角落，能够准确关注到社会动态，及时了解民众需求，因此社会组织在风险治理中还能提供多种多样的专业服务。风险治理时，政府的主要精力放在救灾工作的整体统筹上，对民众需求的服务标准较为统一，难以有精力关注到民众差异化的需求细节。而社会组织因为对基层熟悉了解，往往能注意到某个区域、某个群体甚至某个个体的特殊需求，提供具体、细致的专业服务。一般来说，社会组织在风险治理中会提供心理疏导服务、疾病防控与医疗服务、风险调查、隐患排查治理、科普宣传教育等专业服务，这些服务既强化了社会公众的风险意识与应对能力，又弥补了政府公共服务的不足，形成了政府、市场与社会组织协同参与的风险治理体系，有力地提升了全社会抵御各类风险的整体实力。

综上所述，社会组织在风险治理中起到辅助和支持的作用，也在一定程度上承担起创新和监督的角色，是推进风险治理体系和治理能力现代化不可或缺的重要载体。政府和社会各界都逐渐认识到社会组织参与风险治理的价值，并采取措施如赋权、提供行为准则、加强监管与支持等，以进一步提升社会组织参与风险治理的能力和效果。

二　2023年社会组织参与风险治理的政策进展梳理

（一）国家层面

我国社会组织参与风险治理要遵循党的二十大报告的指引："引导、支持有意愿有能力的企业、社会组织和个人积极参与公益慈善事业"，要贯彻"十四五"规划纲要中提出的要求：优化社会救助和慈善制度。2023 年前后，国务院、民政部等部门相继发布规划、规范和政策，引导社会组织高质量参与风险治理。国家层面相关规划和政策如表 3 所示。

表 3　2023 年发布或修订的国家层面相关规划和政策

序号	名称	发文单位
1	《2023 年中央财政支持社会组织参与社会服务项目实施方案》	民政部办公厅
2	《社会应急力量分类分级测评实施办法（征求意见稿）》	应急管理部 救援协调和预案管理局
3	《安全应急装备重点领域发展行动计划（2023—2025 年）》	工业和信息化部 救援协调和预案管理局 国家发展改革委 科技部　财政部 应急管理部
4	修改《中华人民共和国慈善法》	十四届全国人大常委会 第七次会议

资料来源：课题组根据 2023 年发布的相关法律和政策整理而成。

2023 年 5 月，为发挥中央财政支持社会组织参与社会服务项目的示范引领作用，提升项目管理规范化水平和资金使用效率，民政部办公厅发布《2023 年中央财政支持社会组织参与社会服务项目实施方案》，对提供紧急救援和社会参与等服务的社会工作服务示范项目进行资助。

2023 年 9 月，为大力发展安全应急装备，推进灾害事故防控能力建设，工业和信息化部联合其他部门印发《安全应急装备重点领域发展行动计划（2023—2025 年）》，其中提到要发挥企业市场主体作用和社会组织积极作用，充分调动各方面积极性，形成发展合力，并鼓励社会组织完善产业标准体系，探索组建安全应急装备标准化技术组织，研究编制标准体系建设指南，加快重点领域标准制修订工作。

2023 年 11 月，应急管理部救援协调和预案管理局组织起草了《社会应急力量分类分级测评实施办法（征求意见稿）》，向社会公开征求意见。办法强调，测评工作应坚持“统一领导、属地负责，自愿参与、客观公正，以评促建、注重实效”的原则，适用于建筑物倒塌搜救、山地搜救、水上搜救、潜水救援、应急医疗救护等专业类别的社会应急力量分类分级工作，每个专业类别按照能力由高到低分为 1、2、3 级。

2023 年 12 月 29 日，十四届全国人大常委会第七次会议审议通过关于修改慈善法的决定，其中新增应急慈善专章，对重大灾害、重大公共卫生事件等发生时的慈善应急作出了相应的规范，弥补了原有法律的缺失。第七十二条提到，为应对重大突发事件开展公开募捐的，应当及时拨付或者使用募得款物，在应急处置与救援阶段至少每 5 日公开一次募得款物的接收情况，及时公开分配、使用情况，对慈善组织的信息披露工作提出了更为精细严格的要求。

（二）地方层面

本小结梳理了 2023 年地方层面的重要政策，分析其对社会组织参与风险治理的影响。摘录部分省市应急和民政部门制定社会组织参与风险治理的政策，如表 4 所示。

表 4　2023 年发布的地方层面相关政策

序号	名称	发文单位
1	《2023 年长三角应急管理专题合作工作要点》	长三角应急管理专题合作组
2	《关于做好 2023 年度避灾安置场所规范化建设的通知》	浙江省应急管理厅
3	《关于进一步加强应急管理社会动员能力建设的指导意见》	北京市突发事件应急委员会
4	《关于进一步推进安徽省社会应急力量健康发展的实施意见》	安徽省应急管理厅、文明办、民政厅、共青团安徽省委

资料来源：课题组根据 2023 年地方政府发布的相关政策整理而成。

2023 年 1 月，上海市、江苏省、浙江省、安徽省应急管理厅印发《2023 年长三角应急管理专题合作工作要点》，将建立长三角区域社会应急力量合作交流机制、统筹社会资源、激活民间潜在的应急救援能力纳入加强区域应急能力的重点事项，同时强调了推动区域安全应急产业发展和提高社会防灾减灾救灾意识的重要性，织密长三角区域风险治理的社会防控网络。

2023年3月，浙江省应急管理厅为进一步提升基层综合防灾减灾救灾能力，印发《关于做好2023年度避灾安置场所规范化建设的通知》，强调了各级政府、部门以及社会力量共同参与避灾安置的重要性，鼓励各地根据全省减灾救灾工作会议部署，围绕“做强做优做大”的总体要求以及“区位优势明显、避灾功能齐全、平灾转换迅速、政企保障联动”的建设目标，与包括社会组织在内的各方力量合作，共同推动避灾安置场所的规范化建设。

2023年3月，北京市突发事件应急委员会制定《关于进一步加强应急管理社会动员能力建设的指导意见》，指明要以从事防灾减灾救灾工作的社会组织和城乡社区应急志愿者为重点，加强社会应急力量建设指导，制定规范社会应急力量参与应急救援行动的制度规定和标准条件，将认定符合条件的队伍纳入全市应急救援力量体系，发挥辅助救援作用。

2023年9月，安徽省应急管理厅、文明办、民政厅、共青团安徽省委联合印发《关于进一步推进安徽省社会应急力量健康发展的实施意见》，明确指出要在未来3~5年内构建结构均衡、功能多元、运作有序且富有创新活力的安徽特色社会应急能力框架。其中，尤为注重以社区为基石，推动网格化与制度化的组织体系建设达到基本完备状态。此意见旨在催化大量社会应急团体的产生，推动其呈现治理严谨、技术纯熟、纪律严明等多重特质。

三　2023年社会组织参与风险治理的典型案例分析

（一）京津冀暴雨洪涝灾害

1. 实况梳理

2023年7月29日至8月2日，京津冀地区遭遇了历史罕见特大暴雨。北京市门头沟、房山等地部分地区受损严重。河北省大范围遭受洪涝侵袭，

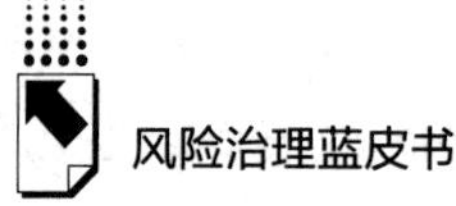

半数以上的县域成为受灾区域，全省受灾人口 222.29 万。以涿州市为例，60%的城市区域浸水状况严重，平均积水深度 1~1.5 米。8 月 2 日 10 时，国家减灾委、应急管理部将国家救灾应急响应级别提升至Ⅲ级，京津冀遭遇了前所未有的风险治理考验。河北省应急管理厅、共青团河北省委联合有关部门，第一时间启动社会组织参与重特大灾害抢险救援行动现场协调机制，引导社会组织有序参与抢险救援行动，成都授渔公益发展中心承担现场协调机制的具体运营工作。

（1）抢险救灾方面。

8 月 1~2 日，不到 24 小时内有将近 1 万人从全国各地赶到河北涿州，72 小时内这一数字超过 3 万人；截至 8 月 5 日 20 时，共登记报备救援队 398 支、5006 人在灾区开展救援工作。据北京蓝天救援队发言人王宁介绍说，本次京冀暴雨洪涝灾害中，共有 70 支蓝天品牌授权队伍参与救援，投入队员 2364 人、车辆 984 辆、舟艇 376 只，完成转移人员 35997 人。中华社会救助基金会第一时间成立应急救援小组，共协调各地救援合作队伍 32 支近 400 名救援队员，在北京市房山区、河北省邢台市和涿州市等地开展救援工作，累计转移受困群众 4000 余人；中华志愿者协会组织 1300 余名救援志愿者，组成 89 支救援队，协调派出 95 艘冲锋舟协助转移安置受灾群众。中国社会工作联合会广泛链接社会资源，组织协调 241 支社会救援和救灾队伍、约 8000 名志愿者，直接提供受灾地区救援服务，协助北京和河北受灾地区处理 1176 个求助信息。

（2）物资管理方面。

据公开捐赠信息统计，京津冀暴雨后共有 70 多家企业捐赠现金、物资，总价值超过 10 亿元，这些善款用于灾区的灾后重建、复工复产，支持社会救援组织的行动。腾讯公益慈善基金会捐赠 1.07 亿元，并通过腾讯公益平台发动爱心网友 194 万余人次、筹集善款超 4138 万元；中华少年儿童慈善救助基金会携手中国社会工作联合会紧急采购了牛奶、面包、火腿肠等生活物资；东润公益基金会向北京、河北受灾地区累计捐赠矿泉水、方便面、发电机等紧急物资价值近 300 万元；比亚迪慈善基金会向中国慈善联合会捐赠

2000 万元，联合采购米面油、发电机、清洗机、弥雾机等急需物资发往一线；阿里巴巴公益基金会向北京市慈善协会、河北省慈善总会、保定市慈善协会等社会组织捐赠约 3000 万元抗灾救灾款物，并联动盒马、大润发、菜鸟物流等向北京市门头沟和河北省受灾地区捐赠生活物资。

（3）其他专业服务。

中国灾害防御协会联合深圳壹基金等机构共同在房山区设立社会工作服务站，为受灾地区群众提供心理疏导、资源链接、关系调适、社区重建、生计发展、能力提升等专业服务，以支持受灾地区过渡性安置和灾后恢复重建；腾讯公益慈善基金会投入 3000 万元，发起“小红花温暖家园计划”，帮助京津冀等地受灾社区、村镇恢复生产生活，重建家园；为加快受灾村庄淤泥、垃圾等清理工作，中国乡村发展基金会联合腾讯公益慈善基金会等共同发起“重振家园——以工代赈家园清理项目”，通过补助村民投工投劳以及补贴机械设备租赁费用的方式，支持村民参与清理村庄公共区域的淤泥、垃圾，恢复小型饮水设施等，首批支持河北省保定市、邢台市、张家口市等地 400 余个受灾严重的村庄清理家园、恢复生产生活。

2. 经验总结

（1）社会组织救援资质审核有待规范[①]。

应急救援区别于广义的志愿服务，具有较高的参与门槛。救援力量的无序涌入，容易堵塞生命通道、干扰救灾秩序。面对不同类型突发事件带来的不确定性冲击，需要正视灾时相关登记备案手续存在客观不能办理或不能及时办理的可能性，例如公章无法取得、通信中断等情况，进而需建立应对上述情况的备用通道，例如打通当地指挥部或协调中心等协同平台与社会应急组织以及基层社区的沟通渠道，破解“程序”刚性难题。此外，还需转换视角，在强化属地管理的同时，根据平时能力测评、信用记录等情况把好社

① 田万方、李明：《社会应急力量参与应急救援的定位、功能和改进路径——“涿州暴雨救援中的社会应急管理”专题研讨会综述》，《中国应急管理科学》2023 年第 12 期。

会组织“质量关”，确保派出的社会组织具备相应的应急能力，为属地有关部门动态接收社会组织分担压力。

（2）灾时救援力量协同机制还需完善[①]。

协同机制一方面需要前置和优化程序，促使社会组织抵达后按照“报备—派出—撤离”的流程开展工作，掌握社会组织的人力、物力、资金等资源情况，避免“多头邀约”等情况出现，另外则是要通过信息对称来促进资源对接。此次京津冀水灾救援中，社会组织救援协同存在调配问题。由于京津冀暴雨造成的灾害涉及三地，因此应上升到省级的层面统筹，但此次救援中面对数量庞大的社会救援队伍，不同省份之间沟通有待畅通，为协同救援增加了工作量。同时，社会组织在救灾中出现死伤的补偿问题，也有待法律、法规进一步完善，烈士评定目前没有统一标准，对于是否评为烈士、是否该发放抚恤金及享受伤残待遇，各地做法千差万别。

（3）灾害预防救助全链条还需构建。

减轻灾害影响仅依赖于现场救援显然不够充分，社会组织有必要将关注点逐步由灾时救援向后推至灾后重建阶段，向前推至灾前预防阶段，从而构建起一套涵盖预防、应对及重建全过程的综合防灾减灾体系。非灾害时期，社会组织应积极通过透明化、公开化、制度化的途径，与各级地方政府，特别是民政部门等上级主管机关建立起常态化的沟通协作机制，确保在灾害预警乃至实际发生时，能够实现信息的迅捷传递、决策的高效制定与资源的精准调度。总之，面对风险，社会组织应从被动应急转向主动预防，通过构建透明、高效的政社联动机制，以及强化日常与公众的紧密联系，实现“有备无患”的救援模式，从而显著提升风险治理的整体效能。

（二）积石山地震

1. 实况梳理

2023 年 12 月 18 日，积石山县发生 6.2 级地震，震源深度 10 公里。

① 张强：《支持引导社会力量全链条、高效能参与灾害应对》，光明网，2023 年 8 月 4 日，https://theory.gmw.cn/202308/04/content_36745080.htm。

12·18积石山地震共造成甘肃、青海两省77.2万人不同程度受灾，151人死亡，983人受伤；倒塌房屋7万间，严重损坏房屋9.9万间，一般损坏房屋25.2万间；直接经济损失146.12亿元。此次地震涉及甘肃省3个市（州）9个县（市、区）88个乡镇（街道）以及太子山天然林保护区、盖新坪林场，涉及青海省2个市（州）4个县（市）30个乡镇。

本次受灾严重的建筑物主要集中体现为民房，尤其是乡镇的自建房及农村的砖瓦房，此次地震造成灾区较大规模的房屋倒塌和损坏，交通、电力和通信等基础设施遭受不同程度破坏，地震还引发了严重的地质灾害。对救援救灾工作的开展影响较大。“12·18”积石山地震发生后，中共中央总书记、国家主席、中央军委主席习近平高度重视并作出重要指示，甘肃临夏州积石山县6.2级地震造成重大人员伤亡，要全力开展搜救，及时救治受伤人员，最大限度地减少人员伤亡。其中，共157支社会组织救援队伍、共2200名人员驾驶400辆汽车赶赴灾区开展救援救灾救助工作。

在这场生命救援的赛跑中，政府与民间力量积极协同，地震数小时后就设立起“社会救援协调中心”，引导民间救援力量有效救援，救援活动包括现场救援、应急物资筹集、物资配送以及灾后重建等。一些社会组织在第一时间就参与到地震救援行动中，中国乡村发展基金会于12月19日0时37分正式启动救援响应，联合人道救援网络伙伴甘肃彩虹公益服务中心、厦门市曙光救援队、青海省社会工作协会、青岛西海岸新区“山海情”志愿救援联盟赶赴一线。爱德基金会联合当地合作机构青海蓝天公益事业发展促进中心、甘肃微一社会工作服务中心等开展灾情排查、需求评估和物资采购等工作。中华社会救助基金会于19日凌晨启动甘肃、青海两地救灾工作，并与甘肃、青海两省民政厅取得联系，进一步了解灾区困难群众受灾及所需物资统计情况。成都公羊会派出6人2车，携带生命探测仪、蛇眼生命探测仪和雷达生命探测仪、部分地震破拆装备、城市搜寻装备；广元市蓝天救援队出动12人2车，携带800件棉大衣等救灾物资；宜宾筠连筠爱应急救援队10人携10万套保暖衣赶赴震区。总的来说，社会组织在现场救援、应急物资管理、资金筹集及灾后重建等环节都发挥了巨大作用。

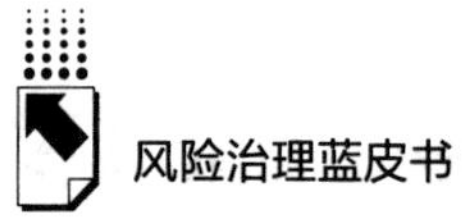

截至12月19日15时，救援工作基本完成，工作重心转为伤员救治和受灾群众生活安置。12月20日，积石山县6.2级地震抗震救灾指挥部发布关于暂缓前往积石山县开展救援行动的公告。12月28日24时起，甘肃省、青海省地震二级应急响应终止，转入安置救助及恢复重建。

2. 经验总结

（1）各救援主体间高效的协同配合是社会组织参与抗震救灾取得成效的核心策略。甘肃积石山6.2级地震发生后，军队、消防、专业和社会组织高效协同作战，截至12月24日，应急管理部迅速组织综合性消防救援队伍、公安干警、部队官兵赶赴灾区参与救援，紧急启动中央企业应急联动机制、军地抢险救灾协调联动机制和航空救援协调联动机制，统筹调派多方应急救援力量，全力支援抗震救灾；应急管理部迅速调动临近灾区的中央企业工程抢险队伍前往现场，执行人员搜救、道路疏通、次生灾害控制等多项任务。与此同时，中央企业的工程救援力量始终保持备战状态，随时准备增援，而应急管理部亦协同军队应急力量，确保其无缝介入救援行动。为确保快速响应，相关部门落实了飞行航线、空域使用权和后勤保障措施，迅速派遣直升机和翼龙无人机飞抵甘肃积石山县。现场建立了有效的协调机制，整合并指导多支社会应急队伍，共同负责人员搜救、临时住所搭建和物资分配等核心任务，充分彰显了我国应急管理体系的独有特点和卓越效能。国家、省、市（州）、县（区）四级政府指挥机构和军队指挥机构各司其职又协调联动，国家、地方、军队、社会应急力量和应急物资全国统筹，按需合理调度，组织精锐力量跨区域支援，显著提升了应急救援的科学性和效率效益。

（2）装备和技术创新是提升救援效率的核心驱动力。在零下十几度的极寒环境下进行地震救援面临着巨大的困难和挑战。面对零下十几度的严寒挑战，不仅受灾群众的生命安全遭受严重威胁，而且低温环境对救援器械的功能发挥造成了巨大阻碍，如通信设备效能减弱、救援工具效率降低等。这迫切要求社会组织在未来加强特殊装备和专业技术的积累与创新，尤其需要关注耐低温、高效破拆、生命探测等关键技术，以增强在极端环境下快速、精准执行救援任务的能力，从而有效提升救援效率和成功率。

（3）社会组织应急物资资源链接有待加强。鉴于甘肃、青海地处内陆，地理条件复杂，地震发生后，由于运输距离长、交通条件受限，短时间内提供满足大量灾民所需的保暖物资颇具挑战性。在这种情况下，社会力量在筹集和输送急需的人员和物资方面面临重重困难，反映了我国在应对特定地区、特定类型灾害时，应急物资生产的快速响应能力、实物储备的充足性以及物流配送网络的高效化仍有待加强。同时，这也凸显了社会组织在筹措与调配应急物资过程中，需要进一步提升资源链接能力，强化与政府部门、企业和志愿者等多方的合作机制，确保在紧急状态下能够快速、准确、有效地进行物资调配，切实满足灾区人民的需求。未来，应当借鉴国内外先进经验，结合我国国情，构建更加完善的应急物资供应链管理机制，提升社会力量在应急救援中的物资保障效率与效果。

四　社会组织参与风险治理的特征归纳

（一）专业化水平不断提升

社会组织因其非行政性、非营利性和志愿性、公益性的特性，在风险治理中能够提供专业化的服务和解决方案。随着社会需求的多样化和技术手段的进步，社会组织在风险预防、监测、应对及后期恢复等环节展现出日益提升的专业技能和服务水平。它们不仅能够深入了解并及时反馈各类风险点，还能凭借专业知识和实践经验提出有效的风险管理策略，促进了风险治理的专业精细化进程。

首先，组织内部培养和引进了大量专业人才，加强了专业培训和知识更新，确保团队具备高水平的专业知识和技能。其次，这些组织在风险评估、应急响应、灾害管理等领域开展了深入研究，积累了丰富的实践经验。此外，通过与研究机构和高校的合作，社会组织不断吸收新的理论和方法，增强了自身的研究和创新能力。专业化不仅体现在组织的操作和管理上，还体现在它们对风险的认识和处理上。社会组织逐步建立了一套科学的风险评估和管理体系，这些体系通常结合了国际最佳实践和本土经验。此外，专业化还意味着对技术的积极采用，许多组织引入先进技术和工具，如数据分析和社会网络分析，以提高风险识别和响应的效率和准确性。

（二）协作化效能不断提高

在风险治理过程中，社会组织在提升协作效能方面取得了显著进展。它们不仅在组织内部建立了高效的协作机制，还积极与外部机构，如政府部门、其他非政府组织、企业以及国际组织建立合作关系。通过跨部门、跨领域的协作，社会组织能够在信息共享、资源整合、行动协调等方面发挥显著效能，共同应对复杂的风险挑战。这种协作化模式既有利于提升风险治理的整体效率，也有利于形成多元共治、多方联动的风险治理格局。此外，随着信息技术的发展，社会组织通过建立在线平台和社交媒体网络，进一步扩大了协作的范围和影响力。

（三）现代化治理不断健全

在党建引领下，社会组织在参与风险治理的过程中，逐步实现了现代化治理结构和机制的建立健全。这包括建立和完善治理规范、优化决策流程、强化内部监督和提升管理透明度等方面。社会组织越来越多地采用开放的管理模式，通过公开财务报告、决策流程和成果评估，赢得了公众的信任和支持。这种现代化治理有助于提高组织的规范性、有效性和适应性，确保其在风险治理中能够发挥积极和稳定的作用。

（四）快速响应能力提升

社会组织在提升快速响应能力方面取得了显著成就。这体现在它们对突发事件的反应时间大幅缩短，能够迅速动员资源、人员和信息进行有效应对。利用先进的通信和信息技术，社会组织可以实时监测风险，迅速作出反应，从而在紧急情况下发挥关键作用。

（五）可持续性与长期参与

社会组织在风险治理中越来越注重可持续性和长期参与。它们不仅关注短期的救援和应对措施，还致力于长期的预防、准备和恢复工作。通过参与政策制定、社区教育和能力建设等活动，社会组织助力构建更为韧性和可持续的社会结构，为长期的风险管理和社会发展作出贡献。

这些特征不仅彰显了社会组织在风险治理中的独特优势，也指出了未来发展的方向，即进一步提升专业化水平，加强协作化建设，以及持续推进现代化治理，以更有效地参与社会风险的预防和应对。

五　社会组织参与风险治理的形势展望

（一）面临形势

1. 社会组织面临严峻挑战

（1）专业应急救援类社会组织数量偏少。《“十四五”应急救援力量建设规划》显示，我国社会应急体系及基层救援能力尚处于起步阶段，全社会广泛参与应急救援的格局仍未形成。航空、工程应急响应、技术支撑等新兴救援力量数量有限，据统计，我国现有社会救援团体超过 4000 家，然而具备高级别专业素质的社会救援组织仅有 800 家，反映出以应急救援为核心职能的社会组织整体规模依然不够。

（2）社会组织经费匮乏且来源局限性强。资金瓶颈是我国社会组织介入应急管理工作的一大难题。政府财政支持不够、社会组织自我盈利能力低下等因素束缚了此类组织的成长空间。例如，在救援队这一类别中，一旦灾害发生，他们须立刻投入搜救，往往在资助或物资捐赠未及时抵达的情况下就必须先行行动，后续如若资助未能及时补足，救援成本只能自行消化，这正是当前民间救援力量的真实处境与面临的财务困境。同时，受限于资金匮乏的影响，我国社会组织在购置先进救援设备和技术水平上与国际一流救援团队相距甚远，同样难以持续保障队员定期接受全面系统的应急训练和技术升级。

（3）社会组织保障制度尚不健全。应对突发事件不同于日常社会服务，不仅对专业性要求极高，而且常伴随重大的财产与人身安全风险，尤其是随着社会组织在防灾减灾中的深度参与，急需政府为其有效行动提供周全保障与扶持。但当前，关于安全保障及损失赔偿的法律责任边界并未明晰，这对社会组织投身应急管理活动构成了显著困扰。现实中，参与应急响应的社会组织大多依赖自行购买保险，然而现行保险产品适应性较差。鉴于灾害救援工作本身涉及主动冒险，传统保险市场通常对此类风险不做承保，多数地区保险业缺乏与其需求契合的定制化险种，这就极大地限制了社会组织在救援行动中的安全保障程度。

（4）应急管理体系难以协同。每当我国各地遭遇大规模灾害或公共卫生危机时，均会设立集中指挥体系，集结相关部门协同运作，通常规定民间捐助资源需由指挥系统统一调控，以确保管理有序。然而，社会组织因其能力和水平差异大，并且缺乏与官方应急力量联合训练和协同演练的制度安排，在应急响应中难以凝聚有效协同效应。当前，在缺乏标准化对接平台的前提下，社会组织在开展灾后救援时频繁与多个政府部门沟通协商。物资发放环节，不少社会组织通过与地方行政单位直接合作分配物资，部分物资则经由应急管理部门、民政机构、其他政府部门、群众团体及各类基金会、其他社会团体等多种路径发放。选择何种对接途径，则在很大程度上受制于地方政府在救灾期间的任务分工、组织结构，以及社会组织自身的联系网络布局。此现象无疑在一定程度上制约了突发事件应急救援的效果。

（5）参与机制尚待优化。在应急管理系统内，不论是分散式的联合救灾网络抑或是政府核心的协同救灾方式，官方法规体系往往呈现一定刚性，难以迅捷应对灾害状况，此刻非政府力量便展现出极大价值。现实中，政府有时倾向于授权少数官方认证的社会组织收纳捐赠物资，该方法虽有利于集中资源，却缺乏包容性与法定基础，既限缩了民间社会组织的参与路径，又导致物资接纳与分配层面人力资源紧张。除政府采购外，社会组织与政府间的直接合作不多，更多见的是社会组织之间的互助协作，此种应急管理框架不利于充分激活基层应急响应职能，也不利于激发并规范社会组织参与应急管理体系的活跃度和正规化程度。

2. 社会组织迎来发展良机

2023 年 3 月，中央社会工作部成立，其组建是面对现实社会工作中的突出问题，适应当前推进中国式社会建设现代化的迫切需求，围绕着中国式现代化的目标，来推动体制的改革，最终目标是提升社会建设的效能。组建社会工作部即表明国家对于社会工作的重视，对更好地组织社会组织参与风险治理工作提供政策支持。此外，国家减灾委员会关于印发《“十四五”国家综合防灾减灾规划》的通知中多次涉及社会组织参与风险治理工作内容，包括政策制度完善、规范队伍建设、推进信息化建设等方面。

（1）政府推动共建共治，促使社会组织和市场参与机制更加健全。国家减灾委员会致力于政策法规、行业标准和行为守则的制定与完善，通过强化统筹协调机制和搭建信息对接平台，有力支撑和引导社会组织介入综合风险评估、安全隐患整治、紧急救援行动、赈灾捐赠实施、生活救助供应、灾后重建推进、心理干预和社工服务以及科普宣教等各项工作。政府积极推动防灾减灾救灾产业链发展，通过打造国家级安全应急产业基地集群，鼓励政产学研用多方联动创新，加速防灾减灾科研成果的商品化进程。政府主持实施一系列安全装备应用先导项目，探寻“产品+服务+保险”等新型运行模式，带动各类市场参与者投身尖端技术装备的实际应用和产业化拓展。政府正努力构建和完善紧急状态下社会资源征用补偿制度及民兵和民间应急力量参与救援的政策法规体系。这些措施的贯彻执行，将有力增强社会组织在应急领域的综合实力，提升救援活动的有效性和效率。

（2）政府推动规范发展社会组织灾害抢险救援队伍建设。《“十四五”国家综合防灾减灾规划》中指出将制定和推出有关加强包括社会组织在内的社会应急力量建设的指导意见，推行面向社会应急力量的专业技能培训，鼓励社会组织下沉至基层社区开展风险隐患排查、应急知识传播及应急处理活动，促使社会组织参与防灾减灾、应急反应等活动被纳入政府购买服务范畴和保险覆盖范围，同时在交通便利、后勤支持等方面给予必要的协助。另外，政府还将着力推进灾害信息员等防灾减灾人才队伍建设，强化专业化培训，系统构建社会化服务体系，以提升隐患早期发现、预警信息快速传达以及指导民众进行有效避灾避难的能力。最终，政府将持续强化防灾减灾的社会责任意识宣传，引领如红十字会等社会团体广泛而积极地投身防灾减灾救灾实践。以上所述政府所主导的一系列行动旨在催化社会组织提升专业素养和积极性，夯实抵御各种风险的社会基础。

（3）政府主导将社会应急力量作为救援队伍管理，做信息化建设改进。《“十四五”国家综合防灾减灾规划》中明确规定了系统梳理现有综合应急救援队伍、行业特有灾害救援力量和社会应急资源，并着手进行应急队伍的分级分类、能力评估和档案记录工作。同时，构建涵盖各级各类专业工程应急救援队伍及专家信息的名录数据库，开发自然灾害应急救援队伍信息系统，着重研发并实施应急救援队伍装备物资配置方案、行动路线时间规划等关键功能。上述信息技术的改良趋势将助力社会组织提升其救援队伍管理水平和专业性，提升其整体运行效率，从而更有效地促进社会组织健康发展。

（二）前景展望

随着政府对社会组织参与救援救灾活动的重视，社会组织也将持续健康发展。同时，在新技术、新制度、新机制的共同作用下，面对重大灾害事件时社会组织也能更加有效应对。基于此，社会组织参与救援救灾活动的前景展望可从以下几个关键点展开。

1.新技术赋能社会组织高效参与救援救灾

（1）大数据与人工智能。利用大数据分析和人工智能实时监测灾害风险，精准预测灾害发生概率及影响范围，为社会组织提前制订救援计划提供科学依据。同时，应用AI技术辅助进行灾情评估，快速识别灾区需求，实现精准救援。此外，通过AI算法优化资源配置，提高救援效率。

（2）物联网与无人机技术。应用物联网设备实时监控灾区环境参数（如水位、地质变动等），为救援决策提供实时数据支持。使用无人机突破地理限制，快速完成灾区航拍、物资投放、人员搜救等工作，显著提升救援响应速度与扩大覆盖范围。

（3）通信与协作平台。高效的通信平台（如卫星通信、应急通信系统）确保灾害期间信息畅通，便于社会组织协调行动。而基于云计算的协作平台，如灾害管理系统，能使多方救援力量在线共享信息、协同作业，打破信息孤岛，实现高效联动。

（4）数字化与移动应用。社会组织可通过开发救灾 App、小程序等工具，提供灾情通报、自救指南、求助信息发布、志愿者招募等功能，提升公众参与度和救援效率。数字化技术还可用于灾后重建规划、资源分配等方面，确保恢复工作的科学性和透明度。

2. 新政策保障社会组织参与救灾救援

（1）法律法规完善。随着国家对社会组织参与社会治理重视程度的提升，预期会有更多支持社会组织参与救援救灾的法律法规出台，明确其角色定位、权利义务，保障其合法权益，为其深度参与提供法治保障。

（2）政府购买服务。政府可能进一步推广“政府主导、社会协同”的救灾模式，通过购买服务、项目委托等方式，鼓励社会组织在救援、安置、心理援助、灾后重建等环节发挥作用，实现公共资源与社会力量的有效对接。

（3）税收优惠与资金扶持。新政策有望加大对社会组织参与救援救灾的税收优惠力度，或设立专项基金，对其救援装备购置、人员培训、技术研发等给予财政支持，降低其运营成本，提升其救援能力。

3. 新机制出台优化社会组织参与效能

（1）应急响应联动机制。建立政府、军队、企事业单位、社会组织等多元主体间的应急响应联动机制，明确各方职责，确保灾害发生时迅速启动、有序协作。社会组织可在其中承担特定任务，如社区动员、弱势群体救助等。

（2）社会化储备机制。推行救灾物资社会化储备制度，鼓励社会组织参与储备基地建设、物资捐赠、管理维护等工作，形成政府储备与社会储备互补的格局，增强应急物资保障能力。

（3）志愿者服务体系。完善志愿者注册、培训、派遣、激励等机制，引导社会组织规范、高效地组织和管理志愿者队伍，使之成为救援救灾的重要力量。同时，探索建立志愿者保险、表彰奖励等制度，保障志愿者权益，激发社会参与热情。

综上所述，新技术、新政策与新机制将共同推动社会组织在救援救灾活动中发挥更大作用，实现从被动响应到主动预防、从单一救援到综合服务、从局部参与到全局协同的转变，构建更加高效、智能、开放的灾害治理体系。

参考文献

陈虹：《甘肃积石山 6.2 级地震应急救援及启示思考》，《城市与减灾》2024 年第 1 期。

刘军、宋立军、张玮晶等：《中日灾害应对的比较与启示——以中国积石山 6.2 级地震和日本能登半岛 7.4 级地震为例》，《城市与减灾》2024 年第 1 期。

浦天龙：《社会力量参与应急管理：角色、功能与路径》，《江淮论坛》2020 年第 4 期。

田万方、李明：《社会应急力量参与应急救援的定位、功能和改进路径——“涿州暴雨救援中的社会应急管理”专题研讨会综述》，《中国应急管理科学》2023 年第 12 期。

B.7

2023年中国企业参与风险治理发展报告

石　琳　郭沛源　彭纪来*

摘　要：　企业是风险治理过程中的重要相关方，为探讨2023年中国企业在风险治理中的参与情况，本文通过回顾相关理论进展和分析实际案例，揭示企业面临的新兴风险挑战及其应对策略。文章首先梳理了近年来企业参与风险治理的理论发展。随后，通过具体案例展现中国企业在土耳其地震救援、京津冀"23·7"特大暴雨洪涝灾害、"12·18"甘肃积石山地震以及气候风险应对中的相关行动。研究指出，新兴风险如气候风险、自然相关风险和人工智能相关风险正迅速成为企业必须面对的挑战。2023年的实践表明，中国企业的救灾专业能力持续提升，并在风险治理中加强了同业间和跨行业间的合作。

关键词：　风险治理　可持续发展　中国企业　海外履责

一　2023年度企业参与风险治理概况

2023年，随着两项重要法规的出台、可持续发展趋势的强化，以及"一带一路"倡议十周年里程碑事件的到来，企业参与风险治理的内在动力以及运作模式正在发生变化，对企业参与风险治理也提出更高要求。同时，以气候风险、自然相关风险以及人工智能相关风险为代表的新型风险正在加

* 石琳，商道研究院研究员，研究方向为企业社会责任与ESG；郭沛源，商道咨询首席专家、商道纵横创办人，研究方向为企业可持续发展与ESG投资；彭纪来，商道咨询北京总经理、合伙人，研究方向为企业可持续发展、公益项目评估。

速到来，企业需要提升认识，采取积极的预防性应对措施，在实现企业可持续发展的同时，为全球风险治理贡献力量。

（一）相关理论进展

1. 新法规：《慈善法》《公司法》规范参与行为

2023 年 12 月 29 日，十四届全国人大常委会第七次会议表决通过关于修改《中华人民共和国慈善法》的决定，新修改的《慈善法》自 2024 年 9 月 5 日起施行[①]。新《慈善法》在总结过往慈善参与重大突发事件应对经验的同时，通过增设应急慈善章节，系统规范突发事件应对中的慈善活动[②]。相较于 2016 年《慈善法》仅一条概括性内容，新法在应急慈善方面更加全面立体：一方面要求建立应急慈善协调机制，强化政府领导及其指导责任，明确社会组织、志愿者参与应急慈善原则，强调信息共享并规范募得款物的管理使用；另一方面针对应急慈善的特殊情景，对备案工作作出适当放宽的决定[③]。新法的出台有助于激发应急慈善活力，提升应急慈善活动的秩序与效率，在保障公众知情权的前提下，同时为应对重大突发事件、开展公开募捐保留一定自由度[④]。

2023 年 12 月 29 日，十四届全国人大常委会第七次会议表决通过新修订的《公司法》，新《公司法》自 2024 年 7 月 1 日起施行。其中，新《公司法》第二十条提出“公司从事经营活动，应当充分考虑公司职工、消费者等利益相关者的利益以及生态环境保护等社会公共利益，承担社会责任。

---

① 《全国人民代表大会常务委员会关于修改〈中华人民共和国慈善法〉的决定》，全国人民代表大会网站，http：//www.npc.gov.cn/npc/c2/c30834/202312/t20231229_434001.html，最后访问日期：2024 年 4 月 16 日。

② 《关于〈中华人民共和国慈善法（修订草案）〉的说明》，全国人民代表大会网站，http：//www.npc.gov.cn/npc/c2/c30834/202312/t20231229_434003.html，最后访问日期：2024 年 3 月 29 日。

③ 赵晓明：《引导慈善组织高效参与应急救援》，《中国社会报》2024 年 2 月 28 日，第 5 版，第 1~3 页。

④ 李德健：《应急慈善法治化是慈善法修正作出的重大贡献》，《中国民政》2024 年第 1 期，第 29~30 页。

国家鼓励公司参与社会公益活动，公布社会责任报告"①。一直以来，企业参与风险治理是企业履行社会责任的重要内容，相较于2018年的《公司法》，新《公司法》对企业社会责任的具体内容给予了补充，同时新增加了公司发布社会责任报告的倡导性规定。

2. 新趋势：可持续发展助推企业参与

（1）可持续发展理念进展。

根据1987年世界环境与发展委员会出版的《我们共同的未来》，可持续发展被定义为"既满足当代人的需求，又不损害后代人满足其自身需求的能力"。随后在实践过程中可持续发展理论被不断丰富，衍生多重内涵②，在国际层面的影响力不断扩大。1992年在联合国环境和发展会议上可持续发展战略被正式提出，并载入《21世纪行动议程》和《里约宣言》等重要文件。1995年，可持续发展作为国家发展的重大战略，被写入《中共中央关于制定国民经济和社会发展第九个五年计划和二○一○年远景目标的建议》，文件强调"必须把社会全面发展放在重要战略地位，实现经济与社会相互协调和可持续发展"③。

2015年9月，在千年发展目标（MDGs）的基础上，国际社会在联合国发展峰会上通过了《变革我们的世界：2030年可持续发展议程》，并确定了17个可持续发展目标（SDGs），为未来15年各国发展和国际发展合作指明了方向。相比于千年发展目标，可持续发展目标更加系统，且更具包容性，其中目标17：促进目标实现的伙伴关系，强调加强执行手段，重振可持续发展全球伙伴关系；而私营企业也被鼓励参与到全球发展议程中，与政府、

① 《中华人民共和国公司法》，全国人民代表大会网站，http://www.npc.gov.cn/npc/c2/c30834/202312/t20231229_433999.html，最后访问日期：2024年4月16日。

② 张晓玲：《可持续发展理论：概念演变、维度与展望》，《中国科学院院刊》2018年第1期，第10~19页。

③ 《新中国峥嵘岁月｜可持续发展战略》，新华网，2019年10月29日，http://www.xinhuanet.com/politics/2019-10/29/c_1125165645.htm，最后访问日期：2024年4月16日。

非政府组织等开展广泛合作，共同实现目标①。

中国政府高度重视落实2030年议程，一方面，与国际社会分享中国落实经验，共助全球可持续发展。自2016年以来，中国先后发布《落实2030年可持续发展议程中方立场文件》《中国落实2030年可持续发展议程国别方案》，之后分别于2017年、2019年、2021年和2023年发布四期《中国落实2030年可持续发展议程进展报告》。另一方面，将可持续发展与2030议程与“十三五”规划、“十四五”规划和2035年远景目标纲要等中长期发展战略进行有机结合，通过组建跨部门协调机制，推动多个可持续发展目标取得积极进展②。

然而在经历新冠大流行、战争冲突等一系列全球突发事件后，全球可持续发展进展并没有一帆风顺，甚至需要加倍努力。2023年7月发布的《2023年可持续发展目标报告：特别版》指出，虽然距离2030年仅余7年时间，但是可持续目标岌岌可危，在可评估的约140个具体指标中，半数中度或者严重偏离预期，因此报告呼吁各方采取措施，加快落实各项行动③。

（2）企业可持续发展实践。

随着2030议程和可持续发展目标的深化，可持续发展的影响力不断扩大，可持续发展成为企业界的热词。相比传统企业社会责任工作多涉及单一业务部门，主要工作内容为公益慈善，企业可持续发展与企业战略规划、业务经营关系更加密切，相关工作更加强调跨部门合作；而且可持续发展的目标推广，也为企业提供更加聚焦、具体和可衡量的目标与指标。不少企业在治理层面设置了可持续发展委员会，在战略层面制定可持续发展战略，将原

① 17 Goals to Transform Our World，UN，https：//www. un. org/sustainabledevelopment/zh/globalpartnerships/，最后访问日期：2024年4月18日。

② 《中国落实2030年可持续发展议程进展报告（2023）》，中国国际发展知识中心，http：//infogate. fmprc. gov. cn/web/ziliao_ 674904/zt_ 674979/dnzt_ 674981/qtzt/2030kcxfzyc_ 686343/zw/202310/P020231018366004072326. pdf，最后访问日期：2024年4月18日。

③ The Sustainable Development Goals Report（Special edition），UN，https：//unstats. un. org/sdgs/report/2023/The-Sustainable-Development-Goals-Report-2023. pdf，最后访问日期：2024年4月18日。

有的企业社会责任报告更名为企业可持续发展报告，从多个维度将可持续发展目标融入企业。2020 年发布的《中国企业可持续发展目标实践调研报告——中国企业与可持续发展基线调研》[①] 报告显示：约有 89%的受访企业了解可持续发展目标，约 69%的受访企业公开提及企业可持续发展目标。

除了认识层面外，在执行层面，企业也为可持续发展的落地做好准备。商道咨询 2023 年发布的一份关于可持续发展经理人的调研报告[②]显示，参与调研的样本中，有 50%的企业都建立了专职的可持续发展部门，而在 2022 年这个比例仅为 45%；其中 ESG 管理与信息披露、CSR 项目与社会沟通、可持续战略制定、碳管理及绿色产品开发是可持续发展经理人最主要的工作内容，所占比例分别为 37%、17%、15%和 13%。

（3）企业可持续信息披露。

企业可持续信息披露是企业落实可持续发展的重要抓手。2023 年可持续信息披露标准的发展全面提速[③]。在国际层面，1 月欧盟《企业可持续发展报告指令》（Corporate Sustainability Reporting Directive，简称：CSRD）正式生效；6 月国际可持续准则理事会（International Sustainability Standards Board，简称 ISSB）发布《国际财务报告准则 S1 号——可持续相关财务信息披露一般要求》（简称：IFRS S1）和《国际财务报告准则 S2 号——气候相关披露》（简称：IFRS S2）两份信息披露准则；7 月 CSRD 首套 12 项准则《欧洲可持续发展报告准则》（European Sustainability Reporting Standards，简称：ESRS）发布。在国内层面，9 月中国证券监督管理委员会表示在指导沪深证券交易

① 《中国企业可持续发展目标实践调研报告——中国企业与可持续发展基线调研》，联合国开发计划署，2020 年 7 月 17 日，https：//www.undp.org/zh/china/publications/zhongguoqiyekechixufazhanmubiaoshi jiandiaoyanbaogao，最后访问日期：2024 年 4 月 18 日。

② 《2023「CSO 首席可持续发展官」企业经理人调研报告》，商道咨询，2023 年 12 月 29 日，http：//www.syntao.com/newsinfo/6710782.html，最后访问日期：2024 年 4 月 18 日。

③ 《互联网行业可持续信息披露发展报告（2023 年）》，中国信息通信研究院、中国互联网协会、中国通信企业协会，2023 年 11 月 29 日，http：//www.caict.ac.cn/english/research/whitepapers/202312/P020231215318150728964.pdf，最后访问日期：2024 年 4 月 18 日。

所研究起草上市公司可持续发展披露指引①。

随着企业可持续信息披露相关要求不断完善，中国企业可持续发展信息披露实践进程也在不断加快。根据商道咨询统计②，截至2023年6月25日，沪、深、北三市A股上市公司共计5212家，其中有1714家A股上市公司发布2022年度ESG相关报告（含ESG报告、CSR报告和可持续发展报告），较上年度增加285家（见图1），发布报告的公司数量占全部A股上市公司数量的32.9%，较上年增长3.3个百分点。除了报告在数量上持续突破外，报告披露内容的透明度和质量也在不断提升，以沪深300上市公司为例，共有280家上市公司发布2022年度ESG相关报告，有72.4%的报告披露了实质性议题分析，与上一年度相比增长12.1%；有64.7%的报告披露了碳排放数据，有78.9%的报告披露了《ESG数据表》。

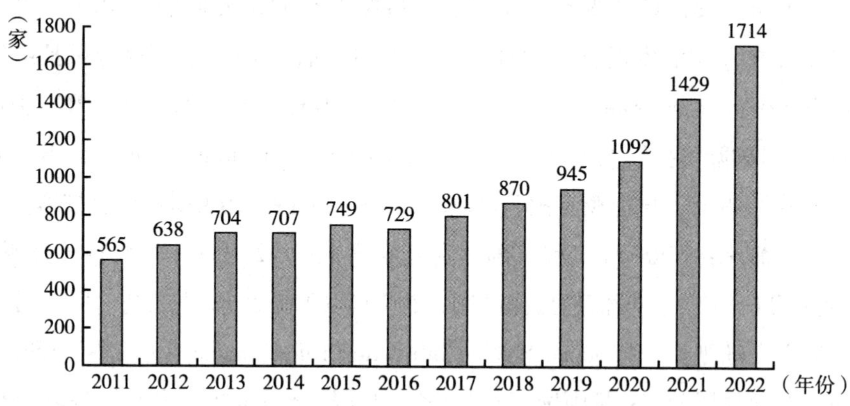

图1　2011~2022年A股上市公司ESG报告发布情况

注：2011~2022年指报告覆盖年份，即2023年发布2022年ESG报告，其中2022年为报告覆盖年份。

资料来源：商道咨询统计。

① 梁银妍：《上市公司可持续发展披露指引正在研究起草》，《上海证券报》2023年9月8日，https://paper.cnstock.com/html/2023-09/08/content_1817854.htm，最后访问日期：2024年4月18日。

② 《A股上市公司2022年度ESG信息披露统计研究报告》，商道咨询，2023年9月5日，http://www.syntao.com/newsinfo/6344195.html，最后访问日期：2024年4月18日。

此外，披露企业参与风险治理的基本情况也是实现中国特色企业可持续信息披露的内在要求。2023 年 7 月，国务院国有资产监督管理委员会办公厅发布《关于转发〈央企控股上市公司 ESG 专项报告编制研究〉的通知》①，为央企控股上市公司披露 ESG 专项报告提供了全面的指标体系和参考模板。其中附件 2《央企控股上市公司 ESG 专项报告参考指标体系》从环境、社会、治理三大维度共构建了 14 个一级指标 45 个二级指标，而与企业参与风险治理密切相关的内容包括应对气候风险、参与应急救灾公益等，分别属于气候风险管理和社会公益活动这类二级指标。

3. 新起点："一带一路"下企业海外履责

海外履责是指企业在其国际业务活动中，积极承担起对当地社会、经济、环境和文化的企业社会责任。海外履责的出现与跨国公司的兴起密切相关。自 1999 年党中央提出实施"走出去"战略以来，中国企业"走出去"的步伐加快②，伴随中国企业海外投资规模扩大与影响力提升，中国企业海外履责问题也得到越来越多的关注③，在战略方向层面、制度建设层面，对于中国企业海外履责的要求和规范愈加清晰④。2017 年 1 月，国务院国有资产监督管理委员会发布《中央企业境外投资监督管理办法》⑤，在第六章境外投资风险管理要求中指出"中央企业应当树立正确的义利观，坚持互利共赢原则，加强与投资所在国（地区）政府、媒体、企业、社区等社会各界公共关系建设，积极履行社会责任，注重跨文化融合，营造良好的外部环

---

① 《国务院国资委：规范央企控股上市公司 ESG 专项报告编制》，新华网，2023 年 8 月 7 日，http：//www.news.cn/2023-08/07/c_ 1212252896.htm，最后访问日期：2024 年 4 月 18 日。

② 《更好地实施"走出去"战略》，中国政府网，2006 年 3 月 15 日，https：//www.gov.cn/node_ 11140/2006-03/15/content_ 227686.htm，最后访问日期：2024 年 4 月 18 日。

③ 张中元：《中国海外投资企业社会责任：现状、规范与展望》，《国际经济合作》2015 年第 12 期，第 68~72 页。

④ 《企业如何规避"走出去"的雷区？| 海外投资社会责任政策进程梳理》，商道纵横微信公众号，2017 年 8 月 22 日，https：//mp.weixin.qq.com/s/RjA3NwuwCQyAohZpPc7pnQ，最后访问日期：2024 年 4 月 18 日。

⑤ 《中央企业境外投资监督管理办法》，国务院国有资产监督管理委员会，2022 年 1 月 12 日，http：//www.sasac.gov.cn/n2588035/n22302962/n22302967/c22692500/content.html，最后访问日期：2024 年 4 月 18 日。

境”；12 月国家发展和改革委员会颁布的《企业境外投资管理办法》[①]，在第四章境外投资监管中明确提出“倡导投资主体创新境外投资方式、坚持诚信经营原则、避免不当竞争行为、保障员工合法权益、尊重当地公序良俗、履行必要社会责任、注重生态环境保护、树立中国投资者良好形象”。

服务当地民生，支持当地发展的公益项目是企业海外履责里的重要内容。早在 2014 年，习近平总书记在出席中德工商界招待会时就指出，“希望企业履行好企业社会责任，既在对方国家拓展市场，为当地创造就业、增加税收，又积极参与社会公益活动，为当地社会发展作贡献”[②]。2020 年，新冠疫情席卷全球，全球经济遭遇考验，但中国企业的海外履责没有停滞，积极向东道国捐赠口罩、防护服等防疫物资，中国企业海外形象持续提升[③]。《中国企业海外形象调查报告 2020 ·“一带一路”版》显示，对亚、非、欧等 12 个共建“一带一路”伙伴国家的调查结果显示，70%的受访者对中国企业助力当地抗击新冠疫情的表现给予了积极评价，61%的受访者对于中国企业助力当地减贫、推动经济可持续发展的表现印象良好[④]。

2023 年是“一带一路”倡议提出十周年，历经十年发展，“一带一路”合作影响力不断扩大，一大批标志性项目和惠民生的“小而美”项目在海外落地生根。习近平主席在第三届“一带一路”国际合作高峰论坛开幕式上提出，中国支持高质量共建“一带一路”的八项行动之一就是完善“一带一路”国际合作机制，加强能源、税收、金融、绿色发展、减灾、反腐

① 《企业境外投资管理办法》，中华人民共和国国家发展和改革委员会，2017 年 12 月 26 日，https：//www. ndrc. gov. cn/xxgk/zcfb/fzggwl/201712/W020190905495109740626. pdf，最后访问日期：2024 年 4 月 18 日。

② 《习近平出席中德工商界招待会并发表重要讲话》，中国政府网，2014 年 3 月 30 日，https：//www. gov. cn/xinwen/2014-03/30/content_ 2649682. htm，最后访问日期：2024 年 7 月 1 日。

③ 《提升“走出去”的中国企业海外形象　推动“一带一路”高质量发展》，每经网，2020 年 12 月 8 日，https：//www. nbd. com. cn/articles/2020-12-08/1566367. html，最后访问日期：2024 年 4 月 18 日。

④ 《中国企业海外形象如何？近八成“一带一路”沿线国家受访者点赞！》，国资小新微信公众号，2020 年 11 月 4 日，https：//mp. weixin. qq. com/s/PS7KlFO1VpJF0tu4JCQxMQ，最后访问日期：2024 年 4 月 18 日。

败、智库、媒体、文化等领域的多边合作平台建设[1]。八项行动的确立，将为企业海外履责持续释放新动能。

（二）新型风险介绍

1. 气候风险

2023年全球气候风险加剧，世界气象组织发布的《2023全球气候状况》报告确认2023年是有记录以来最热的年份，同时海洋热量、海平面上升、南极海冰消融和冰川退缩均打破纪录[2]。联合国秘书长古特雷斯警告"地球正处于崩溃的边缘"。采取行动减缓和适应气候变化已经迫在眉睫。2023年12月，经过"加时"谈判，《联合国气候变化框架公约》第二十八次缔约方大会（COP28）终于就《巴黎协定》首次全球盘点，在减缓、适应、资金、损失与损害、公正转型等多项议题上达成"阿联酋共识"，为全球气候治理开启新篇章[3]。

气候风险的影响不仅在于其本身，还在于与其他风险叠加，形成新的复合风险。一方面气候变化影响极端天气和气候事件发生频率，造成一系列自然灾害事件；另一方面越来越多的证据表明，气候风险正在对生物多样性和公共健康构成巨大威胁。在COP28上，中国、美国、印度等124个国家共同签署了《气候与健康宣言》，[4] 旨在将健康置于全球气候行动的核心。宣言指出，气候变化正在对人类健康产生重大影响。气候变化导致空气污染、热浪、洪水和蚊媒传播疾病等健康风险增加。

---

① 《习近平在第三届"一带一路"国际合作高峰论坛开幕式上的主旨演讲》，中国政府网，2023年10月18日，https://www.gov.cn/yaowen/liebiao/202310/content_6909882.htm，最后访问日期：2024年4月18日。

② 《来自地球的"求救信号"!》，联合国微信公众号，2024年3月20日，https://mp.weixin.qq.com/s/D3VuxWr9oTzZvdo95Ud7RA，最后访问日期：2024年4月18日。

③ 《联合国气候变化大会"加时"后达成"阿联酋共识"》，新华网，2023年12月13日，http://www.news.cn/world/2023-12/13/c_1130025932.htm，最后访问日期：2024年4月18日。

④ 徐路易：《COP28〈气候与健康宣言〉：将健康置于全球气候行动的核心》，财新网，2023年12月4日，https://www.caixin.com/2023-12-04/102142621.html，最后访问日期：2024年4月18日。

应对气候风险，正在凝聚更多全球行动。2023 年，二十国集团（G20）首次成立了减少灾害风险（DRR）工作组。工作组重点关注五个行动领域，包括早期预警系统的全面普及，抗灾和气候韧性的基础设施，减灾的金融框架，灾后复原、恢复及重建，基于自然和生态系统的减灾方案。工作组鼓励将基于自然和生态系统的解决方案纳入区域、国家和地方在防灾减灾、气候适应和生物多样性保护等领域的政策制定，并对 DRR 相关的基础设施开展评估①。在成果文件的基础上，G20 还将公布减灾路线图与行动方案，以支持联合国大会在《仙台减少灾害风险框架》中期审查报告中的相关建议。

2. 自然相关风险

根据世界经济论坛发布的《2024 年全球风险报告》，在未来十年的十大风险中，自然相关风险就包括三项，分别是地球系统关键变化、生物多样性丧失和生态系统崩溃。同时，自然相关风险与气候风险的相互交织带来的一系列负面影响正在成为近年来国际关注重点。2022 年，由来自全球中央银行、金融监管机构、学术机构人士组成的 NGFS-INSPIRE 联合研究组发布《央行、监管机构与生物多样性：应对生物多样性丧失和系统性金融风险的行动议程》，报告强调“生物多样性的丧失对经济和金融稳定可能构成重大威胁，央行和金融监管机构必须采取行动，以应对与自然和生物多样性相关的风险”②。在 COP28 上，主办国阿联酋和中国共同发起《COP28 气候、自然与人类联合声明》，承认气候变化对生物多样性构成巨大威胁，并指出自然的持续丧失和退化增加了气候的脆弱性。

自然生态系统作为人类社会赖以生存的基础，也是商业可持续运转的关

① G20 Disaster Risk Reduction Working Group Meeting（Outcome Document and Chair's Summary），G20，2023 年 7 月 25 日，https：//g20drrwg. preventionweb. net/media/89205/download? startDownload=true，最后访问日期：2024 年 4 月 18 日。

② Central banking and supervision in the biosphere：an agenda for action on biodiversity loss，financial risk and system stability，NGFS-INSPIRE，2023 年 3 月 24 日，https：//www. ngfs. net/sites/default/files/medias/documents/central_ banking_ and_ supervision_ in_ the_ biosphere. pdf，最后访问日期：2024 年 7 月 1 日。

键。世界经济论坛2020年发布的新自然经济系列报告《自然风险上升：治理自然危机维护商业与经济》显示[①]，全球有44万亿美元的经济价值产出高度或中度依赖自然及其服务。社会各界对企业有效应对自然相关风险、保护生物多样性充满期待，《昆明-蒙特利尔全球生物多样性框架》[②]目标15鼓励企业定期监测和评估生物多样性风险和影响，促进可持续生产。2023年9月，自然相关财务信息披露工作组（TNFD）发布了披露框架建议，TNFD框架借鉴了气候相关财务信息披露工作组（TCFD）框架的四支柱体系，以此推动企业系统性衡量自然相关的风险和影响[③]。

3. 人工智能相关风险

近年来，人工智能技术发展突飞猛进，但技术发展和使用推广，也带来难以预知的各种风险和复杂挑战，成为全球社会热议的重点[④]。参考《2024年全球风险报告》，因人工智能导致的信息错误和虚假信息被视为近两年内全球最大风险。除此之外，因人工智能而引发的就业冲击、不平等加剧、对水资源和能源安全的挑战等风险都不可小觑。当前，关于人工智能的治理和监管范式正在加速形成。2023年6月，欧洲议会表决通过了《人工智能法案》谈判授权草案；7月，中国公布《生成式人工智能服务管理暂行办法》，首次对生成式AI研发及服务作出明确规定；10月，中国在第三届“一带一路”国际合作高峰论坛上提出《全球人工智能治理倡议》；11月英

① 《自然风险上升：治理自然危机维护商业与经济》，世界经济论坛，2020年1月，https：//www3.weforum.org/docs/WEF_ New_ Nature_ Economy_ Report_ 2020_ CN.pdf，最后访问日期：2024年4月18日。

② 《昆明-蒙特利尔全球生物多样性框架》，联合国环境规划署，2022年12月19日，https：//www.cbd.int/doc/decisions/cop-15/cop-15-dec-04-zh.pdf，最后访问日期：2024年4月18日。

③ 《最新！首个TNFD框架建议发布，自然相关信披加速》，商道纵横微信公众号，2023年9月19日，https：//mp.weixin.qq.com/s/3WM2ZNtQ3Ina8v-uoLda9g，最后访问日期：2024年4月18日。

④ 《全球人工智能治理倡议》，中华人民共和国商务部，2023年10月27日，http：//wto.mofcom.gov.cn/article/xwfb/202310/20231003449571.shtml，最后访问日期：2024年4月18日。

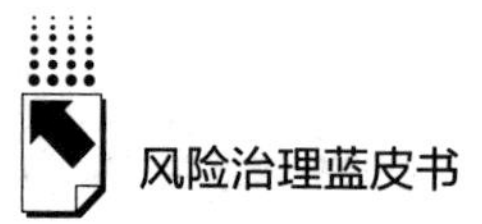

国在首届人工智能安全峰会上发布《布莱奇利宣言》[①]。

人工智能相关风险具有明显的特殊性。首先，由于技术的双刃剑效应，人工智能技术虽然存在风险，但也具有支持可持续发展的巨大潜力，如优化生产、灾害预测、智慧交通等。其次，人工智能处于持续快速发展和大规模应用的进程中，风险治理和管理体系难以奏效，应对机制仍需探索。另外，人工智能相关风险不确定性高，一旦突破限制，后果难以控制[②]。企业是科技创新的责任主体，为应对人工智能相关风险，企业需要采取预防性原则，强化责任意识，在技术开发和应用过程中，采取更加审慎的态度，确保技术的安全和透明；同时，加强与政府、行业组织和社会公众的沟通协作，共同构建风险防控机制，助力实现科技向善。

二　2023年度中国企业参与风险治理的实践分析

2023 年，中国企业在风险治理领域的参与持续活跃，尤其在应对自然灾害和气候风险方面。本文选取了三个代表性的参与应对自然灾害的案例，包括土耳其地震救援、京津冀“23·7”特大暴雨洪涝灾害以及“12·18”甘肃积石山地震，以探讨企业救灾行动的新动向。此外，针对气候风险，本文参考《中国企业低碳转型与高质量发展报告 2023》，重点分析中国企业参与气候风险治理的新趋势。

（一）2023年度中国企业参与风险治理实践案例

1. 应对自然灾害，中国企业参与风险治理情况

（1）案例 1：中资企业参与土耳其地震救援。

当地时间 2 月 6 日，土耳其南部和叙利亚北部受到了一系列大地震袭

① 廖冰清：《强监管谋合作　人工智能全球治理加速推进》，《经济参考报》电子报，2023 年 11 月 17 日，http：//www.jjckb.cn/2023-11/17/c_ 1310750943.htm，最后访问日期：2024 年 4 月 18 日。

② 《薛澜：人工智能全球治理　如何平衡安全与发展?》，中国新闻网，2024 年 3 月 19 日，https：//backend.chinanews.com/cj/2024/03-19/10182753.shtml，最后访问日期：2024 年 4 月 18 日。

击，之后又经历了数百次余震。截至2月14日，强震致3.6万人遇难[①]。地震发生后，中国政府宣布向土耳其提供首批4000万元人民币紧急援助，包括派遣救援队和提供救灾物资；同时鼓励当地中资企业商会和企业积极履行社会责任，参与当地地震救灾[②]。中国救援队到达后，土耳其中资企业发挥在地优势，一方面为救援队积极提供交通、应急物资等保障工作，另一方面时刻关注在地员工安全，做好员工关怀，为灾区捐款捐物[③]。

（2）案例2：京津冀“23·7”特大暴雨洪涝灾害。

7月29日至8月1日，受“杜苏芮”北上与冷空气共同影响，海河全流域遭遇强降雨过程，京津冀地区出现严重暴雨洪涝灾害，海河流域发生1963年以来首次流域性洪水[④]。8月初，“杜苏芮”进入东北地区，使得吉林和黑龙江部分地区遭遇强降雨，十条河流发生超历史洪水。京津冀三地受灾情况严重，北京截至8月8日，因灾死亡33人，因抢险救援牺牲5人，18人失踪，仅门头沟区就有40个村需要重建；河北截至8月10日，因灾死亡29人，失联16人；天津截至8月13日，累计转移安置86484人[⑤]。除此之外，农作物大范围受灾，房屋大量倒塌损毁，经济损失巨大。

为支持防汛救灾工作，企业纷纷行动，助力灾区的紧急救援和灾后重建。根据商道咨询统计，首批企业在8月1日开始行动，8月3日达到捐赠高潮，8月7日起部分企业捐赠开始涉及东北受灾地区，截至8月9日，企业捐款捐物总额超过12.3亿元。在此次捐赠中，捐款捐物总额超过5000万

---

① 《土耳其叙利亚全力展开地震救援》，人民网，2023年2月14日，http：//world.people.com.cn/n1/2023/0214/c1002-32623051.html，最后访问日期：2024年4月18日。

② 周岫：《商务部：支持和鼓励中资企业参与土耳其、叙利亚地震救援》，澎湃新闻，2023年2月9日，https：//www.thepaper.cn/newsDetail_forward_21860107，最后访问日期：2024年4月18日。

③ 《护航救援队伍、打通救援通道，中国企业驰援土耳其抗震救灾》，澎湃新闻，2023年2月14日，https：//m.thepaper.cn/baijiahao_21921458，最后访问日期：2024年4月18日。

④ 《2023年国内十大天气气候事件》，中国气象局网站，2024年1月19日，https：//www.cma.gov.cn/2011xwzx/2011xqxxw/2011xqxyw/202401/t20240119_6016036.html，最后访问日期：2024年4月18日。

⑤ 何沛云：《数字复盘：海河“23·7”流域性特大洪水》，澎湃新闻，2023年8月18日，https：//www.thepaper.cn/newsDetail_forward_24267084，最后访问日期：2024年4月18日。

元的企业共有5家，捐款捐物总额超过10000万元的企业共有3家，分别是腾讯、字节跳动以及大北农。在捐赠企业类型上，民企是捐赠主力，捐款捐物总额超过10亿元，在捐赠种类上，物资捐赠、资金捐赠、物资加资金捐赠的占比分别为39%、50%和11%。

（3）案例3："12·18"甘肃积石山地震。

12月18日23时59分，甘肃临夏州积石山县发生6.2级地震。鉴于地震灾情严重，12月19日国务院抗震救灾指挥部、应急管理部将国家地震应急响应提升至二级，国家防灾减灾救灾委员会和应急管理部将国家救灾应急响应提升至三级①。截至12月20日，地震致134人遇难；其中甘肃113人、青海21人②。12月29日，积石山县四个重灾乡镇需要安置的受灾群众搬进活动板房，抗震救灾工作取得阶段性成果，全面转入灾后恢复重建阶段③。

虽然此次地震为6.2级，属于中等强度地震，但是人员伤亡情况严重，主要原因来自多个方面④：一是震中地区位于山区，山高路陡，地基不稳，容易造成崩塌，且震中距离周边居民聚集区较近；二是房屋的抗震性能相对不够，震动破坏条件下很容易倒塌或发生边墙倒塌；三是地震发生在深夜，大部分人已经休息，来不及躲避；余震频发，时值深冬，夜晚温度低，也为救援工作带来挑战⑤。

地震发生后，企业积极响应，为灾区捐款捐物。根据商道咨询统计，截至12月21日16:30，针对甘肃地震共有企业捐款捐物超过78400万元；在捐赠时效上，超过67%的企业捐赠发生在12月19日即地震发生后的第二天，在12月21

① 《甘肃积石山地震，最新情况》，中华人民共和国中央人民政府网，2023年12月19日，https://www.gov.cn/yaowen/liebiao/202312/content_6921340.htm，最后访问日期：2024年4月18日。

② 《积石山6.2级地震已致134人遇难》，新华网，2023年12月20日，http://www.news.cn/local/2023-12/20/c_1130038043.htm，最后访问日期：2024年7月1日。

③ 《甘肃积石山地震：抗震救灾全面转入灾后恢复重建阶段》，光明网，2023年12月30日，https://news.gmw.cn/2023-12/30/content_37062007.htm，最后访问日期：2024年4月18日。

④ 《积石山地震为何伤害这样大?》，科学网，2023年12月20日，https://news.sciencenet.cn/sbhtmlnews/2023/12/377587.shtm，最后访问日期：2024年4月18日。

⑤ 《甘肃积石山地震，为何致上百人遇难?》，《中国新闻周刊》微信公众号，2023年12月19日，https://mp.weixin.qq.com/s/AMXe_IjHxYHYQyaYAsP2vA，最后访问日期：2024年4月18日。

日企业捐赠行动结束；在捐赠企业类型上，民企是捐赠主力；在捐赠种类上，物资捐赠、资金捐赠、物资加资金捐赠的占比分别为43%、39%和18%。

2. 应对气候风险，企业实践案例总结

随着碳达峰碳中和“1+N”政策体系构建完成，应对气候变化被纳入生态文明建设总体布局和经济社会发展全局，中国企业应对气候风险的进程持续深化。商道咨询通过梳理100家企业2022~2023年度发布的碳达峰碳中和行动报告、可持续发展报告等公开信息发现，新过程、新能源、新材料、新智能成为驱动企业零碳转型的核心要素（见图2）；报告中有75%的企业已经参与或应用数据智能技术；73%的企业已经利用绿色电力；34%的企业开展了氢能利用或技术开发；18%的企业开展了碳捕集、利用或封存的技术布局。

新过程 New Process

指能够影响能源（能量）、材料（物质）、智能（信息）三种要素在生产过程中的组织方式以及整体系统的革新和优化，包括流程再造、工艺升级、物流组织与调度方式更新、产品服务化等创新，带动生产效率提升的同时降低资源和能源消耗。例如，钢铁通过连铸，极大地改进了从高炉炼铁到转炉炼钢之间的能耗。互联网普及后，对物流和零售领域带来效率革命。基于物联网和能源互联网技术发展，共享储能模式成为将储能设备转变为标准化市场服务的方式。

新能源 New Energy	新材料 New Material	新智能 New Intelligence
指能量流中以太阳能、风能、生物质能等可再生能源，以及由可再生能源衍生出来的氢能和生物燃料技术。例如，在发明蒸汽之前，煤炭并不是一种能源。随着各类新能源利用、转化技术创新，越来越多场景可以获得可再生能源。	指物质流中以脱碳为导向产生的新兴材料，例如生物基材料、再生基材料和碳中性材料，也包括氮化镓、电池与储能技术、钙钛矿与新的高效超薄光伏技术、高强度碳纤维风机叶片关键材料技术。	依托强大的数据处理与通信基础设施，基于日益增长的产业互联网生成的大数据、依靠更多创新算法和超强算力支撑所涌现出的各领域的“新智能”，包括物联网、数字孪生、AI等支持能源、工业、建筑和交通等领域在复杂性增加的同时实现灵活高效运行的形态。

图2　企业零碳转型核心要素

资料来源：中国国际商会可持续发展委员会、北京市节能低碳环保产业服务协会、商道咨询编制《中国企业低碳转型与高质量发展报告2023》，2023年9月5日。

随着人工智能技术的成熟发展，新智能要素也在企业应对气候风险的领域发挥越来越重要的作用。以小米集团为例，小米集团承诺到2040年既有业务实现自身运营层面碳中和以及达成100%使用可再生能源。2022年小米发布《小米2022年度TCFD特别报告》①，分析不同情景下企业的气候相关风险与机遇，并提出与气候相关的风险管理流程。2023年在COP28上小米发布《小米集团气候行动白皮书》②，进一步阐述了小米零碳哲学与实现零碳转型的方法论，系统介绍了小米实现气候目标的九种方法，并着重剖析了小米如何将人工智能技术运用于生产制造和服务用户推动产业链的效率优化，助推产业变革。

（二）2023年度中国企业参与风险治理特征总结

1. 专业能力持续提升

2023年，企业参与风险治理的专业能力持续提升。首先体现在快速、有效响应需求方面，以甘肃积石山地震救援为例，正值寒冬，受灾群众面临低温考验。在地震发生的第二天，就有多家服装制造类企业捐赠御寒物资、驰援灾区。其次体现在企业基金会的深度参与方面。以京津冀“23·7”特大暴雨抗洪救灾为例，在捐款捐物总额超过1000万元的企业中，超过40%的企业捐赠是由企业基金会发起的，而这类捐赠不仅用于紧急救援和灾后重建，还与基金会主要公益方向密切相关，例如聚焦教育议题，关注青少年、老年人等特定群体等。

另外，中国安全应急产业的快速发展，也进一步强化了中国企业的专业救灾能力。2022年，中国安全应急产业总产值超过1.9万亿元，且产业规模仍在持续扩大③。虽然这类企业的贡献没有直接体现在救灾案例的捐款捐物总额里，但是它们的专业产品和服务对于应急救灾至关重要。在土耳其地

① 《2022年度TCFD特别报告》，小米集团，https://www.mi.com/csr#/docshow_tcfd，最后访问日期：2024年4月18日。

② 《小米集团气候行动白皮书》，小米集团，2023年12月12日，https://cdn.cnbj1.fds.api.mi-img.com/staticsfile/svhc/climate%20action%20report/%E5%B0%8F%E7%B1%B3%E9%9B%86%E5%9B%A2%E6%B0%94,%E5%80%99%E8%A1%8C%E5%8A%A8%E7%99%BD%E7%9A%AE%E4%B9%A6.pdf，最后访问日期：2024年4月18日。

③ 《中国安全应急产业发展报告（2023年）》，中国电子信息产业发展研究院，2023年10月，https://www.yunduijie.com/upload/article/ppt/65692e063cf4448pZ30tvrQ31152.pdf，最后访问日期：2024年4月18日。

震救援以及京津冀“23·7”特大暴雨抗洪救灾等事件中，安全应急类企业发挥了关键作用，成为风险治理工作中不可或缺的“幕后英雄”。

2. 加强合作共面挑战

在以往参与风险治理的实践中，企业多以个体参与为主，甚至个别同业企业间会陷入拼速度、拼曝光的竞争关系中。但是从更加宏观的可持续发展角度出发，同业企业在产业链中处于相似的生态位，强化合作，可以更好地汇聚行业资源，深度参与公益、风险治理议题，探索行业特色解决方案。8月8日，茶百道、古茗、蜜雪冰城、书亦烧仙草、沪上阿姨、喜茶、益禾堂、茶颜悦色、7分甜九家茶饮品牌，联合中国乡村发展基金发起“新茶饮公益基金”。基金聚焦欠发达地区的乡村振兴、产业助农，通过新茶饮产业链反哺上游农业，同时兼顾助学及重大灾害救助。甘肃地震发生后，基金迅速响应，捐赠1000万元驰援灾区，提供生活保障箱等应急物资，支持灾后恢复与重建。尽管商业竞争不可避免，但在公共福祉面前，超越竞争，同业企业也可以成为推动社会可持续发展的“同路人”。

除了同业企业间的横向合作外，供应链上的纵向合作也在应对气候风险领域发挥着重要作用。在100家企业低碳转型行动案例集中，不少企业将推进供应链降碳计划作为减少碳足迹的主要举措。特别是处于供应链核心地位的链主企业，通过要求供应商加入共同的碳减排目标框架，提供减碳支持方案，不仅能降低自身的范围3排放，还可以带动行业革新，推动社会的低碳转型，为高质量发展创造机遇。

三　总结与展望

2023年，中国企业参与风险治理的动力发生转变，主要体现在以下三个方面：在法规层面，新法规的实施将对企业参与风险治理提出新的规范性要求。应急慈善和企业社会责任的相关内容，将促使企业在风险治理中扮演更为积极的角色。在趋势层面，可持续发展的全球趋势以及对可持续信息披露的日益严格，将促成企业更加系统化梳理可持续发展战略、制定风险治理

措施、规范公益参与行为。同时，“一带一路”倡议十周年的标志性事件，为中国企业海外履责和风险治理提供了新的契机和方向。在风险层面，随着气候风险、自然相关风险以及人工智能相关风险的不断涌现，企业面临的挑战日益严峻。这类风险具有从开始到发生的时间跨度周期长、发生之后不可控性强等特点，因此要求企业从根本上调整风险治理的思路，将预防性措施作为核心战略，并通过前移防灾关口来提高风险应对的效率。

展望未来，中国企业参与风险治理依旧是机遇与挑战并存的局面。一方面，“一带一路”倡议下的国际合作为企业海外履责树立了信心和提供了方向，但是海外市场的不确定性和复杂性也提升了参与难度。企业需要不断调整和优化其海外履责策略，基于企业优势与特点，适应快速变化的外部形势，为全球风险治理贡献中国智慧。另一方面，新兴技术的发展，尤其是人工智能技术的应用，为风险治理提供了新的工具和手段，如可以用于灾害预测、救灾决策等。但是，新兴技术背后也存在隐私泄露、算法偏见和能源海量消耗等隐患。企业需要在利用技术提升风险治理能力的同时，有效监控、积极应对这类新兴风险，助力实现全社会的可持续发展。

参考文献

张强、钟开斌、朱伟主编《中国风险治理发展报告（2022~2023）》，社会科学文献出版社，2023。

杨团、朱健刚主编《中国慈善发展报告（2022）》，社会科学文献出版社，2022。

B.8

2023年中国风险治理志愿服务发展报告

朱晓红　翟　雁　刘一晓　冯梦瑜*

摘　要：　随着风险治理志愿服务体系的健全，2023年我国风险治理志愿者数量增长，参与的场景丰富，组织动员能力提高，线下服务时间大幅增加。风险治理志愿服务组织总量持续增长，志愿服务频率较高。志愿消防服务项目增幅最大，因应灾情需求服务对象广泛，抢险救灾领域参与率增长。甘肃积石山地震救援志愿服务呈现以在地化志愿服务组织和志愿者为主的多组织协作模式，提供了多元化全周期的抗震救灾志愿服务，成效显著。风险治理志愿服务的主要问题和挑战是多元协作机制尚不完善、志愿服务的集体补位优势未能充分发挥、志愿服务组织与志愿者的设备保障与专业能力建设有待提高。为此，需要提升各级政府对志愿服务的重视程度，优化风险治理志愿服务生态，夯实风险治理多元协作机制，赋能专业志愿者和专业志愿服务团队，提升风险治理志愿服务质效。

关键词：　志愿服务　风险治理　甘肃积石山地震

* 朱晓红，华北电力大学人文学院教授，社会企业研究中心主任，研究方向为社会组织与社会治理、社会企业、志愿服务；翟雁，北京博能志愿公益基金会理事长，北京市社会心理工作联合会副会长、北京市志愿服务联合会常务理事，研究方向为志愿服务行动研究与能力建设；刘一晓，华北电力大学人文学院研究生，研究方向为社会组织与志愿服务；冯梦瑜，华北电力大学人文学院研究生，研究方向为社会组织与志愿服务。

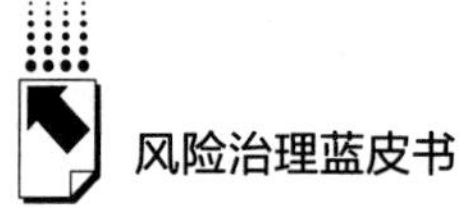

随着风险治理志愿服务体系的建立健全，各级政府部门纷纷出台相关政策，推动志愿服务参与风险治理，我国应对风险治理能力不断积蓄和提升，2023 年风险治理志愿者和志愿服务组织在数量、结构、服务能力和服务成效上均取得长足进步。本报告基于课题组开展的 2023 年中国志愿服务指数调研结果①、甘肃积石山地震救援问卷调查数据与访谈成果②，从风险治理志愿者和志愿服务组织及其服务内容、服务成效等角度，呈现我国风险治理志愿服务的整体情况，分析面临的困境与挑战，并提出相应建议，以期不断完善风险治理志愿服务体系和机制，充分发挥志愿服务在风险治理中的作用与功能。

一　2023年风险治理志愿服务的整体情况

2023 年我国志愿服务管理机制有重大推进。《党和国家机构改革方案》中，将全国志愿服务工作的统筹规划、协调指导、督促检查等职责划入新组建的中央社会工作部；志愿服务立法有了新进展，《志愿服务法》被列入十四届全国人大第一类立法项目。志愿服务在风险治理体系中的角色和功能得到重视，2023 年《慈善法》修订版新增“应急慈善”部分，明确提出在发生重大突发事件时，鼓励志愿者“在有关人民政府的协调引导下依法开展或者参与慈善活动”。随着风险治理能力提升和经验的增加，风险治理志愿服务机制逐渐完善。11 月，应急管理部救援协调和预案管理局出台《社会

① 2023 年，中国志愿服务指数调研课题组（组长翟雁，组员刘媛、张扬、朱晓红、李晓、郑凤鸣、刘一晓、冯梦瑜等）面向 238 家指数组织发放问卷，回收了参与风险治理志愿服务的组织问卷 85 份和风险治理志愿者问卷 2132 份，剔除未成年人及大学生志愿者后，为 1148 人。91.81%是一般志愿者，6.45%为骨干志愿者（其中 1.22%为专业志愿者），志愿服务工作者占 1.74%，基本呈现金字塔式正态分布，本研究结果着重反映了一般志愿者的情况。

② 2024 年 1 月，中国志愿服务指数调研课题组成立了积石山地震救援志愿服务专项调研组，组长翟雁，调研组成员包括刘宝宗（一线救援负责人）、姜艺琳（二线中台管理）、朱晓红、颜昭娜、冯梦瑜、刘一晓、何铭、王祎劼、灵山基金会都爱华同学志愿服务团队。调研组发放并回收了应急救援志愿者问卷 49 份、应急救援志愿服务组织问卷 36 份；招募了 10 名志愿者，面向一线 41 位应急志愿者和 40 家应急救援志愿服务组织进行了一对一的深度访谈。

应急力量分类分级测评实施办法（征求意见稿）》。社会各界纷纷采取多种措施推动风险治理志愿服务，如河北省开展京津冀社会应急力量参与重特大灾害抢险救援行动实战演练，青岛市平度市开展“信用+应急科普”志愿服务进社区活动；中国志愿服务联合会主办两期全国应急志愿服务培训班；各高校纷纷成立学生应急救援志愿服务队；九三学社中央提出了《关于完善我国应急志愿服务体系的提案》。①

在外部环境优化和自身发展成长的双向推动下，志愿服务在2023年发生的京津冀地区暴雨抢险救灾、甘肃积石山地震救援等应急管理中发挥了重要作用，凸显了我国风险治理志愿服务体系建设取得的成就。

（一）风险治理志愿者

1. 志愿者画像

根据2023年志愿服务指数组织调查，参与风险治理的志愿者以基层青壮年、群众、大专以上学历的在地志愿者为主体（见图1），注册率超过八成。

第一，男性志愿者较2022年增长了9.95%，反超女性，占比53.92%，凸显了风险治理志愿服务的体力要求特征。

第二，基层青壮年群众仍是风险治理志愿服务的主力军。参与风险治理志愿者以基层工作人员/普通员工为主（28.05%），15.59%的志愿者是教师、科研人员等专业技术人员，10.02%的为中层管理人员。年龄结构上，30~50岁的占比43.99%。政治面貌结构基本没有变化，群众仍是主体（54.88%），其次为中共党员（29.18%）和共青团员（8.01%）。在地化志愿服务特征突出，如甘肃地震救援，本地志愿者占比达到79.59%。

第三，大专及以上学历占比最多。风险治理志愿者中，拥有大专及本科学历的占比为52.97%，硕士占比1.04%，博士占比0.59%；此外，专业技术人员占比15.59%。

① 《九三学社中央：关于完善我国应急志愿服务体系的提案》，九三学社中央委员会网站，2023年3月6日，http://www.93.gov.cn/xwjc-snyw/774359.html，最后访问日期：2024年5月30日。

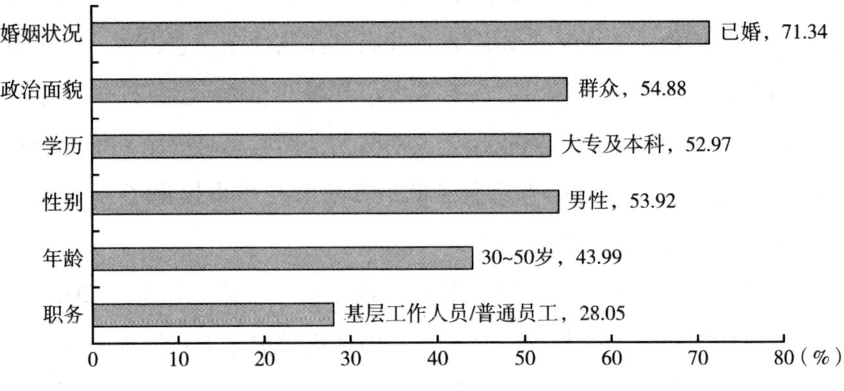

图1　2023年风险治理志愿者画像

资料来源：2023年中国志愿服务指数调研调查问卷。

第四，组织内部线上平台注册率大增。志愿者注册率超过八成。如图2所示，2023年有86.76%的风险治理志愿者注册，其中，有51.65%的志愿者使用组织内部的线上平台，较2022年增长了26.48个百分点。在志愿汇

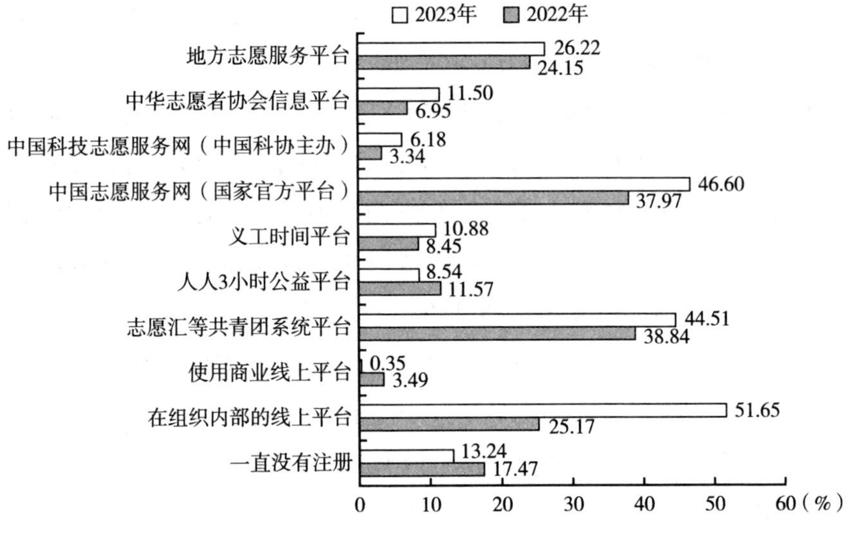

图2　2022~2023年志愿者注册情况

资料来源：2022~2023年中国志愿服务指数调研调查问卷。

等共青团系统平台（44.51%）及中国志愿服务网（国家官方平台）（46.60%）注册的志愿者数量也有所增长。此外，仍有13.24%的志愿者一直没有在平台注册。

2. 志愿者服务频率高，奉献精神突出

志愿者不仅捐赠志愿服务时间，同时也捐钱捐物资。2023年，每季度参与1~2次志愿服务活动的志愿者最多，达到28.74%；有21.16%的高频志愿者，每周都有参与志愿服务活动；与2022年相比，参与风险治理的高频志愿者比例有所增加（见图3）。

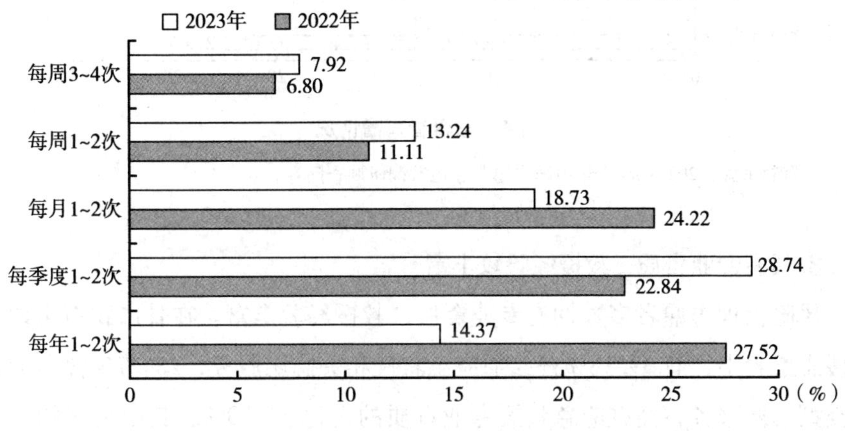

图3　风险治理志愿者参与志愿服务的频率

资料来源：2022~2023年中国志愿服务指数调研调查问卷。

志愿者捐赠比例增长了10.44个百分点，仅有12.02%的志愿者没有捐赠行为。虽然仍以千元以内的捐赠为主（25.17%的志愿者捐赠金额在101~500元），但是大额捐赠比例有所增加，其中，捐赠额在5000元以上的志愿者达到8.44%（见图4）。同时，志愿者也负担了志愿服务大部分成本。如甘肃地震救援志愿者，多为自驾车奔赴灾区现场，交通食宿等费用大部分由志愿者承担，36.73%的志愿者全部自费救灾，34.69%的人部分自付，只有24.49%的志愿者获得全额资助。

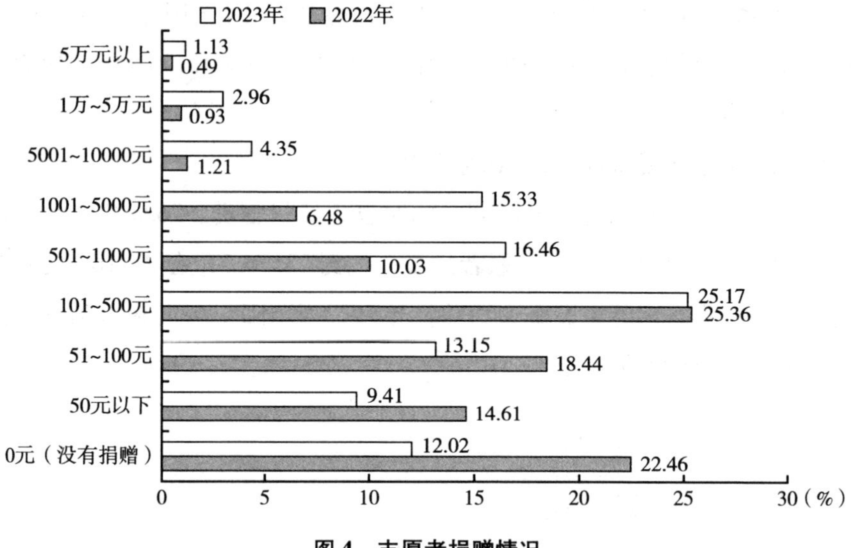

图4　志愿者捐赠情况

资料来源：2022~2023年中国志愿服务指数调研调查问卷。

3. 具有专业资质，救援经验较丰富

风险治理志愿者多数拥有专业资质，救援经验丰富。在甘肃积石山地震救援志愿者中，有59.18%曾参加应急救援相关志愿服务，28.57%曾参加其他类型志愿服务；拥有应急救援专业资质的占比62.50%。其中最多的是急救与救护培训（24.73%）和心理与社会工作类的专业资质（24.73%）（见图5）。

4. 在线获取信息，更多线下服务

第一，在线获取信息。获取风险治理志愿服务信息的主要途径与2022年相比有较大变化，口口相传不再是主要途径，下降了59.01%，仅占比24.22%，取而代之的是所在志愿服务组织官网（56.88%）；其次是微信群（50.96%）和本地官方志愿服务平台/网站/小程序等（34.58%），广播、报纸、电视等传统媒体渠道占比仅为13.15%（见图6）。

第二，线下服务增加。如图7所示，随着疫情结束，志愿者线上服务减少，而线下服务时间在80%及以上的志愿者较2022年增加了。

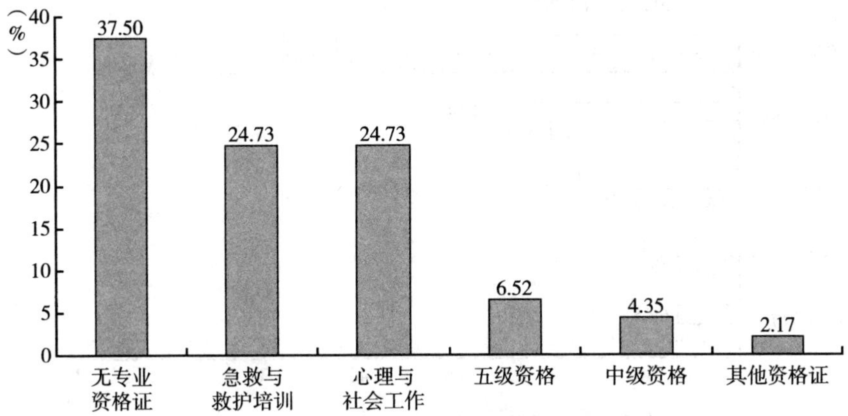

图 5　甘肃积石山地震救援志愿者的专业性

资料来源：2023 年甘肃积石山地震救援志愿服务调查问卷。

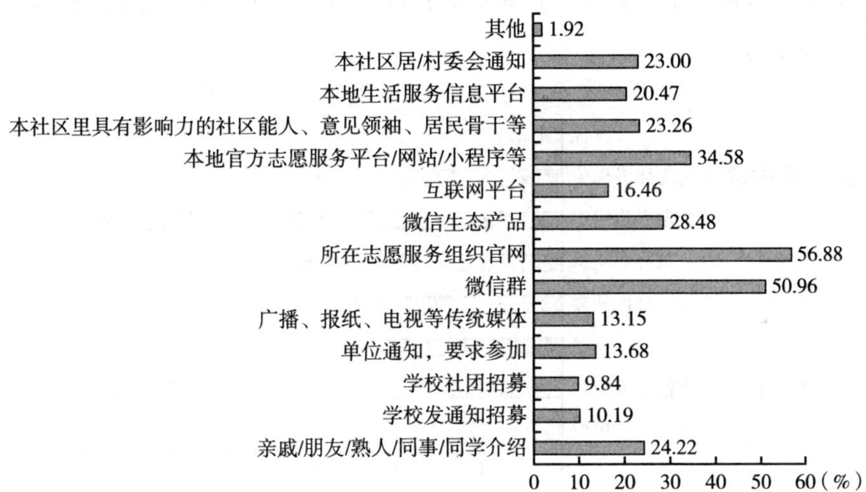

图 6　风险治理志愿者获取志愿服务信息的途径

资料来源：2023 年中国志愿服务指数调研调查问卷。

5. 自组织能力显著增强，双向动员

风险治理志愿者动员类型多元化，而志愿者自组织动员能力增强，追平在民政部门注册的志愿服务组织，比例达到 51.48%，较 2022 年增长了

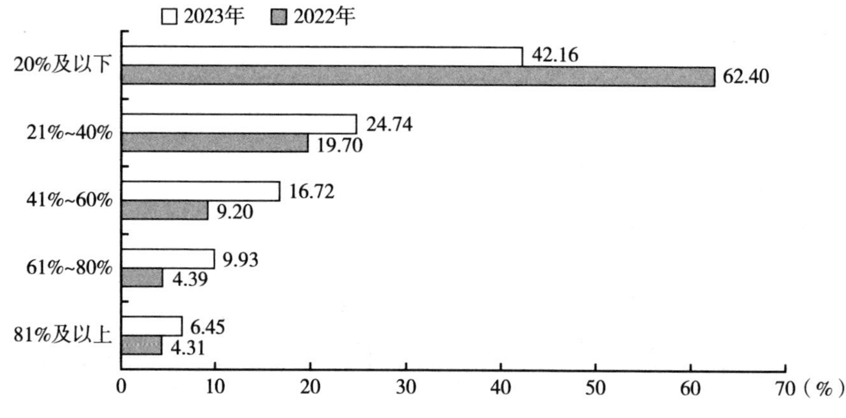

图 7　风险治理志愿者线上志愿服务时间占比

资料来源：2022~2023 年中国志愿服务指数调研调查问卷。

13.17%，体现了志愿者自上而下动员和自下而上齐头并进、双向动员的特征（见图 8）。

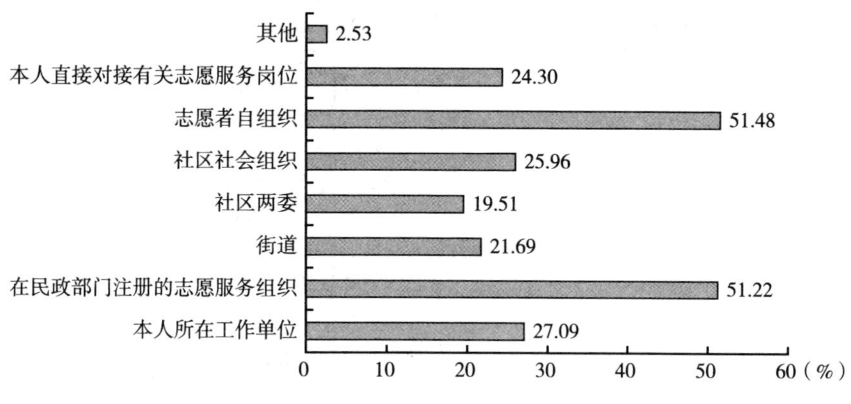

图 8　风险治理志愿者的动员方式

资料来源：2023 年中国志愿服务指数调研调查问卷。

（二）风险治理志愿服务组织

1. 数量与类型

第一，风险治理志愿服务组织总量持续增长。截至 2024 年 1 月 1 日，在志愿中国信息平台上注册的风险治理志愿服务组织合计 126242 家，其中应急救援志愿服务组织 71347 家（占比 56.52%），志愿消防类 21010 家（占比 16.64%），疫情防控类 33885 家（占比 26.84%）（存在延迟登记、注销等情形）。2023 年风险治理志愿服务组织较 2022 年增长了近 10%，较 2017 年增长了 608.95%。

从新增志愿服务组织数量看，2023 年新增了 11114 家志愿服务组织，其中疫情防控类数量最多，达到 4442 家（39.97%），其次是应急救援类 3929 家（占比 35.35%）和志愿消防类 2743 家（占比 24.68%）（见图 9）。

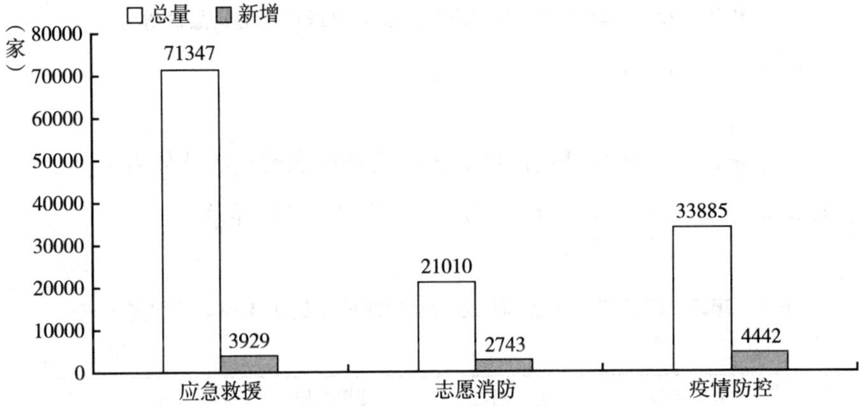

图 9　2023 年风险治理志愿服务组织总量及增量

资料来源：志愿中国。

自 2017 年开始，每年在志愿中国新增登记的志愿服务组织数量总体呈现波动增长态势，疫情防控期间参与风险治理的志愿服务队伍显著增长，而 2023 年增长的组织数量恢复至疫情前水平，每年新增志愿服务组织数量见图 10。

第二，从志愿服务组织类型来看，截至 2024 年 1 月 1 日，风险治理志愿服务组织 126242 家中，正式注册登记的社会组织共计 14022 家，占比仅为 11%；而其他在党政机关、企事业单位等成立或挂靠的志愿服务团队共计 112220 家，占比 89%。

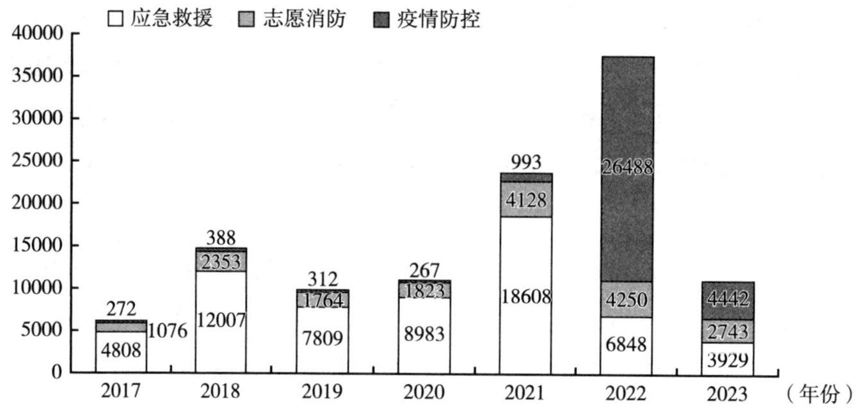

图 10　2017~2023 年风险治理志愿服务组织年内增长数量对比

资料来源：志愿中国。

近六年来，每年新增登记的各类志愿服务组织数量统计如表 1 所示。其中，疫情防控期间（2020~2022 年）的组织数量增长显著。

表 1　2017~2023 年三类参与风险治理志愿服务组织年内增长数量一览

单位：家

年份	应急救援		志愿消防		疫情防控		小计		总计
	社会组织	其他	社会组织	其他	社会组织	其他	社会组织	其他	
2017	145	4663	20	1056	12	260	177	5979	6156
2018	696	11311	46	2307	39	349	781	13967	14748
2019	499	7310	144	1620	39	273	682	9203	9885
2020	1121	7862	153	1670	38	229	1312	9761	11073
2021	4880	13728	789	3339	223	770	5892	17837	23729
2022	508	6340	304	3946	1192	25296	2004	35582	37586
2023	460	3469	225	2518	316	4126	1001	10113	11114
合计	8309	54683	1681	16456	1859	31303	11849	102442	114291

资料来源：志愿中国。

参与积石山地震救援的志愿服务组织，具有在地化特征，以正式注册、非官方背景的社会服务机构为主。其中社会服务机构占比 52.78%，社团占比 33. 33%；参与救援对专业性要求高，因此正式组织优势明显，占比达到 88. 89%，志愿者自组织仅占 2. 78%，备案的志愿服务组织占比 8. 33%。从注册层级看，区县级注册超过一半，市级志愿服务组织占比 34. 38%（见图 11）。此外，参与积石山地震救援的志愿服务组织 83. 33%以个人或非官方单位发起为主，而由官方发起或主要资助的只占 16. 67%。

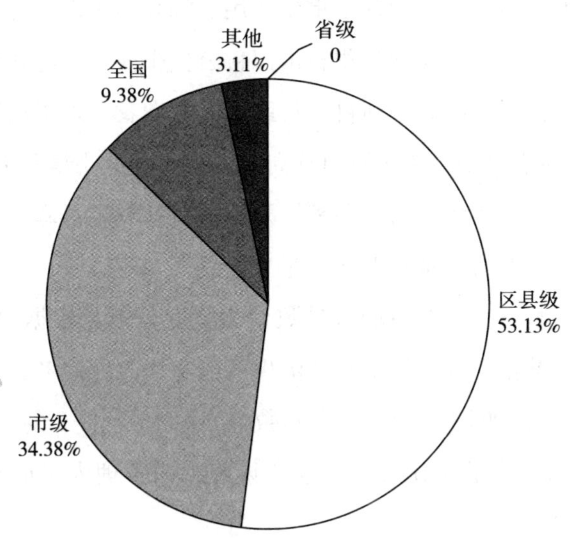

图 11　甘肃救援志愿服务组织注册层级

资料来源：2023 年甘肃积石山地震救援志愿服务调查问卷。

2. 专业性突出，平急结合

丰富的救援经验，使得志愿服务组织建立并完善了应急管理机制，形成了稳定的救援志愿者队伍。据调查，参与甘肃地震救援的志愿服务组织具有救援经验的比例达到 86. 11%。赴积石山救援的青岛红十字山海情救援队自 2011 年正式注册以来，一直致力于救援行动、应急救护等公益事业，拥有丰富的实战经验，涵盖了水灾、山地、山火等多种灾害类型，参与过玉树、雅安、鲁甸等地区的地震救援工作，有一支稳定的、专业的救援志愿服务团队，人数超过 200 人。救援队伍了解到地震灾区的地理位置和气候特点，对参与救援的志愿者所需的相应资质、条件，以及救灾所需物资、救援时可能面临的困难均有预判，可以迅速组建专业救援志愿服务团队，筹集相应物资。香河蓝天救援队队长李倩在接受访谈时表示，因为有土耳其地震救援经验，对在积石山地震救援可能发生的一切都有心理准备；考虑到土耳其地震救援时当地住宿条件非常简陋，所以她重点关注积石山地震后居住环境的改善，第一时间联系了当地商会为灾区筹集 2000 张床垫，在甘肃地震第二天，即 12 月 19 日就送达灾区。

在地组织的平急结合，发挥了重要作用。临夏州生态环境保护协会虽然没有地震救援经历，但是长期在积石山深耕公益事业，曾经在积石山县胡林家乡开展花椒提质增效减农残项目，帮助 150 户椒农实现了提质增收；争取到壹基金 2021 净水计划，在积石山县高关中学、友谊小学等 14 所中小学实施，有着扎实的地域优势，为其顺利展开救援行动奠定了基础。

3. 志愿服务组织的内部治理与管理

第一，超半数正式组织专职人员数量为 2 人以下。根据 2023 年志愿服务指数调研调查数据，参与风险社会治理的已注册志愿服务组织中，专职工作人员普遍较少，如图 12 所示，人数在 10 人及以下的占比 92.97%，12.68%的组织没有专职工作人员。这意味着组织管理人工成本低，组织运行主要依靠志愿者。

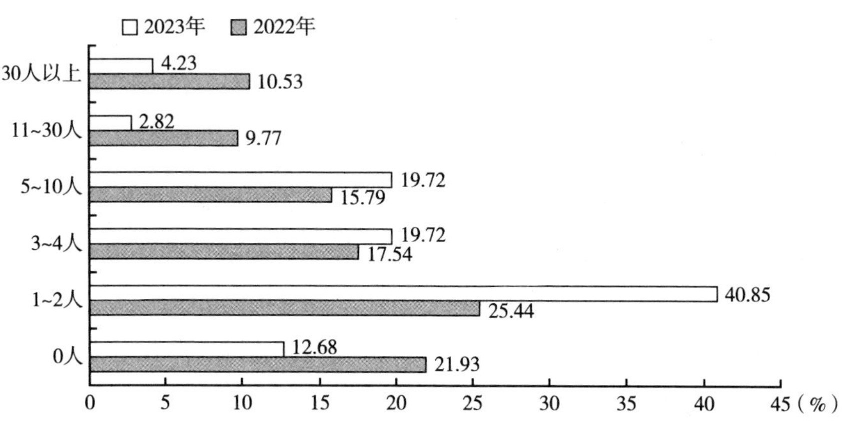

图 12　风险治理志愿服务组织专职工作人员数量（2023 年，n=71；2022 年，n=114 注册组织数）

资料来源：2022~2023 年中国志愿服务指数调研调查问卷。

第二，志愿者承担的服务成本有所上升。2023 年调研显示，不承担服务成本的志愿者数量较 2022 年下降了 41.21%，而承担了 501～1000 元服务成本的志愿者占比，较 2022 年增加了 7.59 个百分点，见图 13。

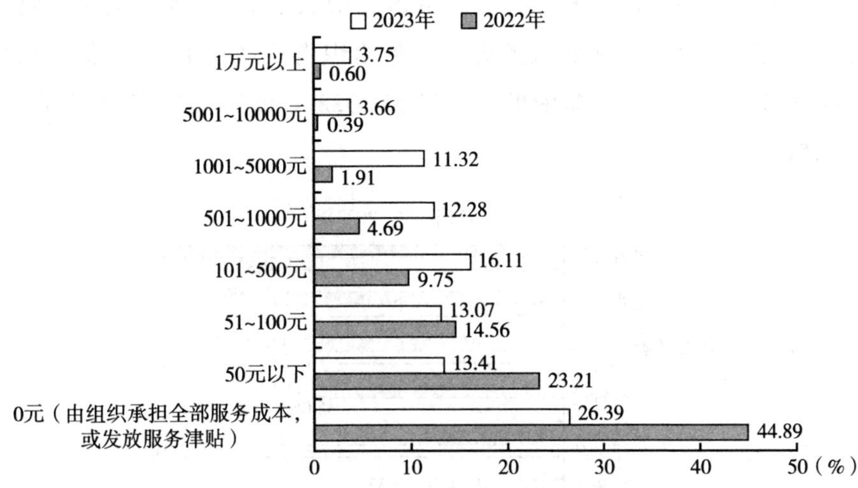

图 13　风险治理志愿者个人承担的服务成本

资料来源：2022～2023 年中国志愿服务指数调研调查问卷。

第三，志愿服务频率较高，经费来源多元化。有 63.53% 的组织能够做到每周开展志愿服务活动（见图 14）。

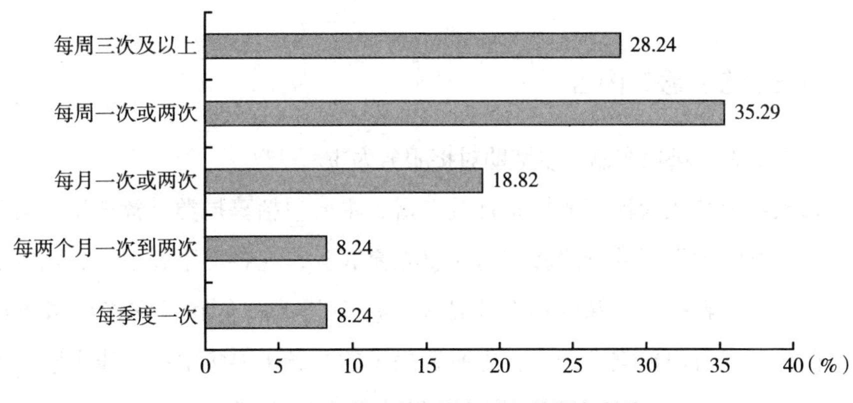

图 14　风险治理志愿服务组织的服务频率

资料来源：2023 年中国志愿服务指数调研调查问卷。

志愿服务组织经费来源结构多元化，排在前三位的依次是志愿者自筹（67.06%）、基金会/基金或社团/民非资助（47.06%）和政府购买服务或财政支持（43.53%），企业赞助达到41.18%，成为第四大收入来源；与2022年相比，志愿者自筹经费占比增长了50.12%，服务性收入占比下降了60.39%，无收入的志愿服务组织占比增长了3.41倍；来自基金会/基金或社团、民非资助的比例较2022年增加了5.73个百分点，见图15。

图15　2022~2023年志愿服务组织经费来源结构

资料来源：2022~2023年中国志愿服务指数调研调查问卷。

（三）志愿服务内容

1. 志愿者：场景丰富，以辅助对接服务为主

志愿者参与风险治理的场景日益丰富，主要包括募捐类、救护类、服务类、支持类四大类型的抢险救灾与应急志愿服务，在各类服务中，分别以筹集物资、紧急救援、特殊困难群体帮扶、应急科普宣传和救灾指引指南居多。在甘肃积石山地震救援中，志愿者提供的服务主要集中在二线志愿服务（59.18%），即进行辅助对接工作，如发放救灾物资等；其次是三线志愿服务（24.49%），即开展志愿服务岗位匹配支持对接工作；一线救援主战场

大多由政府担当主力军，同时也是因为搜救等工作危险大，对专业要求和设备要求高，志愿者参与能力有限，因此现场搜救等一线志愿服务仅占16.33%（见图16）。

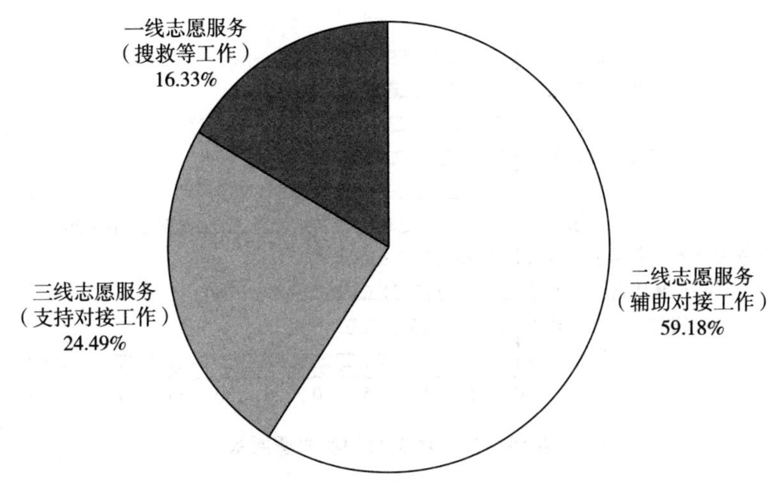

图16　志愿者提供服务类型

资料来源：2023年甘肃积石山地震救援志愿服务调查问卷。

第一，抢险救灾志愿者提供的募捐类服务主要是筹集善款，占比47.73%，其次是筹集居民急需物资（35.97%）、物资输送（35.63%）和居民物资供给（31.18%）（见图17）。志愿者筹集各类物资能力非常强。

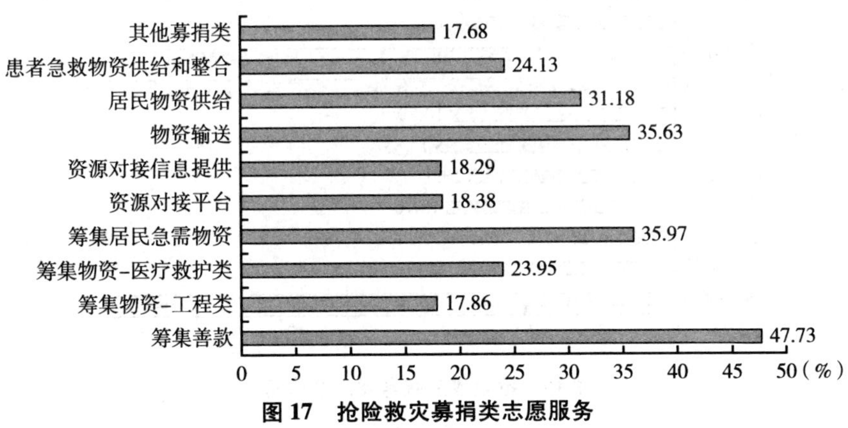

图17　抢险救灾募捐类志愿服务

资料来源：2023年中国志愿服务指数调研调查问卷。

第二，救护类的抢险救灾与应急志愿服务中，以紧急救援为主，占比46.68%；其次是现场救援（41.29%）、疏散和安置灾民（28.22%）（见图18）。

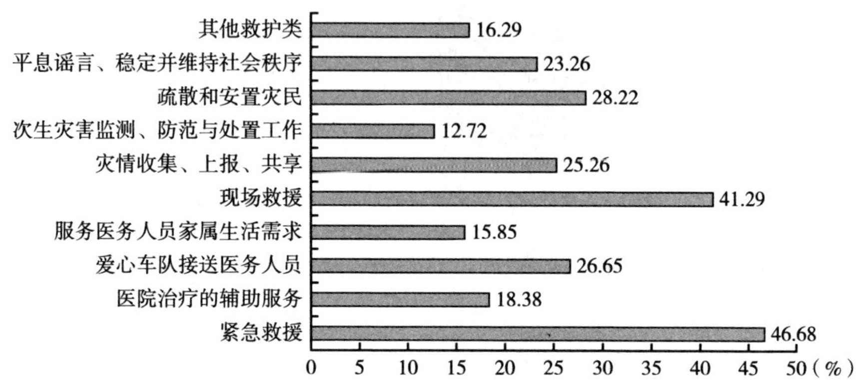

图18　抢险救灾救护类志愿服务

资料来源：2023年中国志愿服务指数调研调查问卷。

第三，服务类的抢险救灾与应急志愿服务中，以特殊困难群体帮扶（37.72%）、心理咨询与疏导（37.67%）、邻里互助（33.54%）居多，占比在三成左右（见图19）。

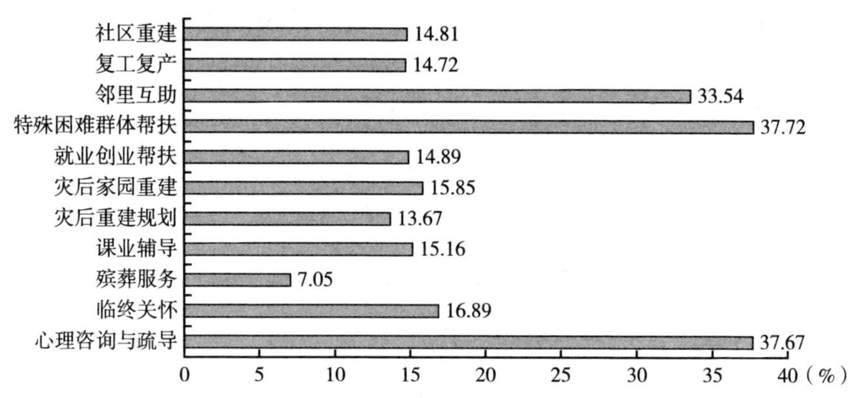

图19　抢险救灾服务类志愿服务

资料来源：2023年中国志愿服务指数调研调查问卷。

第四，支持类抢险救灾与应急志愿服务中，40.94%的志愿者提供了应急科普宣传、救灾指引指南服务，此外分别有三成左右志愿者提供了应急管理演习、社会组织能力建设支持，及招募储备、组织管理应急救援志愿者服务，信息技术支持也是志愿者关注领域（24.30%）（见图20）。

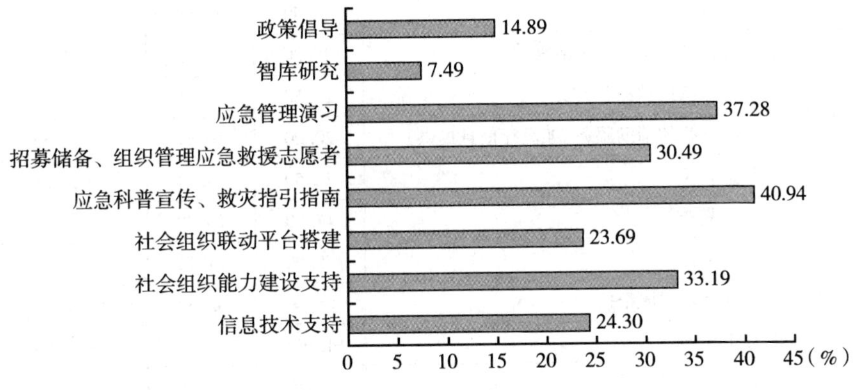

图20 抢险救灾支持类志愿服务

资料来源：2023年中国志愿服务指数调研调查问卷。

2. 志愿服务组织：多元化、全周期支持

风险治理志愿服务类型多元化，抢险救灾资源服务比例增长。2023年志愿服务指数调研调查数据显示，相较2022年，抢险救灾志愿服务参与率增长了1.25倍。从细分领域看，募捐类服务各种参与比例均有所增长，其中筹集物资服务较2022年增长了10.59个百分点，资源对接信息提供服务增长了10.29个百分点（见表2）。

表2 2022~2023年抢险救灾与应急志愿服务主要服务领域比较

单位：%，个百分点

领域	细分类型（多选）	比例		增长量
		2022年	2023年	
募捐类	资源对接平台	45.00	48.24	3.24
	资源对接信息提供	25.00	35.29	10.29
	筹集物资	60.00	70.59	10.59

续表

领域	细分类型（多选）	比例		增长量
		2022 年	2023 年	
募捐类	物资输送	62.50	64.71	2.21
	筹集善款	40.00	47.06	7.06
	居民物资供给	42.50	45.88	3.38
救护类	服务医务人员家属生活需求	25.00	17.65	-7.35
	爱心车队接送医务人员	22.50	27.06	4.56
	医院治疗的辅助服务(如医疗信息提供)	20.00	16.47	-3.53
	紧急救援	72.50	48.24	-24.26
服务类	复工复产	17.50	20.00	2.50
	临终关怀	5.00	14.12	9.12
	特殊困难群体帮扶	65.00	63.53	-1.47
	邻里互助	45.00	32.94	-12.06
	心理咨询与疏导	57.50	71.76	14.26
支持类	政策倡导	30.00	21.18	-8.82
	社会组织联动平台搭建	55.00	45.88	-9.12
	社会组织能力建设支持	57.50	54.12	-3.38
	信息技术支持	27.50	17.65	-9.85
	智库研究	7.50	4.71	-2.79

资料来源：2023 年中国志愿服务指数调研调查问卷。

甘肃积石山地震救援志愿服务调查显示，志愿服务组织在甘肃地震救援中提供募捐类（94.44%）、救护类（91.67%）、服务类（88.89%）和支持类（86.11%）志愿服务的比例都在85%以上。各个志愿服务团队组织有序，在抗震救灾的不同阶段都有积极有效参与，形成了一个多元化、前后衔接、功能互补的志愿服务网络，为灾区提供了广泛而有效的支持。

第一，甘肃地震救援募捐类服务，以筹集灾民急需物资（御寒物资、保供食品、消杀物资等）（75.00%）和物资输送（66.67%）为主，见表3。

表 3　志愿服务组织提供募捐类志愿服务一览

单位：%

募捐类志愿服务具体内容	比例
筹集灾民急需物资（御寒物资、保供食品、消杀物资等）	75.00
物资输送	66.67
资源对接平台	33.33
筹集救灾物资（工程类，如搜救幸存者的仪器设备）	30.56
资源对接信息提供	27.78
筹集善款	25.00
筹集救灾物资（医疗类）	19.44

资料来源：2023 年甘肃积石山地震救援志愿服务调查问卷。

第二，甘肃地震救援救护类服务，以现场救援、灾民安置为主，贯穿救灾与灾后恢复全周期。志愿服务组织在灾害管理的各个阶段都发挥着重要作用，有效参与现场救援（91.67%），灾情搜集、上报、共享（83.33%），次生灾害监测、防范与处置工作（75.00%），疏散和安置灾民（94.44%），平息谣言、稳定并维持社会秩序（86.11%），灾后重建规划（91.66%）等各个环节（见表 4）。曙光救援队在极寒天气下为灾民紧急采购一氧化碳报警器防止次生灾害发生，惠及人数达到 2 万人左右。浙江省壹加壹公益基金会为四个村的每个儿童之家配备了物资，并设置了办公室、仓库等设施，组织志愿者开展针对不同年龄段儿童的志愿服务活动，陪伴孩子写作业、画画、看电影；此外，还关注孤儿的心理需求，为其提供心理支持。

表 4　志愿服务组织提供救护类志愿服务一览

单位：%

<table>
<tr><th>类型</th><th>比例</th><th>内容</th><th>比例</th></tr>
<tr><td rowspan="5">现场救援</td><td rowspan="5">91.67</td><td>组织指导居民自救互救</td><td>66.67</td></tr>
<tr><td>为营救人员提供生活需求类辅助服务（如住宿餐饮等）</td><td>52.78</td></tr>
<tr><td>对伤员实施救护（包括）急救</td><td>41.67</td></tr>
<tr><td>清理外界环境，道路疏导，为专业救援人员营救创造有利条件</td><td>22.22</td></tr>
<tr><td>护理和搬运伤员</td><td>22.22</td></tr>
</table>

续表

类型	比例	内容	比例
现场救援	91.67	为营救人员提供安全保障等辅助服务（如警示信号讲解与提供）	19.44
		帮助救援人员确定压埋人员的可能位置	11.11
		道路抢修	8.33
		提供建筑物稳固性等评估方面的专家智力支持	8.33
		充当专业救援人员的向导、翻译	5.56
灾情搜集、上报、共享	83.33	搜集、上报、共享社会影响信息，包括群众情绪、安置状况、生活、交通与生产秩序等信息	80.56
		搜集、上报、共享人员的伤亡及分布等信息	44.44
		搜集、上报、共享建（构）筑物、重要设施设备的损毁，家庭财产损失，牲畜死伤信息	38.89
次生灾害监测、防范与处置工作	75.00	调查并登记次生灾害源	44.44
		对次生灾害源产权人或管理者进行宣传和动员，采取监测和防范措施	44.44
		次生灾害源识别、处置、培训	41.67
		冻伤防治培训、处置	27.78
		调查地震宏观异常现象、建（构）筑物和生命线设施震害	25.00
		调查并报告水坝、输变电、给排水、供气等生命线设施的破坏情况	22.22
疏散和安置灾民	94.44	搭建救灾帐篷	88.89
		接收和分发食物、饮用水、衣物、药品等应急物品	86.11
		稳定灾民情绪，防止发生意外事故	63.89
		帮助灾民紧急疏散转移	47.22
平息谣言，稳定并维持社会秩序	86.11	了解群众的反应，上报出现的恐慌情绪及谣言情况，并向群众开展解释和宣传工作	72.22
		配合有关部门实施社会治安临时保障措施，对生命线设施、重要单位实施监控和保卫措施	58.33
		加强治安宣传，引导群众自觉守法	50.00
灾后重建规划	91.66	特殊困境群体救助	75.00
		灾后重建规划	44.44
		灾后家园重建	33.33
		就业创业帮扶	25.00
		其他	2.78

资料来源：2023 年甘肃积石山地震救援志愿服务调查问卷。

第三，服务类：以心理咨询与疏导（66.67%）与特殊困难群体帮扶（66.67%）为主。由于本次对临终关怀和殡葬服务的需求量不大，参与的志愿服务组织相对较少（见表5）。

表5　志愿服务组织提供服务类志愿服务一览

单位：%

服务内容	比例
心理咨询与疏导（面向被压埋人员、家属以及其他灾民，面向救灾人员等）	66.67
特殊困难群体帮扶	66.67
课业辅导	19.44
临终关怀	8.33
殡葬服务	2.78

资料来源：2023年甘肃积石山地震救援志愿服务调查问卷。

第四，支持类：以应急科普（宣传防震减灾知识）（63.89%）、防震演习（58.33%）为主（见表6）。这对于提高公众的防震减灾意识和自救互救能力至关重要，能有效减少人员伤亡和财产损失。

表6　志愿服务组织提供支持类志愿服务一览

单位：%

服务内容	比例
应急科普（宣传防震减灾知识）	63.89
防震演习	58.33
社会组织能力建设支持	52.78
社会组织联动平台搭建	38.89
招募储备、组织管理抗震救灾志愿者	36.11
信息技术支持	27.78
政策倡导	16.67
智库研究	2.78

资料来源：2023年甘肃积石山地震救援志愿服务调查问卷。

3. 志愿服务项目：消防服务项目增幅最大

截至2024年1月1日，在志愿中国信息平台上录入的与风险治理相关的志愿服务项目累计 505732 个，其中应急救援志愿服务项目 219061 个（43.32%），志愿消防 95901 个（18.96%），疫情防控 190770 个（37.72%）。因项目补录或删除等原因，根据志愿中国最新数据，2023 年三类项目新增 63835 个，较 2022 年下降了 70.52%，较 2017 年增长了 3.63 倍；其中，新增应急救援项目 23841 个，较 2022 年下降了 19.24%，新增志愿消防项目 31668 个，增幅最大，达到 52.41%（见图 21、表 7）。

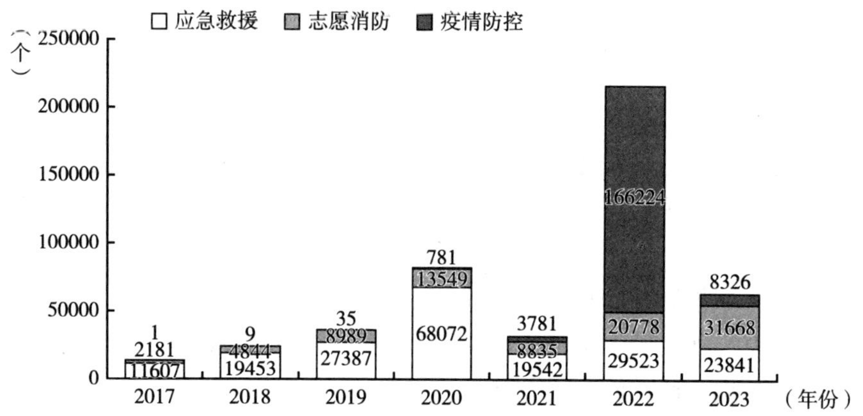

图 21　2017～2023 年三类风险治理志愿服务项目年内增长数量

资料来源：志愿中国。

表 7　2017～2023 年三类风险治理志愿服务项目年内增长数量一览

单位：个

年份	应急救援	志愿消防	疫情防控	总计
2017	11607	2181	1	13789
2018	19453	4844	9	24306
2019	27387	8989	35	36411
2020	68072	13549	781	82402
2021	19542	8835	3781	32158
2022	29523	20778	166224	216525
2023	23841	31668	8326	63835
合计	199425	90844	179159	469426

资料来源：志愿中国。

（四）风险治理志愿服务成效

1. 多元参与，构建风险治理志愿服务协同机制

我国风险治理志愿服务的政社协同、志社协同和志灾协同机制开始形成，风险治理体系不断完善。

第一，政社协同机制日益完善。政府与志愿服务组织等社会力量通过合作与协同，共同应对公共危机，提高风险治理志愿服务成效。

首先，我国初步建立了党建引领志愿服务参与风险治理体系的顶层设计。中央社会工作部统管志愿服务工作，并把社会救援力量建设纳入风险治理体系。志愿服务组织党建工作卓有成效。在2023年由中国灾害防御协会、中国社会工作联合会指导，由浙江省壹加壹公益基金会主办，多家社会组织协助执行，全国范围内遴选出的519家正式登记注册的“致敬民间救援队”中，共有296家成立党组织，共有2663名党员，其中，重庆市蓝天救援队成立了党委。还有三家志愿服务组织分别成立了党总支；有495家参与国内重大灾害救援任务，81家参与国际救援任务。[①] 我国初步建立社会应急力量分类分级管理体系。2023年11月3日，应急管理部就《社会应急力量分类分级测评实施办法（征求意见稿）》向社会公开征集意见，为“遴选出一批政治立场坚定、队伍运行稳定、救援能力精湛、装备配备完善、行动管理有序的社会应急力量，助力提升社会应急力量整体救援效能”[②] 奠定基础。同时，第一响应人培训机制为建立和完善基层风险管理体系奠定基础。甘肃培训的超27万包括乡镇干部、驻村干部、村组干部在内的应急第一响应人，熟悉基层情况，能够在灾害发生后第一时间指挥现场群众开展抢险救灾，抢夺“黄金救援时间”。[③] 这既能引导灾区群众自

---

① 《重要发布丨519家“致敬民间救援队”名单公示》，浙江省壹加壹公益基金会微信公众号，2024年6月3日，最后访问日期：2024年6月6日。

② 《关于公开征求〈社会应急力量分类分级测评实施办法（征求意见稿）〉意见的函》，中华人民共和国应急管理部网站，2023年11月3日，https://www.mem.gov.cn/gk/zfxxgkpt/fdzdgknr/202311/t20231103_467510.shtml，最后访问日期：2024年5月31日。

③ 《积石山地震救援快速有力　中国综合应急救援体系发挥效能》，新华社客户端，2023年12月21日，https://h.xinhuaxmt.com/vh512/share/11824561?d=134b435&channel=weixin，最后访问日期：2024年5月31日。

救互救，也为灾民转化为志愿者提供保障和路径。此外，政府提供资金支持并赋能志愿服务组织，确保社会组织和志愿者有足够的资源和能力开展救援工作，形成了政府与志愿服务同时发力的风险治理格局。根据甘肃地震救援调查问卷数据，志愿服务组织参与甘肃地震救援的主要动员力量是政府，主要为应急管理部门（52.78%），其次是民政部门（27.78%）、共青团（非本单位内部团委）（25.00%）、政府其他部门（5.56%）、党委/精神文明委/社工委（2.78%）。同时，社会动员也成为重要因素，外地组织志愿服务组织主动参与的占比为50.00%，灾区当地组织主动参与的占比为8.33%（见图22）。

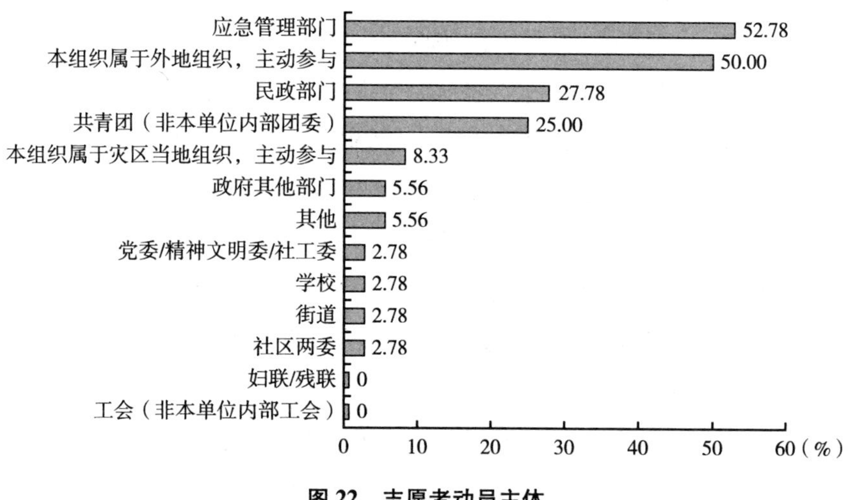

图22　志愿者动员主体

资料来源：2023年甘肃积石山地震救援志愿服务调查问卷。

其次，政府为志愿服务参与风险治理开辟申请通道和提供参与便利。政府建立了快速高效的应急管理体系，在积石山地震救援中刷新多项全国纪录。地震发生后，各有关部门第一时间“启动应急响应机制，加强统筹协调，强化会商研判，紧急组织力量赶赴灾区开展抢险救援”①，“应急管理部指导甘肃省启动社会应急力量现场协调机制，引导社会应急力量294人到达

① 《坚决贯彻落实习近平总书记重要指示精神——争分夺秒展开救援　众志成城抗震救灾》，《人民日报》2023年12月20日，第1版。

灾区开展救援救灾救助。”[①] 同时快速开辟救援申请通道，“当地迅速启动临夏州地震灾害Ⅱ级应急预案，成立抗震救灾指挥部”；应急管理部官网第一时间开辟了救援申请通道。12 月 19 日，甘肃省应急管理厅建立“12·19 临夏积石山地震社会救援协调机制”，引导社会应急力量有序参与抢险救援行动，第一时间发布《社会力量参与甘肃临夏积石山 6.2 地震响应表》，呼吁社会力量参与本次地震响应队伍尽快填写信息报备表，并为跨省抢险救灾任务车辆公路往来通行服务提供便捷和保障。12 月 22 日，甘肃省民政厅发出倡议书[②]，号召全省社会组织积极参与支援临夏州积石山县 6.2 级地震抗震救灾。

再次，政府为志愿服务参与抗震救灾提供现场协调、基础保障和正向引导。甘肃省委、省政府成立积石山县抗震救灾指挥部，为志愿者参与抗震救灾提供基础的信息支持和物资保障。救灾指挥部还尽力为部分志愿者解决住宿问题，有志愿者接受访谈时表示，参与志愿服务期间居住在指挥部统一安排的宾馆中，相对条件较好；早晚在救灾指挥部吃饭，中午在志愿服务地点吃方便面或者自带的干粮。12 月 20 日，甘肃省应急管理厅发布公告，第一阶段搜救行动已经结束，将转入赈灾救助阶段，号召现场主要执行搜救任务的社会应急力量向现场协调机制报备后有序撤离。[③] 政府现场协调机制成效显著。问卷调查数据显示，61.22%的志愿者表示确定开展服务的内容是根据现场救灾指挥部的分配，26.53%的志愿者表示是自己发现痛点问题，另有 12.24%的受访者选择了通过其他方式确定开展服务的内容。

最后，志愿服务组织自觉接受政府领导主动沟通协调。调研了解到，北京齐化社区公益基金会成立的救援指挥部，由 17 人组成，分工明确，按照

① 《坚决贯彻落实习近平总书记重要指示精神——争分夺秒展开救援　众志成城抗震救灾》，《人民日报》2023 年 12 月 20 日，第 1 版。

② 《省民政厅发出全省社会组织积极参与支援积石山 6.2 级地震抗震救灾倡议书》，甘肃经济网，2023 年 12 月 22 日，http：//www.gsjb.com/system/2023/12/22/030928719.shtml，最后访问日期：2024 年 5 月 31 日。

③ 《关于社会应急力量参与第一阶段搜救行动结束的公告》，甘肃应急发布，2023 年 12 月 20 日，https：//weibo.com/ttarticle/p/show？id = 2309404981000684831044，最后访问日期：2024 年 5 月 31 日。

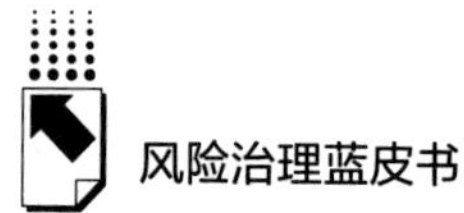

救灾功能分成儿童需求调研、物资发放组、政府关系和传播等在内的5个组。政府关系组负责与政府的沟通协调互联互动。庆阳市阳光志愿者协会干事孙讷，作为甘肃救灾联盟组织的第二梯队成员，抵达甘肃后即参与当地救灾指挥部的任务分配与培训。

第二，社志协同机制形成。社会组织和志愿服务组织之间资源共享、信息互通和协同合作，志愿服务组织成为志愿者动员、管理、服务、保障的载体，在地方政府或群团支持下，三方合力打造了支持/资助社会组织+志愿服务组织+志愿者的协同合作机制，志愿服务的行业生态不断完善。

首先，社会组织整合各界资源，为风险治理志愿者提供专项支持和有效赋能。国内多家实力雄厚、视野前瞻的基金会和社团采取有效措施支持风险治理志愿者和志愿服务组织发展。前文提及的“致敬民间救援队”活动中，还给519家“致敬民间救援队”分配了10094名“致敬民间救援队员”名额，给每名队员捐赠价值498元的爱心物资。中国红十字基金会实施“社会救援力量保障提升计划”品牌项目，多次向驰援受灾地区的救援组织提供经费支持。土耳其南部发生7.7级强震后，2023年2月10日，为支持和保障参与土耳其地震救援的中国社会救援力量，中国红十字基金会实施“社会救援力量保障提升计划”，于地震发生后的第四天，即启动救援队资助申请，向87支队伍拨付了总资助款298万元，用于支持社会救援队能力建设，提升救援队救援装备、物资储备，帮助救援队开展专业技能训练等。甘肃地震后中国红十字基金会再度实施“社会救援力量保障提升计划”，同应急管理部有关部门，依据救援组织派出情况、驰援人数、驰援天数、工作情况等维度对提交申请的280家救援组织进行综合评定和遴选，对符合条件的192家救援组织进行资助，预计拨付总资助款416.5万元。[①] 打造常态机

① 《“社会救援力量保障提升计划”资助驰援土耳其地震的中国社会救援队名单公示》，中国红十字基金会网站，2023年4月7日，https://www.crcf.org.cn/article/23097；《“社会救援力量保障提升计划”资助驰援受甘肃积石山6.2级地震影响地区的救援组织名单公示》，中国红十字基金会，2024年5月24日，https://www.crcf.org.cn/web/article.thtml?classFlag=rdjs_xinwenzhongxin&cid=11472，最后访问日期：2024年5月24日。

制为志愿服务组织提供经费支持，同时也为应对未来风险积蓄力量。壹基金搭建了防灾减灾、紧急救灾和韧性重建的灾害周期全链条工作机制和针对性的项目①，通过安全家园项目在社区中推广防震减灾知识，提高居民的应急响应能力。西安市温阳区环保志愿者协会荣誉会长、陕西省儿童心理学会的常务副会长刘文化在访谈中高度肯定了安全家园项目，认为当志愿者们都成为韧性社区的建设者和受益者的时候，就可以有效减少灾害风险、降低灾害影响。

其次，社会组织积极搭建志愿服务联动平台。志愿服务组织也重视社会组织能力建设（52.78%）和社会组织联动平台搭建（38.89%），促进各组织之间的信息共享和资源调配，提高整体救援效率，确保其在灾害发生时能够迅速、有效地组织和开展救援工作。这包括组织管理、资源调配和应急响应能力的提升。如北京莲心慈善基金会参加过汶川地震、尼泊尔地震、疫情防控、山西水灾、韶关水灾的救援工作，在甘肃积石山地震之前，正在开展水灾的灾后重建暖冬行动。该基金会从2021年“7·20”河南水灾后就开始建立救援协作平台，平台现有200多支队伍。一遇灾情，各个队伍会第一时间响应，统一行动。甘肃省社会工作联合会通过建立救灾平台，提高了社会组织之间的协同工作能力。北京齐化社区公益基金会建立了仓储和物资中转系统，确保各组织能够协调一致、及时响应灾情。壹基金搭建的陕西联合救灾网络在本次救灾中也发挥了积极作用，12月19日，正值西安市温阳区环保志愿者协会轮值为壹基金陕西联合救灾网络项目的常委单位，收到灾情信息后，该协会启动应急预案并与壹基金取得联系，19日下午4时就驱车前往灾区。

最后，社会组织孵化专业志愿团队、参与风险管理，对志愿者的专业性要求较高，社会组织利用自身优势，招募、培训、管理专业志愿者，打

① 《壹基金发布2023年度报告，助力社会治理共同体建设》，壹基金网站，2024年5月8日，https：//onefoundation. cn/news/663b0f841be939dc10/，最后访问日期：2024年5月31日。

造合格的抗震救灾志愿服务团队。厦门市曙光救援队是正式注册的社会组织，专业优势明显，曾多次为驻地部队及应急、消防等部门提供专业技能培训；管理运作规范，社会组织等级评估达到5A。该组织孵化出91支救援团队，拥有立足本地、服务全国、面向国际的专业救援志愿者队伍。目前，厦门本地拥有注册志愿者1326人，涵盖水域、山地、高空、潜水、搜救犬、城市搜寻、心理危机干预、应急救援指挥保障等专业领域，担负执行危难险重任务。

第三，志灾协同机制持续发力。志愿者与灾民之间互动与合作，通过共同参与和互助，增强灾害应对的有效性和社区恢复能力。

一方面，志愿者提供服务，指导灾民自救。志愿者通过心理疏导和情感支持的双向互动，帮助灾民特别是儿童从灾害中恢复心理健康，增强灾民的信心和希望。在灾难面前，志愿者的无私奉献和专业服务得到了灾民的高度认可和感激，激励了更多的人和当地灾民参与志愿服务。许多灾民在接受帮助后，对志愿者表达了深深的感激之情，这种感激不仅是对志愿者工作的肯定，也激励了志愿者继续努力。访谈笔录中记载了志愿者们无数个被灾民感动的瞬间：

> 向社会组织学习、向政府学习、向父老乡亲学习！
>
> 有个五年级的学生，带着很多小孩，一直参与我们的志愿服务活动，包括他的家人，也很支持和关心我们，让我非常感动。
>
> 小朋友给我们塞一个苹果、橘子……这些对我们来说都很温暖。
>
> 我遇到了一个三岁的小男孩，他在村子里生活，当我再次来到村子里时，他跑过来，抱住我，他的眼神中充满了感激之情。
>
> 村民是少数民族嘛，语言不同。但是我知道他肯定是在说：祝好人一生平安！村子里面不管是干部还是村民呀，路过看见我们的时候那种眼神，确实真的就是不停感谢！就是再累都值了。
>
> 受到村民的关心和关爱让人印象深刻，有小孩子看到救灾车辆会敬礼；还有一心为村民为集体却无暇顾及自己妻儿老小的……

救援中，看到了人与人之间的心意相通、互相学习，这是一个非常宝贵的收获！

——摘自《甘肃积石山地震救援调研要报》[①]

同时，志愿者通过培训和指导，增强灾民的自救互救能力，提供生活辅助服务和伤员救护等，减轻救援压力。

另一方面，灾民转化为志愿者。许多灾民在接受救援后，主动加入志愿服务队伍，参与物资分发、心理疏导等工作，展示了灾民在灾后重建中的积极作用。受灾群众迅速转变角色，成为志愿者，为其他受灾群众提供帮助。这不仅增强了社区的韧性，提高了社区凝聚力，也为当地孵化了未来应对风险的宝贵在地志愿服务力量。

通过政社协同、志社协同和志灾协同机制，甘肃地震救援中的志愿服务能够高效、有序地进行，确保救援工作的顺利开展，为受灾群众提供及时的帮助和支持。这种多层次、多主体的协同机制，不仅提高了救援效率，还增强了社会组织和志愿者的专业性和应急响应能力，有助于构建更为健全和高效的灾害应对体系。同时，通过增强灾民的自救互救能力和鼓励他们参与志愿服务，进一步提升了社区的恢复力和凝聚力。

2. 生命救援，快速响应，展现志愿服务灵活性

在地震发生后的不同阶段，志愿者迅速响应和持续援助。在地志愿者队伍第一时间响应，积石山县大河家镇大河村的“志愿者们组成救援小队，在专业救援队伍到来前已将全村摸排两遍，并从废墟下救出 23 名被困群众[②]”。12 月 19 日 5 时许，甘肃蓝天救援队第一批次 32 人、10 辆车就已抵达积石山县。基于多年国内外抗震救灾工作经验，志愿者抵达后“立即开展排查、转运、搭建临时安置点等相关工作，19 日下午群众就吃上了热饭，

① 志愿服务参与甘肃地震救援调研课题组：《甘肃积石山地震救援调研要报》，内部资料，2024 年 1 月。

② 《坚决贯彻落实习近平总书记重要指示精神——争分夺秒展开救援　众志成城抗震救灾》，《人民日报》2023 年 12 月 20 日第 1 版。

救援效率很高"①。2023 年志愿服务参与甘肃地震救援调查数据显示，第一批志愿者在 2023 年 12 月 19 日到达灾区，比例达到 30.43%。第二批志愿者在 2023 年 12 月 20~25 日到达灾区（占 43.48%）。第三批志愿者是 12 月 26 日及以后到达灾区的（占 26.09%）（见表 8）。志愿者快速响应、高效执行，志愿服务贯穿全程，接续有力。据调研，作为第一梯队，兰州曙光救援队和白银团队在 12 月 19 日凌晨 3 点 35 分就抵达灾区，紧急转移伤者 56 名。

表 8　志愿者抵达灾区时间统计

单位：%

抵达灾区时间	志愿者占比
2023 年 12 月 19 日	30.43
2023 年 12 月 20~25 日	43.48
2023 年 12 月 26 日及以后	26.09

资料来源：2023 年甘肃积石山地震救援志愿服务调查问卷。

3. 时间长，强度高，贡献了多元化的志愿服务

风险治理志愿服务与其他类型志愿服务不同的是，时间紧、任务重、强度大。2023 年志愿服务指数调研调查数据显示，志愿者提供了共计 199129 小时的抢险救灾和疫情防控志愿服务。其中，748 名志愿者在过去一年参与了疫情防控志愿服务，中位数时长为 60 小时，较 2022 年增加了 27 小时，服务总时长达 169995 小时。25.70%的志愿者参与抢险救灾志愿服务，中位数时长为 60 小时，较 2022 年增加了 50 小时。参与京津冀暴雨洪涝灾害抢险的志愿者占比 13.41%，甘肃地震（14.63%）、海外/国际救灾和人道援助（2.87%）等也有志愿者的积极参与。

据甘肃积石山地震救援志愿服务问卷调查显示，志愿者平均每天服务时

① 《积石山地震救援快速有力　中国综合应急救援体系发挥效能》，新华社客户端：2023 年 12 月 21 日，https://h.xinhuaxmt.com/vh512/share/11824561?d=134b435&channel=weixin，最后访问日期：2024 年 5 月 31 日。

间为11.61小时，65.3%的志愿者每天志愿服务时间在8~13小时；有4.1%的志愿者服务时间达到21小时及以上，在紧急时刻发挥重要作用（见表9）。同时，志愿服务组织建立了跨界合作网络，提供多元化志愿服务。12月19日绿舟救援队共计出队7车23人，携带雷达生命探测仪及专业地震搜索及应急救援设备，在得到应急管理部审核通过的情况下赶往甘肃积石山，完成利用无人机协助水利部门勘查灾情任务，并提供救灾物资接收与发放服务，共计6天。除了一线救援的23名志愿者之外，还有18人负责进行指挥、协调、技术支持和后勤支持，形成了三线志愿服务层级架构。同时，还得到25家单位（包括知名企业、基金会、社团和社会服务机构、志愿者团队等）、35个爱心人士以及某明星及其粉丝的支持，由此构成了一个跨界合作的跨界资源——一线二线三线志愿层级——多元化服务的救援行动。

表9　志愿服务时间（志愿者）

单位：%

时长	占比	时长	占比
0~7小时	10.2	14~20小时	20.4
8~13小时	65.3	21小时及以上	4.1

资料来源：2023年甘肃积石山地震救援志愿服务调查问卷。

4. 因应灾情需求服务对象广泛，农村居民居多

抢险救灾志愿服务的对象以农村居民（74.47%）、城市灾民（53.19%）和学校师生（38.30%）以及灾区生态环境（38.30%）为主。与2022年相比，服务各类主体的比例都有所增长，志愿服务对象更加广泛（见图23）。

5. 筹集物资，整合资源，解决“最后一公里”难题

志愿服务组织和志愿者利用社会网络，筹集善款和物资，及时提供给灾区人民。厦门曙光救援队不仅组织了34支队伍共计256人到达积石山地震灾区，还募捐了1.4亿元善款。调查数据显示，21.88%的志愿服务组织捐赠金额在500万元以上，1万~10万元的占比为31.25%（见图24）。

志愿服务组织捐赠资金大部分来自社会捐赠。如图25所示，有11.54%

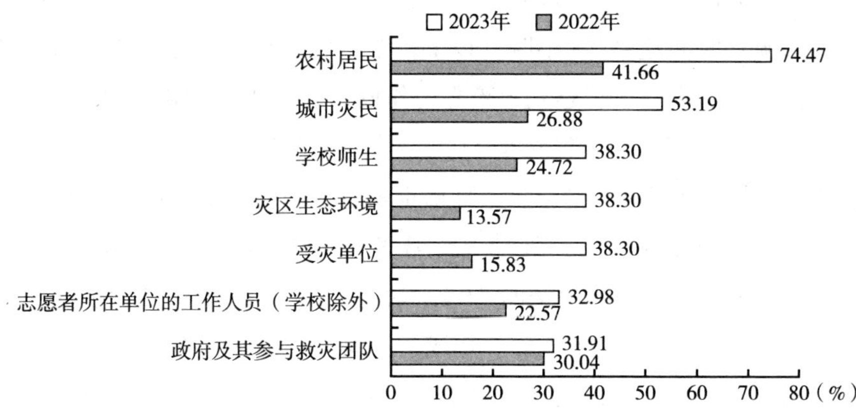

图 23　抢险救灾志愿服务的对象

资料来源：2022~2023 年中国志愿服务指数调研调查问卷。

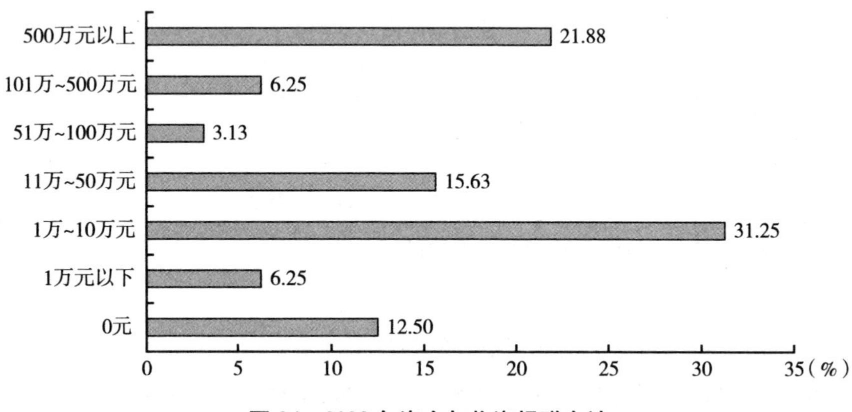

图 24　2023 年资金与物资捐赠合计

资料来源：2023 年甘肃积石山地震救援志愿服务调查问卷。

的组织捐赠资金与物资全部来源于社会捐赠，7.69%的组织捐赠资金与物资的来源全部为非社会捐赠，社会捐赠占比在 51%~99%的比例达到 34.61%，社会捐赠是组织募集救灾捐赠资金的重要渠道。

政府与社会组织的协同合作、志愿者与社区的紧密配合，以及高效的物流和信息系统，是确保救援物资和服务及时到达受灾群众手中的关键。面对积石山县恶劣的自然环境和复杂的救援形势，灾区群众需求不同，如何将物

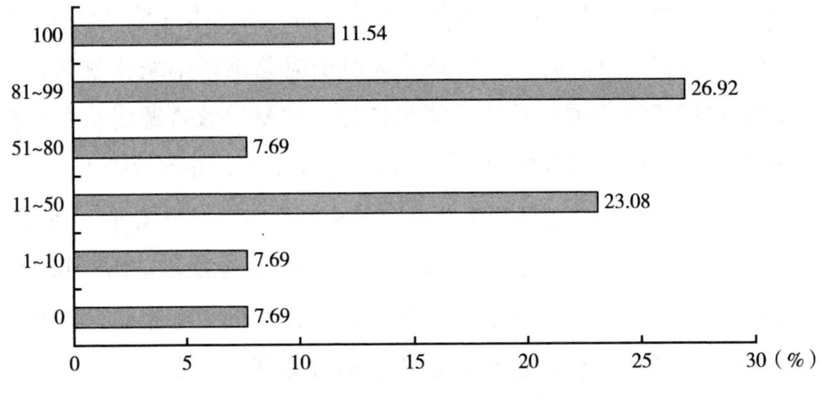

图 25　捐赠资金与物资中社会捐赠占比

资料来源：2023 年甘肃积石山地震救援志愿服务调查问卷。

资第一时间从仓库发放到灾民手中，是个重大挑战。需要广大志愿者了解群众切实需求，并精准递送物资，解决救灾物资发放的“最后一公里”问题。灾情搜集、上报和共享工作非常重要。积石山县青年志愿者协会副会长张月霞在访谈中表示，救援中没有带装备，也没有专业救援人员的志愿服务团队，虽然没有直接参加现场救援，但是根据现场情况收集信息，快速统计出每个村的人数，并根据政府组织的救援力量和消防部队的部署投入现场，为快速排查隐患并以最快时间结束搜救贡献力量。西安市温阳区环保志愿者协会志愿者团队每日工作至夜间两点，主要工作就是汇总救灾物资仓库中的物资信息及发放信息，为最快完成救灾物资递送提供基础工作服务和精准信息。

二　风险治理志愿服务存在的问题与挑战

（一）多元协作机制还有完善空间

第一，政策协调机制落实不到位。现有的应急救援平台的应急通信、调度指挥和信息管理功能还有待改进，个别基层应急管理部门对平台应用还不熟悉。在社会力量参与救灾指挥部申请报备方面，由于指挥部没有专门的平台，以致资源对接困难。同时，部分地区由于应急预案不完善或执行不到位，志愿者在现场的救援行动缺乏明确指导，容易导致资源浪费和救援延误。即使有明确的应急协调机制，但是执行力度不够，导致救援工作无法按计划进行。如甘肃厚天救援队应上级部门甘肃省应急管理厅安排，到受灾现场搭建社会救援力量协调中心，统一协调与安排外地志愿者队伍及物资。在救援协调时发现，仍有部分外地志愿者队伍未在协调中心报备，现场指挥中心与社会力量协调平台的信息有脱节、不对称现象，还存在平台审批通过的志愿服务队伍遇到当地不让进入灾区的情况。地方政府希望物资能进入他们的库里来统筹发放，政府物资调配手续复杂，导致志愿者无法第一时间递送救灾物资。根据问卷调查数据，大多数人对政策协同感到比较满意或非常满意，占比达到63.89%，但是还有19.44%的志愿者表示非常不满意，比较不满意（8.33%）和感觉一般（8.33%）的志愿者也有一定比例（见图26）。

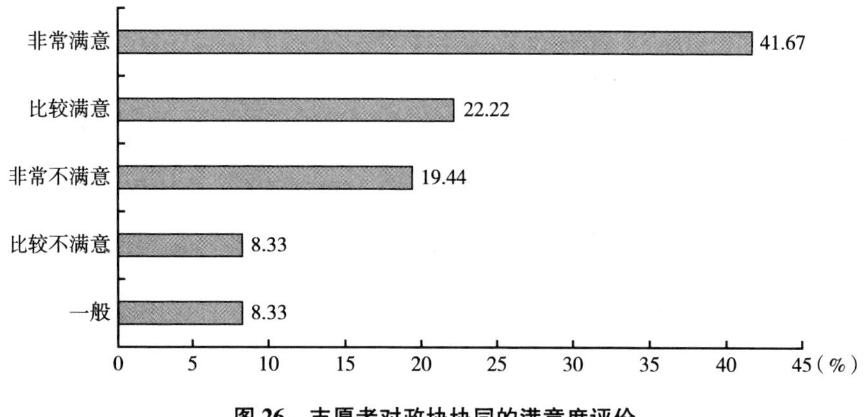

图26　志愿者对政协协同的满意度评价

资料来源：2023年甘肃积石山地震救援志愿服务调查问卷。

第二，救灾信息沟通平台不完善，信息更新不及时。以甘肃地震救援为例，一方面，媒体报道多的地方物资充足，物资分配不均衡，震区边缘青海等地发出救援求助，房屋受灾严重，但因没有人员伤亡而社会关注度低，无法及时获得救灾物资。另一方面，在参与抗震救灾初期，志愿者和救援团队无法及时获取灾区的最新情况，导致救援物资和人员部署不合理，如缺少沟通平台，志愿服务团队之间沟通较少，造成物资分发不平衡，采购、发放等前期协作不够，导致物资浪费。如当地需要清真食品，而大量非清真食品的进入会被灾民拒绝领用。访谈中志愿者表示，不仅不能发给灾民食用，志愿者们自己也不能食用，否则就是对灾民的不尊重。

此外，还存在信息盲区地带。甘肃地震救援过程中，志愿者力量分布不均，既存在当地志愿者及物资足够的情况下仍有志愿者涌入的情况，也存在志愿者匮乏地区。有志愿者表示，个别村落交通不便，信息闭塞，导致志愿者 12 月 25 日到达当地灾区，仍发现存在一些“孤岛村”没能得到有效救助。同时由于应急救援端口多，真假难辨，盲目作业，容易出现救援不及时或者重复发放物资情况。

（二）集体补位优势未能充分发挥

第一，政府对志愿服务的重视程度还有待提高。甘肃地震救援调研访谈中，个别志愿者表示当地政府对志愿服务队伍支持力度不够，缺乏应急装备（如车辆），宣传不到位，社会关注度不够。希望政府部门可以第一时间批准救灾，充分调研辖区内的社会组织救援力量，及时快速审批合格的志愿服务团队。

第二，基层治理体系不完善，阻碍志愿服务整体优势发挥。解决最后一公里，要面对如何均衡地发放物资，做到不堆积、不重复发放。甘肃地震救援志愿者表示，有的乡村善于发出需求，但有些乡村不知道如何求助，没有及时提出诉求，因而得不到足够的物资。“外界认为甘肃物资供应已经饱和，但是有些地区还是没有得到相应的物资，很难解决精准投放问题。”即使能够提出物资诉求，但是乡镇政府人手不足，社会动员能力不强，在志愿者人手不足的情况下，就会出现急需物资到达乡镇后无法第一时间发放到灾民手中，造成一方物资囤积、另一方物资紧缺的现象。

第三，外来救援志愿者与基层治理体系衔接不足，志愿服务团队对接的基层组织的相关能力较弱，开展工作时需要村民提供信息，协调平衡物资的发放，但部分村级单位的负责人在对接上存在困难。在对接物资时，由于善款和物资有规范使用要求，申请受助社区两委或基层政府盖章时存在障碍。

> 最痛苦和压抑的事情是地方政府不允许我们给爱心人士盖村委会的章，盖章只是证明爱心人士的物资到达灾区。但是村委会说不需要爱心物资，让爱心人士撤回。我最痛苦的不是我们需要物资，而是爱心人士历尽辛苦带来的物资却只能被撤回，没办法只能用清真寺管委会的章，但是清真寺的章对很多单位没有效力，给他们的工作造成困难。
>
> ——摘自《甘肃地震救援要报》①

第四，应急救援不同阶段志愿者之间的衔接不够。志愿者因为专业特长、救援阶段、自身实际情况，不能全程参与抗震救灾包括灾后重建。因此，不同批次的志愿者之间要形成合力，有效衔接、信息共享。如第二批志愿者到达儿童服务站现场时，前一批救援志愿者已经离开，无法对接，就不能及时了解各个孩子的具体情况，需要重新研究与各个孩子沟通交流的方式。

（三）志愿服务保障支持有待加强

第一，志愿服务组织资金不足，志愿服务保障和激励不到位，这是导致风险治理志愿者数量不足、流动性强的原因之一。2023 年中国志愿服务指数调研结果显示，有 83. 10%的风险治理志愿者从未获得过服务津贴，只有 1. 92%的志愿者平均每次能够获得 100 元以上的服务津贴，与 2022 年相比

① 志愿服务参与甘肃地震救援调研课题组：《甘肃积石山地震救援调研要报》，内部资料，2024 年 1 月。

变化不大。如前所述，风险治理志愿服务大部分成本是志愿者承担的，志愿服务组织规模小，志愿者数量有待增加。例如，甘肃地震救援志愿服务调查结果显示，志愿服务强度大，现场人手不足。同时，参与风险管理的志愿者流动性大。很多志愿者队伍生存周期 2~3 年，队伍水平参差不齐，常常出现救援专业志愿者培养结束后人员流失现象。此外，还有动机不纯的蹭流量、博关注的“志愿者”。据甘肃积石山地震救援志愿服务调查，由于资金不足，参与甘肃地震救援的交通食宿等费用大部分由志愿者承担，36.73%的志愿者全部自费救灾，34.69%的人部分自付，仅有 24.49%的人获得全额资助。

第二，专业设备和专业保障不够。专业设备对于应急救援至关重要，而志愿服务组织经费有限，外部支持不足，缺少足够的专业防护装备、通信设备、医疗急救设备、搜救工具等。在严寒天气中，取暖设备也是保障志愿者身心健康的重要物资。因对当地环境、自然状况不了解，救援时缺乏充足准备，夜间救援保暖措施不充分，有志愿者出现低温症状。

（四）救援难度大挑战志愿服务能力

第一，救援难度大，危险多。如甘肃积石山的自然条件和交通状况、文化特点，给地震救援志愿服务带来了巨大的挑战。积石山县的海拔从 1735 米到 4309 米不等，县城海拔约 2300 米。高海拔可能导致高原反应，如头痛、恶心、呼吸困难等，影响志愿者的救援效率和身体健康。地震时正值冬季严寒天气，不仅增加了救援工作的难度，也容易导致冻伤、体温过低等问题，对志愿者的生理和心理造成了极大挑战。积石山县的地形复杂，多山地和丘陵，道路条件较差，特别是在地震后，道路受损严重，交通不便，导致救援物资和人员难以及时到达灾区，延误救援工作。许昌市“尽全力”志愿者团队驰援途中，路况难行，飞沙走石影响视觉，随时有掉下悬崖的可能。带队人丁路当时为自己录制了一段视频，她说：

> 如果我们掉下悬崖了，这是为救灾献出了自己的生命，那么我死而

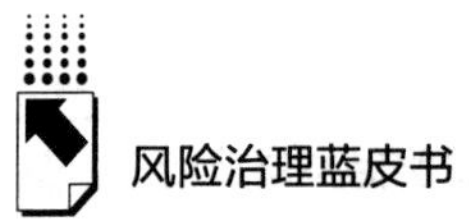

无憾。我给大家留一些资料，不是我们的驾驶技术不好，也不是我们这个团队没有经验就去救灾，而是现在什么都看不到。

——摘自《甘肃地震救援要报》[1]

积石山县居民多为少数民族，存在语言、文化、宗教差异，外来志愿者面临沟通障碍。如果外来志愿者不及时了解当地习俗，还会在救援过程中引发误解和冲突。

第二，风险治理志愿服务能力有待提升。一方面，志愿者专业水平参差不齐，风险管理专业能力有待提升。物资运输、发放与对接工作对专业性的要求也很高，由于缺乏经验，物资在运输过程中出现了协调困难，导致物资无法按时被送达目的地。物资的调配和分配需要有专业的志愿服务团队来负责，做好物资数量统计汇总和盘点，包括备注的记录等。然而，在实际操作中，真正有经验的志愿者和有能力的组织者仍然欠缺。甘肃地震救援志愿服务调查问卷显示，52.70%的志愿者表示需要持续获得志愿服务相关知识和技能培训的机会。可见，加大投入以提高志愿者参与应急救援的专业技能非常必要。

另一方面，志愿者专业结构需要完善，志愿服务组织的志愿服务能力有待提升。例如抗震救灾需要常规救助与应急救援的结合，志愿者多为救援领域专业志愿者，但是在针对老人、残疾人等个性化需求时，就缺少相关的专业服务能力，可能出现不懂心理辅导的志愿者去做心理辅导工作。志愿者管理能力也是救灾队伍需要提升的技能。很多志愿服务队伍不熟悉社会力量协调平台的使用，导致与政府对接不畅通。同时，在对志愿者的专业培训方面，对组织的宣传力度不够，对社会捐助资金的使用效率有待提高，导致志愿服务组织的可持续发展受限。此外，在线志愿服务的开发能力也有待提升。如前所述，2023年中国志愿服务指数调研数据显示，风险治理志愿服

① 志愿服务参与甘肃地震救援调研课题组：《甘肃积石山地震救援调研要报》，内部资料，2024年1月。

务组织开发线上服务的不到两成；甘肃地震救援志愿服务调查问卷显示，53.35%的志愿者希望可以就近参与志愿服务，期待开发线上志愿服务活动，这样可以促使更多志愿者参与风险治理。

三　完善志愿服务参与风险治理体系的对策建议

（一）提升对志愿服务的重视力度，优化风险治理志愿服务生态

制定《志愿服务法》，完善志愿服务政策法规，明确志愿服务的法律地位和志愿者的权益保障，确保志愿者在参与救援和服务过程中的合法权益。在中央社会工作部的集体部署和统一领导下，协同各级各类政府部门，加强对志愿服务的宣传和支持，加大购买服务力度，培育风险治理志愿者和志愿服务组织。地方政府加大力度定期组织志愿者团队进行应急演练，了解辖区内的社会组织救援力量，确保在灾害发生时能够快速反应。完善基层治理体系，通过培训提升乡镇政府和基层组织的动员能力、沟通能力。加强志愿者与基层组织的对接，建立志愿者和基层组织的沟通平台，鼓励志愿者与村两委和社区社会组织间紧密合作。

完善风险治理志愿服务分类分级评估和激励机制，为改进和提升志愿服务提供依据。倡导志愿服务精神，培育志愿服务文化，出台政策激励措施，如税收减免、资金支持，适当放宽对风险治理志愿服务领域的评比表彰等，鼓励企业、个人和社会组织参与和资助风险治理志愿服务。构建多元化的资金筹集和支持机制，为志愿服务提供稳定的经费支持。通过政府拨款、社会捐赠、企业赞助和公益基金等多种渠道筹集资金，确保志愿服务活动的持续性和稳定性。

（二）完善统一的社会协调平台，夯实风险治理多元协作机制

完善并宣传全国统一的应急救援信息平台，实现灾情信息、物资需求和救援资源的实时共享和调度，保障各级应急管理部门都熟练使用该平台。通

过应急管理部统一调度平台，实时更新灾情信息，确保各救援团队信息对称，提高救援效率。加大政策协调和执行力度，制定全国统一的应急管理政策，明确各级政府、社会组织和志愿者的职责和任务，确保政策的一致性和可操作性。建立有效的监督和评估机制，确保应急政策的执行力度。改进信息传递机制，建立高效的信息传递渠道，确保灾情信息的及时传递，避免信息滞后。建立严格的信息核实机制，确保传递给志愿者和救援团队的信息准确可靠。

建立不同风险场景的志愿服务标准体系，是协同不同力量提高应急救援效率和确保志愿者安全的重要举措。通过制定应急响应标准、政社协同标准、志社协同标准、志灾系统标准以及物资发放流程和规范、设备标准、技能培训标准、灾后重建标准等，确保志愿者在自然灾害、公共卫生事件、社会冲突和安全事件中能够高效、安全、规范地开展工作，不同主体有序地为受灾群众提供及时有效的帮助和支持。

（三）赋能专业志愿服务，提升志愿者应对复杂环境的能力

只有培育、支持、赋能风险治理志愿者和志愿服务组织，才能够增强每个个体在风险治理合作行动中的自主性，才能提高风险治理体系的灵活性和开放性以应对复杂环境的挑战。

通过应急管理部门和社会组织合作，开展志愿者培训项目，定期组织志愿者参加系统的专业培训，包括急救技能、心理疏导、设备使用等，确保志愿者掌握必要的救援技能、知识和常规志愿服务技能、知识，提高风险治理志愿者的“专兼结合”的专业素质。加强对专业志愿者的多民族文化培训，了解不同地域语言、风俗和宗教习惯，为志愿者团队配备懂得当地语言和文化的专业志愿者。

提升志愿者管理能力，加强志愿者管理，确保志愿者的合理调配和高效运作。建立风险管理志愿者数据库，记录志愿者的专业特长和参与经验，确保在需要时能够快速匹配合适的志愿者。通过志愿者管理平台，实时监控和调度志愿者，确保每个志愿者都能够在最适合自己的岗位上发挥作用，提高

救援效率。

为专业志愿服务团队提供保障和支持，确保志愿者在不同救援现场有足够的防护和救援装备。配备高质量的防寒服、防护服、通信设备、急救设备等，升级现代化装备，提供房车、越野车和直升机运输、无人机等设备，确保志愿者能够在极端环境中安全、高效地开展救援工作。

参考文献

张强、钟开斌、朱伟主编《中国风险治理发展报告（2022~2023）》，社会科学文献出版社，2023。

张康之：《风险社会的哲学观察：探寻“知行合一”的行动模式》，中国社会科学出版社，2023。

专题报告

B.9
2023年中国风险治理的理论研究进展

詹承豫　徐培洋 *

摘　要： 2022~2023年，中国风险治理领域的理论研究取得了长足发展。一是生成式人工智能的风险治理成为全年突出热点。国内学者一方面从不同视角与维度对其潜在风险进行了识别，另一方面通过理论框架和国际比较视角的引入提供了多样的风险治理框架。二是总体国家安全观下各领域的风险治理视野持续拓展。这集中体现在对总体国家安全概念与框架的辨析及对粮食安全、数字与信息安全、生物安全、金融安全等具体领域风险治理路径的厘清。三是夯实全社会韧性基础成为风险治理研究的重心。在分析框架和实证案例方面，以韧性推动风险治理都取得了可观的研究成果。同时，农村和地方的风险治理体系与能力建设也得到了一定关注。基于上述回顾，本报告指出：2023年中国风险治理的理论研究在质量、跨学科性及现实关怀与影响力方面进步明显。同时，未来我国的风险治理理论研究要在理论积累与对

* 詹承豫，北京航空航天大学公共管理学院副院长、教授，博士生导师，清华大学应急管理研究基地兼职研究员，研究方向为应急管理、风险治理、统筹发展与安全等；徐培洋，北京航空航天大学公共管理学院博士研究生，研究方向为应急管理、风险社会学等。

话、服务国家安全体系与能力现代化方面进一步加强。

关键词： 风险治理 生成式人工智能 总体国家安全观 韧性

2023 年，伴随着各类长期风险与短期风险、国内风险与国际风险、传统风险与非传统风险持续互动、叠加与耦合，风险治理成为国内学界研究的“重点”与“热点”。以“中国知网”（CNKI）为检索平台，以“风险治理”、“风险”+“治理”等为关键词，2023 年有超过 2000 篇中文社会科学引文索引（CSSCI）论文聚焦于各个领域与层面广泛的风险治理议题①。

经筛选剔除无关论文后，2023 年我国风险治理领域引用量最高的前 10 篇论文的信息如表 1 所示。可见，以 ChatGPT 为代表的生成式人工智能（Generated Artificial Intelligence，GAI）风险构成了 2023 年国内风险治理领域最为突出的研究热点。结合这十篇论文的来源期刊，已可初步感受到该领域内研究成果的跨学科性。同时，根据总体检索结果，总体国家安全观下国内外诸多安全领域的风险及其治理也得到了学界较为集中的关注，在理论广度与深度方面均有较为明显的进展。最后，国内风险治理的理论研究继续着眼于“韧性”（resilience）概念的本土化阐释，在更为丰富的研究场景中进一步探索并丰富其理论价值。

表 1 2023 年国内风险治理领域前十高引论文

题名	作者	文献来源	被引次数
ChatGPT 对教育生态的冲击及应对策略	周洪宇,李宇阳	新疆师范大学学报（哲学社会科学版）	97
深度合成治理的逻辑更新与体系迭代——ChatGPT 等生成型人工智能治理的中国路径	张凌寒	法律科学（西北政法大学学报）	63

① 检索时间：2024 年 3 月 8 日。

续表

题名	作者	文献来源	被引次数
ChatGPT 在教育领域的应用价值、潜在伦理风险与治理路径	冯雨奂	思想理论教育	62
生成式人工智能的三大安全风险及法律规制——以 ChatGPT 为例	刘艳红	东方法学	57
聊天机器人生成内容的版权风险及其治理——以 ChatGPT 的应用场景为视角	丛立先,李泳霖	中国出版	54
ChatGPT 的治理挑战与对策研究——智能传播的“科林格里奇困境”与突破路径	钟祥铭,方兴东,顾烨烨	传媒观察	47
ChatGPT 智能机器人应用的风险与协同治理研究	蔡士林,杨磊	情报理论与实践	45
生成式人工智能的风险规制困境及其化解:以 ChatGPT 的规制为视角	毕文轩	比较法研究	43
ChatGPT 模型引入我国数字政府建设:功能、风险及其规制	周智博	山东大学学报(哲学社会科学版)	37
生成式人工智能的算法治理挑战与治理型监管	张欣	现代法学	37

资料来源：表中内容均由作者依据检索结果自行整理所得。

一　热点突出：生成式人工智能的风险及其治理广受关注

（一）生成式人工智能的风险识别

2023 年初，伴随着 OpenAI 发布 ChatGPT 掀起的人工智能浪潮，识别并归纳各类生成式人工智能之于各个社会领域的风险成为开展有效治理必要的前置条件。首先，作为一种跨越式的技术进步，有学者认为 ChatGPT 的出现要求关注人工智能的安全模型测试及机器学习模型的更新。在技术层面，其强大的功能首先将可能被用于辅助黑客代码编写、生成网络钓鱼软件并导致网络虚假信息泛滥①。其次，作为一种以对话聊天为主的大型语言模型（Large Language Model，LLM），ChatGPT 首先对教育领域产生了诸如知识异化风险、学生主体性异化风险、教学过程异化风险、数字伦理风险及数字教育治理风险等全方位的冲击，基本上涵盖了教育系统所有环节②。此外，在版权和传播领域，ChatGPT 的“横空出世”对现有的传播模式、传播秩序、传播伦理及相应的内容版权保护模式产生了系统性的挑战③④。可见，相较于其他新兴技术而言，以 ChatGPT 为代表的生成式人工智能带来的风险挑战更为迫近，也更具系统性特征。但在本质上，生成式人工智能所带来的核心风险同其他新兴技术相似，均可归纳为对人、对社会存在和社会关系的某种“异化”。

延伸至政府的数字治理进程中，ChatGPT 一方面可以在提高数字政务服务亲民性与精细化程度、控制数字政府规模、提高数字政府决策及治理效率、降低数字政府治理成本等方面发挥重大的功效；另一方面，数字主权与公民数据权利被侵犯、行政伦理与公共性解构等风险也都要求以审慎态度看待生成式人工智能对人类社会公共治理模式的正向与消极影响⑤⑥。在生成式人工智能与乡村治理的结合中，也要充分看到其在嵌入乡村治理机制时对原有治理秩序的冲击，避免因生成式人工智能的引入造成治理质量的下降及治理主体的异化⑦。可见，生成式人工智能在公共治理领域具有鲜明的两

① 赵精武、王鑫、李大伟、刘艾杉、周号益：《ChatGPT：挑战、发展与治理》，《北京航空航天大学学报》（社会科学版）2023 年第 2 期，第 188~192 页。

② 周洪宇、李宇阳：《ChatGPT 对教育生态的冲击及应对策略》，《新疆师范大学学报》（哲学社会科学版）2023 年第 4 期，第 102~112 页。

③ 钟祥铭、方兴东、顾烨烨：《ChatGPT 的治理挑战与对策研究——智能传播的“科林格里奇困境”与突破路径》，《传媒观察》2023 年第 3 期，第 25~35 页。

④ 丛立先、李泳霖：《聊天机器人生成内容的版权风险及其治理——以 ChatGPT 的应用场景为视角》，《中国出版》2023 年第 5 期，第 16~21 页。

⑤ 张夏恒：《类 ChatGPT 人工智能技术嵌入数字政府治理：价值、风险及其防控》，《电子政务》2023 年第 4 期，第 45~56 页。

⑥ 周智博：《ChatGPT 模型引入我国数字政府建设：功能、风险及其规制》，《山东大学学报》（哲学社会科学版）2023 年第 3 期，第 144~154 页。

⑦ 李长健、杨骏：《生成式人工智能赋能数字乡村治理实践、风险及其防范研究》，《云南民族大学学报》（哲学社会科学版）2023 年第 6 期，第 107~115 页。

面性：其推广应用是发展的必然趋势，但其风险在当前却较难彻底规避。因此，鉴于生成式人工智能的实验性和发展性，其在数字政府建设中的应用也势必需要解决合法性、封闭性及安全性问题①。目前，各国在数字政府建设实践中对生成式人工智能的大规模使用总体而言仍是较为慎重的。

在宏观层面，众多学者也在2023年对生成式人工智能的风险进行了归纳概括。例如，刘艳红就依据生成式人工智能的形成阶段将其风险归纳为准备阶段的数据安全、运算阶段的算法偏见及生成阶段的知识产权风险三类②。樊博则进一步指出，生成式人工智能为解决诸多当前的社会问题提供了新选择，但其产出的虚假信息、造成的责任主体模糊及数字鸿沟均有可能造成人类社会价值观的不稳定与社会不平等的加剧，催生大规模失业、算法歧视等的出现③。于水和范德志同时也指出，生成式人工智能的大规模应用可能在未来造成行业垄断及高能耗与高排放等问题④。

进而言之，生成式人工智能的出现与快速迭代也可能在未来影响对于国家主权的界定，加剧国家间意识形态领域的斗争乃至形成新的数字技术霸权⑤。在此种风险情境中，生成式人工智能早已超越一般意义上的“技术”范畴，而是一种超越国界存在的、具有巨大潜力的新生政治社会力量。韩永辉、张帆和彭嘉成则指出，在生成式人工智能的冲击下，全球经济治理中可能出现大国利益分配争夺的加剧、非国家行为体权力的不断增强与工具理性收益对价值理性的超越⑥。可见，人工智能将逐步迈入人类社会的核心领域

① 何哲、曾润喜、秦维等：《ChatGPT等新一代人工智能技术的社会影响及其治理》，《电子政务》2023年第4期，第2~24页。

② 刘艳红：《生成式人工智能的三大安全风险及法律规制——以ChatGPT为例》，《东方法学》2023年第4期，第29~43页。

③ 樊博：《ChatGPT的风险初识及治理对策》，《学海》2023年第2期，第58~63页。

④ 于水、范德志：《新一代人工智能（ChatGPT）的主要特征、社会风险及其治理路径》，《大连理工大学学报》（社会科学版）2023年第5期，第28~34页。

⑤ 张夏恒：《ChatGPT的政治社会动能、风险及防范》，《深圳大学学报》（人文社会科学版）2023年第3期，第5~12页。

⑥ 韩永辉、张帆、彭嘉成：《秩序重构：人工智能冲击下的全球经济治理》，《世界经济与政治》2023年第1期，第121~155页。

在某种程度上已是不争的事实。如将目光逐渐从近未来延伸到远未来，人工智能巨风险概念的出现也表明，我们有必要对人工智能快速发展中触及人类社会整体发展与命运的核心风险情境有所想象和关注①。这反过来同样说明，生成式人工智能乃至后续新的人工智能为人类社会带来的风险不仅是系统性的，而且是长期且未知的。在利用生成式人工智能的过程中，既要看到其助力经济社会发展的正向效能，也要看到其带来的各类风险对人及人类社会潜在的负面影响。

（二）生成式人工智能的风险治理对策

构建基于特定治理原则的“软体系”是近年来人工智能风险治理领域的基础共识。例如，商建刚强调，应将协商共治、提高透明度、保障数据质量及伦理先行四点作为生成式人工智能风险治理的元规则②。王俊秀则主要从监管与法律规制、鼓励技术创新、提升技术透明度并建设问责制度、注重伦理及隐私侵犯问题、重视教育培训、确保利益相关者参与、增强国家合作与共享等七个方面对生成式人工智能的治理对策进行了较为全面的梳理③。这都同既往研究中的论述是较为一致的，即体现出通过安全与发展、伦理与法治、国内与国际、专业与大众等多种关系间的综合施策保障生成式人工智能在合理范围内“向善”发展。除上述研究成果外，2023 年国内学者在生成式人工智能风险治理对策的研究探索中有两个突出的进展。

1. 以理论框架的引入提升研究深度

首先，协同治理的引入使人工智能风险的治理对策在法律层面外延伸到开发者与平台、用户及行业组织等核心参与主体的层面。其中，开发者需要

---

① 王彦雨、雍熙、高芳：《人工智能巨风险研究：形成机制、路径及未来治理》，《自然辩证法研究》2023 年第 1 期，第 104~110 页。

② 商建刚：《生成式人工智能风险治理元规则研究》，《东方法学》2023 年第 3 期，第 4~17 页。

③ 王俊秀：《ChatGPT 与人工智能时代：突破、风险与治理》，《东北师大学报》（哲学社会科学版）2023 年第 4 期，第 19~28 页。

加强安全审查并承担数据清洗义务，用户需要在提升甄别能力的同时意识到使用生成式人工智能同样需要承担相应的伦理与法律义务，行业组织则需要通过各类途径推动行业自律及事前合规机制的形成①。协同治理框架的引入使治理对策能够落实于各个必要的参与主体，推动全社会形成对人工智能风险的准确认识并承担相应的规则义务。

其次，从技术与制度互构的角度出发，有学者认为化解人工智能风险的治理路径的核心就在于以制度环境中的弹性、规约及价值等要素对技术理性主导下的各类异化、缺位、越位风险进行调适和消解②。这一理论视角实际上尝试以技术与制度的互动结构对生成式人工智能治理的核心议题进行化约，进一步强调了制度设计在治理路径形成中的核心作用。

最后，敏捷治理（agile governance）作为近年来人工智能风险治理领域的重要基础理论在2023年也得到了进一步的应用与讨论。实际上，敏捷治理希望探索并实现的是在包容性“软体系”与规制性“硬体系”之外的“第三条道路”。其强调的共同学习、同行评议及反馈迭代等核心机制是面对生成式人工智能这样巨大不确定性关键的回应机制③。尤其是在Sora等人工智能大模型仍在涌现和发展的当下，敏捷治理的精神显得格外重要。上述理论框架的引入都使对人工智能风险治理路径的讨论不限于单纯列举式的归纳，而是以理论为指导提升治理对策的针对性和洞察力。

2. 以国际比较的开展提升研究广度

ChatGPT的出现使深度合成内容技术迅速地在众多领域得到了应用。中国在深度合成技术治理方面走在世界前列，较早就在国家层面依据应用场景对其算法开展了监管。但同时，我国在生成式人工智能监管领域也有必要进

① 蔡士林、杨磊：《ChatGPT智能机器人应用的风险与协同治理研究》，《情报理论与实践》2023年第5期，第14~22页。

② 盛明科、贺清波：《数字技术治理风险的生成与防治路径探析——以技术与制度互构论为视角》，《湘潭大学学报》（哲学社会科学版）2023年第2期，第16~23页。

③ 贾开、赵静、傅宏宇：《应对不确定性挑战：算法敏捷治理的理论界定》，《图书情报知识》2023年第1期，第35~44页。

一步立足于现有经验探索实现全链条、专门化、具体化治理体系的迭代优化[①]。与中国基于场景的纵向路径不同，欧盟采取了基于风险的横向路径。张璐指出，两种路径在新兴的生成式人工智能风险治理中均面临着新挑战，纵向路径需着眼于人工智能的基础性立法，而横向路径则需要实现从“预测风险”到“检测风险”的转型。同时，构建通用大模型下重视区分角色、注重终端用户行为规范的分层治理体系将对塑造治理秩序有重要作用[②]。此外，美国在生成式人工智能风险治理中采取了相对开放的、以宽松监管环境促进产业创新的策略。这能为我国生成式人工智能风险治理路径的优化提供一定启发。在生成式人工智能不断迭代发展中，考虑到我国人工智能产业在全球产业链的地位及社会价值，有学者指出能够灵活迅速感知识别风险、推动多主体协同合作并持续推动全流程监管落实的敏捷治理是审慎推动我国生成式人工智能风险治理体系完善发展的可持续路径[③]。

张欣则认为，在生成式人工智能治理领域，我国采取了基于主体的范式、欧盟采取了基于风险的范式、美国采取了基于应用的范式。以此为基础，她认为通过革新监管模式实现的多元、开放、兼容一致的“治理型监管”是面向生成式人工智能有效的治理路径[④]。尽管上述研究在表述上有所差异，但其本质内容是具有共通性的。通过上文回顾可见，实际上探讨生成式人工智能风险治理路径的核心就在于厘定安全与发展的平衡，即在生成式人工智能融入社会发展时实现基于公共利益的“趋利避害”。就目前来看，敏捷治理提供了可供选择的最具潜力的治理模式。

---

① 张凌寒：《深度合成治理的逻辑更新与体系迭代——ChatGPT 等生成型人工智能治理的中国路径》，《法律科学（西北政法大学学报）》2023 年第 3 期，第 38~45 页。

② 张璐：《通用人工智能风险治理与监管初探——ChatGPT 引发的问题与挑战》，《电子政务》2023 年第 9 期，第 14~24 页。

③ 毕文轩：《生成式人工智能的风险规制困境及其化解：以 ChatGPT 的规制为视角》，《比较法研究》2023 年第 3 期，第 155~172 页。

④ 张欣：《生成式人工智能的算法治理挑战与治理型监管》，《现代法学》2023 年第 3 期，第 108~123 页。

二　视野拓展：总体国家安全观视域下的风险治理路径逐渐清晰

（一）总体国家安全观对风险治理提出更高要求

党的二十大提出要实现国家安全治理体系与能力现代化，对落实总体国家安全观、防范化解重大风险提出了更高要求。防范化解重大风险是中国国家安全研究的核心内容，其背后是中国式现代化理论在安全领域的具体体现[①]。伴随着2023年各类国内外复杂因素的交织，“乌卡时代”（VUCA）的现实背景决定了我国国家安全体系需要在总体国家安全观的引领下实现中心、内容、组织及架构的重构，进一步回应统筹安全与发展、参与全球安全治理、建设更高水平的平安中国的战略要求[②]。在国际层面，面对百年未有之大变局，中国在全球安全倡议中既要坚定维护联合国体系，又要以劝和促谈在国际热点问题中发挥建设性作用，更要统筹应对传统和非传统安全问题并以对话协商完善全球安全治理体系[③]。在此背景下，众多学者针对何为新时代的国家安全体系、如何建设完善国家安全体系进行了深入讨论。

从国家能力的视角出发，首先要明确的是国家安全体系与能力必然是整合并统筹“观念—体系—能力”三个维度的、关乎国家生存与发展、具有公共性和整体性的宏观“政治性”议题[④]。面对当前风险的复合化及治理的

---

① 赵可金：《推进国家安全体系和能力现代化的政治逻辑》，《东北亚论坛》2023年第1期，第3~16、127页。

② 曹海军、梁赛：《“乌卡时代”国家安全体系重构：嬗变轨迹、逻辑遵循与路径选择》，《浙江学刊》2023年第2期，第13~21页。

③ 凌胜利、王秋怡：《全球安全倡议与全球安全治理的中国角色》，《外交评论》（外交学院学报）2023年第2期，第1~21页。

④ 阙天舒、方彪：《基于“政治性议题”的国家安全体系和能力现代化》，《学习与实践》2023年第5期，第27~36页。

碎片化，要突出制度能力、总成能力及协同能力在国家安全整体性治理中的能力基础地位，以整合逻辑为导向对现有治理结构进行优化①。与之类似，高小平也认为，以整体性治理这一契合我国政治体制和公共管理实践的概念理解新安全格局及其科学、系统、边界与关系意涵，能够防范各类“黑天鹅”“灰犀牛”“疯狗浪”式风险②。朱正威等则认为新安全格局具有“总体性”的鲜明特点、“人民性”的根本宗旨及“韧性”的治理模式转变要求，需要实现安全格局基于发展、基于开放、基于改革、基于创新的转型③。因此，新时代我国的国家安全治理模式需要的是在指导思想上遵循总体国家安全观，在行动层面打造涵盖多元主体的治理共同体，在技术层面不断升级治理技术以适应各类多变的风险④。总体来看，上述观点都使总体国家安全观引导下实现安全治理体系与能力现代化的路径更为清晰。

从理解当前重大风险的视角出发，首先要认识到风险分配逻辑是现代经济社会运行的底层逻辑。由此，契约化的风险分配是防范重大公共风险的逻辑起点，在治理领域内要求从简单的利益分配模式转变为“风险—收益”模式⑤。面对重大风险面广点多、突发性和综合性明显的特性及目前信息“壁垒”仍存在、跨部门跨区域协调联动不够通畅及应急管理体制不够健全等问题，对如何实现对风险有效的识别、研判和预警，切实加强源头治理并优化分工合作仍需加以重视⑥。同时，在新时代的社会治理领域，主动防范风险是重要的发展趋势，也是破解我国目前社会治理现实困境

① 彭勃、杜力：《国家安全的总体性能力：现实逻辑与分析框架》，《行政论坛》2023 年第 3 期，第 36~46 页。

② 高小平：《整体性治理塑造新安全格局：理念与政策之断想》，《广州大学学报》（社会科学版）2023 年第 4 期，第 121~130 页。

③ 朱正威、郭瑞莲、袁玲：《新安全格局的基点与基本维度》，《行政论坛》2023 年第 4 期，第 15~23 页。

④ 廉睿、申静、罗东超：《新时代国家安全治理的中国方案：制度逻辑与未来面向》，《情报杂志》2023 年第 2 期，第 196~200 页。

⑤ 刘尚希、李成威：《防范化解重大风险的理论分析》，《经济学动态》2023 年第 5 期，第 3~16 页。

⑥ 陈丰：《总体国家安全观视域下重大风险防控的挑战与应对》，《华东理工大学学报》（社会科学版），第 67~75 页。

的内在要求①。可见，重视重大风险的防范和化解是当前国家治理中不可或缺、尤为关键的组成部分，需要从不同视角切入以把握其整体的学理逻辑与现实逻辑。

（二）总体国家安全观下具体领域的风险治理路径

1. 粮食安全领域的风险治理路径

“确保中国人的饭碗牢牢端在自己手中”点明了粮食安全在国家安全体系中的地位。粮食安全是2023年国内学者最为关注的国家安全领域之一。在俄乌冲突持续超两年的背景下，尽管短期内我国粮食市场受到的影响较小，但长期来看这势必催生一系列长期性、结构性挑战。因此，我国应注重协调内外部关系，发挥宏观调控能力，以科技创新与法治保障促进农业资源禀赋优势的可持续转化，把握粮食安全的战略主动权②。在当前阶段，数量可得、质量可靠、品种多样及底线保障是我国粮食安全的战略目标。为实现这一目标，需要建立以粮食生产能力、国际治理能力及应急管理能力为中心的“三位一体”的粮食安全战略保障体系（见图1）。这要求将粮食安全与物流、仓储等基础设施同国内粮食支持保护政策及国际合作治理机制有机结合③。在此基础上，我国在实现粮食安全的过程中也要进一步采取守住耕地红线、提升农业规模化经营水平、加强农业科研推广、优化供给品种结构、提升供应链韧性等行之有效的具体措施④。

2. 生物安全领域的风险治理路径

生物安全是国家安全体系中的有机组成部分，对于实现人与自然和谐共

---

① 王伟进、张亮：《风险防范：加强和创新社会治理的新的重大任务》，《南京社会科学》2023年第1期，第60~69页。

② 李董林、李娟、李春顶：《俄乌冲突下全球粮食安全与新时期中国粮食安全政策选择》，《世界农业》2023年第6期，第5~15页。

③ 张应良、徐亚东：《新形势下我国粮食安全风险及其战略应对》，《中州学刊》2023年第3期，第52~61页。

④ 罗海平、黄彦平、张显未：《新时期中国粮食安全主要挑战及应对策略》，《新疆社会科学》2023年第4期，第31~43、154~155页。

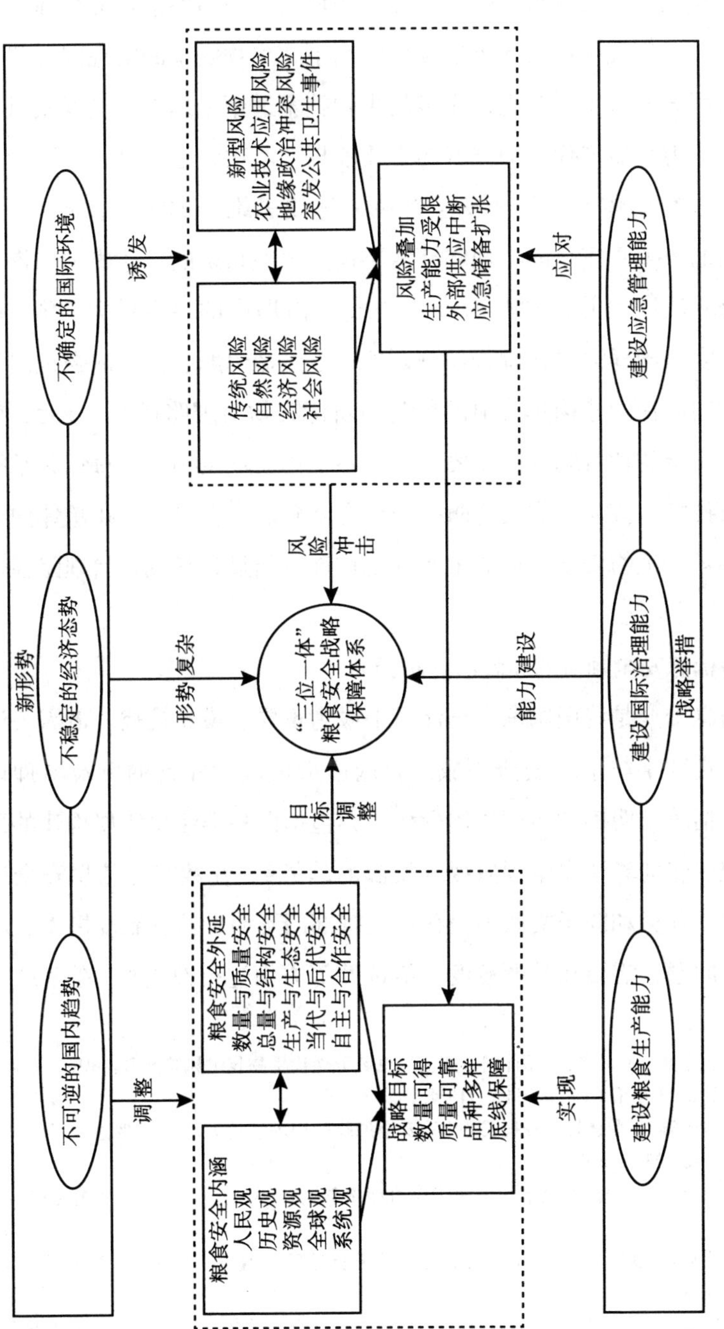

图1 “三位一体”粮食安全战略保障体系

资料来源：张应良、徐亚东：《新形势下我国粮食安全风险及其战略应对》，《中州学刊》2023年第3期，第52~61页。

生的中国式现代化愿景具有重要作用。在该领域内，整体性治理的总体思路同样是适用的。在现代生物技术迅猛发展的当下，生物安全的实现同样需要从伦理与法治两方面入手。首先，完善的生物技术适用伦理审查制度及风险治理体系都是大力发展现代生物技术的必要前提。其次，建立具有中国特色的生物战剂综合防御体系是生物安全领域“底线思维”的核心体现①。再次，在法治层面上生物安全的实现同样需要树立风险预防的法律原则、推动生物安全综合立法进程并强化政府在生物安全治理中的主导性角色②。而后，践行生物安全同样需要在调查检测评估、全生命周期管控、加强顶层设计及科技支撑层面探索建构具有中国特色的新污染物治理路径③。最后，生物安全事关全社会的切身利益，需要全社会各主体树立生物安全意识并掌握相应的知识与技能，夯实生物安全防控的社会基础。综上可见，在总体国家安全观的引导下，生物安全领域的重要性正在逐步凸显，其风险治理路径也逐渐清晰。

3. 数字与信息安全领域的风险治理路径

数字与信息安全是我国国家安全体系中最为重要、最具挑战、最需关注的领域之一。在数字与信息安全领域，我国已形成较为完善的风险治理体系。其中既包括分工明确的治理主体网络，亦包括以各类法律法规构建的顶层设计，呈现逐步向算法安全领域深入发展的趋势④。在数字与信息安全风险治理实践中，梅傲和陈子文认为仍存在主管部门不明、监管制度模糊、制度适用重叠等问题，需要在其颗粒度、衔接性等方面进行改进⑤。在全球数

---

① 黎昔柒、曾海燕、易显飞：《总体国家安全观视域下现代生物技术风险及其治理》，《湖南社会科学》2023 年第 1 期，第 112~119 页。

② 秦天宝、段帷帷：《整体性治理视域下生物安全风险防控的法治进路》，《理论月刊》2023 年第 2 期，第 123~133 页。

③ 单菁菁：《探索构建中国特色新污染物防控治理体系》，《人民论坛》2023 年第 4 期，第 58~61 页。

④ 马海群、张涛：《我国数据与算法安全治理：特征及对策》，《电子政务》2023 年第 3 期，第 118~128 页。

⑤ 梅傲、陈子文：《总体国家安全观视域下我国数据安全监管的制度构建》，《电子政务》2023 年第 11 期，第 104~115 页。

字安全风险的治理中，我国既要维护数字主权与数字安全，防止重大政治性冲突及数字风险外溢；又要反对数字霸权和垄断，积极参与建立普惠包容、平等开放的国家数字安全治理体制机制①。

同时，作为数字与信息安全的衍生问题，目前网络意识形态安全面临着主流话语权弱化、资本侵蚀、网络“去中心化”及西方不良思想渗透等问题，同样需要加以重视。在此方面，单纯的技术手段或法治规制都难以完全解决问题，如何创新主流意识形态的内容生产、如何切实增强总体国家安全观的目标引领都更为重要②。同样作为数字与信息安全的衍生问题，人工智能在军事领域的应用异常值得关注。杨辰回顾了俄乌冲突中人工智能在军事领域应用的新动向及其对国家安全的影响。我国应通过主动开展合作、完善非国家行为体监管机制并健全“跨部门”安全协作积极化解人工智能军事应用可能带来的重大安全风险③。可以预见的是，数字与信息安全在未来一方面是重要的非传统安全议题；而在另一方面，这也会极大地改变众多传统安全议题的形态。

4. 金融安全领域的风险治理路径

金融安全涵盖了经济社会发展的多个领域，需要在金融创新与金融发展的同时着重体现对安全与发展的系统统筹。具体来说，金融安全体现在战略性产业要着力破解“合成谬误”、贸易及产业供应链要兼顾开放和自主、经济发展要体现生态优先理念、经济发展要形成对能源安全的正确认识、数字经济发展要注重国际安全问题等诸多具体的面向④。在平台经济金融化的进程中，金融风险的防范要从明晰“科技”与“金融”业务边界、

① 保建云：《百年变局下的全球数字治理变革及数字风险治理》，《人民论坛》2023年第12期，第42~47页。

② 侯劭勋：《网络意识形态安全的结构、风险及其防范》，《思想理论教育》2023年第4期，第99~105页。

③ 杨辰：《论国家安全视阈下的人工智能军事应用风险与治理——以俄乌冲突为例》，《国际论坛》2023年第2期，第61~82、157页。

④ 张晓晶、曲永义、林桂军等：《中国统筹发展和安全的战略选择》，《国际经济评论》2023年第4期，第4、9~43页。

结合“主动”与“被动”监管措施及坚持“规范”与“发展”监管理念三个方面入手①。在国内外环境日益复杂多变的当下，我国经济面临着严峻的风险挑战。金融市场与体系的安全稳定是保障经济社会可持续高质量发展的关键所在，需要在总体国家安全观的引领下进一步探索并大力推动中国式金融安全体系的建设与完善。

回归到中国式现代化的宏观进程，有学者认为我们正处在智能时代的第四次工业革命中，并认为第四次工业革命带来的重大风险就是人类生存意义何在的终极风险。这种终极风险反过来突出了负责任研究与创新及灵活监管框架与制度的重要性②。除上文的重点领域外，在其他与国家安全相关的领域内，国内学者也就就业和住房等事关社会安全稳定的问题进行了一定探索。例如，有学者认为我国房地产企业的风险在于债务可持续性差、流动性风险高、公司治理结构存在缺陷、传播性风险波及广及顺周期效应突出等。这要求推广轻资产运营模式、优化房屋销售模式、丰富债务化解机制、完善公司治理机制、形成流动性救助机制并加强顺周期和传染性风险治理③。在化解就业风险方面，一方面要调和劳资关系、调动各方力量、完善并贯彻劳动就业相关法律制度并提升就业者能力④。另一方面，农民工在返乡创业中基于个人层面和社会层面因素形成的权益受损风险同样需要政府强化精准思维及整体思维加以化解⑤。在总体国家安全观的范畴内，仍有许多国家安全议题值得长期深入的探索与讨论。

---

① 韩文龙、彭颖怡：《平台经济金融化与金融风险治理研究》，《当代经济研究》2023 年第 1 期，第 37~48 页。

② 马奔、叶紫蒙、杨悦兮：《中国式现代化与第四次工业革命：风险和应对》，《山东大学学报》（哲学社会科学版）2023 年第 1 期，第 11~19 页。

③ 陈卫东、熊启跃、盖新哲：《我国房地产企业风险特征与化解机制研究》，《社会科学辑刊》2023 年第 2 期，第 152~162 页。

④ 王兆萍：《数智时代我国面临的主要就业风险及治理路径》，《北京社会科学》2023 年第 3 期，第 88~98 页。

⑤ 蔡炉明：《农民工返乡创业风险的生成逻辑》，《西北农林科技大学学报》（社会科学版）2023 年第 1 期，第 110~117 页。

三 重心显现：夯实全社会韧性基础成为风险治理理论研究共识

（一）风险治理理论研究与韧性理念深度融合

1. 韧性治理的理论分析框架

韧性（resilience）在理论维度突出的纵深与解释力是其在风险治理中得到广泛应用和讨论的一个重要原因。在概念内涵上，韧性概念本就强调面对重大风险的快速反应和弹性恢复，能够适应于风险治理的各项要求。2023年，国内学者进一步结合特定的理论视角或应用场域对风险治理中的韧性分析框架进行了充分探索。在最为普遍的意义上，韧性治理包括了制度维度的稳健中枢、政策维度的灵活调适及组织维度的弹性运行。三者的良性互动与相互建构是韧性治理得以落实的整合过程①。此外，韧性治理的基本框架也可从要素的角度出发分解为韧性治理理念、结构、制度、机制及工具的整合②。从时序性的角度出发，韧性这一概念呈现横向从工程韧性和环境韧性向社会领域拓展，纵向从国家韧性、城市韧性到社区韧性共同推进的演进过程，由此逐步嵌入风险治理体系中③。

城市韧性是目前韧性治理理论框架讨论的核心。在横向结构上，城市韧性应包括经济、政治、文化、社会和生态等五个方面。与之对应，其韧性提升需要增强财政金融稳定性、构建具有韧性的规划和制度体系、提升文化竞争力和安全氛围、形成多元的城市治理模式并注重城市生态文明建设④。在纵向维度上，城市韧性治理包括了内容、网络、认知与功能四个维度，在优化路径上

---

① 容志、宫紫星：《理解韧性治理的一个整合性理论框架——基于制度、政策与组织维度的分析》，《探索》2023年第5期，第119~133页。

② 易承志：《中国韧性治理体系的框架和构建路径》，《人民论坛》2023年第15期，第66~69页。

③ 何兰萍、曹慧媛：《韧性思维嵌入治理现代化的政策演进及结构层次》，《江苏社会科学》2023年第1期，第132~141页。

④ 庄国波、廖汉祥：《城市总体安全韧性：理论脉络及治理提升》，《理论探讨》2023年第1期，第87~95页。

也额外强调了通过加强基础设施建设提升内容韧性（见图 2）[①]。通过横向和纵向结构的结合，能够较为清晰全面地理解城市韧性的学理定位。

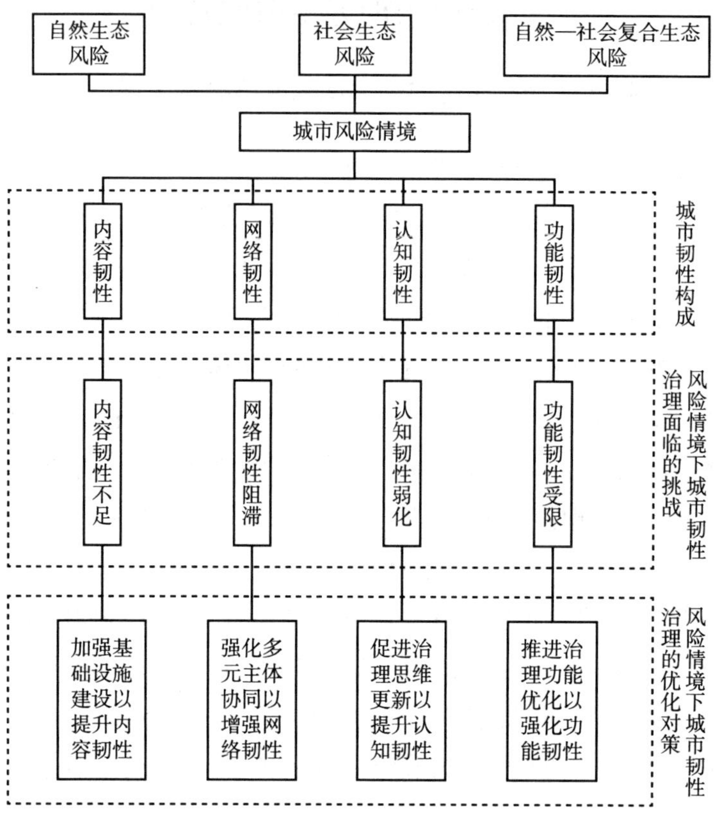

图 2　城市韧性治理的框架结构

资料来源：易承志、黄子琪：《风险情境下城市韧性治理的逻辑与进路——一个系统的分析框架》，《理论探讨》2023 年第 1 期，第 78~86 页。

在城市韧性的具体场景中，一方面有学者认为区块链技术可以驱动城市公共安全治理模式向共治共享共生的结构与功能韧性转型[②]；另一方面，亦有

① 易承志、黄子琪：《风险情境下城市韧性治理的逻辑与进路——一个系统的分析框架》，《理论探讨》2023 年第 1 期，第 78~86 页。

② 朱婉菁、高小平：《区块链技术驱动下的城市公共安全韧性治理：一种理论诠释》，《行政论坛》2023 年第 2 期，第 101~110 页。

学者指出城市应急管理领域的韧性转型体现在观念、主体及行为层面从刚性到弹性的转变①。在系统性风险的背景下，城市韧性治理可通过“元治理+数字治理”的框架从共治平台、制度基础及服务机制方面实现②。在城市社区的韧性应急治理领域，相较于前文的一般性框架，资源动员和组织重构能够形成评价韧性水平的二维框架。在城市社区层面，高韧性社区的建成需要关注资源统筹、技术赋能、组织补位及韧性生产等积极做法③。应当说，目前韧性治理尤其是城市韧性治理方面的理论框架研究是较为系统且完整的。

2. 韧性治理的实证案例分析

相较而言，韧性治理的实证案例分析较少。其中，余敏江和方熠威以上海市 L 社区的治理实践为例挖掘了情感动员这一通过“情感认同—情感支持—情感能量”逻辑链条实现韧性提升的独特路径④。这在目前大量的韧性治理文献中具有鲜明的独特性。樊博、贺春华和白晋宇则通过引入“技术应用—韧性赋能”的分析框架解释了突发事件背景下数字治理平台失灵的内在原因，指出要通过数据输入整合、组织动态重塑及多元主体补位的发展思路提升其韧性治理水平⑤。最后，有学者通过翔实的数据分析展示了雄安新区在应对气候变化风险中，利用智能技术和智慧社会“双体系”在结构韧性、过程韧性及系统韧性三个层面的建设成果⑥。这集中体现了雄安新区在韧性城市建设方面的先进理念与可借鉴做法。上述成果都在实践层面为更好地理解韧性治理的意涵与建设路径提供了较为有力的支撑。

① 易承志：《从刚性应对到弹性治理：韧性视角下城市应急管理的转型分析》，《南京社会科学》2023 年第 5 期，第 63~71 页。

② 刘高峰、朱锦迪、王慧敏：《城市灾害系统性风险的治理框架及现实路径》，《江苏社会科学》2023 年第 1 期，第 142~151 页。

③ 吴新叶：《超大型城市社区应急治理的“韧性”路径探索》，《北京社会科学》2023 年第 9 期，第 83~94 页。

④ 余敏江、方熠威：《情感动员与韧性提升：不确定性风险下城市社区治理的行动逻辑——基于上海市 L 社区的考察与分析》，《探索》2023 年第 4 期，第 115~126 页。

⑤ 樊博、贺春华、白晋宇：《突发公共事件背景下的数字治理平台因何失灵：“技术应用—韧性赋能”的分析框架》，《公共管理学报》2023 年第 2 期，第 140~150、175 页。

⑥ 李国庆、李紫昂、邢开成：《适应气候风险的韧性城市治理双体系建设——雄安新区气候风险适应模式》，《中国人口·资源与环境》2023 年第 4 期，第 1~12 页。

（二）基层风险治理体系与能力研究持续发展

1. 乡村风险治理研究进展

长期以来，乡村都被视为风险治理中的短板。李增元和杨健较为全面地梳理了改革开放以来我国乡村社会的风险演变。这具体表现在以下四个转变中：第一，从“自上而下资源汲取”到“自下而上资源汲取”；第二，从基本生计需求到服务供需不平衡；第三，从内部治安管理纠纷到开放流动中的社会稳定；第四，从早期工业化污染到局部生态系统破坏①。这充分体现了乡村风险治理的复杂性所在。同样基于这种乡村社会机理结构性转变的视角，姜晓萍和郑时彦在阐述发生机理的基础上指出，源头识别、合作治理和主体性重塑是阻断乡村振兴中规模性返贫的核心机制②。此外，在当前的城乡融合发展中，需要通过共同体意识的塑造、引导要素有序流动、重构城乡空间并夯实协同治理机制来巩固乡村振兴成果③。而在化解乡村数字化建设中的伦理风险时，除共同体意识外，衔接正式与非正式制度、进行一体化的数字平台建设都是题中应有之义④。由此可见，实现乡村地区有效的风险治理既离不开多方主体的有机合作与支持，又离不开村民治理主体作用的发挥。

2. 地方风险治理研究进展

提升地方政府的风险治理能力是全社会风险治理体系建设中的关键抓手。以制度创新为视角，深圳市的应急管理制度在基于制度实践、制度结构和制度环境的长期创新中逐渐体现出了对风险治理体制机制的重视，在

① 李增元、杨健：《改革开放以来中国乡村社会风险演变及生成机理》，《湖北民族大学学报》（哲学社会科学版）2023 年第 5 期，第 79~94 页。

② 姜晓萍、郑时彦：《乡村振兴中规模性返贫风险的发生机理与阻断机制》，《理论与改革》2023 年第 1 期，第 130~142、168 页。

③ 文军、陈雪婧：《城乡融合发展中的不确定性风险及其治理》，《中国农业大学学报》（社会科学版）2023 年第 3 期，第 18~33 页。

④ 唐志远：《乡村数字治理中社会伦理风险的发生机理与集成式规避策略》，《湘潭大学学报》（哲学社会科学版）2023 年第 2 期，第 24~30 页。

“结构—工具”与“文化—制度”的维度上都有迹可循①。在“河南郑州‘7·20’特大暴雨灾害”中，当地政府充分暴露了在长期城市建设发展中风险治理体系的欠缺与当地主要党政领导干部风险研判的不准确。在地方政府应急管理效能的兑现中，是否具备风险治理的意识和能力构成了一个核心变量②。最后，作为社会治理中必要的组成部分，各类社会组织参与到城市风险和危机协同治理的路径在 2023 年也得到了讨论③。实际上，地方政府及社会组织在风险治理中往往会因为各类主客观条件的制约产生更为独特的组织及行为模式，值得在后续研究中持续关注。

四　评述与展望

（一）风险治理理论研究的总体特征

1. 风险治理理论研究的质量有所提高

结合上文回顾，2023 年我国风险治理领域的理论研究质量总体有一定程度的提高。这具体体现在以下三个方面：首先，对重大风险治理议题的理论剖析能力有所提高。面对 ChatGPT 等生成式人工智能突生式的发展，国内学界迅速从各个具体的社会领域、各种划分逻辑及对未来的数种“想象”出发，展现出了人类社会更为深入与人工智能融合的各类潜在风险图景。就 2023 年的各类理论研究成果而言，国内学者对该问题的剖析是及时且深入的，能够通过各个维度、各个层面的综合实现对生成式人工智能风险全面系统的认识。其次，对重大风险治理议题的理论发展能力有所增强。粮食安全、能源安全、生物安全等诸多议题是长期存在的，但只有在总体国家安全

① 刘一弘、李静：《地方政府应急管理制度创新的逻辑机理分析——以深圳应急管理制度创新实践为例》，《行政论坛》2023 年第 3 期，第 104~114 页。

② 王永明、郑姗姗：《地方政府应急管理效能提升的多重困境与优化路径——基于“河南郑州‘7·20’特大暴雨灾害”的案例分析》，《管理世界》2023 年第 3 期，第 7、83~95 页。

③ 王颖、金子鑫：《社会组织参与城市公共危机协同治理的路径》，《中南民族大学学报》（人文社会科学版）2023 年第 10 期，第 92~97、184~185 页。

观的引领下，在国家安全体系与能力现代化的建设中，其定位与要求才更为清晰、理论发展才有迹可循。2023 年，国内学者在众多国家安全领域中都能树立以总体国家安全观为引导的意识，将各领域内的国家安全问题在理论层面融会贯通，实现单一领域国家安全与总体国家安全间的呼应与支撑。最后，对重大风险治理议题的理论创新能力有所增强。在源头上，韧性这一概念是“舶来品”。但在 2023 年以韧性推动风险治理的研究进程中，国内学者均能够以此为基础，在将其与我国政治及社会治理体制融合的过程中实现本土化及理论创新。在很多层面，中国以韧性推动风险治理，尤其是城市社区风险治理的理论发展都具有鲜明的本土创新动能。

2. 风险治理理论研究的跨学科特征凸显

2023 年，主要在生成式人工智能及总体国家安全两个重点研究领域内，风险治理的跨学科特征得到了进一步凸显。就生成式人工智能而言，从技术层面理解其算法原理是厘定其风险形态不可或缺的基石，而来自哲学及社会学对其长期潜在风险的思辨探究、来自法学的规范法治建构同样构成了理论研究洞察力的直观体现。就后者而言，具体国家安全领域的专业性要求决定了其风险治理路径的讨论必须重视来自不同学科背景的研究。因此，在 2023 年各国家安全领域风险治理的理论研究中，来自传播、经济、信息、计算机、法学、哲学、农学、教育学、国际关系、公共管理等学科的学者均有机地参与到了讨论中。这一方面拓展了风险治理研究共同体的广度，另一方面也有助于风险治理理论研究纵深的提升，使风险治理领域的理论研究具有明显的活力与竞争力。同时，风险治理理论研究跨学科性的进一步凸显反过来也说明，该议题之于我国长治久安与经济社会可持续发展所具有的战略地位。因此，跨学科特征的凸显也是研究质量有所提高的重要原因。

3. 风险治理理论研究的现实关怀与影响力增强

2023 年，风险治理领域最高被引次数的论文《ChatGPT 对教育生态的冲击及应对策略》有将近 100 次的引用，下载量超 12000 次。这体现了学界对风险治理议题的普遍关注。同时，众多风险治理领域的高质量理论研究成果通过报刊、社交媒体等渠道极大地提升了其传播热度及社会影响。这一方面是基于“乌卡时代”、百年未有之大变局的时代底色，另一方面也基于ChatGPT、俄乌冲突等现实风险的直接冲击。这都为风险治理领域的研究发展注入了新的动能，也是风险治理研究必须回应的现实。正因如此，2023年国内风险治理的理论研究集中体现出对现实问题的关怀，大多遵循了从现象归纳到抽象理论解释的写作逻辑。这在前十篇高引文献均关注ChatGPT与生成式人工智能这一少见的现象中得到了验证。最后，2023年风险治理的理论研究也大多将落脚点放在对治理路径的归纳上，进一步体现了理论研究对实践领域的关怀。

（二）风险治理理论研究的不足与展望

1. 风险治理理论研究需提升理论积累与对话能力

尽管2023年国内风险治理理论研究取得了显著的成果，但也存在一定的不足和遗憾。这集中体现在：第一，理论继承与积累未得到重视。大量理论研究注重提出新的分析框架和概念，但忽视了与过往研究积累进行衔接，并未将其放置于一定的理论流派或脉络中确定其具体贡献。因此，部分研究提出的不同概念实际上意涵并无实质性差异。这实际上并不利于风险治理领域内原创性理论知识的可持续积累。第二，跨学科理论对话未充分开展。就2023年的风险治理理论研究而言，学科壁垒仍或多或少地存在，跨学科学者的参与并未促进风险治理领域实质对话的持续开展。这一方面导致同一理论创见在不同学科内以不同的术语重复出现，另一方面延缓了理论在批判讨论中迭代进步的速度。第三，理论研究存在过于集中于“热点”的风险。理论研究在短时间内过分地集中于“热点”会不可避免地带来研究边际贡献的迅速递减。同时，过于集中于“热点”也导致部分研究过于“就事论事”，缺少在理论层面系统性、适应性和包容性的必要考虑。上述问题的出现都需要风险治理领域的学者审慎看待热点、审慎提出理论框架与概念并主动打破学科“藩篱”以寻求不同学科的理论启发。

2. 风险治理理论研究需积极融入国家安全治理体系与能力现代化进程

首先，目前的风险治理理论研究对总体国家安全观内容的涵盖并不全面。除本报告提到的粮食安全、数字与信息安全、生物安全、金融安全等领域外，总体国家安全观实际上还包括了军事安全、核安全、海外利益安全、文化安全、科技安全、太空安全等重要的领域。这在目前的风险治理和国家安全研究中并未得到足够的重视，较少具有理论价值的研究成果。其次，在总体国家安全观“总体性”的要求下，国家安全治理体系与能力现代化的实现实际上也要求探索各个具体国家安全领域间的协同与互动机制。例如，经济安全是否需要其他安全领域的配合、经济领域风险的累积又将对其他领域的安全造成何种影响等问题实际上是风险治理研究可进一步挖掘之处。就目前来看，2023 年各具体国家安全领域的风险治理理论研究仍处在初步的发展阶段，在未来需要通过研究视野的拓展和大胆创新跨界更好地服务于国家安全治理体系与能力现代化的宏观进程。

参考文献

曹惠民、李秀：《绩效范式：公共安全风险治理研究范式耦合的新趋势》，《中国矿业大学学报》（社会科学版）2023 年第 1 期。

林鸿潮、刘辉：《国家安全体系和能力现代化的三重逻辑》，《新疆师范大学学报》（哲学社会科学版）2023 年第 2 期。

季卫东：《探讨数字时代法律程序的意义——聚焦风险防控行政的算法独裁与程序公正》，《中国政法大学学报》2023 年第 1 期。

孔祥涛、陈琛：《重大决策社会稳定风险评估与应对的风险沟通模式》，《中共中央党校（国家行政学院）学报》2023 年第 2 期。

詹承豫、徐培洋：《基于系统韧性的大安全大应急框架：概念逻辑与建设思路》，《中国行政管理》2023 年第 8 期。

B.10
2023年中国风险治理信息化建设发展报告

张海波　彭彬彬*

摘　要：　中国政府在风险治理领域的信息化建设在不断深化，正在努力实现新一代信息技术对治理能力和效率提升的有效赋能。2023 年以来，各级政府和企事业单位在风险治理的信息化平台建设上均加深了对大数据、人工智能、物联网等技术的升级和应用。各级政府高度重视信息化建设，经济持续稳定发展为信息化建设提供良好的市场环境。目前，全国各地逐步建立起应急管理信息系统、城市安全运行监控平台等，提升了风险治理的智能化水平。未来，风险治理将进一步依赖信息技术以实现更精准的风险预警和决策支持。本研究报告广泛收集了 2023 年度网络媒体的相关报道、评述、总结等公开数据，建立了聚焦我国风险治理和应急管理信息化建设的媒体报告数据库，借助第二代大语言模型和自然语言处理技术，对这些文本数据进行解读和梳理，以期从媒体公开数据视角分析我国 2023 年风险治理信息化建设的现状、环境、进展和趋势。通过对典型案例城市风险治理信息化建设的特征分析，总结国际经验和教训，为我国风险治理信息化建设提供参考。

关键词：　风险治理　信息技术　信息化

* 张海波，南京大学政府管理学院教授、博士生导师，应急管理学科带头人，研究方向为应急管理、公共安全等；彭彬彬，南京大学政府管理学院助理研究员，研究方向为城市极端灾害应急管理。

一 中国风险治理信息化建设与社交媒体：背景和意义

（一）中国风险治理信息化建设的背景和意义

为应对中国整体社会与经济的现代化发展需求，中国政府的信息化建设始于20世纪90年代。随着科学技术的迅猛发展以及国际环境的变化，21世纪起，中国的信息化建设逐渐拓展到风险治理领域。2008年的四川汶川地震之后，中国政府意识到信息化建设对特大重大灾难的应对和风险管理极为重要，自此之后，加大了信息技术在风险治理、应急管理、灾害响应和恢复方面的重点投入与应用力度。2010年以后，随着大数据、云计算、人工智能等技术的成熟，中国政府开始更加系统地将这些技术应用于社会风险的监测和管理中。如通过建立和完善城市安全监控系统、健康信息系统和经济数据分析平台，来提升对各种潜在风险的预警和应对能力。又如中国的“互联网+”行动计划自2015年起推动了政府服务的数字化建设，通过在线平台增加公众对风险信息的接触和理解。中国政府在风险治理领域的信息化建设在不断深化，正在努力实现新一代信息技术对治理能力和效率提升的有效赋能①。

中国是一个人口众多、地域广阔的国家，社会风险的种类繁多，这些风险往往具有复杂的社会影响和广泛的地域涉及，各类风险事件的频发和影响范围也在扩大，这对风险治理能力提出了更高的要求。此外，随着中国经济的快速发展和社会结构的变化，新的社会风险不断浮现。新一代信息技术，尤其是大数据和人工智能等的迅速发展，为传统风险治理方法提供了更新换代的可能。政府通过加强信息化建设，可以更好地预测和分析这些风险，制定相应的政策和措施来防范和应对。信息化建设不仅有助于政府更有效地收集和分析数据，还能提高其应对社会风险的能力，这一点与中国的国情紧密

① 张海波、戴新宇、彭毅、林雪、吴震、彭彬彬等：《以科技创新驱动应急管理现代化——形成大安全大应急框架下国家智慧应急的整体合力》，《国家治理》2023年第13期，第29~33页。

相关。信息化还能提升政府的公开透明度和公众参与度，例如，通过建立在线平台，政府可以更有效地传播信息，听取公众意见，提升政策的接受度和效果，这对于增强政府的公信力和提高治理效能具有重要意义。因此，利用信息化手段提升政府治理风险能力是中国治理体系现代化建设的关键环节，具有至关重要的理论和实践意义。

（二）社交媒体对中国风险治理信息化建设的意义

社交媒体对风险治理信息化建设具有多个方面的实际意义。通过公开媒体数据，政府和企业在风险管理上的透明度得以提升，也反向促进了投资者和利益相关者更好地理解风险管理措施和实施情况，有助于建立信任和公众参与。媒体数据具有快速性与实时性，有助于决策者迅速掌握风险源信息，从而及时作出响应。这一作用在近几年的公共卫生事件中尤为突出，我国各级政府和组织从媒体报告的数据中得到了全方位的信息支持，从而进行快速有效的风险评估，捕捉潜在威胁并制定响应策略。这在早期风险预警中尤为重要，媒体报道和信息直接帮助有关部门提前准备，从源头减轻可能的灾害损失。此外，媒体是社会监督的重要工具，也是衡量现有政策效果的重要渠道。通过分析媒体报道中的数据和信息，政策制定者可以了解政策执行的效果，并据此调整和优化风险管理策略。

南京大学应急管理团队自 2022 年至今，密切关注近些年公众媒体对我国风险治理信息化建设的相关跟踪报道，并认为这些公开媒体数据中有非常值得探索的风险治理信息化建设的关键要素，包括对中国风险治理信息化建设的现状评述、对信息化建设的政策与法规的讨论、对未来发展趋势和前景的预测，以及可借鉴的案例与经验。本研究报告广泛收集了 2023 年度网络媒体的相关报道、评述、总结等公开数据，建立了聚焦我国风险治理和应急管理信息化建设的媒体报告数据库，共计 44.78 万字①。此研究报告将借助

① 作者梳理了 2023 年 1 月 1 日至 2024 年 3 月 15 日的媒体报告数据，有兴趣的读者可联系作者获取。

第二代大语言模型和自然语言处理技术，对这些文本数据进行解读和梳理，以期从媒体公开数据视角分析我国2023年风险治理信息化建设的现状、环境、进展和趋势①。由于此报告重点是汇报和展示媒体公开数据中的风险治理信息化建设内容，有关方法和模型的部分不作详细描述。

二　媒体视角下中国风险治理信息化建设的现状

（一）技术基础与应用现状

2023年，我国主流媒体相关报道中提及了以数字孪生技术、人工智能、大数据、物联网、区块链技术和云计算为代表的系列技术。我们通过大语言模型技术分析相关报道，通过语义解析得知具体的技术、应用现状和频率，如表1所示。

表1　信息化建设中主要技术

信息化技术	应用领域	频率
人工智能	数据分析、模式识别、决策支持系统增强	高
大数据	风险管理、资源分配、优化决策	高
区块链	数据安全、数据透明、数据共享	中
数字孪生	城市管理、工业生产	中
云计算	数据储存、弹性计算、大规模数据处理	中
物联网	基础设施监测、系统响应、物联控制	低

资料来源：作者通过解读和整理公开媒体文本的数据所得。

1. 人工智能

人工智能（Artificial Intelligence，简称AI）技术是基于机器学习算法（Machine Learning Algorithm），特别是深度学习（Deep Learning），使得机器

① 本研究对媒体报告数据除了人工解读之外，还使用了谷歌BERT（Binary E R Transformer）模型帮助进一步解读文本。

能够从大量数据中学习并作出决策或预测的技术。通过增强算法的理解和处理自然语言，以及处理视觉信息的能力，人工智能技术已经被进一步应用在自然语言处理（Natural Language Processing，简称 NLP）和计算机视觉领域。可见，在媒体报告中的定义相比学术界的概念界定更加注重实际应用，强调其在模仿人类智能行为、处理和响应数据方面的能力，更加聚焦人工智能技术在自动化、预测分析和决策支持系统中的应用，尤其是在金融服务、健康医疗和市场预测中的实际案例。

在医疗领域，AI 技术被应用于疾病诊断、治疗推荐以及患者监测等多个环节，显著提高了医疗服务的质量和效率。在金融行业，利用 AI 技术进行风险评估、欺诈检测和自动化贸易，帮助各级机构提高决策的速度和准确度。在智能制造领域，AI 技术通过优化生产线的自动化和监控系统，提高生产效率并减少人工成本。此外，AI 技术还广泛应用于交通管理系统，如智能交通灯孔和车流量监测，以改善城市交通状况。

2. 大数据

大数据技术是一种强大的数据采集、存储、管理和分析能力。技术基础主要包括高性能的计算架构、分布式处理技术、机器学习以及实时数据处理能力，这些基础技术使得大数据能够处理来自不同来源的庞大和复杂的数据集。

大数据技术已被广泛应用于多个领域，如金融服务、医疗保健、零售和电子商务、智能制造以及交通和物流等。特别是在风险管理和决策支持系统中，大数据技术提供了强大的数据分析能力，帮助企业和政府部门优化决策过程、提高操作效率和风险控制水平。此外，大数据还在智能城市建设中扮演着重要角色，通过数据的整合和分析，提升了城市管理的智能化水平和效率。

3. 区块链

区块链技术是一种以分布式账本为基础的技术，其核心在于数据块（区块）的链式结构和加密保护，确保数据安全和透明。每个区块包含一系列交易记录，并通过密码学方法与前一个区块连接，形成数据的不可更改和不可篡改的链结构。区块链运用了多种加密技术，包括公私密钥加密、哈希函数等，以确保交易的安全性和隐私保护。

区块链技术已被应用于多个领域，包括金融服务、供应链管理、智能合约、公共记录保管等。在供应链管理中，区块链技术能够提供透明的供应链流程记录，增加供应链的可追溯性和信任度。通过智能合约，区块链也能自动执行合同条款，减少交易成本和时间。公共部门也开始探索使用区块链技术来提高透明度和公众参与水平，例如在选举、公共记录和身份验证等方面的应用。

4. 数字孪生

数字孪生技术依托于大数据、云计算、物联网、人工智能等现代信息技术。这些技术提供了必要的数据处理能力和实时性，使得数字孪生能够精确模拟和反映物理世界的状态和过程。高级数据分析和仿真技术是数字孪生的核心，允许对复杂系统进行动态模拟和预测，这在城市管理和工业制造等领域尤为关键。

数字孪生已被广泛应用于城市管理和工业生产。首先，在城市管理中，数字孪生可用于交通流量监控、公共安全和基础设施维护。其次，在工业领域，它帮助企业优化生产流程、提高设备维护效率并减少停机时间。此外，数字孪生技术的应用还扩展到了医疗和教育等其他领域，例如，通过创建患者的数字孪生来模拟疾病治疗过程，或者用于教育培训中的虚拟实验室环境。

5. 云计算

云计算技术是基于分布式处理、虚拟化技术和自动化控制的新兴技术，该技术使资源共享变得更加高效，可以动态分配计算资源以满足不同用户和任务的需求。分布式处理指的是将计算任务分布在多个服务器上进行计算的过程，这种分布式架构增强了处理能力，提高了系统的可靠性和容错能力。虚拟化技术允许多个虚拟机（Virtual Machine，简称 VM）在单一物理服务器上同时运行，而每个虚拟机可以运行不同的操作系统和应用，提高了资源利用效率。此外，云计算通常是建立在自动化的云平台上，根据需求自动调整资源分配以实现自动化的资源管理。云计算包含三大服务模型，分别是基础设施即服务（Infrastructure as a Service，简称 IaaS）、平台即服务（Platform as a Service，简称 PaaS）、软件即服务（Software as a Service，简称 SaaS），这三大服务模型的基本功能和使用方式如表 2 所示。

表 2　云计算技术的三大服务模型：功能和使用方式

服务模型	功能	使用方式
IaaS	提供基础虚拟化硬件，如服务器、存储、网络资源等	用户通过互联网租用这些资源而无须购买和维护物理硬件，这使得企业可以按需扩展或缩减资源，避免支出额外费用
PaaS	提供基础硬件之外的额外层，如操作系统、数据库管理系统和开发工具	开发者在云上创建、测试和部署应用程序，而不需要关心底层基础设施的维护，开发环境友好，支持快速开发，部署新应用
SaaS	提供应用软件服务，并负责维护应用程序和所有相关的基础设施、操作系统、中间件和数据	用户通过互联网直接使用应用程序，所有的管理和升级都由服务提供商负责

资料来源：作者通过解读和整理公开媒体文本的数据所得。

云计算的应用也广泛渗入金融、医疗、教育、政府和企业等各个行业之中，为大数据处理、人工智能应用以及复杂的数据分析任务提供支撑。例如在企业中，云计算通过支持远程工作和协作让 IT 资源管理更加灵活，降低了企业 IT 维护成本。在金融服务行业，云计算帮助金融机构进行大规模的在线数据分析，大量的在线银行 App 和在线服务平台直接受益，极大地提升了客户金融需求和相关业务的服务效率。在医疗行业，云计算可被用于数据存储、远程诊断和电子健康病例库的建立和管理，不仅增加了医疗服务的隐私性和安全性，同时也提高了医疗服务质量。此外，云计算技术被广泛应用于教育机构开发在线教学资源中，例如虚拟教室和远程学习机制的建立。

6. 物联网

物联网技术（Logistics of Te，简称 loT）是基于传感器、网络、数据处理和接口的综合技术。媒体报告数据中强调，物联网的核心是“连接”，通

过无处不在的传感器网络实现设备与设备、设备与用户之间的数据交互。物联网技术的基础设施包括广泛分布的传感器、有效的数据传输网络和高效的数据处理能力。这些技术的集成应用使得物联网在多个领域内展现出强大的应用潜力和价值。

在应用现状方面，物联网除了应用于城市管理、工业、健康医疗等领域外，还应用在智能家居、智慧城市等项目建设中。例如，在工业领域，物联网通过实时监控设备状态，实现预防性维护和生产优化，降低维护成本并提高生产效率。又例如，在智慧城市项目中，物联网技术用于交通管理、能源监控和公共安全等方面，通过实时数据收集与分析，提高城市运行的效率和安全性。

（二）主要挑战与机遇

从当前公开的媒体报道中可以初步看出，对人工智能技术发展的探讨还是围绕其带来的挑战居多，尤其是人工智能技术中显著的数据隐私与安全问题，这是由不可避免的算法偏见（Algorithm Bias）、低透明度，以及昂贵的实施成本造成的。这种担忧也出现在大数据技术和云计算技术的相关报道中，不同的是，大数据技术中的数据整合需要大量的存储和处理资源，不仅涉及数据质量问题，还涉及数据的安全和隐私保护问题。而云计算技术因为高度依赖服务供应商从而面临着宽带和网络的延迟问题。这种设备的安全漏洞、网络延迟以及数据隐私问题也会出现在物联网技术的应用之中，因为物联设备间的互操作性和兼容性需求，会使得物联技术面临巨大挑战。对于区块链而言，媒体报道聚焦在当前区块链技术的成熟度不足和规模拓展性等问题上，随之而来的是法律与监管的不确定性挑战。对数字孪生技术而言，其高成本和技术复杂性带来的数据同步问题，至今尚未得到合理的解决。与此同时，当前的数字孪生技术缺乏标准化管理和运营，也是未来发展中的桎梏。

当然，这些关键技术也面临着可观的发展机遇。人工智能技术在大数据的实时分析加持下，未来可以有效提升自动化水平和效率，在推动行业创新上具有巨大潜力。二者并驾齐驱，可以为风险治理决策提供实时数据支撑，更可以优化业务流程以提供更个性化的服务和商品。区块链技术、云计算、物联网和数字孪生技术在提高生产力、创新医疗解决方案和促进可持续发展方面具有重要潜力。

三　政策与法规环境

（一）国家层面的政策支持

当前，在人工智能、大数据和云计算等领域，中国政府设立了多个重点研发计划。这些计划旨在通过资金支持和项目驱动，加速科技创新和产业升级。在制造业现代化建设进程中，我国出台了智能制造 2025 计划，强调利用云计算、物联网和大数据技术，推动传统制造业向智能化转型。随着这些信息技术的广泛应用，数据安全和网络安全也被纳入战略发展的重要环节。我国也出台了相应的战略政策以加强网络空间的安全保护和信息化管理。此外，各级政府鼓励通过政策支持和资金投入，推广区块链技术在金融、供应链管理等领域的应用，以促进技术创新和产业发展。这些政策不仅表明了中国对风险管理信息化建设的重视，也反映了政府在全球科技竞争中保持领先地位的决心。

（二）法规制约与合规要求

出于数据和隐私保护的目的，我国风险治理的信息化建设有《网络安全法》和《数据安全法》两部基本法律法规，不仅提供了信息化建设的基本法律框架，也对信息安全、数据保护和技术应用提出了具体的制约和要求。要求在数据收集、存储、传输和处理等各个环节必须保证数据的安全和隐私，防止数据泄露和滥用。风险治理的信息化建设必须符合国家和行业的标准化要求，对于信息系统的建设和运维，需要按照国家信息化标准，如信息技术服务管理体系标准等进行。根据《网络安全法》，信息化建设过程中

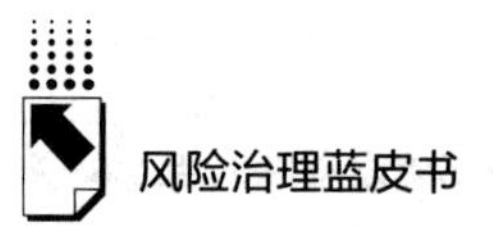

必须实施网络安全等级保护制度，确保网络安全和信息的完整性、可用性和保密性。

（三）国际合作与标准对接

近年来，我国风险治理信息化建设与世界各国均进行了良好的合作，特别是在数字孪生技术和智慧城市项目上。中国城市与德国多个城市开展了智慧城市解决方案的合作，涉及能效管理、智能交通系统和灾害预防技术等方面。中国参与了多个由欧盟资助的国际合作项目，这些项目旨在发展和实施智慧城市和数字孪生技术。这些项目涉及智慧能源管理、交通系统优化等多个领域，强调了通过国际合作实现技术创新和最佳实践的共享。媒体数据显示，中国通过国际合作平台，如 G20 数字经济工作组和“一带一路”倡议，推动跨国信息化项目的实施，不仅加强了技术合作，也促进了经验的分享和全球治理能力的提升。在全球信息化环境下，跨境数据传输需要符合相关的国际和地区法规，如欧盟的通用数据保护条例（GDPR），这对信息化建设的国际合作和数据交换提出了严格的要求。

信息化建设的国际标准对接是构建开放型世界经济的关键一环。中国积极参与国际标准制定，如在物联网、大数据等领域参与国际标准化组织的工作，以确保技术和产品的国际兼容性和互操作性。中央政府还强调了通过标准对接，可以促进国内外市场的互联互通，提高中国企业的国际竞争力，同时也有助于国际社会对中国技术和标准的认可。

四　发展趋势与前景预测

根据媒体公开数据，我国风险治理信息化建设的发展趋势与前景预测主要关注以下两个方面：技术创新与发展方向、政策趋势与影响分析。本部分将重点梳理以上六种代表性技术的创新方向、发展方向、政策趋势以及未来影响。

（一）技术创新与发展方向

1. 人工智能

根据数据关键词和关键语句提取，人工智能（AI）技术的创新方向首先是要提升算法的透明度和解释性，这不仅有助于理解 AI 的决策过程，也能增强用户的信任感。媒体数据反复提及对当下 AI 决策可信度（Credibility）较低的担忧，尤其在医疗诊断中，医生需要了解 AI 诊断结果背后的逻辑以便更好地解释和指导患者。AI 技术的另一个创新方向就是加强算法结果的公正性（Justice）和无偏性（Unbiasedness）。多项媒体报道引用了有关算法偏见导致不公平结果的科学研究，尤其是在涉及种族、性别、年龄层等敏感特征的场景中。有报道显示，国内外开发者正积极应对这一挑战，探索各种技术手段，如公平性指标、偏见检测、纠正方法等，以确保 AI 系统能够公平对待所有用户。媒体关注的最后一个创新方向是 AI 正朝着提高自主学习和适应能力的方向发展。自适应学习算法能够根据环境变化自动调整自身的行为，提高系统的鲁棒性和灵活性。AI 系统通过强化学习和自适应训练，能够从经验中学习，优化决策过程。

这些能力已经在机器人控制、医疗、金融、自动驾驶等领域展现出巨大潜力。例如，AI 辅助的医学影像分析已经在临床实践中迅速扩展，从疾病诊断、个性化治疗到健康管理，整体提升了医疗服务的质量和效率。在金融领域，AI 技术被广泛应用于风险评估、欺诈检测、客户服务等方面，通过分析大量的金融数据，提供精准的风险预测和投资建议。通过结合计算机视觉、传感器融合和深度学习算法，AI 技术为自动驾驶系统实现自主导航和避障奠定了技术基础。当然，随着 AI 技术的广泛应用，数据隐私问题日益凸显。为了保护用户隐私，研究人员正在开发各种技术手段，如差分隐私、联邦学习等，以在保证数据利用价值的同时，防止敏感信息泄露，这一点在我国的媒体报道中愈发引起重视。

2. 大数据

根据数据关键词和关键语句提取，大数据技术的创新方向是提高数据处理的速度和精度，增强数据分析的智能化和自动化能力。大数据技术的一个重要创新方向是提高数据处理的速度和精度。媒体数据反复提及当前数据量爆炸性增长，传统数据处理方法已经难以应对这一挑战。通过引入分布式计算和云计算技术，大数据系统能够更高效地处理海量数据，从而提升决策的及时性和准确性。例如，在金融行业，通过高效的数据处理技术，能够实时监测市场动态，快速响应风险变化。数据技术的另一个创新方向是增强数据分析的智能化和自动化能力。媒体报道多次提到，人工智能和机器学习技术的结合，使得大数据分析更加智能化。通过自动化的数据清洗、特征提取和模型训练，数据科学家可以从大量数据中快速提取有价值的信息，提高分析效率和准确性。

大数据技术正在迅速推广到各个行业，如零售、电信、能源等。在零售行业，通过分析消费者行为数据，企业可以实现精准营销和个性化推荐，提高客户满意度和销售额。在电信行业，大数据分析能够优化网络资源配置，提升服务质量。在能源行业，通过对设备运行数据的实时监测和分析，可以提高能源利用效率，降低运营成本。媒体报道指出，这些应用不仅提升了行业效率，还推动了商业模式的创新。通过提升数据处理的速度和精度、增强数据分析的智能化和自动化能力，推广大数据在各行业的应用，并解决数据隐私和安全问题，大数据技术正朝着更加智能和安全的方向不断发展。

3. 区块链

区块链技术的创新方向是提升数据透明度和安全性，增强去中心化和信任机制。媒体数据反复提及区块链的不可篡改性和分布式账本技术如何确保数据的透明和安全，这对于金融交易、供应链管理等领域尤为重要。区块链技术的另一个创新方向是增强去中心化和信任机制。媒体报道多次提到传统中心化系统的弊端，如单点故障和信任危机，通过区块链的去中心化特性可以得到有效解决。在去中心化网络中，数据存储在多个节点上，消除了单点故障的风险，增强了系统的鲁棒性。

与 AI 技术、大数据技术相似的是，区块链技术也可用于患者数据的管理和分享，确保数据的安全性和隐私性，同时提升医疗服务的效率。特殊的是，区块链技术在物流行业还可以追踪商品从生产到交付的全流程，确保供应链的透明和可靠。在能源交易领域，区块链技术的分布式能源交易应用模式，提升了能源管理的智能化水平。此外，智能合约技术的应用，自动执行预设的规则和协议，确保了交易的公正性和透明性。值得注意的是，区块链的可扩展性和能耗问题是亟须解决的技术难题，监管与执法也是区块链发展中的重要环节。为了应对这些挑战，研究人员正在开发各种改进方案，如分片技术、链下计算等，以提升区块链的性能和效率；全球各国政府和行业组织都在努力通过制定和完善相关法规，确保区块链技术的合规和安全。

4. 数字孪生

数字孪生技术是公开媒体数据中提及的最频繁的支撑风险治理的新兴技术，其未来的技术创新主要是提高虚拟模型的精度和实时性，从而增强数据分析和预测能力。精确的数字孪生模型能够准确反映物理实体的状态和行为，提供更可靠的模拟和预测。例如，在制造业，通过高精度的数字孪生模型，企业可以实时监控生产设备的运行状态，提前发现并解决潜在问题，从而提高生产效率和设备可靠性。数字孪生技术的另一个创新方向是增强数据分析和预测能力。媒体报道多次提到，通过结合人工智能和大数据分析技术，数字孪生可以从大量数据中提取有价值的信息，进行深入的分析和精准的预测。在城市管理中，数字孪生技术可以模拟城市的各种运行情况，预测未来的变化趋势，帮助管理者做出更科学的决策，提高城市运行效率和安全性。

数字孪生技术正在迅速推广到各个行业，如能源、交通、医疗等。在能源行业，数字孪生技术用于电网管理和风电场优化，提升能源利用效率。在交通行业，数字孪生技术可以模拟交通流量，优化交通管理和道路设计，减少交通拥堵。在医疗行业，数字孪生技术用于个性化医疗和疾病预测，提高医疗服务的精准度和效果。媒体报道指出，这些应用不仅提升了行业效率，还推动了商业模式的创新。数字孪生技术正朝着更加智能和安全的方向不断发展。未来，随着技术的进一步成熟，数字孪生有望在更多领域实现突破。

5. 云计算

云计算技术是提高资源管理效率和灵活性的关键技术，也是增强安全性和隐私保护能力的基础工程技术。云计算通过虚拟化技术和分布式架构，实现了计算资源的动态调配和按需分配，显著提升了资源利用率。为了解决这些问题，云服务提供商正在引入多层次的安全防护措施，如数据加密、身份认证和访问控制等，确保用户数据在传输和存储过程中的安全性，进一步保护用户隐私。

在电商行业，通过云计算技术，企业能够在购物高峰期灵活扩展计算资源，支持远程工作和全球数据共享，尤其是在企业级市场功能拓展和服务范围，确保系统的稳定运行和用户体验的提升。在医疗行业，云计算平台为远程医疗和大数据分析提供基础支持，提高了医疗服务的可及性和诊断的准确性。

6. 物联网

物联网（IoT）技术的创新方向是提升设备互联的智能化和自动化水平，增强数据处理和实时分析能力。通过智能传感器和边缘计算技术，物联网设备能够自主感知环境变化并做出实时响应。随着物联网设备数量的激增，数据量呈指数级增长。为了有效处理这些数据，物联网系统结合了大数据分析和云计算技术，实现了对数据的实时处理和分析。在工业物联网（IIoT）中，通过对生产设备运行数据的实时分析，可以预防故障，优化生产流程，提高生产效率和产品质量。

在智能家居系统中，物联网技术可以实现家电设备的自动控制，如根据室内温度和湿度调整空调设置，提升用户的生活舒适度和能源利用效率。在农业领域，物联网技术通过环境传感器和智能灌溉系统，实现了精细化农业管理，增加了农作物产量。在交通领域，物联网技术用于智能交通系统，优化交通流量，减少交通拥堵和事故。这些应用不仅提升了行业效率，还推动了商业模式的创新。

（二）政策趋势与影响分析

中国风险治理信息化建设的政策支持呈明显加强的趋势。首先，各级政府逐渐认识到这些技术的战略重要性，并在国家级层面出台相关政策以推动这些技术的发展和应用。例如，人工智能和大数据已被纳入我国的国家发展战略，政府提供资金支持、税收优惠等措施来促进这些领域的研究和商业化。随着技术的全球化发展，国际合作和标准对接成为推动技术普及和应用的重要途径。通过参与国际标准化组织，各国力求在技术发展中保持兼容性和互操作性，以支持跨国界的技术应用和数据交换。

随着技术的发展，相关的监管和伦理问题也日益凸显。例如，人工智能和大数据的应用引发了对数据隐私和安全的关切，区块链技术的使用涉及法律和监管的不确定性。政府正致力于制定相应的法律法规来保护个人信息和数据安全，同时确保技术的健康发展。这些技术对于推动传统产业的升级和新业态的形成具有重要影响。例如，云计算和物联网技术能够助力制造业向智能制造转型，数字孪生技术在建筑和城市规划中的应用可以提高设计和运营的效率。

信息化建设可以促进社会和经济的包容性增长，主要表现在这些技术的应用有助于提高公共服务的效率和质量。例如在教育、医疗和交通等领域，通过智能化解决方案可以更好地服务社会、提高民众的生活质量。综上，这些技术的政策趋势指向加强政府的支持与国际合作，同时在伦理和监管上提出新的挑战，其影响穿透社会经济的各个层面，推动着全球向更智能、更互联的未来发展。

五　地方政府风险治理信息化的升级和优化

作者所在的课题组在2022~2023年调研了2个直辖市（北京、上海）、3个省（江苏、浙江、安徽）的相关部门，走访了6个中央机构、9个省市级政府部门和研究机构、10余所高校①以及4家知名企业，访谈了64位相关单位工作人员、31位专家学者及14位企业负责人，形成了83万余字

① 高校包括清华大学、中国人民大学、北京师范大学、国防科大、电子科大、香港理工大学、浙江城市大学、上海交通大学、中国矿业大学、中共中央党校（国家行政学院）、西安交通大学、上海理工大学、湖南农业大学、南京工业大学。

访谈记录，组织了32次专题学习，以及超过5000分钟的音视频资料。通过梳理2023年以来网络媒体提供的资料和公开数据，笔者发现相关地方政府的风险治理信息化建设均有一定程度的升级和优化，本部分将从公开数据视角总结和梳理地方政府治理城市风险的技术、系统以及用户层面的改善。

（一）江苏省优化“智慧应急大脑”平台

江苏省的“智慧应急大脑”是一个先进的技术平台，旨在通过集成多源数据和采用先进的信息技术，如人工智能、大数据分析和云计算，来提升应急管理的效率和效果。这个系统的主要目标是实现对各种突发事件的快速响应，提供科学的决策支持，并优化资源的配置和调度。此外，江苏省还利用大数据技术深入分析历史灾害事件和应急响应过程，从而为应急救援提供智能化的决策支持。同时，该省推进了物联网技术的应用，实现了对救援现场的全面监测和实时控制，提升了现场管理的效率。江苏省“智慧应急大脑”集成了来自气象、地质、交通、公安、消防等多个部门的数据，利用人工智能技术，如机器学习和模式识别，能够自动分析大量数据，识别潜在的风险和预警信号。平台具备实时响应功能，能够在接到报警后立即处理，并根据事件的性质和紧急程度，自动推送至相关部门和负责人。“智慧应急大脑”通过一个统一的指挥和调度中心，能够高效地调配跨部门资源，如救援队伍、医疗设施、交通工具等。

自2023年以来，江苏省的“智慧应急大脑”平台成为各类公共平台研究学习和推介的重点案例，其核心特征如表3所示。该平台通过优化调度算法，确保资源能够迅速且有效地被送到需要的地方。2023年5月，常州市积极打造数字常州“最强大脑”——“常治慧”平台来打造精品示范，多个风险管理公众号评价其“通过技术力量提升了应急管理的智能化和科学化水平，为防灾减灾和应急响应提供了强有力的技术支持”。

表3　江苏省“智慧应急大脑”信息化升级功能

功能特点	详细描述
多源数据集成	集成来自气象、地质、交通、公安、消防等多个部门的数据,包括实时的监控数据、历史事件记录、资源库信息等,为平台提供全局视图
人工智能和大数据分析	利用人工智能技术如机器学习和模式识别自动分析数据,识别潜在风险和预警信号;通过大数据分析,预测事件的发展趋势和可能影响
实时响应和决策支持	能够在接到报警后立即处理,自动推送至相关部门和负责人;提供模拟演练、情景分析等决策支持工具,帮助优化决策过程
资源调度和协调	通过统一的指挥和调度中心,高效调配救援队伍、医疗设施、交通工具等跨部门资源;支持跨地区、跨部门的协调,确保资源整合性和协同性

资料来源：作者依据官网检索结果自行整理所得。

（二）浙江省细化智慧应急“一张图”

浙江省智慧应急“一张图”系统，由省应急管理厅基于GIS（地理信息系统）技术构建，集成了应急救援资源、监测预警数据和灾害信息等多种数据源。这一平台在全省范围内形成了一张综合性地图，旨在建立一个集中、标准化、高效的信息化应急指挥平台（见表4）。系统的核心功能是在灾害事故发生时提供快速响应、进行决策支持和资源调度，以实现高效智能的应急管理。

以温州市对该系统的迭代升级为例，自2023年以来，新增的应用模块使系统能够将全市23个部门的13大类、约6.9万个风险源信息和200多种减灾救援资源整合在统一的GIS平台上。通过实时数据采集、传输和分析，系统实现了对灾害和突发事件的实时监测、预警、应对和处置。这种城市综合安全风险地图在防汛抗台和风险源管控方面发挥了关键作用，能够提前预警并辅助救援。

表 4　浙江省智慧应急"一张图"优化核心特点

核心特点	描述
信息整合和实时监控	整合各类重要的应急资源、监测预警数据和灾害信息，建立一个统一的信息平台，实现对各种重要数据的实时监控和快速访问
高度的数据可视化	通过地理信息系统(GIS)技术，可视化地呈现复杂的数据，帮助决策者更直观地理解情况，制定相应的应急措施
跨部门协作	系统促进了不同政府部门之间的信息共享和协作，通过打破信息孤岛，确保所有相关部门都能及时访问到准确的信息
支持应急决策与资源调度	系统支持应急决策过程，能够根据实时数据和预测模型，推荐最有效的资源调度方案和应急响应措施

资料来源：作者依据官网检索结果自行整理所得。

（三）上海市升级"一网统管"

上海市的"一网统管"平台是信息化水平更新较为频繁的风险管理信息化建设项目，旨在通过高度集成的信息化系统提升城市管理效率和响应速度。该平台集成了城市管理的多个方面，从交通管理到公共安全、从环境监控到市政服务，实现了数据的中央集成和实时处理。"一网统管"具有数据整合、智能分析、实时响应、公共服务优化和互联互通等核心特点，具体的特征如表 5 所示。"一网统管"目前已应用于交通管理、公共安全和环境保护等领域。在交通管理方面，通过对交通流量的实时监控和智能分析，上海市能够有效调整交通信号灯，管理道路使用状况，减少交通拥堵。在公共安全领域，平台整合了来自监控摄像头的视频数据，利用图像识别技术加强对公共区域的监控，提高了预防和响应犯罪行为的速度。在环境保护方面，平台通过监测空气质量和水质状况，及时发布环境预警，引导公众采取相应措施，保护居民健康和城市环境。

自 2023 年以来，上海"一网统管"平台在实时监控与智能分析、数字孪生和技术应用上进行了技术升级，在跨部门协作、信息共享、个性化服务上进行了系统优化，在环境监测、早期预警、旧区改造、城市更新等应用领域进行了功能拓展，在公共安全与隐私保护上加强了数据安全。具体而言，在交通管理方面，通过引入先进的传感器和数据分析技术，平台实现了对交通流量、环境质量等多维度的实时监控，能够优化交通信号灯的调控，显著减少交通拥堵，提高道路使用效率。

表 5　上海市“一网统管”信息化特点

核心特点	描述
数据整合	整合来自不同部门和系统的数据,如交通监控、公共安全、市政设施等
智能分析	应用人工智能和大数据分析技术,深入分析信息,预测问题并提供解决方案
实时响应	对城市关键信息实时监控,快速响应市民需求和突发事件
公共服务优化	提供一站式服务门户,使市民可以线上办理各种市政服务
互联互通	促进各部门间的信息共享和业务协同,提高政府工作效率和协作能力

资料来源：作者依据官网检索结果自行整理所得。

参考文献

张海波、戴新宇、彭毅等：《以科技创新驱动应急管理现代化——形成大安全大应急框架下国家智慧应急的整体合力》，《国家治理》2023 年第 13 期。

张海波、戴新宇、钱德沛、吕建：《新一代信息技术赋能应急管理现代化的战略分析》，《中国科学院院刊》2022 年第 12 期。

薛澜：《人工智能面临治理挑战》，清华大学公共管理学院网站，2024 年 3 月 26 日。

《2024 大模型是大趋势——走进“机器外脑”时代》，2024 世界人工智能大会，2024 年 7 月 8 日。

B.11

2023年中国校园安全创新发展报告

周 玲　肖惠予　高 雨　李梦涵　蔡静怡*

摘　要：　安全需求是人类最基本的需求之一，它不仅是社会稳步前行的前提，更是我们生存与进步的保障，始终牵动着广大民众的心弦。学校作为培育人才的摇篮，师生的生命安全直接关系到国家未来的繁荣与发展，有效的校园安全保障是学校开展日常教育活动的基础。总体来看，2023年校园安全事件仍呈现类型多样化、损失大、影响大，复杂性加剧和防控难度加大等新特点。各类突发事件，尤其是气象灾害、火灾、实验室安全、交通事故、传染病、食品安全、校园欺凌等呈多发、频发、并发态势，且危害程度显著增加。除传统的校园安全事件类型外，心理问题、网络安全、校园暴力等非传统安全的威胁也出现频发态势。因此，面对风险防范意识不足、风险管理组织体系存在短板、风险管理机制缺乏系统性、风险治理法规保障力度不够等诸多挑战，未来，应鼓励所有的行为主体主动参与和处理校园突发事件，构建校园安全风险治理格局。校园安全战略从应急管理转向综合风险治理与应急管理并重，从事后应对转向主动保障，实现校园安全风险治理的制度化、常规化以及合理化，从而在更基础的层面提高学校应急管理效率。

关键词：　校园安全　应急管理　风险治理

---

* 周玲，北京师范大学政府管理学院副教授，研究方向为风险、应急管理；肖惠予，北京师范大学政府管理学院硕士研究生，研究方向为应急管理；高雨，北京师范大学政府管理学院硕士研究生，研究方向为风险管理；李梦涵，北京师范大学政府管理学院MPA专业硕士生，研究方向为校园安全管理；蔡静怡，北京师范大学政府管理学院MPA专业硕士生，研究方向为校园安全管理。

一　2023年校园安全风险治理面临的形势

（一）校园安全风险的相关概念

1. 校园安全与校园安全突发事件

校园安全的界定经历了一个发展的过程。传统定义下，其范畴相对局限，主要聚焦于学校师生的“人身安全”，甚至可狭义理解为“学生安全”这一单一维度[①]。随着时代的演进和教育环境的变迁，其内涵逐渐拓展至更广泛和复杂的层面，不仅包括校园内秩序稳定和师生在校期间人身安全、心理安全，还外延至校园周边地区安全，特别强调学生上下学时段校园周边区域安全[②]。

简言之，校园安全是指“学生、教师和环境不同主体，人身、财产和心理不同维度，工作、学习和生活不同方面的全方位、立体化的安全格局”[③]，是在学校场域内及周边，师生的人身财产不受侵害、心理上不感到威胁的一种状态，即学校中事件的危险程度在个体普遍可接受的范围内。具体来看：（1）应从广义的角度理解校园安全，不仅包括身体、财产等客观的、有形的安全，也包括心理、社会、政治等主观、无形的安全。因此，确保校园安全，一方面要确保教职工、学生和学校的人身和财产安全；另一方面，要确保不安全因素不会对校内人员心理状态、校园秩序、校园形象乃至社会稳定等产生负面影响。（2）校园安全是相对的，不是绝对的，是学校在一定的危险性条件下的相对稳定状态，而并非绝无事故。因此，保障校园安全，需要提前进行风险分析，消除安全隐患、减少或预防潜在的负面风险

① 王鹰：《外国中小学校的校园安全》，《中国教育法制评论》2003 年第 2 期，第 308~330 页。

② Astor R. A., Benbenishty R., Estrada J. N., “School Violence and Theoretically Atypical Schools: The Principal's Centrality in Orchestrating Safe Schools,” *American Educational Research Journal* 2009, 46 (2): 423-461.

③ 张强、钟开斌、朱伟主编《中国风险治理发展报告（2022~2023）》，社会科学文献出版社，2023。

和影响，遏制校园及周边存在的不安全因素可能会导致的不良事件，为师生创造一个安全和谐的学习和成长环境，确保其在各方面免受伤害和威胁①。这一目标需要通过构建一个安全和谐的校园环境来实现，进而促进个体和集体在心理、学术以及社交等各个层面的良好发展②。（3）校园安全管理目标具有多重性，即校园安全不仅意味着消除或控制不安全因素，更应将关注学生个人成长发展并提供支持纳入这个范畴③，使其平等享有无忧无虑追求知识的机会，这同时也有助于维持学校的教学秩序，确保教学活动的顺利进行。

对校园安全突发事件的界定也是多角度的。从事件发生的突发性和不可控性、诱发因素的多样性、涉及人员的复杂性④、对校园造成的不良影响的多类型等特点出发，可以定义为：在校园内或校园周边区域突然发生的，由各种自然或者非自然等多因素（环境、社会、人员等）导致，与校园人员、校园教育、校园秩序、校园形象等相关，可能严重威胁或损害学校师生身心健康、财产安全乃至学校整体财产，影响学校的教学管理秩序⑤⑥，甚至是社会正常运行秩序的各种事件。

2. 校园安全风险与类型

简言之，风险是发生不利后果的可能性⑦。其中，“不利后果”包括主观和客观两个方面，即可能产生的客观损失（人员伤亡、经济损失、环境影响等）和可能造成的主观影响（人群心理影响、社会影响、政治影响

---

① 马杰：《农村初中校园安全管理的制度研究——以山东省 J 市 Z 县为例》，华东师范大学硕士学位论文，2013。

② 劳凯声：《学校安全与学校对未成年学生安全保障义务》，《中国教育学刊》2013 年第 6 期，第 1~10 页。

③ Cornell D.，“Our Schools are Safe：Challenging the Misperception that Schools are Dangerous Places，” *American Journal of Orthopsychiatry* 2015，85（3）：217-220.

④ 付刚：《中小学安全工作现状及对策》，《贵州教育》2007 年第 16 期，第 7~8 页。

⑤ 张英萍：《儿童校园安全构建：多学科的视角——校园安全问题研究述评》，《浙江师范大学学报》（社会科学版）2012 年第 3 期，第 1~8 页。

⑥ 孙斌：《学校突发事件应急管理存在的问题及解决对策研究》，《中国安全科学学报》2006 年第 12 期，第 72~78 页。

⑦ 周玲、宿洁、朱琴编著《公共部门与风险治理》，北京大学出版社，2012。

等）。根据风险的基本定义，从公共事务管理的角度，结合《中华人民共和国突发事件应对法》中对于突发事件的分类①，同时参照各地教育部门在应急预案中对校园安全突发事件的具体分类，从实用的角度，可以将校园安全风险定义为：涉及校园安全的自然灾害、事故灾难、公共卫生事件、社会安全事件等校园安全突发事件发生的可能性与后果，即校园安全潜在威胁转换成突发事件的可能性（见表1）。

表1 校园安全风险定义及分类

类型	定义	分类	案例
自然灾害类风险	给人类生存带来危害或损害人类生活环境的自然现象	气象水文灾害、地质地震灾害、海洋灾害、生物灾害、生态环境灾害等	2008年汶川地震 2023年北京23·7特大暴雨
事故灾难类风险	在生产、生活过程中发生,直接由人的活动引发,违反人们意志、迫使活动暂时或永久停止,造成人员伤亡、经济损失或环境污染的意外事件	工矿商贸等生产安全事故、交通运输事故、特种设备事故、公共设施和设备事故、危化品事故、火灾、踩踏、溺水、环境污染和生态破坏事件等	2023年武汉弘桥小学小学生校内被撞身亡 2023年齐齐哈尔第三十四中学重大坍塌事故 2024年河南南阳英才学校学生宿舍火灾
公共卫生事件类风险	造成或者可能造成社会公众健康严重损害的事件	传染病疫情、群体性不明原因疾病、食物和职业中毒、动物疫情等	2020年新冠疫情 2016年杭州文晖中学食物中毒
社会安全事件类风险	由聚众闹事、破坏公共设施等群体性或个别极端因素引发突发事件的可能性	重大刑事案件、恐怖袭击事件、涉外突发事件、群体性事件、个人极端事件、舆论危机、网络安全事件等	2019年北京宣师一附小伤人事件 2024年河北邯郸初中生遇害案

资料来源：闪淳昌、薛澜：《应急管理概论：理论与实践（第二版）》，高等教育出版社，2020。

以上是按照突发事件的发生过程、性质和机理对校园安全风险进行的类型划分，其他角度还包括：（1）从潜在风险存在的空间范围来看，可以分

① 《中华人民共和国突发事件应对法》（修订版），2024年6月28日。

为校内安全风险、校外安全风险和网络安全风险三类。其中，校内安全风险是学校在日常教育管理与运营过程中，可能导致在校学生身体受到伤害的不安全行为；校外安全风险是学校组织并策划的校外活动过程中，对在校学生构成严重身体伤害的风险行为；相较前者，后者更复杂，涉及校内和校外相关主体的权责划分问题。虚拟空间中的网络安全风险也渗透到学生的生活、学习等各个方面，区别于前两类，它并无实质的事发地，通常是在互联网虚拟世界中出现，匿名性、隐蔽性强①。(2) 以风险潜在期间的隐匿性强弱为标准，校园场域下发生的各类风险可分为显性和隐性两种②，显性风险是可发现且易预防的，如课间活动时磕碰、火灾隐患和自然灾害等；隐性风险则主要有心理异常、网络风险、欺凌等难以发现且处理棘手的风险。(3) 按不同学段风险类型的分布特征来看，中小学校园最常见的风险包括火灾、地震、交通事故、突发公共卫生事件；而高校校园安全风险则更集中于心理健康安全、网络信息安全和实验室安全等方面③。

3. 校园安全风险管理与应急管理

校园安全风险管理是针对识别出的校园安全风险采取一系列的管理措施和技术手段，确保师生安全的行为。具体来看，是通过系统识别和排查校园内及周边可能存在的风险，科学分析各种风险发生的可能性与后果及风险承受力与控制力，评估风险级别，明确对策并采取风险控制措施，及时发布风险预警并做好应急准备的全过程动态管理方式，包括计划和准备、风险识别、风险评估、风险控制、风险监测与更新、风险预警、风险沟通等多个环节。校园安全管理体系的研究则主要集中在应急能力评估、应急资源普查、风险管理机制创新等方面。④

应急管理的对象是“突发事件”，其主要目标是“预防和减少事件发生

① 王道勇：《构建校园安全风险防控体系的实践方法研究》，《科幻画报》2023 年第 4 期，第 116~117 页。

② 孙波、王粲：《论高校安全危机现状及应对》，《中国成人教育》2017 年第 21 期，第 72~74 页。

③ 丁倩：《中小学校园风险识别及安全管理对策——评〈中小学校园安全风险规制研究〉》，《中国安全科学学报》2023 年第 7 期，第 243~244 页。

④ 佟瑞鹏：《校园安全研究进展追溯与述评》，《安全》2022 年第 8 期，第 1~17、123 页。

所造成的损失”。全过程的应急管理工作则应当包括事前、事发、事中、事后所有的应急管理环节，这就包括预防与应急准备、监测与预警、应急处置与救援、善后恢复与重建等多个部分。风险管理的对象是“风险”，其主要特性是对不确定性和可能性（风险）进行管理，因此要实现应急管理活动的向前延伸，就需要实现从更基础的层面对“能带来损失的不确定性”（风险）进行超前预防与处置，从而实现应急管理工作真正意义上的“关口前移”“防患于未然”（见图1）。

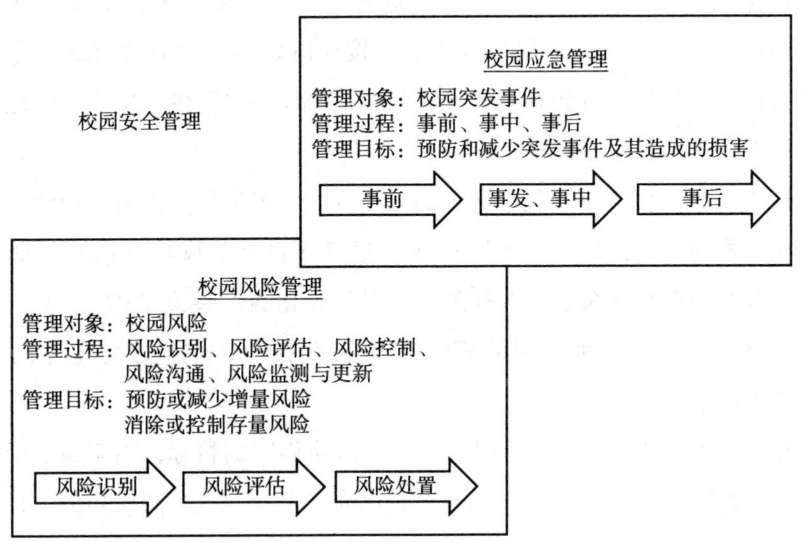

图1　校园风险管理校园应急管理

资料来源：闪淳昌、薛澜：《应急管理概论：理论与实践（第二版）》，高等教育出版社，2020。

（1）从功效来讲，风险管理比应急管理更能从根本层面（基础规划、制度、软硬件建设）避免损失的产生。风险管理的最佳功效是“超前预防”，即尽量避免或减少人类活动与“灾害性”环境之间的互动，也就是尽量降低“致灾因子”产生的可能性，由此达到从最根本的层面上防止损失的产生；而一旦出现了“风险源”，风险管理的主要任务则变为评估和分析风险产生的可能性以及造成损失的概率，从而通过相应手段减少、降低、消灭这些可能性和概率，达到预防损失的目的。但是“风险”一旦转化为“事件”，损失便不可避免，此时就需要采取应急管理的手段将损失减到最低。

（2）从管理层级来看，风险管理的本质是战略管理，而应急管理则更多地倾向于一种行动策略，因此风险管理能够在更基础层面（基础规划、制度、城市软硬件建设）实现管理的优化。风险管理通过对环境和“风险源”的仔细分析与评估，制定出处理“潜在损失”的系统性规划（其中包括了最基础的规划），从根本上杜绝危害的产生，由此实现整体管理的优化。而应急管理是在“事件”发生后，按照既定预案或方案重新组合资源来进行应对，这通常导致在有限的时间和信息压力之下做出决策，因此很难保证资源配置的科学性和最优。

风险管理工作的终点包括两个部分：其一，如果风险源被成功消除或控制，则重新进入常态管理和风险管理的起点（也就是风险管理准备阶段）；其二，如果风险处置失败，“潜在的危害”转化为“突发事件”，则立刻进入应急管理过程。因此，风险管理工作的终点就是应急管理工作的起点（监测与预警）。

由此可见，要实现应急管理工作“关口前移”的目标，不应满足于做好“监测与预警”（也就是防止“风险”转化为“事件”这一阶段）的工作；而应当将关口“再前移”，实现从根本上防止和减少风险源、致灾因子的产生，也就是实现风险管理工作“超前预防”的目的。所以，在管理工作中有必要建立相应的机制与规则，确保应急管理与风险管理的有效衔接。

（二）中国校园安全突发事件的发展态势

1. 校园安全突发事件的新特点

近年来，校园安全管理工作呈现新特点，校园安全突发事件屡有发生，不仅影响到学校形象，还给社会、家庭造成严重打击，受到社会各界的高度关注。在转型期和风险社会的背景下，校园安全工作面临着一系列新问题与新挑战。总体来看，校园安全事件类型呈现多样化、损失大、影响大，复杂性加剧和防控难度加大等新特点。各类突发事件，尤其是气象灾害、火灾、实验室安全、交通事故、传染病、食品安全、校园欺凌等[①]呈多发、频发、并发态势，且危害程度显著增加。除了一些传统的校园安全事件类型外，一些非传统安全的威胁也需要引起足够重视。

（1）心理问题。随着我国对外开放程度不断提高和经济快速发展，社会贫富差距的扩大趋势愈发显著，这导致了社会各个层面矛盾的日益尖锐。同时，心理疾病在人群中的发病率急剧攀升，这一现象也不可避免地影响到校园领域。随着社会结构的复杂化和矛盾的激化，校园突发事件的突发性与不可预测性日益凸显。这些由社会矛盾和社会人员多样性所带来的负面因素，构成了校园突发事件潜在的触发点，使得此类事件在发生时间、影响范围和后果等方面都具有极大的不确定性[②]。

（2）虚拟世界。校园安全突发事件已不局限于现实生活，更多的风险开始在虚拟世界涌现。在数据技术尤其发达的今天，数据大量共享与高效利用，正式开启了智能化信息时代。大数据背景下，校园数据信息的共享更加透明化，但师生的网络信息安全防护意识相对薄弱。其分布式处理特征外加不法分子的觊觎，对网络信息安全防护也提出了更高的要求。尤其各大高校中，学生对信息设备使用更加熟练和频繁，学校管理工作中也涉及各类数据信息的管理[③]。校园的信息安全防护工作有举足轻重的地位，它不仅直接关系师生的个人隐私安全，更是国家信息安全的重要一环。随着互联网技术的迅猛发展，新兴媒体如雨后春笋般涌现，这些媒体平台成为校园突发事件的重要传播渠道，极大地加速了信息的流通和扩散，从而引发了社会各界的广泛关注。然而，与此同时，这些媒体平台也为一些社会不良分子提供了可乘之机，他们可能利用这些平台制造谣言、煽动情绪，甚至引发一些危害社会

① 佟瑞鹏：《校园安全研究进展追溯与述评》，《安全》2022 年第 8 期，第 1~17、123 页。

② 冯帮：《论中小学校园突发事件风险的预防性评估》，《中国教育学刊》2015 年第 11 期，第 67~72 页。

③ 朱斌勇：《大数据环境下高校校园网络信息安全隐患与防护措施》，《网络安全技术与应用》2024 年第 3 期，第 76~78 页。

安全的事件。

（3）校园暴力事件不断出现，并呈现低龄化、暴力化的倾向。随着近年来越来越多的校园欺凌、师生间恶性事故的曝光，师生意外伤害型突发事件也被我们单独列为一类校园突发事件，且该类型事件越来越受到社会各方关注。

目前，人类已步入风险社会，我们同时面临人身风险、心理风险、经济风险与意识形态风险。校园方面，学校管理人员专业性与能力不足，应急管理未实现现代化升级，学生心理健康问题频发，各类网络安全风险层出不穷，校园安全出现缺口①。种种类似突发事件风险具有初期的强隐蔽性与后期暴发的必然性，并将形成校园安全突发事件的演化趋势。校园应急管理能力评估则是依据一定标准对以学校为主导的各方主体联动响应解决校园及周边威胁校园安全的突发性事件的能力进行测量，其标准依据实际情况和评估目的而定，是非常多样的。

值得注意的是，除了种类多这一特点外，不同种类的校园突发事件相互之间还可能发生转变，如由地震引发踩踏事件、由人身伤害引发斗殴等②。而校园自身的脆弱性较高，特别是中小学校园学生的心智尚不成熟，身体尚在发育成长中，这决定了他们在突发事件应对中存在安全意识淡薄、自我防护能力差、反应能力弱等问题，而孩子的安全关乎家庭和社会的稳定和谐。因此，校园突发事件应对具有较高的社会关注度。

2. 校园安全突发事件的成因

国内针对校园安全突发事件成因的研究结论是多样化的。白树泉等认为校园突发事件是由多元因素交织作用的结果，包括社会、政治背景的复杂性、自然环境的不可预测性以及人为因素的不可控性。这类事件一旦发生，往往会直接影响在校学生，并可能给学校和社会带来不同程度的冲击、影响

---

① 周健：《风险社会视域下我国大学生面临的社会风险问题研究》，《中国青年研究》2019 年第 8 期，第 106~112 页。

② 寇丽平、张小兵：《论中小学校园突发事件应急能力建设》，《中国人民公安大学学报》（社会科学版）2013 年第 5 期，第 123~129 页。

甚至危害[①]。有学者指出，校园突发事件通常源于外部环境的各种因素，突然在学校内部爆发，其发生和演变并不受人的主观意愿所控制。这些事件不仅会对学校的正常运作和教育环境产生显著的负面影响，还可能对社会的稳定和公共安全造成危害，甚至可能引发广泛的社会关注和重大社会影响[②]。涂巍从根源角度对校园安全突发事件进行了细致的分类，他提出这些事件的成因主要涵盖六大类别。第一类为自然灾害，这类事件因其巨大的影响力和破坏力而备受关注，且源头控制难度极大。第二类涉及公共卫生问题，如食物中毒、疾病传播等，它们直接关联到师生的健康安全。第三类则是管理问题，这包括学校内部管理决策失误以及社会管理的疏忽等。第四类成因源于个体的心理问题，这些心理问题在特定条件下可能引发突发事件。第五类则是由一些突发的、不可预见的意外因素所导致的事件，它们往往具有偶发性和不可预测性。第六类成因与政治因素相关，这类事件多在社会动荡或政治敏感时期出现[③]。

（三）中国校园安全风险治理面临的挑战

1. 校园安全风险防范意识不足

“预防为主”是校园安全管理的基本理念方针。值得注意的是，大部分的校园安全突发事件是能够通过采取相应措施而避免的。为了避免悲剧发生，就需要坚持底线思维，增强忧患意识，提高风险防控能力，做好应对危机的思想准备、预案准备、体制机制准备、法制准备、人财物等应急保障等各项工作准备。但在实际工作中，教育系统应急管理基础性工作因不具有现实紧迫性及政绩显现性而往往被削弱，预防的重要性被忽视了。

反思学校层面，存在以下问题：（1）从风险治理领域来看，目前主要

① 白树泉、赵虎、屠丽妍：《转型期校园学生突发事件的概念、特点、类型浅析》，《内蒙古民族大学学报》2010 年第 3 期，第 88~89 页。

② 单雪强：《中小学校园突发事件风险评估的体系研究》，清华大学硕士学位论文，2010，第 15 页。

③ 涂巍：《中学学校突发事件应急管理研究综述》，《湖南科技学院学报》2019 年第 5 期，第 116~118 页。

聚焦于学校内部完善组织结构、规范财务体系和构建应急响应机制。然而，对于日益复杂多变的外部风险，尤其是非传统风险威胁，当前关注度与应对措施尚显不足。（2）从风险治理方式来看，倾向于对突发事件的“事后运动式”“打补丁式”管理，虽然能迅速显现效果，但缺乏风险的预先警示，不能从源头上预防和减少风险的发生，而且随着治理力度减弱，问题可能再次浮现，存在复发的隐患①。一些学校在预防方面敷衍了事，态度消极，一旦发生突发事件，又将责任归于“运气差”，周而复始，恶性循环。

反思社会层面，作为社会安全体系的一环，校园突发事件的解决必然需要社会各界的参与和协作。然而，当前学校在构建社会联动机制时遭遇一定困境：（1）首要问题是家庭参与缺乏深度。许多家长虽然意识到安全的重要性，但在实际行动中却显得力不从心或有所忽视。（2）街道、社区等社会联动主体在校园安全问题上积极性不高，往往认为参与校园安全管理并非其职责所在，因此在联防联动中显得较为被动。

2. 校园安全风险管理组织体系存在短板

校园安全风险管理体制的特点表现为“以政府为主导，以学校为核心，多元主体协同维护”。

校园安全风险防控以政府为主导，教育、公安、工商、消防、卫生等行政部门要负责落实各自的校园安全风险防控责任。校园安全突发事件的预防工作逐步向精细化、科学化轨道迈进，各主体的参与却存在不足：（1）各部门间风险防控职责界定不清，易出现职责交叉、权责不明、相互推诿的问题。以校园周边安全治理为例，该问题涉及公安、教育、食品安全、城市管理、交通管理、宣传部门等众多行政部门，有效治理周边安全问题困难重重。（2）行政部门各自为政、联合执法力度不够。目前针对某一校园安全突发事件一般采取的治理策略是“一阵风”式的“专项治理”“集中整治”，只做了表面功夫，长效治理机制与责任追究机制建设却未能及时跟进，这导致

---

① 彭可可、杨兆青：《韧性防控：高校应对风险社会挑战的新思路》，《北京城市学院学报》2024 年第 1 期，第 78~82 页。

治理监督的执行力度和责任追究的力度均显不足。（3）风险治理模式往往停留在政策文件层面，缺乏实质性落实和深入执行，从而易于形成“治理快、反弹快”的怪象①。（4）专业力量如校园警察、街头警察、司法人员等参与度和投入程度仍然较低②。

校园安全风险防控以学校管理为核心。校园安全突发事件发生地在学校，或者事件的发生由学校活动引起，学校是校园安全突发事件的主体，是第一响应人，在应急管理中，更能发挥关口前移、处置高效、应变迅速的应急管理能力。然而，目前部分学校仍存在应急管理机构不完善、责任不落实，风险防控策略不系统、不具体，人力、物力、资金、科学技术等应急保障资源不充足等问题。

校园安全风险防控应由多元主体协同进行。校园安全风险的类型、原因关联和体现形式的复杂性决定了诸多事件是由多种不同的原因共同合力影响的结果，校园安全应急管理涵盖多部门沟通、多方人员参与执行，需要考虑到人员、物资、关系等的协调与平衡。然而，当前学校在构建社会联动机制上遭遇一定困境：（1）部分家庭、家长在配合学校安全管理措施的执行上显得不够积极，如参与安全平台学习、协助进行风险排查等。（2）街道、社区等社会联动主体在实际互动中，常常出现懈怠、响应不及时或应付了事的现象，极大地削弱了社会联动机制在维护校园安全中的效能。

3. 校园安全风险管理机制的问题

校园安全风险评估工作缺乏系统性、全面性和标准化。具体来看：（1）风险评估对象覆盖范围不全面，或关注生产安全，或关注公共卫生，缺乏对风险类型的统一、全面划分，这容易造成在风险认知过程中遗漏、忽略一些潜在威胁，对校园安全风险的识别不到位，或无法识别。（2）风险评估指标体系不系统、不统一、缺乏标准化，主要体现在风险辨识清单的制定、风险评估标准的选择等方面还不够科学等，造成评估结果产生偏差。

---

① 代向阳：《公共治理视域下中小学校园周边安全治理对策研究——以河北省辛集市城区为例》，河北师范大学硕士学位论文，2020。

② 刘志荣：《校园突发事件的预防与应对》，《中学政治教学参考》2019年第15期，第80~82页。

校园安全风险评估工作重评估、轻防控。一些已经开展校园安全风险评估工作的地方，总体来看主要关注对校园安全风险的“辨识”和对风险的等级评估结论，而风险防控的具体手段往往还是延续了历史的经验，而不是基于风险评估结论来制定的，“风险评估”与“风险防控”之间形成“两张皮”。这与风险辨识阶段的指标设计有很大关系，例如：忽视校园安全事件中多方主体参与风险防控这一客观情况，从而没有设计各类管理主体的辨识指标；没有深入分析“人—物—环—管”等风险诱因，从而没有设计风险影响因素的辨识指标；忽视了风险之间存在关联关系，从而没有设计风险传导性指标等，导致风险评估与防控工作流于表面，无法落地。

校园安全制度及应急预案脱离实际、质量不高。制度及预案的普及和深入理解却主要局限于直接负责安全管理的领导和安保人员，未能广泛渗透到全体师生之中。这种局限导致安全管理制度的实际执行效果大打折扣，制度虽立，但执行不力，无法全面保障校园的安全稳定。

协同治理机制尚未完全建立，共享信息平台有待推广。校园安全应急管理过程中，各主体迅速、直接地获取一手有价值的信息，是他们在最短时间内作出迅速反应、采取积极有效的应对措施的前提。信息的高标准、严要求是各参与主体协同参与校园安全治理的先决条件与基石。然而，目前还缺乏高效的信息共享平台，从而引发由信息失真或信息不对称而导致的决策延误，在处理校园安全突发事件时难以抓住最佳时机，最大限度地减少损失①。

校园安全公共服务市场化机制存在缺陷。政府实施社会治理，购买公共服务是重要的一环。校园及周边安全的治理都会涉及购买公共服务，比如安保服务、保险服务等都是重要的组成部分，这些特殊公共产品或公共服务是新兴的特殊性服务行业，具有规模大、初始投资量大的特点，加上市场本身存在自发性与逐利性，使得私人企业或市场不愿意提供、难以提供，难以做到有效益。因此，在政府购买校园安全公共服务的时候也会出现相应的问题。

---

① 吴思：《高校校园安全协同治理研究——以 X 大学为例》，湘潭大学硕士学位论文，2019。

4. 校园安全风险治理法规保障力度不够

近年来，为了加强学校安全的管理与保障，相关的法律制度规范得到不断丰富和完善。2009 年的《侵权责任法》明确规定了无民事行为能力人和限制民事行为能力人在幼儿园、学校等场所发生的人身伤害事故的认定原则，这一规定为学校内部发生的学生人身伤害事故提供了明确的法律指导，从而为相关事件的妥善处理提供了基本的法律依据。2012 年的《校车安全管理条例》完善了校车安全管理的法律制度。2017 年《国务院办公厅关于加强中小学幼儿园安全风险防控体系建设的意见》对加强学校安全做了全面部署，其中也就“校闹”治理作了原则规定。此外，教育部先后单独或与有关部门联合出台《学生伤害事故处理办法》《中小学幼儿园安全管理办法》《高等学校消防安全管理规定》等部门规章，针对学校安全管理和事故处理中的突出问题，明确了相关的制度规范。

然而，目前我国专门针对学校安全的法律法规在体系化方面存在基准规范缺位、规范体系层级断代、多头立法、立法内容存在交叉重复等问题；文本内容方面也存在规范性欠缺、目的定位与逻辑起点不统一的问题①，法律法规规定较为分散且不完善。教育部虽然出台了部分行政规章，但相应规章规定较为分散、位阶较低，实际执行中也未得到很好的落实。且由于立法资源有限，制定校园安全法虽有提案但暂未纳入全国人大立法计划。②

二　校园安全风险治理的理论与实践

（一）国外校园安全风险治理的实践与经验

从全世界范围来看，英国是世界上最早建立现代学校教育制度的国家之

① 李昕：《论校园安全保障的制度现状与立法完善》，《首都师范大学学报》（社会科学版）2011 年第 3 期，第 43～50 页。

② 《关于政协十三届全国委员会第二次会议第 2730 号（政治法律类 241 号）提案答复的函》，中华人民共和国教育部网站，2019 年 9 月 25 日，http：//www. moe. gov. cn/jyb_ xxgk/xxgk_ jyta/jyta_ zfs/201912/t20191206_ 411124. html，最后访问日期：2024 年 5 月 15 日。

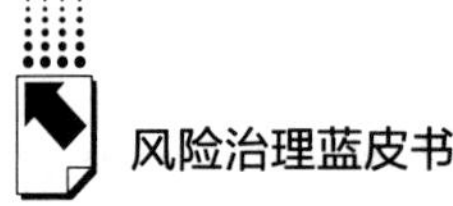

一，也是最早通过立法研究校园安全的国家①，也是最早关注校园安全并致力于解决问题的国家之一。20 世纪中期就从职业健康法案中明确校园职工的安全风险和责任，建立信托伙伴关系，将事故责任的处理转移到重视事前预防。当全球范围内逐渐重视校园安全事故后，美国、加拿大、法国、德国、日本等国家也开始从立法、安全教育、安保措施等多维度进行探讨②。总体来看，这些国家开展校园安全管理实践的特点如表 2 所示。

表 2　发达国家校园安全研究与实践的总体情况

国家	法律法规政策(示例)	管理组织	管理模式
美国	1990 年《学生知情权与校园安全法》 1994 年马萨诸塞州补充立法 1994 年《美国 2000 年教育目标》《校园禁枪法》《改善校园环境法》③《零容忍法》 2002 年《保护我们的孩子行动指南》 2003 年《学校与社区危机应对指南》 2008 年《高等教育机会法案》 其他:加利福尼亚州《学校安全综合规划法案》、纽约州《拯救计划》、佐治亚州《校园安全法》、俄克拉荷马《校园安全法》、迈克尔明格《法案》④	1903 年建立校园警察机制, 1968 年建立校园警察机构, 联邦、教育部、自治州、社区、学校,自上而下完善的管理	“多方联动、师生自治、法律建设”三轮驱动⑤
加拿大	2005 年《更安全校园:欺凌预防行动计划》 2008 年《培育校园尊重文化:提升安全和健康人际关系》 2013 年《干预和预防校园欺凌草案》 2016 年《安大略健康教育战略》	公共安全部 社区设置治安办公室、应急办公室、校园健康中心、性暴力预防和应对办公室等组织	行政管理部门、应急办公室、校园健康中心、暴力预防办公室四方协同提供服务, 确立“人人参与、人人管理”原则,调动校内服务人员、校园警察、安保人员和志愿者四方管理⑥

① 徐志勇：《英国校园安全管理的特点及其对我国的启示》，《外国中小学教育》2012 年第 4 期，第 48~52 页。

② 夏保成编著《西方公共安全管理》，化学工业出版社，2006，第 30~33 页。

③ 孙晔：《国外校园安全措施及启示》，《山东警察学院学报》2010 年第 5 期，第 118~120 页。

④ 李云鹏：《美国保卫校园的安全机制》，《外国中小学教育》2011 年第 2 期，第 62~65、42 页。

⑤ 王吉武、郭建华、姚江：《美国校园安全管理探析与启示》，《安全》2019 年第 2 期，第 51~55 页。

⑥ 刘杰、余桂红、曾雯：《加拿大大学校园安全管理：政策支持、实施及启示》，《中国地质大学学报》（社会科学版）2019 年第 1 期，第 158~167 页。

续表

国家	法律法规政策(示例)	管理组织	管理模式
法国	20 世纪 80 年代以来,颁布了相关法律《教育法典》《民法典》《刑法典》《社团法》等①	教育部	2001 年建立校园安全监测系统,2007 年实施防暴力课程教导②,2009 年设立安全机动小组,涵盖政府雇佣的专业人士、校长、教师,2011 年教育部开展光亮计划,保护教师队伍
日本	1946 年《宪法》 1947 年《学校教育法》 1949 年《中学保健计划实施纲要》 1950 年《小学保健计划实施纲要》 1954 年《教育学事典》 1958 年《学校保健安全法》 1970 年《基于日本交通对策基本法的交通安全基本计划》 2004 年《日本学校安全法》和《设施整备指针》 2006 年《学校安全法》 2012 年《学校安全推进计划》	文部科学省	从安全教育、安全管理和组织活动三个维度保障学校安全③, 五级分工合作的安全管理模式:政府、教育行政机构、学校、社会团体、社区和家长协同④

资料来源：作者依据搜集到的政策文件自行整理所得。

1. 推动立法保障校园安全

（1）英国早在 1974 年就在《职业健康和安全法案》中规定了“谁产生风险，谁管理”的原则，明确规定了教育雇主有义务保证教师和其他员工的健康、安全和福利；1999 年《职业健康安全管理条例》进一步明确

① 李晓昕：《欧洲国家校园安全管理及其启示》，《教学与管理》2018 年第 23 期，第 56~58 页。

② 刘敏、姜晓燕、金东贤、李协京、王小飞：《看看法、俄、韩、日、美的校园安全措施》，《安全与健康》2014 年第 10 期，第 32~33 页。

③ 文部科学省：《学校安全参考資料，生きる力をはぐくむ学校での安全教育》，文部科学省官方网站，2011，最后访问日期：2024 年 5 月 15 日。

④ 肖忠华：《日本中小学安全教育的经验与启示》，湖南师范大学硕士学位论文，2016。

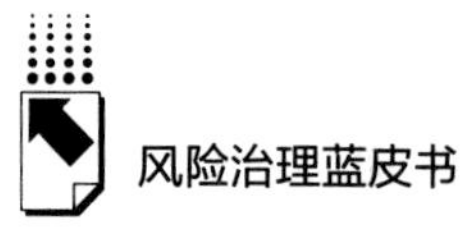

了教育雇员必须对学生的安全给予合理的照顾，必须将风险告知教育雇主[①]。英国在20世纪60年代就颁布了保护幼年、儿童和未成年人的相关法案。

（2）一系列的校园枪击案、“9·11”等事件的发生推动了美国注重教育安全体系的建设。美国校园安全立法较早，1990年的《学生知情权与校园安全法》就已经强调校园责任不只是在学校本身，要联合学校、教育部、司法部、国土安全部、联邦调查局等国家和州立部门，加上各种社区与个人，组成校园安全的综合保护体系。

（3）加拿大2005年颁布了《更安全校园：欺凌预防行动计划》、2008年《培育校园尊重文化：提升安全和健康人际关系》、2013年《干预和预防校园欺凌草案》等一系列法律法案[②]。加拿大各省制定多类适合本省的校园安全管理政策；而且大学也制定校园安全管理政策，这也是“安全校园”政策支持的核心。

（4）法国在20世纪80年代起就颁布了相关法律，包括《教育法典》《民法典》《刑法典》《社团法》等[③]。

（5）日本的校园安全方面是由学校、政府、警察、家庭和社区共同维护，结成了一张安全防控网络。自2003年池田校园惨案发生后，国家于2004年颁布了《日本学校安全法》和《设施整备指针》[④]。并于每年在社区内免费提供《防范手册》。

2. 设置专门组织推动校园安全管理工作

（1）美国的教育安全组织体系是联邦政府、州与社区、非政府组织、

---

① 徐志勇：《英国校园安全管理的特点及其对我国的启示》，《外国中小学教育》2012年第4期，第48~52页。

② 陈阳：《加拿大2030年应急管理战略及对我国韧性社区建设的启示》，《中国煤炭》2020年第2期，第106~111页。

③ 王鲲：《法国校园安全管理：机制、法规与启示》，《青少年犯罪问题》2016年第5期，第14~21页。

④ 吴慧雯：《日本："校园安全"转向"社会工程"》，《生命与灾害》2011年第3期，第9~10页。

企业进行密切合作①，形成“多方联动、师生自治、法律建设”三轮驱动的校园安全管理模式②。

（2）加拿大公共安全部承担校园安全的主要责任③，社区设置有治安办公室、应急办公室、校园健康中心、性暴力预防和应对办公室等组织④。加拿大安全管理责任主体主要集中在：校园的行政管理部门和校园安全服务的专职和兼职团体。行政管理部门包括社区治安办公室、应急管理办公室、校园健康中心以及性暴力预防和应对办公室；校园安全服务团体以校园安全管理职业工作人员和校园警察为核心，安保人员成为重要的辅助一环⑤，学生志愿者也是重要力量⑥。

（3）法国教育部下设国立教育机构安全与可及性研究所，就设施建设、校舍建筑安全标准、学校防灾防恐演习、学校卫生设施达标等问题进行审查，并每年出具统计调查报告。

（4）日本文部科学省把学校安全教育的内容细化为生活安全教育、交通安全教育和灾害安全教育三大部分。生活安全教育是让学生理解日常生活中容易发生事件、事故的内容以及发生的原因，为预防伤害、确保安全、养成自我安全行动的能力而进行的安全教育活动。交通安全教育就是教育青少年重视并设置专门的交通安全课和理论实践活动。日本所处的地理位置，使得地震、海啸、火灾等自然灾害也是校园安全的重要影响因素。灾害安全教育集中在国民普及型防灾知识和以全媒体预告方式培养学生的防灾意识和防

① Legislation. gov. uk，The Management of Health and Safety at Work Regulations 1999，http：//www. legislation. gov. uk/uksi/1999/3242/contents/made，最后访问日期：2024 年 5 月 15 日。

② 李云鹏：《美国保卫校园的安全机制》，《外国中小学教育》2011 年第 2 期，第 42、62～65 页。

③ Colorado Department of Education，Colorado Model Content Standards for Geography，GradesK-8，2001.

④ 刘杰、余桂红、曾雯：《加拿大大学校园安全管理：政策支持、实施及启示》，《中国地质大学学报》（社会科学版）2019 年第 1 期，第 158～167 页。

⑤ 池世才：《美国、加拿大保安工作一瞥》，《中国保安》2007 年第 1 期，第 52～54 页。

⑥ Campus Security，Community Education，https：//www. uvic. ca/security/safety/community/in-dex. php/，最后访问日期：2024 年 5 月 15 日。

灾技能①。

3. 探索有特色的校园安全管理模式

（1）美国探索出了学校安全服务和校外监督委员管理模式，也就是参与高校安全管理的非政府组织。学校安全服务署主要任务是为学校提供安全咨询、相关培训、校园安全评估及其他有关的安全服务。校外监督委员会则由相关人员组成，对高校内的安全管理进行监督，同时为提升高校安全管理水平建言献策。巴尔的摩市曾在 2005 年就启动了“学校—家庭—社区”合作项目②，49 所学校参与，学校、家庭和社区参与学生发展共呈现六种协助类型：履行父母职责；沟通与交流；志愿工作；在家学习；决策；与社区合作。

（2）加拿大是由各省制定多类适合本省的校园安全管理政策；大学也制定校园安全管理政策，这也是“安全校园”政策支持的核心。管理特点有：校园安全管理政策的制定由理事会下设的风险和审计委员会完成；政策涉及的范围广；利益相关方都可以参与制定校园安全管理政策；根据安全问题不断更新修订政策。

（3）日本学校安全的管理实行多层级化，建立了分工合作的安全管理模式③：政府、教育行政机构、学校、社会团体、社区和家长协同合作。具体来看：一是校内合作制度。全体教师在“生活安全”“交通安全”“灾害安全”这三方面既要相互合作又要分工明确。二是和家庭、家庭教师协会之间的协作。让家长提出宝贵意见，促进学校安全活动的开展。学校要让家长了解家庭应该承担的责任和家庭应该如何主动去承担这些责任。三是协会、区域内相关机构团体之间的协作。警察等相关专家的指导意见，对于孩子来说会起到很好的震慑效果。

---

① 沈洲：《日本中小学灾难教育的经验与启示》，《吉林省教育学院学报》（上旬）2012 年第 1 期，第 40~42 页。

② 余中根：《构建有效的校园安全防范的学校、家庭与社区合作机制——美国巴尔的摩市的经验及其启示》，《外国中小学教育》2010 年第 7 期，第 50~54 页。

③ 肖忠华：《日本中小学安全教育的经验与启示》，湖南师范大学硕士学位论文，2016。

（二）国内校园安全风险管理的理论与实践

1. 国内关于校园安全风险管理的研究现状

校园安全突发事件作为应急管理的一个特殊领域，其具有时段性、情绪性、脆弱性、连带性以及责任先定性等特点[①]。2003 年 SARS 事件以来，安全教育、提升自我保护的权利意识觉醒，注重探讨校园安全治理，并开始引入国外经验。2008 年汶川地震后，中小学校园安全研究进入新高潮，研究范围更加专业化、角度更加多元化。总体来看，代表性研究主要包括校园安全的立法研究、校园安全问题的分类[②]、校园安全管理模式、校园安全管理机制、校园安全管理评价技术[③④]、校园安全教育、校园突发事件类型及案例分析等。学者们从我国国情出发，结合国际经验提出了许多宝贵建议。

作为校园安全应急管理的重要组成部分，风险管理是应急准备中的关键一环，它能够帮助实现应急准备资源的优化配置，对应急准备工作模式实现优化重组。教育部门近年来也尝试引入风险防控机制，主动采取风险防控策略积极应对，实现“全方位”风险管理，促进“立体化”风险防范。在风险环境趋于复杂且风险机理更加多元的局面下，学者们也从多角度开展了相关研究。

（1）从建设校园安全风险管理体系的角度进行全面设计，或者从总体相关理论进行研究。比如：唐钧等学者[⑤]依靠中国人民大学危机管理研究中心这一平台，与北京市大兴区教委共同设计开发校园安全“主动防、科学管”工作体系，推行校园安全的风险治理与科学管理。该体系由学校风险

① 高小平、彭涛：《学校应急管理：特点、机制和策略》，《中国行政管理》2011 年第 9 期，第 13～17 页。

② 罗云主编《学校安全保障与事故预防》，北京师范大学出版社，2013。

③ 顾闻钟、徐勇：《学校安全管理水平评价指标体系的构建》，《中国学校卫生》2009 年第 8 期，第 685～686 页。

④ 刘上、刘春、吴先勤、陈丹：《基于事故树-层次分析法对中小学校园踩踏事故致因的研究》，《安全与环境工程》2018 年第 4 期，第 139～145 页。

⑤ 唐钧、黄莹莹、王纪平：《学校安全的风险治理与管理创新——北京大兴区校园安全“主动防、科学管”体系建设》，《中国行政管理》2011 年第 11 期，第 123～125 页。

月历、风险防范与应对指南、能力提升规划和标准流程四个部分组成，探索从预防预警、应对处置、科学管理、可持续发展等多个方面，创新风险治理，建立健全科学管理体系。付扬①从理论、制度构建、工作策略三个层面对学校安全风险进行了研究。

（2）校园安全风险管理相关的具体技术、手段、实现渠道的探讨。比如：廖程静②借鉴企业风险管理理论，结合学校安全管理工作，研究校园安全风险管理基本过程、工作内容与内在规律，制订了校园安全风险管理的基本程序。周如东等③认为风险评估是高校应急管理中的重要内容与环节，风险评估必须坚持客观性、科学性、适时性、针对性等要求，根据科学的评估程序，采用正确的评估方法，文章重点从定性评估和定量评估方法两个角度进行了研究梳理。唐钧④提出了学校安全风险防治九要点，包括从海量信息中筛选出“风险清单”、重点聚焦“高风险点”、预警是风险应对的正式启动、关注应急预案不能仅仅写在纸上、应对安全风险不是学校一家之事、关口前移是高危风险整治的必然要求、培养主体应对能力是核心、应急时“做好”与“说好”须同步、充分发挥监督考核“指挥棒”作用等。

（3）校园安全风险管理的具体领域实践研究。比如：张宇⑤选取了一个第一批国家示范校建设单位，试图分析国家示范学校项目建设过程中风险的形成机理，并提出了对应的防范措施。唐钧等⑥建议全国学校（中小学、幼儿园、幼托机构等）和教育、公安、交通、卫生、城管等多部门，从公共安全和社会治安系统的视角，以学生为中心，从学校综合风险治理入手，全

---

① 付扬：《学校安全风险及其应对策略研究》，华东师范大学硕士学位论文，2012。

② 廖程静：《新形势下学校安全风险管理应用研究》，《卫生职业教育》2018 年第 6 期，第 29~30 页。

③ 周如东、卢会志：《高等学校突发事件风险评估研究》，《世纪桥》2011 年第 13 期，第 137~138 页。

④ 唐钧：《学校安全风险防治九要点》，《人民教育》2017 年第 8 期，第 13~16 页。

⑤ 张宇：《DZXX 国家示范学校项目建设风险防范研究》，南昌大学硕士学位论文，2014。

⑥ 唐钧、龚琬岚：《学校安全风险防治的六大任务》，《人民教育》2018 年第 9 期，第 50~53 页。

面强化社会治安风险、传染病风险、交通安全风险、消防安全风险、食品安全风险、校园欺凌风险等六大高危风险的重点防治，打好学校安全的持久战。刘学元等①对高校实验室使用的危险化学品、放射源等危险物品的危险因素进行阐述，并针对性地提出通过设立并完善专职实验室安全管理机构、安全管理制度、安全培训教育、安全管理人员、安全设施等，应对实验室安全风险。殷春郁②从深圳市九年一贯制学校体育安全风险现状入手，通过论述学校体育安全风险现状，明确学校体育教学基本内容，从现有状况和认知状况两个方面入手，引出学校体育工作中存在的具体问题，并为学校体育安全风险防范提出应对策略，辅助学校体育安全教学。

针对校园突发事件的风险评估与分析能够显著增强校园安全风险管理工作的规范性和有效性，进而提升学校在面对突发事件时的管理水平和应对能力。对校园突发事件进行详尽且深入的风险评估与分析，是全面洞察学校当前面临的风险状况，以及精准识别并应对潜在危机与挑战的核心环节。这种分析不仅基于对学校实际情况的精准把握，还能为制定切实可行的改进措施提供有力支撑，从而显著提升学校的整体安全状态。可以说，校园突发事件的风险分析不仅是学校制定应急预案的基础，更是确保预案科学、有效、实用的关键所在③。

2. 国内关于校园安全风险管理的实践现状

（1）随着学校公共安全的法治化进程启动，纲领性、总体性法律法规政策逐步建立健全。涉及风险管理的重要法规包括：一是基本法，比如《校园安全法》《教育法》等。二是《教育部2018年工作要点》，其中指出制订加强高校安全稳定综合防控体系建设意见、加强学校反恐防范工作指导意见，深化平安校园建设。推动加强大中小学国家安全教育。积极应对舆

① 刘学元、李琰、刘建明：《试论高等学校实验室危险因素与风险对策》，《中国公共安全》（学术版）2011年第1期，第27~29页。

② 殷春郁：《深圳市九年一贯制学校体育安全风险现状及防范研究》，广州体育学院硕士学位论文，2017。

③ 单雪强：《中小学校园突发事件风险评估的体系研究》，清华大学硕士学位论文，2010。

情，确保平稳有序。出台教育系统网络安全事件应急预案，深入落实网络安全责任制。三是《中小学（幼儿园）安全工作专项督导暂行办法》（国教督办〔2016〕4号），其中指出要创建平安校园。开展教育系统稳定风险评估和监测。加强教育系统防灾减灾能力建设。加快学校危旧房改造，消除校舍安全隐患。巩固高等学校后勤改革成果，健全各级各类学校后勤保障机制。完善学校重大突发事件快速反应机制，健全学校安全管理制度，推进学校公共安全视频监控建设及联网应用工作，加强人防、物防、技防设施建设，确保学校食品、人身、设施和活动安全。构建预防和惩治“校园欺凌”的有效机制，防范校园恶性安全事件。探索建立学生意外伤害援助制度，完善事故处理和涉校涉生矛盾纠纷仲裁、调解机制，依法维护学校正常教育教学秩序和师生合法权益。四是国务院办公厅出台的《关于加强中小学幼儿园安全风险防控体系建设的意见》（国办发〔2017〕35号），对我国中小学风险防控体系建设提出了明确的要求。

（2）针对学校公共安全的高危风险，专项法规政策得以跟进与整改。近年来，相关管理部门对学校公共安全问题给予充分重视，对多起突发的学校公共安全热点事件及时跟进，出台专项政策以跟进和整改高危风险。与风险管理相关的专项政策包括：《中小学幼儿园安全管理办法》《学生伤害事故处理办法》《中小学校园环境管理的暂行规定》《中华人民共和国预防未成年人犯罪法》《中华人民共和国未成年人保护法》《中小学幼儿园安全防范工作规范（试行）》《教育重大突发事件专项督导暂行办法》《中小学校岗位安全工作指南》等。

（3）紧急救助行业的发展在一定程度上促进了学校公共安全的专业化。在学校公共安全事故的应急处置中，有紧急救助员或志愿者组成的救援生力军，有效减少了人才损失，控制事故影响。近年来，随着紧急救助行业的发展，学校公共安全的专业化水平有所提高，具体表现为两个方面：①紧急救助推动学校应急疏散演练。紧急救助员由于具有“制订、演练应急预案”“进行紧急救助员培训教育活动”等职业技能，能够在中小学、幼儿园应急疏散演练中发挥重要作用，是推动学校应急疏散演练的重要力量。②紧急救助促进学校公共安全教育。紧急救助员由于具有“进行紧急救助员培训教育活动，普及自救互救知识和技能”等职业技能，能够在中小学、幼儿园公共安全教育中发挥重要作用，是促进学校公共安全教育的重要力量。

同时，一些地方的教育系统也尝试性开展了校园安全的风险管理工作。法律法规的逐步健全，专项政策的不断跟进，紧急救助的技能强化，使得学校公共安全的风险防控体系初具雏形。当然，还需进一步创新。一方面，学校公共安全是个系统化的工程，包含风险评估（上游）、安全监管（中游）、应急处置（下游），对此需引入内部的风险防控机制，以实现“全方位”风险管理；另一方面，除学校管理人员和教职工外，学生家长、部分社会工作者及学生也是学校安全管理的主体，对此需引入外部的风险防控机制，促进“立体化”风险防范。因此，学校公共安全作为社会公共安全的“窗口”和现阶段的相对“薄弱环节”，急需国家和社会给予更多的关注，并采取风险防控策略：一方面，加强内部风险防控，实现主动防范，科学管理；另一方面，开展外部风险防控，建立多方联动机制，培育风险文化，最终有效防控校园安全风险。

（三）国内校园安全相关管理政策的发展

政策文本量化分析的主要过程包括：①确定文本来源。主要途径为“北大法宝”网站，以“学校”“中小学”“幼儿园”“学校安全”“安全管理”等作为关键词进行检索。作为补充，从国务院网站政策库中使用“学校安全”等关键词进行检索。②数据筛选标准及结果。对以上文件进行合并同类取并集，查看文本内容选择和学校安全管理相关的政策文件。最终确定1949年至2023年包括法律、部门规章、党内法律制度以及行政法规等文件共计242份，已被修改1份、失效12份、现行有效229份。242份文件中基本法14份、专项法196份、专项法部分条例32份。从文件类型来看，242份文件中规范性文件90份、工作性文件132份、法规4份、政府规章9份、法律文件6份、党内法规制度1份。

1. 校园安全相关管理政策的发展脉络

（1）政策发布数量以及趋势分析。1954~2023年，校园安全政策发布总体数量呈总体快速上升趋势（见表3、图2）。从1954年开始，我国发布关于校园安全管理的文件；2001年起，相关政策文件呈增加趋势，发布数量增加至5份甚至10份以上，这说明国家对校园安全重视程度不断增加，学校安全管理体系也随之更加完善。从发文内容来看，国家针对特殊事件也会格外重视，发布相关政策以规避风险，例如2011年校车事故频发，2012年4月国务院发布《校车安全管理条例》，同年7月，交通运输部响应国务院号召，发布《交通运输部关于认真做好〈校车安全管理条例〉贯彻实施工作的通知》，说明国家基于发生情况积极针对学校安全制定有关法律法规及政策，学校安全有关法律法规及政策的制定，也为学校安全管理的法治化研究提供了明确的方向，国家其他部门也会根据国家发布的政策提出相应整改措施，从而确保我国管理遵循法治原则，并逐渐趋于成熟。

表3 学校安全政策年度颁布数量（1954~2023年）

单位：份

年份	1954	1955	1956	1957	1958	1960	1980	1983	1984
数量	1	1	2	1	1	1	1	1	2
年份	1987	1988	1990	1991	1992	1993	1995	1996	1997
数量	2	2	2	1	2	1	2	2	2
年份	1998	1999	2000	2001	2002	2003	2004	2005	2006
数量	2	1	1	5	4	1	6	10	11
年份	2007	2008	2009	2010	2011	2012	2013	2014	2015
数量	12	10	15	11	6	12	4	7	5
年份	2016	2017	2018	2019	2020	2021	2022	2023	
数量	10	7	10	5	10	21	15	14	

资料来源：作者依据从“北大法宝”和国务院网站中搜集到的政策文件自行整理所得。

（2）政策文种呈现多样化发展。242份政策文本中，文种及其数量分别为通知195、通报1、意见19、办法3、规定4、公告1、条例3、通

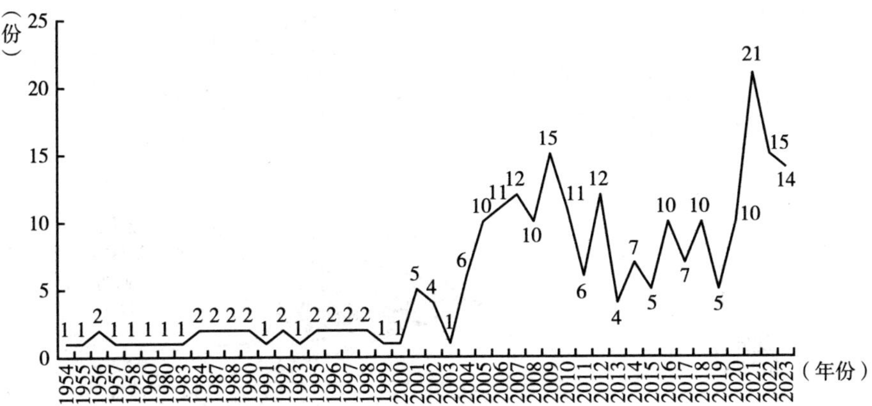

图 2　学校安全政策颁布数量

资料来源：作者依据搜集到的政策文件自行整理所得。

告 2、报告 1、措施 1、指示 4、法律文件 6、其他 2 共 13 种（见表 4 和图 3）。具体来看：虽然类型多样，但结构仍以通知、意见、法律文件、规定、指示为主。提出工作举措的“通知”类占比第一，共 195 份（占比 80.58%）；第二是“意见”类共 19 份（占比 7.85%）；第三是提出具体规定的“法律文件”类，共 6 份（占比 2.48%）；第四是“规定”类，共 4 份（占比 1.65%）。由此可见，通知、意见、法律文件、指示及规定类政策文本数量最多，总占比为 94.21%。说明我国越来越按照“依法依规”治理的原则，进行校园安全管理、监督工作，完善我国的学校安全制度，防范化解学校存在的各种安全风险，捍卫校园安全的底线。

表 4　校园安全政策文种统计

文件类别	通知	意见	法律文件	规定	指示	办法	条例	通告	其他	通报	公告	报告	措施
数量(份)	195	19	6	4	4	3	3	2	2	1	1	1	1
占比(%)	80.58	7.85	2.48	1.65	1.65	1.24	1.24	0.83	0.83	0.41	0.41	0.41	0.41

资料来源：作者依据从“北大法宝”和国务院网站中搜集到的政策文件自行整理所得。

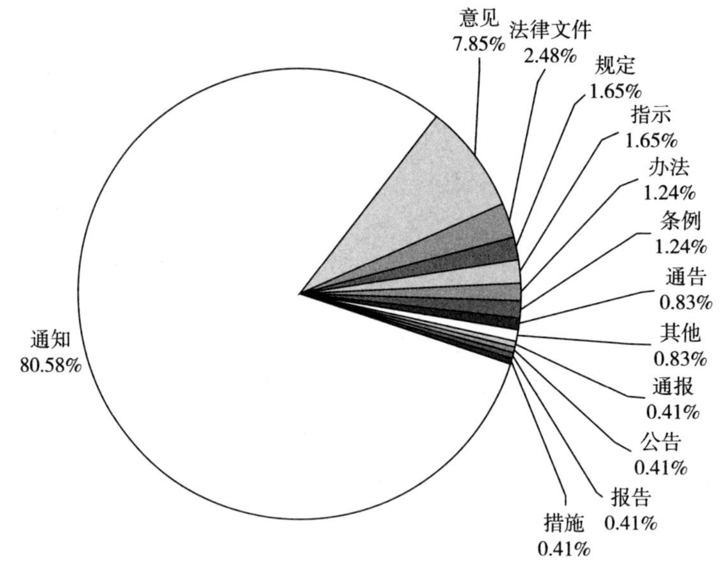

图 3　校园安全政策文种结构

资料来源：作者依据从“北大法宝”和国务院网站中搜集到的政策文件自行整理所得。

（3）校园安全政策发展阶段划分。根据校园安全所关注的突发事件类型，结合当前我国对校园安全的总体要求，新中国成立以来校园安全政策的发展可以划分为 5 个阶段（见表 5）。

表 5　校园安全政策变迁过程

阶段	法规政策	突发事件类型	校园安全政策高频词
初步建立阶段（新中国成立之初~1989 年）	《中华人民共和国义务教育法》等基本法	事故灾难、公共卫生事件、社会安全事件	安全教育、保护未成年人、学校安全
积极探索阶段（1990~2001 年）	《中华人民共和国未成年人保护法》等	校园建筑物倒塌、溺水事故、食物中毒等	事故处理、综合治安、安全教育
稳步确立阶段（2002~2009 年）	《学生伤害事故处理办法》《中小学幼儿园安全管理办法》等	公共卫生类、自然灾害类、人身安全类等	校园安全、风险预防、学生伤害
专业发展阶段（2010~2015 年）	应急管理相关政策	地震、海啸等自然灾害及事故灾难	应急管理、事故导向、风险防控

续表

阶段	法规政策	突发事件类型	校园安全政策高频词
地位提升阶段（2016~2024年）	依法治教相关政策	网络安全、招生咨询及考试类突发事件等	依法治教、风险管控、校园安全文化

资料来源：作者依据从“北大法宝”和国务院网站中搜集到的政策文件自行整理所得。

初步建立阶段（新中国成立之初~1989年）。新中国成立初期，我国的教育事业逐渐步入正轨，伴随着对未成年人保护和义务教育的重视，相关的法律法规开始出台。这些法规主要聚焦于学生的基本权益保护和学校的日常管理，如1984年5月4日发布的《教育部办公厅关于坚持正面教育，严禁体罚和变相体罚学生的通知》、1986年4月12日通过的《义务教育法》、1987年8月13日发布的《国家教育委员会关于在中小学严格制止宣扬凶杀、色情、迷信等有害书刊流传的通知》、1988年发布的《公安部关于切实加强校园治安保卫工作的通知》等，共15份文件。虽然这些法规并没有直接提及“校园安全”的概念，但它们为后续的校园安全政策奠定了基础，确立了学校安全工作的基本方向。

积极探索阶段（1990~2001年）。进入20世纪90年代，我国的教育事业进入快速发展期，校园安全问题也逐渐凸显。在这一阶段，我国开始积极探索校园安全政策。如1991年9月4日制定的《中华人民共和国未成年人保护法》规定了未成年人的相关权益，相关部门也陆续发布了一系列关于学校卫生、安全管理和事故处理的政策文件，如1990年6月4日发布《学校卫生工作条例》、1991年6月21日发布《国家教委办公厅关于加强幼儿园安全工作的通知》、2001年6月1日发布《卫生部办公厅、教育部办公厅、公安部办公厅关于进一步加强学校食品卫生安全管理工作的通知》，共发布21份文件。这些政策开始关注学生的身心健康和学校的日常管理，为校园安全治理提供了更加具体的指导。

稳步确立阶段（2002~2009年）。进入21世纪，校园安全问题得到越来越多的关注。在这一阶段，校园安全政策稳步确立。2002年8月21日，

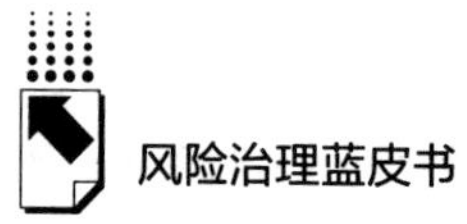

教育部发布了《学生伤害事故处理办法》，为处理学生伤害事故提供了明确的法律依据。随后，2002 年 9 月 20 日发布《学校食堂与学生集体用餐卫生管理规定》，2006 年 6 月 30 日发布《中小学幼儿园安全管理办法》，等等。32 份文件的出台，进一步明确了校园安全管理的职责和要求。这些政策的发布，使得校园安全管理工作开始步入正轨，学校安全工作的责任体系逐渐完善。

专业发展阶段（2010~2015 年）。随着社会的快速发展和教育改革的深入推进，校园安全政策进入专业发展阶段。在这一阶段，相关政策开始更加注重风险防控和应急管理。2007 年 8 月 30 日通过的《中华人民共和国突发事件应对法》进一步明确了突发事件的分级标准、规定了突发事件应对工作的原则和方针，为学校应对突发事件提供了应急管理体制的参考。2007 年 2 月 7 日发布的《中小学公共安全教育指导纲要》，则为学校开展公共安全教育提供了指导；2012 年 4 月 5 日《校车安全管理条例》出台，提出要加强对校车安全的监管。82 份政策文件的实施，使得校园安全管理工作更加专业化、系统化，提高了学校应对突发事件的能力。

地位提升阶段（2016~2024 年）。近年来，校园安全问题日益受到社会的广泛关注，校园安全政策的地位也得到了显著提升。在这一阶段，相关政策更加注重依法治教和风险管控。例如，2016 年 4 月 13 日发布《教育部办公厅、中国银监会办公厅关于加强校园不良网络借贷风险防范和教育引导工作的通知》，2017 年 4 月 28 日发布《国务院办公厅关于加强中小学幼儿园安全风险防控体系建设的意见》，等等。92 份文件的出台，为构建完善的校园安全风险防控体系提供了指导。同时，随着心理健康问题、校园欺凌等新型安全问题的出现，相关政策也开始关注这些领域的治理。这些政策的实施，使得校园安全管理工作更加全面、深入，为创建平安、和谐的校园环境提供了有力保障。

2. 2023年的重点政策与特点

2023 年校园安全重点政策共计 16 项（见表 6），政策特征表现如下。

表 6　2023 年校园安全重点政策

成文日期	政策名称	政策内容主体	发文机关
2023 年 2 月 8 日	教育部办公厅关于印发《高等学校实验室安全规范》的通知	实验室安全	教育部
2023 年 2 月 9 日	国家市场监管总局办公厅、教育部办公厅、国家卫生健康委办公厅、公安部办公厅关于做好 2023 年春季学校食品安全工作的通知	食品安全	国家市场监督管理总局;教育部;国家卫生健康委员会;公安部
2023 年 2 月 14 日	教育部办公厅关于做好当前疫情形势下学校体育工作的通知	疫情防控	教育部
2023 年 2 月 27 日	教育部办公厅　国家卫生健康委办公厅、国家疾病预防控制局综合司关于印发高等学校、中小学校和托幼机构新型冠状病毒感染防控技术方案(第七版)的通知	疫情防控	教育部;国家卫生健康委员会;国家疾病预防控制局
2023 年 3 月 23 日	教育部思想政治工作司关于组织开展 2023 年全民国家安全教育日活动的通知	安全教育	教育部
2023 年 3 月 30 日	教育部办公厅关于开展第二批全国学校急救教育试点工作的通知	急救教育	教育部
2023 年 5 月 19 日	国家市场监管总局办公厅关于加强 2023 年高考中考期间校园食品安全监管工作的通知	食品安全	国家市场监督管理总局
2023 年 6 月 26 日	教育部关于发布教育行业标准《高等学校实验室消防安全管理规范》的通知	实验室安全	教育部
2023 年 7 月 26 日	教育部　国家消防救援局关于做好《高等学校实验室消防安全管理规范》宣贯工作的通知	实验室安全	教育部;国家消防救援局
2023 年 8 月 24 日	市场监管总局办公厅　教育部办公厅　公安部办公厅　国家卫生健康委办公厅关于切实加强 2023 年秋季学校食品安全工作的通知	食品安全	国家市场监督管理总局;教育部;国家卫生健康委员会;公安部
2023 年 8 月 25 日	教育部思想政治工作司关于组织开展 2023 年国家网络安全宣传周校园日活动的通知	网络安全	教育部

续表

成文日期	政策名称	政策内容主体	发文机关
2023 年 11 月 3 日	教育部办公厅关于做好第二批全国学校急救教育试点建设和管理工作的通知	急救教育	教育部
2023 年 12 月 4 日	教育部办公厅关于做好冬季学校流行性疾病防控工作的通知	疾病防控	教育部
2024 年 1 月 10 日	国家市场监管总局、教育部、工业和信息化部关于加强重点儿童和学生用品安全管理的公告	用品安全	国家市场监督管理总局;教育部;工业和信息化部
2024 年 3 月 5 日	教育部办公厅　国家消防救援局办公室关于印发《中小学校、幼儿园消防安全十项规定》的通知	消防安全	教育部;国家消防救援局
2024 年 4 月 7 日	司法部　全国普法办关于开展 2024 年全民国家安全教育日普法宣传活动的通知	安全教育	司法部;全国普法办

资料来源：作者依据从“北大法宝”和国务院官网的检索结果自行整理所得。

（1）从内容来看，主要围绕“实验室安全”“食品安全”“疫情防控”“安全教育”“网络安全”“用品安全”等方面展开。实验室是校园内安全事故易发地之一，政策要求各学校加强实验室安全管理，完善消防设施，定期进行消防演练，提高师生的消防安全意识和应急处理能力。同时，还强调对易燃易爆物品和危险化学品的严格管理，防止火灾和爆炸事故的发生。食品安全政策要求学校食堂和周边餐饮点必须严格遵守食品安全法规，确保食品来源安全、加工过程卫生。同时，还加强了对食品从业人员的培训和管理，提高其食品安全意识和操作水平。新型冠状病毒传染病疫情在 2023 年仍然存在校内传播的巨大风险，政策要求学校加强传染性疾病的监测和报告工作，建立健全防控机制，同时还加强了对校园环境的清洁和消毒工作，提高了师生的传染病防疫意识和能力。安全教育是预防校园安全事故的重要途径，政策要求学校将安全教育纳入课程体系，定期开展安全知识讲座和应急演练。通过教育活动，师生能够掌握基本的安全知识和应急处理技能，提高自我保护能力。随着互联网的普及，网络安全问题日益突出。政策要求学校加强校园网络监管，防范网络诈骗、网络欺凌等网络安全事件的发生。同时还加强了对师生的网络安全教育，提高了他们的网络素养和防范意识。校园内的各类用品也是安全事故的潜在风险点，政策要求学校加强对校园用品的管理和检查，确保用品的质量和安全。对于存在安全隐患的用品，学校应及时进行更换或维修，避免发生安全事故。

（2）从主体（发文机关）来看，首先表现为参与主体多元化，既有多个不同的政府部门参与，也有国家卫生健康委员会、全国普法办参与制定政策文件，形成多元共治的治理格局。其次，根据发文频次，可以得知教育部门主要和两类政府部门合作密切，一类是公安部、司法部和国家消防救援局等部门，所发布的政策内容多与消防安全建设、普法教育活动等主题相关；另一类是国家卫生健康委、国家疾病预防控制局和国家市场监督管理总局，所发布的政策内容多与传染病防控、食品安全、儿童和学生用品安全管理主题相关。

（3）从发文时间来看，首先，政策的发布会与时间节点有关，比如2023年初，新型冠状病毒传染病疫情在校园内的传播风险不断增大，因此政策对传染病疫情的防控给予了高度重视。2023年末，冬季流行性传染性疾病对校园影响较大，政策要求学校加强传染性疾病的监测和报告工作，建立健全防控机制。其次，政策内容会随着具体情况和时间的演变而作出调整，比如全民国家安全教育日普法宣传活动随年份而不同，2023年的活动内容会在2024年的活动中有所改进，顺应时代发展情况。

3. 校园安全政策存在的问题

（1）政策宣传普及不足。虽然政策已经发布，但部分师生和家长对政策内容了解不够深入，缺乏足够的安全意识和防范能力。这导致一些安全隐患被忽视，增加了事故发生的风险。应通过举办安全教育活动、制作宣传资料等方式，提高师生和家长的安全意识，让他们了解并遵守相关政策规定。

（2）政策内容可能不够全面和具体。校园安全问题涉及多个方面，包括自然灾害事件、事故灾难事件、社会安全事件、师生意外伤害事故、公共卫生事件等。当前政策没有覆盖到所有关键领域，或者对某些问题的规定不够明确，会导致安全隐患的存在。针对自然灾害事件、事故灾难事件、社会安全事件、师生意外伤害事故、公共卫生事件等重点领域，制定更具体、更有针对性的政策规定，确保全面覆盖校园安全的各个方面，为校园安全提供有力的制度保障。

（3）政策之间的衔接和协调存在问题。不同的校园安全政策由不同的部门或机构制定，如果这些政策间缺乏有效的衔接和协调，就可能会导致政策执行过程中出现冲突和重复的情况，从而削弱政策整体的效果。在制定校园安全政策时，应注重各部门之间的沟通和协作，确保政策之间的连贯性和一致性。同时，建立信息共享和联动机制，提高应对校园安全事件的能力。

（4）政策执行力度不够。一些学校在落实校园安全政策时，存在执行不到位、监管不严的情况，导致政策效果不如人意。这与学校的重视程度、资源投入以及人员配备有关。学校应提高重视程度，加大资源投入，配备足够的人员来确保政策的落实。同时，加强监督检查，对执行不力的学校进行问责和整改。

三　2023年校园安全风险治理案例分析

（一）校园安全典型突发事件案例分析

1. 武汉弘桥小学小学生校内被撞身亡

2023 年 5 月 23 日中午，在湖北省武汉市汉阳区弘桥小学内，一名一年级学生在校园里被老师开车碾轧后送医抢救无效死亡。

（1）事件原因：首先是校园交通环境管制措施的缺失。由此事件可知，弘桥小学的交通管理措施存在缺陷，在校园内车辆与行人未能被有效分隔，增加了事故发生的风险。其次，涉事教师驾驶安全意识不足。老师在校园内驾驶时未能充分注意到行人，且其对校园内交通安全的重视程度不够，这进一步促使了事故的发生。

（2）教训启示：通过这起校园内发生的交通事故，我们认识到校园交通安全管理的重要性。首先，学校应加强对校园交通的监管，通过制定并执行全面的校园交通管理方案，包括设立明确的车辆通行道路、限速措施、交通标志标线等，确保行人和车辆分离，提高交通安全性。其次，学校应通过定期开展交通安全教育活动，提高师生的安全意识，确保校园交通的有序和安全。与此同时，及时的应急响应机制也至关重要。事故发生后，学校应立即通过紧急报警系统通知相关部门，并按照应急方案进行紧急救援。此后，学校应积极帮助受到事故影响的师生及家属应对心理创伤。

武汉弘桥小学交通事故是一起令人痛心的事件，该案例给我们校园交通安全管理敲响了一记警钟。学校应通过加强交通管理、提高安全意识、建立监测机制并做好积极的应急准备工作，预防类似事故再次发生，为师生创造一个更安全的校园环境。

2. 齐齐哈尔第三十四中学校重大坍塌事故

2023 年 7 月 23 日 14 时 56 分，黑龙江省齐齐哈尔市龙沙区齐齐哈尔市第三十四中学校体育馆楼顶发生坍塌，齐齐哈尔市消防救援支队迅速调集力量赶赴现场开展救援。经核实，事故发生时，馆内共有 19 人，其中 4 人自行脱险，15 人被困。该事故造成 11 人死亡、7 人受伤，直接经济损失 1254.1 万元。

事件原因：首先，作为主要风险点位，该体育馆的建筑结构存在严重的安全隐患。其建筑材料缺陷、施工质量问题是导致此次事故发生的主要风险源。其次，相关监管部门在校园建筑的验收和定期检查中可能存在疏漏，未能及时发现和消除潜在的安全问题。

教训启示：在校园安全管理中，应注重加强建筑结构的安全管理并建立健全校园建筑监管机制。学校需定期对校园内的建筑物进行安全检查和维护，确保建筑结构的安全性，并及时修复和加固存在问题的建筑物。相关部门应加强对校园建筑工程的监管，加强对施工过程和建筑质量的检查，确保建筑符合安全标准。本次危机发生后，齐齐哈尔市消防救援支队迅速调集力量赶赴现场进行救援，加强与相关部门的协调合作，确保救援工作有序进行。在校园日常管理过程中，学校还应定期组织安全疏散演练，培养师生应对突发事件的应急能力，强化自救和互救意识。通过建立健全的应急响应机制，保障校园师生的生命安全。

3. 河南南阳英才学校学生宿舍火灾

2024 年 1 月 19 日，河南省南阳市独树镇砚山铺村英才学校一宿舍发生火灾。此次校园火灾事故造成 13 人遇难、1 人受伤。

事件原因：该学校系寄宿制民办学校，火灾发生当天，由于学校自行决定双周休息一次，因此周五晚上仍有部分学生未能离校。事故建筑共四层，火灾现场为该建筑三楼 305 宿舍，面积约 56 平方米。该宿舍共设置两个门，其中一个门夜间不落锁。事发当晚，宿舍住有 32 名三年级男学生和 1 位老师。23 时，消防大队接警并赶赴现场，38 分钟后明火被扑灭。除死伤学生外，共有 294 名学生被安全疏散。此次事故的原因仍在调查中，但此次事故凸显了校园安全管理中存在的风险隐患——缺乏有效的火灾报警系统、灭火设备和逃生通道等安全设施。

教训启示：通过这起宿舍火灾事故的案例分析，我们要认识到校园火灾预防和安全管理的重要性。学校应加强对师生的火灾预防教育，需完善安全设施，配备有效的火灾报警系统、灭火设备和逃生通道，并定期维护检查，确保其正常运行和可靠性。此外，学校应定期组织火灾应急演练，提高师生的应急反应能力。在事故发生时，学校应确保快速响应、配合救援，对受灾师生提供心理疏导。通过应急响应与支持，将事故的危害降到最低。

（二）校园安全风险治理地方实践：北京“校园安全岛”

2023 年 11 月 10 日，习近平总书记到门头沟区妙峰山民族学校考察时，肯定了学校在这次防汛抗洪中成功避险，而且很好发挥了“安全岛”作用，同时指出要用好这一生动教材，开展安全教育，提升孩子们的安全意识和避险能力。门头沟区委区政府坚决贯彻落实习近平总书记重要指示精神，多次就灾后重建及建立防灾减灾长效机制作出部署。北京市教委第一时间对校园“安全岛”相关经验教训进行梳理总结，以妙峰山民族学校为试点，将其改造升级为“校园安全岛”，探索平急两用校园“安全岛”的新范式。

1. 实践启示：解锁学校新功能、新价值

海河“23・7”流域性特大洪水使门头沟区遭受巨大损失，人民生命财产安全受到严重威胁。面对百年一遇的流域性特大洪水，门头沟区教育系统虽然受到了不同程度的损失，但学校经受住了洪水巨灾的考验，发挥了“安全岛”的作用，并在此次抗洪抢险中积累了宝贵经验，摸索出一些行之有效的措施。

（1）平急转化，学校成为暴雨横流时的“安全岛”。汛情来临前，将全区各校划分为北城学校、南城学校、山区学校三个片区，分区、分类、有针对性地统筹调度防汛工作，号召各校主动向所在镇街和社区、村庄报到，“打开校门”主动参战；灾情发生后，学校干部迅速融入属地应急指挥体系，腾出宿舍、教室等先后安置避险村民、建筑工人、抢险抢修人员、武警官兵、指挥调度人员共 7331 人。京师实验中学、八中京西校区、王平中学等被作为救灾物资转运点，干部师生协助接收、搬运物资。妙峰山民族学校、三家店小学、东辛房小学等被作为灾民安置点，接雨水冲洗厕所、打扫卫生、清淤消毒，向居民开放图书室、教室以供参观交流、心理疏导，用教育人的大爱倾心做好服务保障，学校成为防汛救灾中的“洪水高地”和“文明灯塔”。

（2）功能转化，学校成为多功能应急避险的“安全岛”。这次抗洪避险充分体现了“教育优先”的成果，学校的选址和建筑是周边最高、最坚固的，学校日常维护是最扎实的，学校各项监督管理是最严格的。全区学校作为区域内临时避难场所，在此次防汛抗洪中发挥了重要的作用，成为生命安全基地。一些学校特别是山区学校被作为属地政府抗洪救灾指挥救援的大本营、救灾物资收发中转的集散点、受灾群众临时避难居住的安置中心，为大批群众成功避险提供了强有力的保障。每一所山区学校不仅是临时应急避难场所，也是救援行动的重要基地。在灾难发生后，100 余支救援队伍在学校集结，进行救援物资的发放、救援力量的协调以及灾情信息的收集和传递等工作。学校还为救援人员提供了一个休整和补充物资的场所，确保高效开展对失联地区的救援行动。学校成为心理纾解基地。灾难事件往往会给人们带来巨大的心理压力和恐慌情绪。由区域心理健康辅导站牵头，心理健康教师、班主任共 732 人，组成心理健康突击队，通过团队辅导、线上一对一咨询、线下面对面咨询等方式，对全区所有教职工、学生家长及部分受灾安置居民开展心理疏导，缓解其紧张情绪，助其重建信心。

（3）资源转化，学校成为安全避险教育的“安全岛”。门头沟区将海河“23·7”流域性特大洪水灾害转化为师生科学探究的实验室和“活教材”，创设真情境、触及真问题、助推真探究。实施“柴扉计划”和“安全岛计划”，把校园围墙灾后重建项目作为生态教育的“绿黑板”，通过平急两用校园“安全岛”研究开展科学防灾减灾教育。例如，学生借助数学建模，探究适宜的围墙高度可以使围栏更坚固等，并联合属地政府、派出所、消防救援站等部门，开展安全教育活动，提高师生安全防范意识和自我防护能力。

2. 校园安全岛是基层应急体系建设的重点

经过多年的探索与实践，我国基层应急管理已经探索出许多行之有效的方法与模式，安全岛建设不是另起炉灶，而是以基层减负为重要前提，在既有模式基础上，强弱项、补短板、拓功能，整合资源、平战结合、推动共享。校园是基层治理的重要一环，受到社会各界高度关注，其选址和建筑更安全、日常维护更扎实、各项监督管理更严格，师生素质比较高、配合度强、沟通协调顺畅，因此选择校园作为各类安全岛建设的示范领域，能够在更短时间内出成果、出经验。从定位来看，校园安全岛建设是基层应急管理体系建设的深化与创新，是基层应急管理体系建设力量下沉、保障下倾、关口前移的重点；校园既是日常安全教育培训的重要场所，也是发生大灾、巨灾平急转换后，基层政府开展灾民安置、应急物资调运、应急指挥与调度、应急队伍临时集结等活动的重要场所。

3. 推动校园安全岛平急两用模式建设

校园安全岛以人民安全为宗旨、以学校为主体，设置在公共安全风险环境中、为师生和周边居民提供一个有形或无形的安全保护空间，通过建立一整套应急管理机制与防护策略，整合其辐射范围内的各类应急资源，实现灾时对内维护师生安全和权益，对外提供一定程度的安全保障与支撑，从而达到有效防控风险和处置突发事件、降低威胁和损害的目的。从本质来看，校园安全岛对内是联系师生、对外是联系群众和接入家庭的“最后一公里”，直接决定着应急管理工作的成败。从管理理念来看，校园安全岛强调风险意识、主动防范。从存在状态来看，在一定的空间范围内可以表现为单一岛或者群岛两种类型。从运行模式来看，主要形成点、面、线（链）、网络等四种结构。从层级划分来看，根据安全岛及其辐射范围的规模与应急能力，可以划分为多个等级，针对不同等级规划具体的建设内容。

校园安全岛平急两用模式表现为：以全面风险分析为前提，确定校园安全岛在不同情景下所应具备的基本功能与任务；探索当风险转为突发事件，平急转换后的行动路线与策略，以确保岛内稳定与安全为前提，解锁新功能、探索新价值，承担相应的社会应急服务。其建设模块可以总结为“4 大情景+8 大功能任务+平急转换场景”。

（1）构建校园安全岛四大情景。对所处环境风险情景的分析，是校园安全岛功能任务建设的前提。校园安全岛的风险情景可以划分为自然灾害、事故灾难、公共卫生事件、社会安全事件四大类。在时间维度上，每类情景又可以划分为预防与应急准备（事前）、监测与预警（事发）、应急处置与救援（事中）、恢复与重建（事后）四个阶段。其中，在事前阶段，管理对象主要是风险，校园安全岛主要开展常态化应急管理基本功能建设；在事中及之后的各阶段，管理对象是突发事件，校园安全岛主要进行应急处置工作的安排。针对不同的情景，按照“底线思维”的原则，选择巨灾场景开展校园安全岛情景构建的试点工作。

（2）完善校园安全岛八大功能任务。针对所面临的风险情景，校园安全岛应完善全流程的应急管理工作机制，包括宣传教育、韧性建设、制度准备、人力保障、资金物资、决策指挥、应急信息、公共服务等 8 大功能任务。针对每一项功能任务，制定应急任务清单，回答“做什么”“如何做”“为什么做”“谁来做”等问题；同时，对执行应急任务应具备的各种能力与资源进行分析，主要了解：“是否有合适的组织架构、运行机制、资源保障来完成任务”。

（3）探索平急转换场景下的新功能、新价值。平急转换的目的是迅速调动集结资源与力量应对突发的紧急情况，保障安全和稳定。校园安全岛8大功能任务平急转换的核心是：以确保岛内自身安全与稳定性为前提，在一定范围内承担社会服务功能，实现校园安全岛公共安全教育、救助安置避难、应急队伍中转、应急物资集散、社会动员集中、指挥调度协调、信息通信保障、心理纾解援助等功能的转化。研究这些功能中：各类应急主体的参与层级、承担职责、参与程度及参与启动机制；安全岛内外应急资源的协调、调度、征用机制及启动条件；岛内与岛外互相开放的底线标准，一是确保岛内稳定的最低标准，二是对外提供应急资源、开展支撑工作的标准，应在不影响岛内正常运行的前提下进行。

四　校园安全风险治理发展展望

全过程的应急管理应当包括突发事件的事前、事发、事中、事后的整个管理过程，然而，其管理对象从本质上讲还是“突发事件”本身。为了从最基础的层面实现应急管理工作“关口前移”，就需要从“事件”管理往前进一步延伸到对“风险”的管理。同时，成功的应急管理工作不能限于动员整个社会资源有效地应对“事件”和“风险”，还要站在“治理”的战略高度，整合多方力量，从公共治理结构等更基础的层面改善和确保整个社会在常规和非常规状态下的稳定运行。因此，未来校园安全突发事件的应急管理工作应当在完善全过程应急管理的基础上，充分提升风险管理工作的战略高度，促使朝着风险与应急管理并重的整合式公共安全治理模式进行转变。作为一种更主动、更积极、更前沿的管理手段，风险管理将在提升校园安全应急管理能力和管理水平中起到越来越基础的作用。

公共治理的目标是促进各行为主体积极参与处理公共事务，在共同利益基础上，通过协调和合作，保证公共决策的科学性，并实现公共利益最大化。而构建校园安全风险治理格局就是要鼓励所有的行为主体能够主动参与和处理校园突发事件，这是构建我国校园安全风险治理结构的核心与基础。

当前我国在校园安全综合风险管理体系方面的研究与实践还比较薄弱，体现在校园安全综合风险治理相关的法律法规、组织体系、运行机制、科技支撑、社会风险意识等方面。针对目前我国应对校园安全风险压力增大的紧迫需求、校园安全风险治理综合体系缺乏以及相关概念（应急管理与风险治理）容易混淆的现状，建立风险治理综合体系的重要性不言而喻。因此，校园安全战略应从应急管理转向综合风险治理与应急管理并重，从事后应对转向主动保障，实现校园安全风险治理的制度化、常规化以及合理化，从而在更基础的层面提高学校应急管理效率。

参考文献

陈喜顺：《学校安全教育与管理策略探索——评〈学校安全〉》，《安全与环境学报》2023 年第 2 期。

陈艳：《基于安全教育的校园应急治理机制建设策略——评〈校园应急管理〉》，《中国安全生产科学技术》2021 年第 6 期。

冯华：《基于公共治理思维的小学安全管理工作开展——评〈中国学校安全治理研究〉》，《安全与环境学报》2022 年第 2 期。

冯劲涛、郭泽邦、李志华：《大学校园应急响应机制研究》，《中国高等教育》2020 年第 5 期。

韩自强：《综合校园安全建设与评估框架建构》，《国家治理与公共安全评论》2020 年第 1 期。

蒋文林：《风险规制下的学校安全管理策略——评〈中小学校园安全风险规制研究〉》，《安全与环境学报》2023 年第 8 期。

卢红、强源：《20 年来我国学校安全研究：热点、演进与展望——基于 CiteSpace 的知识图谱分析》，《教育理论与实践》2023 年第 1 期。

马宁奇：《校园安全事故问责制的思考》，《当代教育科学》2011 年第 14 期。

王书欣：《基于风险防控理念推动校园安全教育与管理——评〈校园安全事件风险分析〉》，《安全与环境学报》2023 年第 4 期。

王献甫：《校园安全风险防控机制建立与完善措施探索——评〈中小学安全风险防控机制研究〉》，《中国安全生产科学技术》2021 年第 6 期。

王延钊：《基于风险管理的校园安全事故预防策略——评〈校园安全事故预防与安全文化建设〉》，《安全与环境学报》2024 年第 5 期。

王芝眉：《风险社会视域下校园危机管理能力提升的路径》，《教学与管理》2013 年第 12 期。

张静：《校园欺凌问题的社会化成因及协同防治策略》，《教育理论与实践》2022 年第 19 期。

案例报告

B.12

气候变化背景下的风险治理

——以京津冀23·7暴雨洪涝灾害为例

房志玲　王　冀　刘铁忠　张金玲*

摘　要：　“23·7”极端强降雨过程给京津冀带来严重的暴雨洪涝灾害，人民生命财产受到威胁，经济损失巨大。形成机制分析发现，在台风“杜苏芮”“卡努”和副高的共同影响下水汽条件充沛，受双台风的水汽输送影响，强水汽辐合的持续时间非常长，主要集中在太行山东麓，稳定的“高压坝”使得台风“杜苏芮”残余环流移速慢，降雨持续时间长。应对措施分析结果表明，各级政府在预警、应急响应与救援、社会宣传等多方面均采取了积极和有效的措施，取得了很好的效果，也暴露出应对极端灾害韧性应急设施建设、天气预报能力和公众对预警认知等方面的不足。本文从四个方面给出防范大灾的建议和措施：在政策法规方面，完善灾害预防相关法规，

* 房志玲，北京市气象局高级工程师，研究方向为气象防灾减灾服务与管理；王冀，北京市气候中心正研级高工，研究方向为气候系统与气候变化；刘铁忠，北京理工大学管理学院教授，研究方向为风险分析与危机管理；张金玲，青岛市气象局工程师，研究方向为气候变化。

制定高标准的规划政策，强化京津冀区域应急响应和救援机制，进一步推动区域协同治理；在技术研发方面，加强监测预警体系建设，深化区域性极端天气气候机理研究；在社会参与方面，加强科普宣传以提高全民防灾减灾避灾意识和自我保护能力，构建多元化、系统性的巨灾风险沟通渠道和机制，加强防灾救灾和逃生技能培训；在风险治理与重建方面，强化风险治理规划，加强监测预警与通信设施建设，进一步健全灾害风险预警体系以强化京津冀大区域联动，加强全球气候变化情景下洪涝等灾害的风险防范应对。

关键词：　“23·7”暴雨　气候变化　风险治理　京津冀

全球气候变暖加速演进背景下，气候系统更加不稳定，极端天气气候事件频发，突发性和不规律性更加突出。2023 年 7 月 29 日至 8 月 2 日，京津冀地区遭遇了特大暴雨灾害，北京市特大暴雨历史罕见。气候变化背景下，超大城市防灾减灾风险治理、自然灾害应急能力提升及综合防治体系建设成为当前社会高度关注的议题。

一　京津冀“23·7”暴雨洪涝灾害特征

（一）暴雨洪涝灾害总体情况

2023 年 7 月 29 日至 8 月 2 日，台风“杜苏芮”残余环流携丰沛水汽北上，受到华北北部“高压坝”拦截，加上太行山和燕山山脉地形抬升等共同作用，京津冀地区出现一轮历史罕见极端暴雨事件（以下简称“京津冀 23·7 暴雨”）。总体来看，本次事件具有降雨量大、极端性强、影响范围广等特点。

（二）23·7极端强降雨情况

1. 累计雨量大，单站降雨量破历史极值

京津冀“23·7”暴雨期间，北京市大部、天津市、河北省中南部等地出现暴雨到大暴雨，部分地区特大暴雨，过程累计降雨量100~600毫米，局地达到600毫米以上，最大降雨量出现在河北邢台临城县，达到1003毫米（相当于当地两年平均降雨量）；京津冀地区平均累计降雨量175毫米，超过平均年降水量的1/3。7月29日20时至8月2日7时，北京全市平均降雨量为331毫米，占常年平均年降雨量551.3毫米（1991~2020年平均，下同）的60%，明显多于1963年“63·8”特大暴雨（281.2毫米）和2012年“7·21”特大暴雨（170毫米）。从北京市降水量分布区域看，西部沿山一带降雨尤其明显，房山平均降雨量为627.1毫米，门头沟为565.3毫米，远超全市平均降雨量，位列全市各区平均降雨量的第一和第二位。气象部门站点中，房山新村气象观测站记录到879.4毫米降雨量，历史排名第一，为北京有仪器测量记录140年以来的最大降雨量；远超2012年“7·21”特大暴雨单点极值（房山河北镇460毫米）和1963年“63·8”特大暴雨单点极值（海淀气象站512.8毫米）。最大小时雨强出现在门头沟龙泉地区，为126.6毫米/小时，是2010年以来观测到的第二大小时雨强，仅次于2011年6月23日石景山模式口的128.9毫米/小时。

2. 持续时间长

北京地区此次降雨过程持续83个小时，远超2012年“7·21”特大暴雨（20小时），仅次于1963年“63·8”特大暴雨（144小时），且在83个小时内的降雨量就达到了以往平均年降雨量的60%。从逐时全市平均降雨量和最大小时雨强时序图（见图1）可以看出，小时雨强大于20毫米的小时数为61小时，约占过程总时间的3/4。

3. 海河流域出现大洪水

此次特大暴雨导致北京市主要河流洪水来得快、量级大、峰值高。永定河卢沟桥站洪峰量仅用了2小时就从1000立方米/秒上升到4650立方米/秒，

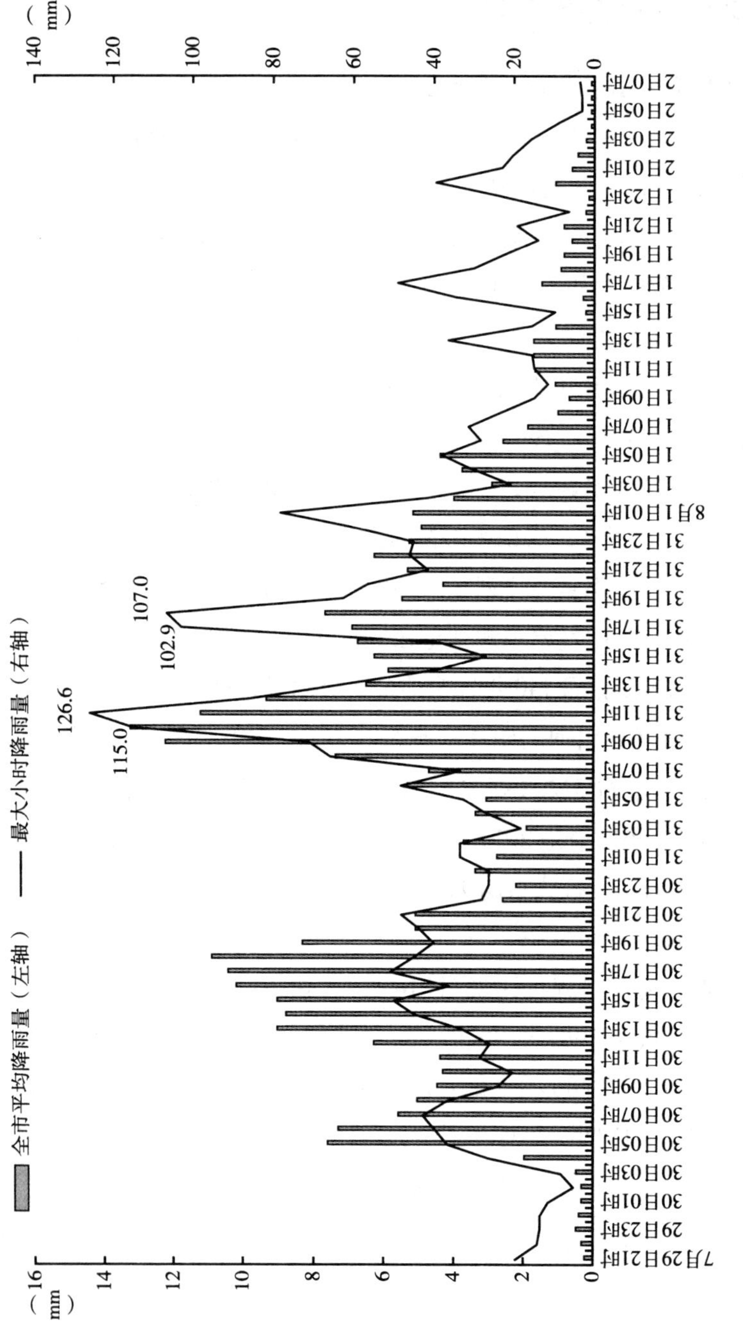

图1 逐时北京市平均降雨量和最大小时雨强时序

资料来源：北京市气象台。

是1925年以来的最大洪峰。大石河漫水桥站最大洪峰流量达到5300立方米/秒，是有实测记录以来的历史最高纪录；拒马河张坊站最大洪峰流量达到6200立方米/秒，是有实测资料以来的第二高，上述两河断面洪量分别相当于2012年“7·21”强降雨的9倍和4倍[①]。

2023年7月28日至8月1日，海河全流域出现强降雨过程，累计面降雨量155.3毫米，降雨总量初步计算为494亿立方米。受其影响，海河流域有22条河流发生超警戒以上洪水，8条河流发生有实测资料以来的最大洪水，大清河、永定河发生特大洪水，子牙河发生大洪水，海河流域发生“23·7”流域性特大洪水，是1963年以来海河流域最大的场次洪水。大陆泽、宁晋泊、小清河分洪区、兰沟洼、东淀、献县泛区、共渠西、永定河泛区8处国家蓄滞洪区相继启用，在此次流域性特大洪水防御中发挥了重要作用[②]。

二 天气与气候分析

（一）天气系统

此次京津冀地区极端降雨主要是由台风“杜苏芮”残余环流水汽含量充沛、高压系统阻挡和地形抬升等共同作用造成。

1.稳定的“高压坝”使得台风“杜苏芮”残余环流移速慢，降雨持续时间长

台风“杜苏芮”残余环流北上过程中，京津冀东部强大的副热带高压和西部高压脊东移，在华北北部形成“高压坝”，“高压坝”迟滞台风“杜苏芮”及其残余环流北上，因此，台风“杜苏芮”在华北到黄淮一带的停留时间增长，稳定的大尺度环流形势为中小尺度对流系统发生发展和反复出

① 《北京市防汛救灾工作情况新闻发布会》，中华人民共和国国务院新闻办公室网站，2023年8月9日，http://www.scio.gov.cn/xwfb/dfxwfb/gssfbh/bj_13826/202308/t20230811_750151_m.html，最后访问日期：2024年5月15日。

② 杜晓鹤、何秉顺、徐卫红、张淼、袁迪：《海河“23·7”流域性特大洪水蓄滞洪区运用复盘及系统治理绿色发展的思考》，《中国防汛抗旱》2023年第9期，第31~38页。

现提供了良好的背景条件，有利于产生持续性强降水。7 月 29 日 200hPa 高度场，南亚高压主体位于青藏高原，另一环高压中心位于西北太平洋至我国华东沿海，二者之间在宁夏南部、甘肃东部至四川盆地一带为南北向切变系统，华北地区即位于切变系统前部的辐散区。在“杜苏芮”残余环流北上的同时，东环高压也逐渐发展并北移，两高对峙使得其间的切变系统发展并维持。200hPa 高空西风急流稳定位于华北北部—内蒙古中东部，京津冀地区也位于高空急流入口区右侧间的强辐散区，为区域性持续强降水提供了稳定而强大的高空辐散条件。在对流层中层，29 日 08 时 500hPa 欧亚中高纬度呈“两槽一脊”阻塞环流型，强大的经向型大陆高压脊自贝加尔湖延伸至我国西北地区东部，西太平洋副热带高压（以下简称“副高”）呈块状分布，西界位于东北地区南部至华东沿海地区，有利于引导“杜苏芮”北上。“杜苏芮”减弱后的低涡位于副高西侧、鄂皖交界地区，与之相连有另一低压中心位于甘肃东部，与 200hPa 切变系统相对应。29 日夜间开始，副高与大陆高压脊打通，在华北北部形成了西北—东南向的高压坝并发展加强，位势高度达 2~3 倍标准差。低涡北上过程中，受高压坝阻挡，移速较慢，使得华北地区持续受低涡或其倒槽影响。7 月 31 日夜间至 8 月 1 日，新疆北部高空槽逐渐东移，阻塞形势崩溃，高压坝减弱东退，持续性强降水的高空环流形势随之发生重大转折①。

2. 在台风“杜苏芮”、2306号台风“卡努”和副高的共同影响下水汽条件充沛

受双台风的水汽输送影响，强水汽辐合的持续时间非常长，且主要集中在太行山东麓，台风“杜苏芮”本身携带了大量的水汽，残余的低压系统和强大的副高相配合，形成较强气压梯度，引导东风、东南风显著增强，水汽一路畅通无阻向北输送。此外，位于西太平洋上的台风“卡努”也起到重要作用，较强东南风将台风“卡努”附近的水汽源源不断地远距离输送

① 杨舒楠、张芳华、胡艺、陈双、赵威、华雯丽、冯爱霞：《“23・7”华北特大暴雨过程的基本特征与成因初探》，《暴雨灾害》2023 年第 5 期，第 508~520 页。

到华北平原。两条水汽通道带来了不同寻常的水汽条件，造成此次过程降雨量极大[①]。7 月 29 日 14~22 时，925hPa 急流加强，最强水汽通量中心位于河北南部、山东南部到苏皖北部一带，强烈的水汽输送在低涡倒槽和超低空急流作用下，在山东西部至河北南部一带形成大范围的水汽通量辐合区，太行山中段山前（河北石家庄至邢台西部）中心随倒槽北移而集中在山东北部至河北中部一带，急流增强后地形作用愈加显著，太行山山前水汽通量辐合显著增强，最强中心一个位于太行山北段的“北京西部—河北中部”一带，另一个仍位于太行山中段“邢台—石家庄”一线，强烈而稳定的水汽通量辐合导致上述地区出现持续性强降水。31 日华北中北部转受暖切变影响，低空急流强度有所减弱，但来自台风“卡努”的外围水汽输送仍然维持。强水汽输送和辐合范围减小，集中在太行山北段山前地区，其中北京西部的水汽通量辐合依然较强，此时也是北京地区强降水集中时段之一。与华北地区 2012 年“7・21”和 2016 年“16・7”极端暴雨过程相比，此次暴雨过程的低层水汽通量及水汽通量散度明显高于“7・21”过程，但由于“16・7”过程中地面气旋强烈发展，风速异常偏强，“23・7”过程的水汽通量不及“16・7”过程，但最强水汽通量散度两者相当。

（二）地形地貌

京津冀地处华北平原，北接内蒙古高原，西邻黄土高原，东临渤海。西部为太行山山地，北部为燕山山地，燕山以北为张北高原，其余为海河平原。受燕山、太行山、内蒙古高原的影响，京津冀地区整体地势呈西北高、东南低的特征。京津冀地形作用有利于降水的增强。西部太行山脉与携带水汽的东风和东南风正向相交，北边燕山山脉也与水汽通道存在交角，水汽受地形的阻挡抬升，在山前形成极端强降雨。据对地面观测资料的分析，受低空急流影响，暖湿空气不断向华北地区输送，在华北平原南部至北部形成明

① 李修仓、张颖娴、李威等：《“23・7”京津冀暴雨极端性特征及对我国城市防汛的启示》，《中国防汛抗旱》2023 年第 11 期，第 13~18 页。

显的暖湿舌。暖湿舌在向西推进的过程中，受太行山地形的阻挡，在太行山东麓逐渐发展形成一条气温和露点温度的梯度带，从而引起地面（露点）锋生，有利于触发中尺度对流系统。同时，从地面风场看，太行山东麓地区存在一条东北风与偏东风汇合的地面辐合带，并且长时间维持，导致强降水持续。从横跨地形的垂直剖面可以看出，一方面，太行山东侧平原地区低层气流增强，急流向西推进过程中，遇太行山地形阻挡，风速迅速降低，在山前形成强烈的风速辐合；另一方面，低涡倒槽与低层急流中有辐合和上升运动发展、西移，并逐渐与地形辐合区合并、增强，造成上升运动强烈发展。强上升运动中心主要位于迎风坡地形陡峭处且上升运动随高度略向山顶方向倾斜。此外，地形对低层系统的西进还起到了一定阻挡作用，在太行山中段强降水阶段表现最为显著。30 日 13 时，750hPa 以上的切变系统已西移至 113°E 附近，但低层切变系统仍被阻挡在山前，导致山前降水持续。山前强烈的水平辐合和上升运动导致强烈的水汽辐合与垂直输送，也有利于强降水持续。太行山北段强降水中心在持续性东南风或偏东风作用下，地形附近的气流辐合及垂直上升运动均呈现长时间维持的特征。尤其是在 7 月 29 日夜间至 30 日，倒槽与地形叠加作用使得强辐合区向高层延伸至 500hPa，垂直上升运动延伸至对流层中高层。与之相对应，7 月 29 日至 8 月 1 日地形附近区域在 800hPa 以下持续存在水汽辐合，尤其 30 日白天至 31 日白天，无论是水平方向的水汽辐合还是垂直方向的水汽输送均显著增大，与该区域最强降水时段吻合较好。

（三）气候变化背景

京津冀地处华北平原，北面是东西走向的燕山山脉，西面是南北走向的太行山脉，东临渤海，是半湿润半干旱气候，年总降水量约 350～650mm，大致呈中东部最多、南部次之、西北部最少的分布态势，降水量的大值中心位于冀东平原。通常，京津冀地区会受来自渤海的东风水汽输送和来自低纬地区的南风水汽的影响，由于地处迎风面，在北面和西面大地形的阻挡下，丰沛持续的水汽上升凝结，最易形成山前大暴雨。一次重大暴雨洪涝事件降水量多在500~2000mm，接近于年降水量甚至为年降水量的3~4倍。暴雨自东南向西北减弱，其中冀东平原最多，平均每年发生3次以上。

近60年，京津冀地区强降水发生明显变化。如图2所示，1961~2021年京津冀地区平均暴雨日数呈不显著的弱减少趋势。其中，1960s至1990s末，受东亚夏季风年代际变化的影响，中国东部降水出现了“南涝北旱”异常型。京津冀地区的降水量、极端强降水、暴雨日数等均出现了不同程度的减少。进入21世纪以后，中国北方降雨开始逐渐活跃，京津冀暴雨也日益增多，2012年、2016年、2018年和2021年暴雨日数都明显多于常年值。在全球变暖背景下，未来华北地区（包括京津冀在内）平均降水可能增加，极端降水事件将呈多发、频发趋势，暴雨洪涝灾害日趋频繁。

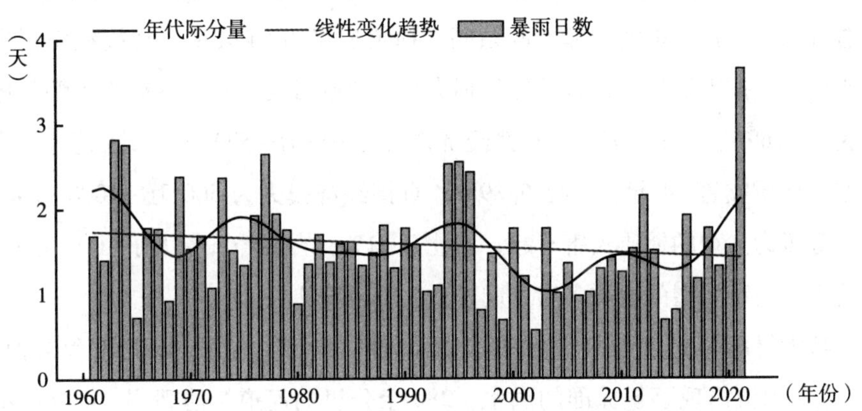

图2　1961~2021年京津冀地区平均暴雨日数演变

资料来源：王冀绘制。

三　京津冀地区暴雨洪涝灾害影响

“23·7”京津冀地区暴雨洪涝灾害成为2023年全国十大自然灾害之一，此次灾害引发严重暴雨洪涝、滑坡、泥石流等灾害，造成北京、河北、天津551.2万人不同程度受灾，因灾死亡失踪107人，紧急转移安置143.4万人；倒塌房屋10.4万间，严重损坏房屋45.9万间，一般损坏房屋 77.5 万间；农作物受灾面积 416.1 千公顷；直接经济损失 1657.9 亿元①。

根据北京市突发地质灾害应急调查队的调查成果，7 月 29 日至 8 月 16 日北京共发生突发性地质灾害 1257 起，其中崩滑灾害 1112 起，占总数的 88.5%；泥石流 132 起，占总数的 10.5%；地面塌陷 13 起。威胁对象涉及道路 683 起、居民点 541 起、景区 10 起、中小学 1 起、其他 22 起。按灾害规模划分，中型灾害有 17 起，主要分布在房山区、门头沟区及丰台区，其中泥石流 16 起，崩塌 1 起；其他均为小型。按行政区划分，门头沟区 666 起，房山区 280 起，昌平区 105 起，延庆区 91 起，海淀区 56 起，石景山区 23 起，丰台区 17 起，平谷区 11 起，怀柔区 5 起，密云区 3 起。本次地质灾害未造成人员伤亡，损毁房屋 600 余间，损毁道路约 54 公里，直接经济损失约 4 亿元。按灾情划分，直接经济损失小于 100 万元、灾情等级为小型的地质灾害 1169 起，占比 93%；直接经济损失为 100 万~500 万元、灾情等级为中型的地质灾害 74 起，占比 5.89%；直接经济损失为 500 万~1000 万元、灾情等级为大型的地质灾害 9 起，占比 0.71%；直接经济损大于 1000 万元、灾情等级为特大型的地质灾害 5 起，占比 0.40%②。

特大暴雨对北京西部山区的基础设施破坏相当严重。水利工程方面，110 余条河流出现了超标准的洪水，280 余公里的河道堤防毁损，4 座中型水库、13 座小型水库、16 座水闸出现了不同程度的水毁。水务设施方面，20 座城乡供水厂、264 座农村供水站、18 座城镇污水处理厂、363 座农村污水处理设施停运或受到影响，1980 余公里的供水管线、2140 公里的污水排水管线受损，全市 507 个村供水受到影响。电力设施方面，70 条 10 千伏供电线路、1812 个台区、9600 余处配电设备受损，造成了 273 个村和 16 个小

① 《国家防灾减灾救灾委员会办公室　应急管理部发布 2023 年全国十大自然灾害》，中华人民共和国应急管理部网站，2024 年 1 月 20 日，https://www.mem.gov.cn/xw/yjglbgzdt/202401/t20240120_475696.shtml，最后访问日期：2024 年 5 月 15 日。

② 南赟、翟淑花、李岩等：《北京地区“23·7”特大暴雨型地质灾害特征及预警成效分析》，《中国地质灾害与防治学报》2024 年第 2 期，第 66~73 页。

区的断电。通信设施方面，3188 个基站、1367 个铁塔、3146 公里的杆路受到损毁，造成了 342 个村通信中断。交通设施方面，县级以上公路受损了 93 条段，乡村公路受损了 840 条段，256 个村交通中断。北京市门头沟区和房山区是本次特大暴雨灾害导致人员财产损失严重的地区。门头沟全区受灾人口约 31 万人，约占全区人口的 77%；房屋倒塌、严重损坏 34911 间；城乡道路、电力、供排水、通信等基础设施大量损毁；全区有 40 个村需要重建，例如大家熟悉的潭柘寺镇，有 47%的村全面受灾，又如王平镇 16 个村、4 个社区全部受灾，其中 11 个村需要重建。房山区损毁县级以上公路 10 条、乡村公路 230 条、桥梁 119 座，77 个村断路，北沟 108 国道多处被洪水冲断，132 个村通信中断，218 个村供水中断；琉璃河和窦店两个 110 千伏变电站被洪水浸泡，无法正常工作；导致 134 个村和 16 个社区供电中断，损毁倒塌房屋达到 21500 户、60000 余间，6300 余辆汽车被洪水淹泡；全区 20 万亩耕地全部被淹，8. 1 万亩减产，3. 3 万亩绝收①。

四　应对措施与成效

各级政府高度重视防汛工作，尤其此次暴雨洪涝发生后，各级领导全部赶赴一线，督促指导落实各项应对措施。

（一）预警与预报

提前预警，为降雨应对提供有力支撑。北京市气象、应急、水务、规划和自然资源等相关部门加强会商研判，气象部门于 7 月 29 日发布暴雨橙色预警，后果断升级发布暴雨红色预警，并提前启动汛情红色预警响应，升级发布 48 小时地质灾害气象风险红色预警。北京市水文总站于 31 日 11 时升级发布洪水红色预警。各预警信息对此次降雨的量级、落区、起止时间以及

① 《北京市防汛救灾工作情况新闻发布会》，中华人民共和国国务院新闻办公室网站，2023 年 8 月 9 日，http：//www. scio. gov. cn/xwfb/dfxwfb/gssfbh/bj_ 13826/202308/t20230811_ 750151_ m. html，最后访问日期：2024 年 5 月 15 日。

行洪分洪提供了动态准确的预报，为防汛指挥机构及时应对提供有力支撑，为各单位落实预防行动做好了“提前量”。

（二）应急响应与救援

1. 迅速启动灾害应急响应

7月29日19时，北京市防汛指挥部启动全市防汛红色（一级）预警响应，22时市水务局升级发布防洪排涝Ⅰ级应急响应。

2. 迅速实现失联村复联

从7月30日开始，房山史家营乡、霞云岭乡、佛子庄乡等北沟乡镇，张坊镇、十渡镇等南沟乡镇通信中断。利用空投、地面突进等方式将卫星电话及充电宝等设施，在7月31日凌晨全部送至失联乡镇政府所在地。随后梳理失联村台账，由消防指战员、部队官兵组成多路突击队向失联村挺进，截至8月3日，77个断路失联村与区、乡指挥部全部复联，并迅速建立起“联络线”“转移线”“保供线”，为后续救援工作奠定了坚实基础。

3. 迅速启动协同机制，打通生命通道

灾后，迅速建立了首都防汛抗洪救灾央地联合工作机制，并启动京津冀协同，共同防御流域性大洪水。京津冀三地多部门在道路抢通、通信修复、物资运送等方面协同开展抢险救灾。例如，门头沟区迅速组建抢通力量，支援设备，多点推进，抢通山区道路生命线185余公里；中铁等多家企业驰援丰沙线抢险，参与打通109国道，并对新建109高速路基、过水涵、桥梁等进行修整；通信部门安排抢险抢修人员，卫星通信车、基站车、抢险工程等车辆，卫星电话，油机、发电车、抽水机等抢险设备，通过光缆基站修复、应急车配备、背包卫星基站、地面通信抢通、空中应急通信保障无人机等多种手段加快门头沟区应急通信恢复工作。国家电网全力配合供电抢修、物资空投、伤员转运等抢险救援工作，调配人员支援门头沟供电抢修工作，筹集发电车、发电机，快速推进断电区域电力恢复。充分发挥直升机和无人机优势，为受灾区快速提供应急物资保障，满足受灾群众的基本生活需求。

4. 迅速做好应急保障

为保障山区受灾群众生活，各级指挥部统筹做好生活物资采购和供应，商务部门第一时间采取无人机、直升机、铁路列车、汽车、冲锋舟以及徒步运送等方式，运送食物、水、药品和通信设备、照明设备、汽柴油等物资，全力做好生活保障、医疗服务和心理安抚等工作。

（三）社会宣传与教育

1. 强化宣传报道统筹协调

各级政府组建专班，多次召开防汛抢险救灾和灾后重建新闻选题策划会，沟通部署信息发布与舆论引导相关工作。按照宣传舆论分派工作职责，提前发布预警信息，启动红色预警新闻宣传和舆情应对工作预案，及时研判会商梳理报道重点、舆情风险点以及地灾风险点，滚动发布降雨情况和避险信息。建立日会商沟通机制，根据每日会商会的内容梳理新闻点，对接相关单位和媒体安排宣传报道内容。制定并下发紧急通知，进一步规范新闻媒体接待和新闻宣传发布机制，规范防汛抢险救灾和灾后重建新闻宣传报道管理，统一宣传口径。完善与各单位、各媒体的沟通联络机制，加强会商研判，确保信息准确及时。联动公安、网信等部门坚持 24 小时全网舆情监测机制，完善与市级宣传、网信部门沟通协调机制，确保网络舆论环境安全稳定。

2. 主动策划，加大外宣报道力度

组织接待中央、各级媒体记者进行实地采访报道和现场连线直播，壮大主流正面舆论，营造良好抢险救灾社会氛围。

3. 全媒体联动，强化新闻报道效能

加强前端策划，通过报纸、电视、手机客户端、官方微博、微信以及其他新媒体平台，刊发播出适合多端传播的融媒体产品，聚焦抢险救灾和灾后重建，重点策划推出宣传报道，发布防汛抢险救灾权威信息，正面回应社会关切。

4. 加强舆情管控，强化正面宣传引导

提前研判制定网络舆情应急预案，将区域涉汛类舆情信息纳入重点监控，联动公安、网信等部门坚持 24 小时全网舆情监测，坚持舆情监测全媒体覆盖，做到各部门网络舆情信息实时共享互通，分时段发布、及时处置舆情信息，针对网络负面信息做到早发现、早报告、早处置，防止出现舆论升温的现象，确保网络舆情态势平稳有序。

（四）应对成效

1. 预报预警研判发挥作用

本次降水实际发生情况，与气象部门前期预报基本一致，各级政府及管理部门第一时间发布或转发降雨、洪水预警，联合发布地质灾害风险预警，预报预警精度明显提高，发挥了专业部门技术支撑作用，助力防汛各项工作准备有序，为区防指科学决策和部署群众避险转移提供了有力支撑。

2. 城市基础设施防御保障作用的关键性

以北京永定河为例，本次特大暴雨过程中，永定河虽然洪水量级大，但全部在河道以内。大石河、拒马河受灾较为严重，但近年来不断提升的建设标准，在特大洪水面前发挥了重要作用，否则灾情损失将更为严重。同时，近年来各级政府实施的地质灾害治理工程切实起到了减轻灾害威胁的作用，城市地区排水、雨水泵站等市政设施均发挥了一定作用，有效减少了城市内涝情况。事实证明，经过 2012 年“7·21”后，北京市下大力气，持续治理地质灾害隐患、城市排水和中小河道等水利设施，效果显著，再次发挥了洪涝灾害防御基础保障作用。

3. 防汛宣传普及安全知识

针对本次降水预报，各相关部门、街乡镇通过微信公众号等新媒体广泛宣传，向全社会发布短信提示；媒体舆论正确引导，群众防灾减灾避险意识逐步提高。绝大部分群众能够自觉做到强降雨期间不出门、少出门，不去山区河道周边游玩，减轻防汛工作压力。

（五）存在的问题

1. 巨灾应对能力尚有不足

京津冀区域内不同地区在预报预警、转移疏散安置等方面应对能力强弱不同，区域数据实时共享还不够，导致在极端洪涝灾害方面应急协同和联动能力不足，增加了整体灾情的严重性。山区的防洪能力相对有限，特别是在极端降雨情况下，北京西部山区的降雨量远超全市平均水平，导致山洪暴发，对当地造成了严重破坏，而蓄滞洪区的排水能力较弱，未能有效应对特大洪水，北方城市在应对极端降雨方面面临挑战。

2. 预警系统与电力等韧性应急设施不足

尽管有预警系统，但在极端降雨情况下，山洪的破坏性仍然很大，灾害监测设施、电力系统大范围损坏，导致对灾中的严重程度判断不足，未能有效支撑决策。需要改进预警系统，并采取更有效的转移措施，以减少山洪灾害的影响。

3. 极端天气预报能力还有差距

北京复杂地形及超大城市下垫面对天气气候的影响日益突出，特殊地形使得精准预报难度更大。目前的预报技术对极端天气发生发展机理全面精准认知难度较大，对流触发、位置、结构、演变预报不确定性十分大，是预报中的难点。虽然提前5天预报“23·7”极端强降雨，提前36小时发布红色预警，为应急对策响应与实施赢得时间，但对降雨的落区和量级估计不足，对降雨影响时段预报准确度有待提高。分区、分时段、分强度预警发布能力还需提升。

4. 部分民众对强降雨、山洪预警的科学认知不足

在本轮极端强降雨过程中，部分在京民众不仅不了解预警信息的含义，对于强降雨、洪水的影响及应对行动也缺乏正确认知，折射出日常防灾减灾宣教工作存在不足。一些社会公众不知道预警信息的准确含义，如红色预警级别到底代表何种灾害程度、会有哪些不利后果出现、需要做何种准备，部分民众轻视预警信息。

五　风险治理启示与建议

（一）政策法规与标准机制层面

1. 完善灾害预防法规

修订和完善现有防灾减灾相关法规，强化对暴雨洪涝灾害的预防和应对

措施。明确各级政府、相关部门和企业在灾害风险治理中的责任与义务，确保各项预防措施得到有效落实。

2. 制定高标准的规划政策

在城乡规划、基础设施建设等方面，制定高标准、严要求的设计规范和施工标准，确保各类工程具备足够的抗灾能力。对易受洪涝影响的区域实施国土空间用途管制，限制不适当的土地利用，减少灾害风险。

3. 强化京津冀区域应急响应和救援机制

制定和完善多区域联动的应急预案，明确各级政府、相关部门和企业在应急响应和救援工作中的职责。加强应急救援队伍建设，吸纳社会力量，提高救援能力和效率，鼓励和引导社会资本参与防灾减灾设施的建设与运营。对北京地区和京津冀区域，逐步推动巨灾应急响应和救援机制的标准化，以标准助力防灾减灾管理。

4. 推动区域协同治理

强化京津冀地区间的协同发展，建立区域防灾减灾协调机制，共同应对暴雨洪涝灾害。加强区域间信息共享、资源互助和救援协作，提高整体防灾减灾能力，有助于提高京津冀地区暴雨洪涝灾害的风险治理水平，保障人民群众生命财产安全和经济社会稳定发展。

（二）技术研发与应用层面

1. 加强监测预警体系建设

建立健全气象、地质、水利等多部门参与的联合监测预警机制，提高预报准确性和时效性。加强基层监测站点建设，确保及时掌握灾害信息，为预警和应急响应提供数据支持。完善预警预报体系，提升极端天气预报预警技术能力。提高气象监测预报技术，针对极端天气的类型、强度、落区和时段，发展集合概率预报技术；建设对流尺度集合概率预报系统，开发各类集合概率预报产品，提高极端天气预报精准度和时效。依托大数据、人工智能等技术，研发具有首都特色的气象大模型；提高分区预警技术支撑能力和智能化、客观化水平，提高分区预警精准度和提前量，为防灾减灾工作提供科学依据。

2. 深化区域性极端天气气候机理研究

开展京津冀复杂地形和大城市影响下的暴雨洪涝区域性极端天气机理研究，为提升极端天气预报预警能力提供科学基础。开展全球变暖背景下北京及周边地区极端气候事件的变化规律和机理研究，构建物理过程—大数据混合驱动的城市区域气候模式，预估未来城市极端降水、高温等气候事件演变特征，发展气候变化背景下暴雨巨灾情景风险评估模型，提升首都大城市巨灾应对能力。

（三）社会参与与教育层面

1. 加强科普，加强气候变化教育和科普宣传，提高全民的防灾减灾避灾意识和自我保护能力

通过多种渠道开展防灾减灾科普宣传教育，提高公众的防灾减灾意识，加强村镇与城区居民适应气候变化和防灾减灾科普教育，并将其纳入中小学教学计划。在适当地方建立灾害主题警示教育基地。所有村镇和街道都要编制针对山洪、地质灾害等主要灾害与极端气候事件的预案，并定期组织演练和不断修订完善。

2. 构建多元化巨灾风险沟通渠道，建立系统性的巨灾风险沟通组织机制

研究表明，信任机制是提升巨灾风险沟通效果的重要变量，发达地区非常重视通过政府机构、社区组织共同构筑具有公信力的风险沟通组织机制。通过技术平台提供权威风险信息及避难指引，支持民众身边的基层组织参与灾害风险沟通与处置，重点健全向基层社区和网格传递机制，加强农村偏远地区预警信息接收终端建设，形成“区—街（镇）—村（居）—网格—户”直通的预警信息传播渠道。

3. 做好基层日常宣教工作，加强防灾救灾和逃生技能的培训

定期组织培训，提升基层干部和群众的防灾减灾技能。通过培训，让基层了解城市成灾致险的原因，建立大比例尺的洪涝灾害风险图，通过各类渠道进行普及解读宣传，同时在学校、社区、工作单位等层面加强防灾减灾救灾和逃生技能的培训。可依托北京减灾协会等社团力量，在基层组织、交通枢纽等场所开展安全度汛宣教，如播放主题宣传片、张贴公益海报、志愿者讲解等，同时借助微信群、微信公众号、宣传栏等多方式、多媒体途径普及防汛避险知识。

（四）风险治理规划与灾后恢复重建方面

1. 强化风险治理规划

根据主要沟谷不同地段山洪暴发后的水位高度，调整主要社区空间、村镇的建筑布局与建设规划。根据本次洪水冲击情况，调整西部山区各村镇避洪场所位置，突出“平急”两用，加强中风险区的灾害预警系统和避险场所建设，经济与人口要向低风险区集中。对防洪重点地区开展山洪与地质灾害风险的勘察与评估，编制风险等级分布图。无论灾后重建或新建工程项目都必须进行气候风险评估；在此基础上进行人口承载力的评估，修订区域发展规划。转移安置高风险区村镇人口，调整主城区发展规划，除加固永定河堤防外，居民区和重要设施须与河谷保持必要的安全距离。

2. 加强监测预警与通信设施建设，提高信息服务的及时性

调整山区交通、供电、通信等系统的布局，避让高风险地带，加强基础设施的抗冲击能力。借鉴地震预警的做法，在主要河谷的中上游分段设置监测与监视系统，发现山洪立即向中下游村镇与城区发出预警并预测可能到达的时间，以利受威胁地区的人员迅速撤离转移至安全地带。此次洪水中山区通信系统损坏严重，致使受灾村镇与旅客普遍失联。灾后应提高建设标准，普遍建立卫星电话等备用通信方式和小型柴油发电机等应急发电设备，提升通信设施的韧性设计，确保紧急情况下的通信联络，使救援人员和物资能准确及时空投到灾区。建立健全面向大安全大应急框架的卫星应急体系，推进应急卫星体系化发展，形成通导遥一体化即时卫星应急能力。瞄准“空—天—地—人”一体化监测预警业务体系中无人机、卫星遥感、人工智能等高新技术的应用，提升灾害风险防范和应急救援中“快速、精准、专业”的灾害信息保障能力。

3. 进一步健全灾害风险预警体系，强化京津冀大区域巨灾风险预警和应急响应联动

落实“大应急”理念，以致灾风险处置为目标导向，强化预警体系建设，研究气象预报、地质灾害预警、洪水预警等灾害风险预警的耦合机制；充分发挥科技支撑能力，加快灾害风险评估技术研发和灾害仿真技术运用，对灾害孕育、形成和发展全过程风险进行跟踪，增强灾害预警的针对性和精准性，打破区域壁垒，制定区域协同的灾害预警分类分级标准，建立“点—线—面”多维预警模式，推动灾害预警与响应的有效衔接，推动建立“国家—省—市—区县”四级应急响应机制并落地实施，将预警纳入响应启动条件，实现大区域精准预警响应。

4. 加强全球气候变化情景下的洪涝等灾害风险防范应对

随着全球气候变暖，极端天气事件不断增多，尤其是极端暴雨的强度和频率都有所增大，并随着城市化进程加快，植被、土壤等下垫面情况发生变化，流域性大洪水风险不断上升。在这个大的洪涝灾害背景下，全面考虑江河洪水防御、城市防涝排涝和城郊山洪防治，应当更加突出底线思维，加强跨流域跨区域洪水调度，处理好兴利和防洪的关系。加强气候可行性论证并服务于恢复重建，推动将气候可行性论证纳入特大城市规划设计和管理体系，建设气候友好型城市。强化风险管控能力，全面推动风险识别动态化、风险评价精细化、风险管控全面化、平战结合机制化，提升抵御巨灾的韧性能力。

参考文献

《北京市气象台“23·7”极端强降雨过程雨情分析报告》（内部资料），北京市气象局。

肖会斌：《北京市“23·7”特大暴雨洪涝灾害应对情况及主要启示》，《中国减灾》2023 年第 23 期。

B.13
2023年基金会参与风险治理创新实践报告

王开阳　佟欣然*

摘　要：　伴随我国经济社会的发展、社会治理水平的提升，以及对气候变化灾害风险的日益重视，越来越多基金会参与到防灾减灾救灾的工作中。此外，《中华人民共和国慈善法》《“十四五”国家应急体系规划》《关于进一步推进社会应急力量健康发展的意见》等相关法律政策调整和出台，也为社会组织参与灾害管理提供了更明确的政策指导。在此背景下，本文立足于2023年我国基金会参与风险治理创新实践的全景描绘，阐述了基金会行业本年度在风险治理领域的深度参与成果，并以数字消费券在救灾领域中的应用、“数字化以工代赈”模式和淋浴帐篷公益项目为例，集中展示了基金会在快速整合资源、关注特殊群体需求、探索数字技术应用方面表现出的敏锐需求洞察和卓越创新能力。然而，基金会行业参与救灾过程中出现的缺乏有效政社协同、能力水平参差不齐、参与视角过于单一等问题依旧值得关注，在关注多元需求、加强主体间共识以及推动行业共识这三大方向上仍存在一定进步空间。

关键词：　基金会　防灾减灾　协同参与　风险治理

---

* 王开阳，上海爱德公益研究中心特约研究员，研究方向为国际关系、非营利组织管理；佟欣然，基金会救灾协调会项目总监、北京师范大学风险治理创新研究中心减灾项目部副主任、红十字国际学院应急管理与人道救援教研中心兼职研究员，研究方向为应急管理、风险治理、应急救援。

一　背景

在广义的社会应急力量范畴中，基金会依托自身的社会组织属性，凭借其独特的筹资功能、资源整合能力和项目执行经验，扮演着关键的支持者、协调者及赋能者的角色。一方面，基金会能够通过筹集和管理应急慈善资金，为民间救援队提供必要的物资支持和技术培训，从而提升整体救援效能；另一方面，它们能够参与构建和完善应急管理的社会动员体系，通过与社区、其他社会组织、社会工作者、志愿者等多方协作，形成合力应对各类突发事件。

（一）政策背景

2023 年，在全面贯彻落实党的二十大精神和《“十四五”国家应急体系规划》（以下简称《规划》）、《应急管理部　中央文明办　民政部　共青团中央　关于进一步推进社会应急力量健康发展的意见》（以下简称《意见》）等中央文件的总体要求下，基金会作为社会应急力量的一种重要组成部分，在央地各级政策中所获得的制度保障日益健全，朝向规范化、专业化、精准化的发展目标迈进。

在国家法律层面，经过两次修改稿的征求意见后，《中华人民共和国慈善法》于 2023 年 12 月 29 日已由全国人大正式批准完成修改，增设第八章“应急慈善”，明确了应急慈善定义、应急慈善协调机制、应急慈善的募捐管理、捐赠款物分配送达和信息统计等规定，提出政府有关部门应当在各自职责范围内，向慈善组织、慈善信托受托人等提供慈善需求信息，为慈善活动提供指导和帮助[①]。行业内普遍预计增设此章节将在一定程度上缓解救援

① 《全国人民代表大会常务委员会关于修改〈中华人民共和国慈善法〉的决定》，中华人民共和国中央人民政府网站，2023 年 12 月 30 日，https：//www. gov. cn/yaowen/liebiao/202312/content_ 6923390. htm，最后访问日期：2024 年 4 月 15 日。

信息不对等、救援协调机制待完善等情况[①]。同日，《中华人民共和国突发事件应对管理法（草案二次审议稿）》公布，其中第六条和第四十三条也提到要引导包括基金会在内的社会组织依法有序参与突发事件应对工作。2023 年末的两部法律为基金会参与风险治理的实践进一步完善了顶层设计。

在地方政策层面，北京市于 2023 年制定出台了一份加强应急管理社会动员能力建设的指导意见。值得注意的是，相较于同年度安徽省、山东省、天津市等省市发布的类似文件中对于“社会应急力量”概念仍偏重于社会救援队，北京市发布的这份文件已经明确指出要“培育一批应急管理领域的社会团体、民办非企业单位和基金会”[②]，将基金会列入受支持的应急领域社会组织范畴，以建设多元互动的力量支撑体系。可以预见，以此份文件为示范，未来或将有更多省份在政策表述中进一步明确基金会在社会应急力量中的地位、作用，从而充实和完善我国共建共治共享的应急管理格局。

总体来说，2023 年的相关法律政策有助于进一步明确基金会在应急状态下的职责与权限，基金会在风险治理中的参与空间得以依据新的法律框架和政策导向得到实质性扩展和深化，基金会可以更加规范且高效地参与到灾害预防、响应、恢复和重建阶段的风险治理工作中。

（二）行业背景

基金会行业参与风险治理的实践由来已久。1998 年特大洪水后，中国红十字总会、中华慈善总会首次联合举办大型赈灾义演晚会，募集到海内外各界捐款、捐物总计 6 亿多元，基金会行业在应急响应中的功能作用得到社会各界认可。以此为起点，基金会行业 25 年来在风险治理领域发展的历程可大致分为起步探索阶段（1999～2007 年）、快速发展阶段（2008～2017

① 石文君：《慈善法修改后：新增应急慈善专章，助力慈善组织高效参与应急救援》，华夏时报网，2024 年 1 月 16 日，https://www.chinatimes.net.cn/article/133572.html，最后访问日期：2024 年 4 月 15 日。

② 《关于进一步加强应急管理社会动员能力建设的指导意见》，北京市应急管理局网站，2023 年 3 月 15 日，https://yjglj.beijing.gov.cn/art/2023/3/15/art_6032_13740.html，最后访问日期：2024 年 4 月 15 日。

年）及探索新型风险治理模式阶段（2018 年以来）三个阶段。

2023 年，气候变化与灾害风险加剧是本年度基金会行业参与风险治理的主要背景。根据国家防灾减灾救灾委员会通报，2023 年，我国自然灾害以洪涝、台风、地震和地质灾害为主，全年各种自然灾害共造成倒塌房屋 20.9 万间，严重损坏房屋 62.3 万间，一般损坏房屋 144.1 万间；直接经济损失 3454.5 亿元。与近 5 年均值相比，倒塌房屋数量、直接经济损失分别上升 96.9%、12.6%①。全国自然灾害时空分布不均，三大台风登陆、华北东北暴雨洪涝、山西河北低温雨雪冻害等气候灾害在各时间段内集中发生，积石山地震、西藏雪崩灾害造成重大人员伤亡事件，气候变化与自然灾害风险仍十分突出，各地接连产生的应急响应需求对基金会行业多线程任务处理的能力提出较大挑战。

表 1　2023 年度基金会主要参与响应的灾害

灾害名称	类型	时间	灾害损失
重庆暴雨洪涝	气象灾害 地质灾害	6 月底至 7 月初	27 个县(区)35.8 万人受灾,因灾死亡失踪 25 人,紧急转移安置 1.8 万人;倒塌房屋 600 余间,严重损坏房屋 700 余间,一般损坏房屋 1800 余间;直接经济损失 13.1 亿元
台风"杜苏芮"	气象灾害	7 月 28 日	福建、浙江、安徽、江西、广东 5 省 295 万人受灾,紧急转移安置 26.3 万人;倒塌房屋 3500 余间,严重损坏房屋 4500 余间,一般损坏房屋 1.7 万间;直接经济损失 149.5 亿元
京津冀暴雨洪涝灾害	气象灾害 地质灾害	7 月 29 日至 8 月 1 日	北京、河北、天津 551.2 万人受灾;因灾死亡、失踪 107 人,紧急转移安置 143.4 万人;倒塌房屋 10.4 万间,严重损坏房屋 45.9 万间,一般损坏房屋 77.5 万间;直接经济损失 1657.9 亿元

① 《国家防灾减灾救灾委员会办公室　应急管理部发布 2023 年全国自然灾害基本情况》，中华人民共和国中央人民政府网站，2024 年 1 月 21 日，https：//www.gov.cn/lianbo/bumen/202401/content_ 6927328.htm，最后访问日期：2024 年 4 月 20 日。

续表

灾害名称	类型	时间	灾害损失
东北暴雨洪涝灾害	气象灾害 地质灾害	8月上旬	黑龙江、吉林等省份119.4万人受灾，47人死亡、失踪，40.4万人紧急转移安置。灾害造成的直接经济损失高达215.2亿元
台风“海葵”	气象灾害	9月上旬	福建、江西、广东三省312万人受灾，因灾死亡6人，紧急转移安置17.7万人；倒塌房屋2600余间，严重损坏房屋近2300间，一般损坏房屋5000余间；直接经济损失166.6亿元
积石山地震	地质灾害	12月18日	甘肃、青海两省77.2万人受灾，151人死亡，983人受伤；倒塌房屋7万间，严重损坏房屋9.9万间，一般损坏房屋25.2万间；直接经济损失146.12亿元

资料来源：根据应急管理部官网数据整理。

与此同时，公众对自然灾害关注度高是本年度基金会参与风险治理的另一背景。人民智库调查显示，超七成受访者认为维护国家安全、防范重大风险与自身“关系密切”（75.73%）；同时，在11个关乎国家安全的风险问题中，超1/5的受访者表达了对重大自然灾害应对的关注①。更进一步讲，在当前我国互联网和社交媒体已高度发达的现实下，一旦发生自然灾害，基于对灾区当地的担忧以及“信息黑箱”带来的不确定性，公众对自然灾害的高度关注自然带来对灾情相关信息的高度需求，基金会行业因而需有针对性地在信息收集、灾情解释、大众安抚等方面开展工作，为应急响应期间动员公众资源、借助公众舆论保持行动正当性做好充分准备。

二　2023年基金会参与风险治理创新行动

2023年是全国基金会重整行装、努力奋进的实干之年，随着三年新冠

① 刘明：《我国公众安全观与安全感调查报告（2023）》，《国家治理》2023年第16期，第78页。

疫情防控平稳转段，基金会行业在风险治理中的参与开始转向对重大自然灾害与突发事件的应急响应。在风险治理领域，当前主流的灾害管理模式更偏重灾害学的逻辑，重视依据自然灾害发生发展的规律进行管理，大致可分为灾前预防、灾中应急和灾后重建三个阶段[①]。为此，本部分按照灾害发生前的防灾减灾以及灾害发生后的响应及重建两个阶段对基金会开展的工作进行展示。

（一）防灾减灾工作实践

灾前预防阶段强调风险的预防、预警与预控。由于灾害是人类社会建构的结果[②]，因此减灾策略最终还是要实现源头治理与关口前移，将重心落在社会层面上。基金会及其执行伙伴——社会服务机构具备深入基层、项目多元的特点，能够围绕不同群体开展针对性项目设计，往往能成为政府统筹防灾减灾工作的有力补充，防灾减灾阶段的工作包括减防灾教育、公众宣传、救灾物资储备、救援能力建设、行业倡导等。占比较大的两部分介绍如下。

1. 公众减灾教育

在社区灾害认知教育方面，深圳壹基金公益基金会（以下简称“壹基金”）所做工作具有较强的代表性。壹基金为防灾减灾环节专门设立了“壹基金儿童平安计划”和“壹基金安全家园项目”。一方面，依托学校、社会组织，探索实施儿童防灾减灾和安全教育；另一方面，支持社会组织在基层推动村/社区建立自己的志愿者救援队伍并开展防灾减灾活动，提升社区灾害应对的第一响应能力。2023 年防灾减灾宣传周期间，“壹基金儿童平安计划”项目联合全国 30 家社会组织伙伴，与有关政府部门合作开展儿童安全教育活动 50 场，并发布新版《儿童安全小册子》；壹基金安全家园项目联合全国 190 余家社会组织伙伴，协同当地相关政府部门在 620 个村（社区）开展防灾减灾

① 周利敏、谭妙萍：《中国灾害治理：组织、制度与过程研究综述》，《理论探讨》2021 年第 6 期，第 142 页。

② 陶鹏、童星：《灾害概念的再认识——兼论灾害社会科学研究流派及整合趋势》，《浙江大学学报》（人文社会科学版）2012 年第 2 期，第 111 页。

宣传、培训、演练活动①。此外，壹基金与腾讯公益、支付宝公益、答答星球、钉钉视频号等平台也进行了联合宣传，其开展的防灾减灾日主题直播累计观看超过 16.5 万人次②，达到了较好的防灾减灾科普效果。

2. 队伍能力建设

在救援响应能力提升方面，基金会行业在完善社会救援队能力建设、支持基层应急救援力量发展上发力颇多。

2023 年 1 月，中国红十字基金会（以下简称“红十字基金会”）联合红十字国际学院等开办“社会应急力量骨干培训班”，2023 年累计培训来自 27 个省份的 500 余名社会应急救援队伍骨干成员，80 余位参训学员及所在救援队伍积极投身至 2023 年华北、东北重大洪涝灾害以及积石山地震的救援一线。培训班获评“凤凰网行动者联盟 2023 年度十大公益项目”。

2023 年 5 月，河南省减灾委员会办公室与壹基金联合举办“河南省社区志愿者救援队骨干训练营暨 2023 年全国防灾减灾日应急大比武”，针对“壹基金安全家园项目”在河南省范围内涉及的多个村落与社区，组织了一场专为 300 多位来自这些社区的志愿者救援队核心成员设计的集中培训及技能竞技活动，有效提升了社区志愿者救援队的应急救援水平。此外，三一基金会在已有安全家园项目基础上，与壹基金联合在湛江等地建立具备工程救援专长的基层社会应急志愿救援队伍，将工程机械与救援队伍结合，有效提高工程机械救援能力。

江苏省华泰公益基金会与爱德基金会联合发起的自然灾害社会应急救援力量支持项目、中国乡村发展基金会（以下简称“乡村发展基金会”）与腾讯公益慈善基金会（以下简称“腾讯基金会”）共建的“温暖家园”等项目在 2023 年同样也取得了成效。

---

① 《第 15 个全国防灾减灾日，和壹基金一起“有备无患”》，壹基金网站，2023 年 5 月 12 日，https：//onefoundation. cn/news/645cfe31b7209f252f/，最后访问日期：2024 年 3 月 22 日。

② 《2023 年 5 月安全家园计划项目月报》，壹基金网站，https：//s. onefoundation. cn/download/1/b/9/027014-5dc274-62d939/2023 年 5 月安全家园计划项目月报 . pdf，最后访问日期：2024 年 3 月 22 日。

（二）救灾及重建工作实践

1. 救援响应

目前，基金会参与救援响应主要包括三种形式：一是通过基金会自己的救援队，如北京平澜公益基金会的平澜公益救援队、浙江仁泽公益基金会救援队、北京三一基金会救援队；二是通过合作网络的救援队，如乡村发展基金会的曙光救援联盟、壹基金的志愿救援联盟等；三是支持救援队开展响应，如京津冀水灾时腾讯基金会与壹基金、基金会救灾协调会联合开展的救援队支持计划，支持救援队一年的保险；红十字基金会灾后筛选救援队进行补助发放等。

此外，通过协调会等协调平台，开展联合响应，如土耳其地震时，行业基金会以基金会救灾协调会为中心，包括乡村发展基金会、红十字基金会、壹基金、爱德基金会等在内的20余家机构联合设立“社会力量国际人道援助协作平台——土耳其-叙利亚地震”①，为有意愿参与土耳其、叙利亚地震灾区应急救援、过渡安置、灾后恢复重建的社会力量提供支持服务。

2. 救助安置

在募集社会捐赠方面，灾害发生后普遍存在“信息黑箱”状况，基金会行业可利用自身专业优势分析灾区需求，保障社会捐赠得到有效利用。如积石山地震发生后，北京韩红爱心慈善基金会共计接收社会公众定向捐赠善款9201.51万元人民币②，在紧急救援阶段向灾区捐赠200万元后，基金会又为甘肃灾区的过渡安置阶段、灾后恢复与重建阶段、灾害评估和减灾备灾阶段安排了相应的预算资金和实施计划，从而保障社会捐赠有效转化为灾区可持续获得的资源投入。

---

① 熊丽欣：《土耳其震后第五天，社会力量国际人道援助协作平台已启动》，新京报网站，2023年2月11日，https：//www.bjnews.com.cn/detail/167612304514315.html，最后访问日期：2024年3月16日。

② 《韩红基金会甘肃地震应急支援丨后续援助方案发布》，韩红爱心慈善基金会公众号，2023年12月26日，https：//mp.weixin.qq.com/s/cFl1wsIM2FlHVU17vP18PQ，最后访问日期：2024年3月23日。

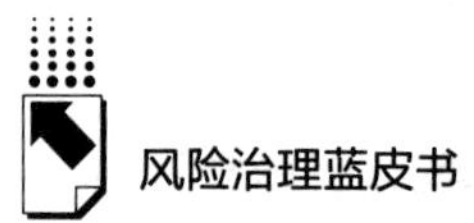

在调运救灾物资方面，基金会行业在响应与驰援过程中基本做到了“点面结合”，既关注到基本的、普遍的“面状需求”——如食物、饮水与卫生，又关注到不同地区之间的具体需求。如爱德基金会在京津冀暴雨期间与当地合作伙伴向灾区发放了粮油和洗漱包，同时针对当地各村庄都需要恢复供水设施的需求，还特别摸排清楚情况后进行了按需采购，避免了物资的浪费①。

在安置区保障方面，基金会行业不仅关注到了灾民安置期的生存需求，同时还开始探索对其安全和尊严的保障。在京津冀水灾援助中，爱德基金会首创性地搭建了淋浴帐篷，以满足夏季受灾群众的卫生需求。壹基金在积石山地震救援中发放了 7 大类 26 个小类的物资，以满足不同群体的需求，其中包括了帐篷，钢板床等安置物资，为儿童搭建的安全活动空间，为成人提供的床垫、睡袋温暖箱、保温杯和保温桶等基本生活所需，为女性提供的女性卫生用品、围巾、鞋子等。积石山地处高寒地区，新居动工须待春天才能启动。因此灾后中华社会救助基金会、上海复星公益基金会、红十字基金会等基金会均为受灾地区提供了安置板房，助力受灾群众的住所保障。

3. 灾后重建

灾后重建阶段涉及受灾群众生计恢复、重点人群服务、当地基础设施重建等方方面面。在此阶段，基金会作为政府统筹下的重要补充力量，在回应和满足更精细的需求方面所起到的作用愈发凸显。

在受灾群众生计恢复方面，自乡村发展基金会在河南洪灾后首次成功实践中国社会组织的以工代赈模式以来，基金会行业对于该模式的运用愈发成熟。夏季京津冀等地洪涝灾害过后，中国乡村发展基金会联合腾讯公益慈善基金会等多家爱心企业机构、爱心人士，协同当地政府机构，在河北共同发起“重振家园-以工代赈家园清理项目”②，支持 300 个受灾严重的村庄村民

① 《驰援京津冀丨一个月过去了，风雨已停，关爱未止》，爱德基金会新浪微博，2023 年 9 月 1 日，https：//weibo. com/ttarticle/p/show？ id = 2309404941126049333605，最后访问日期：2024 年 3 月 23 日。

② 《中国乡村发展基金会启动重振家园-以工代赈项目》，中国乡村发展基金会网站，2023 年 8 月 10 日，https：//www. cfpa. org. cn/news/news_ detail. aspx？ articleid = 3768，最后访问日期：2024 年 3 月 23 日。

积极行动起来，清理家园，恢复生产生活；中国红十字基金会也在洪涝灾害中首次探索试点“以工代赈”项目，除了传承提供短期工作机会和收入的做法外，此次项目还创新性地通过帮助村集体购置设施设备，帮助村庄尽快恢复生产，并增加村集体的长期收益。积石山地震后，上述两家基金会同样启动了“以工代赈”项目，乡村发展基金会还特别与腾讯基金会联合推出了“灾后微助乡村计划”小程序，利用数字化工具优化项目申报与执行流程，提高工作效率。

在服务重点人群方面，针对灾后处境更为艰难的儿童、婴幼儿、残障者、病人等重点群体，基金会行业在应急响应中始终保持了关怀关注。积石山地震后，壹基金联合甘肃一山一水环境与社会发展中心、青海省儿童福利协会以及当地社会组织建立了灾后益童乐园和灾后儿童服务站，并组建儿童服务队伍，为儿童提供基础照护和陪伴；腾讯基金会联合爱德基金会面向积石山县2500余名2023年新生儿家长发放宝宝券，帮助母婴家庭更好地过渡到安置阶段；北京新阳光慈善基金会积石山地震救灾工作人员前往当地医院调研，为部分患者建立经济资助快速申请通道。

在当地基础设施重建方面，基金会行业为修复或重建灾后学校、医院等重点设施的投入动员了举足轻重的社会资源支持。京津冀暴雨后，北京字节跳动公益基金会和中国教育发展基金会发起的“益校计划”通过建立“企业+基金会+政府+灾区”协同工作机制，在北京市教委、各区教委等单位的大力支持下，总计投入6000万元，其中4588万元用于支持北京门头沟、房山、昌平、怀柔4区共24所学校进行灾后恢复重建，部分学校在短短一个月内便修缮一新。积石山地震后，北京韩红爱心慈善基金会专门拨款5000万元用于甘肃灾区当地的基层医疗机构修复与重建，助力灾区尽快恢复诊疗秩序；乡村发展基金会、爱德基金会等基金会也对于灾后农房重建、产业恢复、减灾防灾等援助项目进行了预算分配。以基金会行业为代表的社会力量的广泛参与为灾区的灾后重建提供了有力支持。

在心理重建方面，基金会行业或发挥专业优势或联合专业机构为受灾群众提供心理援助。北京博能志愿公益基金会、北京惠泽人公益发展中心等共同开展了“i will 志愿者联合行动——京津冀水灾社会心理救援”项目，在线上线下为京津冀受灾群众100余人提供心理咨询。北京平澜公益基金会联合西宁市城西区爱邦社会公共服务中心与守护湿地计划携手发起了抗震救灾心理援助行动，通过心理健康团体辅导、心理评估与个案咨询及“爷爷奶奶一堂课”三个方面开展活动，满足各年龄段人群的心理需求。在北京启明星辰慈善公益基金会的捐助下，中国灾害防御协会社会心理服务专业委员会和中国科学院心理研究所国家公务员心理健康应用研究中心共同执行了“积石成山”心理援助项目，为当地群众提供为期一年的心理急救、心理疏导、危机干预及长期心理援助服务。

整体上看，2023年基金会参与风险治理主要呈现了三个方面特色：一是合作协同能力强，二是多线程任务处理水准高，三是新型救灾模式进一步应用。基金会行业在风险治理中继续发挥着连接政府和其他社会组织的重要枢纽作用。

（三）典型案例介绍

1. 数字消费券在救灾领域的应用

2020年99公益日，腾讯平台基于当时特殊的经济形势上线了公益消费券模式，企业可以生成消费券并通过公益活动链接用户，助力企业复工复产。而数字消费券模式在救灾场景中的应用始于2023年京津冀水灾发生后，腾讯公益慈善基金会在回访当地村民时发现由于部分村庄受灾严重，整村逃离时大量群众未携带过冬物资。因此，腾讯基金会联合爱德基金会启动了“小红花温暖守护计划”，向高碑店市肖官营镇33个受灾村发放“暖冬券”，支持村民自主采购过冬用品和置办年货。用户在使用该券购买物资时还可以享受公益价。为了保证善款的合理使用，“暖冬券”在设计时将烟酒、高价礼盒等商品列入无法结算的“负面清单”，从而避免村民购买不合适的商品。2024年2月6日，腾讯基金会还将“小红花温暖守护计划”落地易县，为受水灾影响的997户家庭发放每户300元的年货券。项目还首次尝试将超市“搬进”山村，方便村民就近选择过冬物资。

“小红花温暖守护计划”启动不久，甘肃积石山突发地震，造成甘肃、青海两省 77.2 万人不同程度受灾，151 人死亡，983 人受伤①。积石山县 2022 年人口出生率为 12.56‰，高于全国平均人口出生率 5.76 个百分点，多孩家庭比较普遍。爱德基金会在救灾过程中发现，当地少数民族新生儿数量较大，受灾群众中新生儿家庭对奶粉、尿不湿等婴儿用品的需求高，但每个孩子年龄段不同，适用的品牌、规格差异较大，传统集中采购的模式难以满足个性化的需求。在救援初期，爱德基金会尝试为受灾地区 200 户婴幼儿家庭提供爱心兑换卡，支持新生儿家庭在指定商户进行个性化采购，并安排志愿者协助家长结算。但在实际操作中，志愿者常面临人员信息核验困难、记账效率难以保障等问题。

为了解决这些问题，腾讯基金会联合爱德基金会面向积石山县 2500 余名 2023 年新生儿家长发放宝宝券，每名受助人可获得 4 张 50 元共计 200 元的“宝宝券”。进行这样的设计主要是为了提升受助妈妈在使用时的自主性和灵活性，防止资源浪费。

数字消费券在救灾领域的应用有着独特的意义：一是目标对象精准化，基于妇幼保健院提供的信息，项目能够通过微信刷脸进行人员信息核实，自动完成身份核验；二是发放进展实时化，基金会能够通过后台小程序实时跟踪发放和核销的进展，通过反馈回来的信息进行针对性回访；三是项目成效可视化，小程序后台可以统计项目的关键信息，对成效进行数字化呈现；四是人员成本精简化，与传统的物资采购相比，该模式节约了在采购运输和发放环节的人力。

同时，数字消费券在救灾领域的应用，也面临着亟须突破的挑战。

一是信息收集的时效性。消费券发放前期需要进行大量的信息准备工作，信息的准确性会影响电子券的发放。而这一过程所需的时间不确定性较大，基金会在风险治理的各类场域中能否第一时间与相关政府部门达成合

① 《国家防灾减灾救灾委员会办公室　应急管理部发布 2023 年全国十大自然灾害》，中华人民共和国应急管理部网站，2024 年 1 月 20 日，https://www.mem.gov.cn/xw/yjglbgzdt/202401/t20240120_475696.shtml，最后访问日期：2024 年 4 月 1 日。

作、取得有效信息存在不确定性。

二是项目宣传的实效性。项目组在河北和积石山发放电子券的反馈数据显示，河北高碑店市的核销进度远远快于甘肃积石山地区。因为救灾场景下各种情况往往比较紧急，要快速动员电子券的领取和核销存在一定难度。

三是目标人群的数字化能力。在“宝宝券”发放过程中，项目组发现有些妈妈没有开通微信支付功能，或者虽然有微信，但绑定的是家人的信息，导致领取失败。

从基金会参与风险治理的历程来看，凡是社会关注度高的灾害事件都会带来较多的参与主体和社会资源。但与此同时也会带来物资接收和储存的压力。传统的大宗物资采购在现实情境中回应力度有限，反而造成救灾资源的重复、浪费。而数字消费券的产生打破了对于“抗灾救灾”固有的思维逻辑，在帮助受灾群众的同时，也能够在一定程度上帮助当地的商户从灾难中恢复。

2. “以工代赈”模式的创新发展

如果说数字消费券是解决了传统救灾模式中物资采购方面的痛点，那么“数字以工代赈”则提升了村社治理能力以及提升现金援助的效率。

“以工代赈”模式自古有之，通常为政府赈济的手段，也是国际人道救援中用于灾后重建的经典模式。受助人可以通过参与工程建设，在重建家园的同时获得劳动报酬。乡村发展基金会以工代赈救灾模式和项目从 2014 年萌芽到 2021 年首次实施历经了 7 年的时间，是中国社会组织首次大规模采用以工代赈方式参与救灾（见表 2）。项目的实施突破了基金会采用物资援助或直接进行现金发放的救灾方式，创新了参与救灾的工作机制。

表 2　中国乡村发展基金会以工代赈项目发展历程

年份	发展历程	灾害事件
2014 年	参访学习慈济以工代赈模式 与国际美慈组织开展灾后救援现金项目培训与探讨	菲律宾台风
2019 年	与红十字国际委员会(ICRC)在云南省开展现金援助项目	
2020 年	开展以工代赈专项学习研究	

续表

年份	发展历程	灾害事件
2021 年	发起以工代赈家园清理项目 中国社会组织救灾首创	河南水灾
2021 年	发起以工代赈积雪清理项目	内蒙古通辽雪灾
2022 年	携手百胜中国控股有限公司、广州市小鹏公益基金会、腾讯公益慈善基金会、北京星巴克公益基金会启动“重振家园以工代赈项目”	四川泸定地震
2023 年	中国乡村发展基金会联合腾讯公益慈善基金会发起“重振家园以工代赈项目”	河北洪涝
2023 年	联合腾讯基金会上线“灾后微助乡村计划”小程序，项目进行数字化升级	甘肃积石山地震

资料来源：根据中国乡村发展基金会官网年报及公众号项目公开信息梳理。

传统的以工代赈项目由于覆盖村镇数量较多，在申请、工时计算、补贴发放等一系列流程中需要大量的人工和时间成本。由于劳动补贴发放形式多为银行转账，对于没有开设转账短信通知的村民，容易因为不知道收款进度而产生信任危机。比如“河南水灾救援—以工代赈项目”就在执行方面遭遇了项目申报资料填报不规范、筛选受益村时间长、反馈收集困难、项目进展无法实时掌握等问题。为此，乡村发展基金会将以工代赈项目进行了执行模式上的调整，通过数字化管理精简流程，确保现金发放的及时性和有效性。

在此次积石山震后重建过程中，乡村发展基金会联合腾讯基金会上线“灾后微助乡村计划”小程序，受灾区域村委通过微信扫码进入小程序后，根据当地受灾情况提出废墟清理、道路重建、公共基础设施恢复等申请。申请审核通过后，系统便生成二维码，可用于组织受灾群众加入以工代赈项目。受灾群众注册后便可自动领取实名的微工卡，用于查询工作时间、补贴金额，并了解补贴发放进度等①。

① 《207 个村庄“尝鲜”！数字救灾让灾后重建“活跃”起来》，益创传播微信公众号，2024 年 2 月 1 日，https：//mp. weixin. qq. com/s/ebT6vbB_ mpV8eaNol3_ kXw，最后访问日期：2024 年 4 月 4 日。

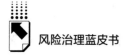

数字化对于以工代赈项目的加持，一方面提升了申请和对接上的效率，另一方面进一步助推了管理规范化和公信力建设。同时，对村民使用微信小程序的技术问题、信息传递的障碍、受助人使用的积极性、线上资金流转的管理与监督问题等仍然需加以关注。

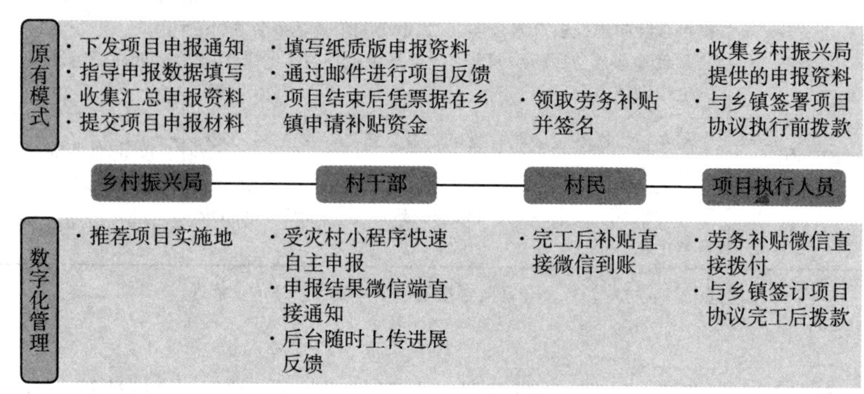

图 1　“以工代赈”项目模式数字化调整

资料来源：中国乡村发展基金会项目展示。

《规划》明确提出，强化数字技术在灾害事故应对中的运用，全面提升监测预警和应急处置能力。京津冀水灾和甘肃临夏积山石县地震救灾中使用的数字化公益模式极大地提升了工作效率，获得了行业内的高度认可，增强了创新技术在风险治理场景中的应用潜力。

同时，我们也需要看到，数字化救灾之所以“可为”，主要是因为线下救灾项目价值逻辑的成熟与完善。从腾讯公益基金会的线下消费券尝试到乡村发展基金会建立的以工代赈合作机制与规范化操作，成熟的项目逻辑为数字技术介入提供了基础，而数字化让项目价值更高效、可视化地呈现出来。

3. 淋浴帐篷关注灾后差异化需求

目前，基金会行业对于水、环境卫生和卫生领域的灾害救援响应途径还比较传统，主要集中在提供干净的饮水和个人卫生用品上。近年来也有组织开始关注女性经期卫生和病媒控制等方面，但排泄物管理、固体废弃物管理和其他卫生促进方面的需求很难被关注到[①]。

在2023年驰援京津冀水灾中，爱德基金会发起了“爱的安全家”洗浴帐篷项目。京津冀暴雨发生后，虽然洪水逐渐退去，但安置点的村民因为家中房屋淤泥堆积和受损依然无法归家，大量年轻人还在参与户外清理工作。而当时白天气温已达30余度，午后体感温度更是高达40度。当地村民尤其是女性对于洗浴的需求非常突出而迫切。因此，爱德基金会在村民集中安置点西秧坊民族小学搭建了可供12个人同时使用的洗浴帐篷。在管理方面，还通过男女分时使用和安排志愿者值班保护女性的隐私。这是爱德基金会首次尝试在灾区搭建淋浴帐篷，也几乎是国内首创性的做法。

事实上，在2021年的云南漾濞地震和2022年的四川泸定地震中，基金会项目人员就发现比起对食物和住所的需求，洗澡、洗衣服、上厕所等卫生需求很少被关注到。2023年土耳其救灾后，项目人员从当地军队使用的淋浴帐篷中受到启发，开始探索临时洗澡设备的制作，最终与军工企业达成了定制合作。在此次的涿州救援中，项目人员在响应生活物资需求的同时特地了解了灾民在个人清洁方面的需求情况。在发现需求和预期相符后，基金会迅速从南京把空气能热水器、淋浴设备和帐篷等运到涿州并安排搭建。

根据人道主义响应国际通用标准手册《环球计划》，每个受到灾害影响的人，都享有三种权利，分别是有尊严生活的权利、获得人道主义援助的权利和获得保护的权利。从对生存需求到对安全和尊严需求的关注，是基金会行业在救灾领域的创新，对于提升整体专业性也有着重要的意义。基金会对该项目的提升规划一方面是进行模块化设计，提升安装效率；另一方面是尝试集装箱浴室，因它能够灵活地在多个安置点提供流动服务。

① 《驰援京津冀丨爱的安全家，让村民们有了“家”的感觉》，爱德基金会公众号，2023年8月11日，https：//mp. weixin. qq. com/s/CPLSXj0ZaTSMZQDCX9Pc6w，最后访问日期：2024年4月21日。

三　经验及问题

（一）经验

通过对2023年基金会行业参与风险治理工作的观察和总结，总体来讲，有如下几个特点日益显现：一是参与风险治理的基金会数量日益增多。受气候变化等影响，灾害风险日益加剧，也给了基金会更多的参与空间。除传统的参与灾害治理的基金会外，更多区域性、规模较小的基金会在灾害后快速响应及参与。二是灾时筹款成为基金会重要筹款渠道之一。网络媒体已成为公众主要的信息渠道和日常生活的一部分，流量和正面舆论成为企业、个人争夺的战场之一。公众对于灾害重视程度的提升和行业对气候变化灾害风险认识的加深，使得更多的企业、明星、公众捐赠意愿加强，基金会筹款额随之增加。三是基金会参与灾害治理的内容精准度逐步提升，如防灾减灾阶段针对救援队的能力建设，以及灾害响应阶段开展针对弱势群体的项目设计。在灾时快速响应中，基金会满足差异化服务需求的功能性更加明显。此外，数字化应用等技术手段也更为多元，以下几个特征表现得较为明显。

1. 快速整合资源

综观基金会参与风险治理的发展历程可以看到，基金会应对灾害的能力也在不断发展和提升，通过长期的磨合与合作，公募基金会、非公募基金会、企业基金会及资助型基金会间依托各自职责及分工，形成了趋于伙伴网络的协作关系，如资助型基金会与公募基金会的快速项目对接、公募基金会与非公募基金会间的项目合作等。合作主要体现在：协同响应更加快速、联合行动不断加深、信息对接更加频繁。这种合作关系，一方面能形成优势互补、资源搭配的协作格局，另一方面通过经年积累的经验，能快速开展优势项目、满足灾区需求。此外，除基金会间的合作外，部分基金会与参与救援的社会应急力量和参与救助的社会服务机构也构建了相对稳定的沟通和协作网络，能够快速动员属地机构进行物资分发、项目执行等。

2. 关注差异化需求

从2023年几次灾害响应过程中，可以明显地看到，基金会之间的项目和各基金会的关注要点个性化越来越突出。除了大型基金会之外，不少中小型基金会在社会资源的动员方面能力也逐渐显现，能够参与细分领域。目前基金会开展和资助的项目不仅能够覆盖到救灾的前沿领域，同时还有一些涉及灾后社会力量培育和减防灾相关的项目，为救灾领域较为稀缺的项目类型带来资金支持。基金会的灾害管理策略已从初期对紧急需求作出响应的财物捐助，逐步发展演进为一种前瞻性的灾害预防减轻模式，并持续聚焦于支援灾区重建、促进产业升级及人才培养等领域，不断升级灾害救援的价值。尤其是对待特殊群体，基金会已经有补充性、引领性的表现。除了关注最紧急的生存性需求外，基金会往往会有各自不同的侧重点。比如积石山地震中，中国妇女发展基金会、上海美丽心灵社区公益基金会、浙江省妇女儿童基金会特别关注妇女和儿童的差异化需求，准备女性卫生用品和儿童物资等；北京启明星辰慈善公益基金会、上海美丽心灵社区公益基金会对于心理援助给予特别关注；北京中康联公益基金会、浙江省微笑明天慈善基金会给一线的救灾机构赠送AED设备和心肺复苏术培训；浙江正泰公益基金会依托企业新能源优势，捐赠了一批应急太阳能灯、太阳能路灯，以及灾后重建所需的屋顶光伏电站。

3. 探索数字技术应用

从2008年汶川地震时的互联网筹款到2021年河南暴雨中的“救命文档”，再到2023年“数字消费券”“数字化以工代赈”模式的出现，数字技术应用渗透到了灾害应对和风险治理的各个阶段。基金会依托数字技术进一步提升了救灾能力和管理效率，也为公众监督透明化提供了重要渠道。数字化公益的探索，也逐步向着精细化、个性化的需求导向进行延伸，体现了如下特点：一是出现了针对不同适用主体、不同项目的定制化产品，如同样是消费券，有针对母婴群体的“宝宝券”，也有针对特定区域的“电子消费券”；二是基金会依托技术工具，进一步升级和强化优势项目，如乡村发展基金会主打的“以工代赈”，已成为重特大自然灾害后均会开展

的“固定服务内容”，为此，围绕这一项目进行数字化工具开发，十分具有必要性。

（二）问题反思

2023年基金会在风险治理领域依然存在不足和问题，有长期存在的机制性问题，也有社会驱动、机构战略限制下的项目设计问题。总体来讲，包括以下几点。

1. 缺乏有效政社协同

目前基金会参与灾害响应的过程，是“各显神通”的过程，通过各个基金会本身资源对接灾区、开展合作、落实项目，缺少明确的主责部门能够牵头对基金会进行统筹引导、政策支持、奖惩激励。政府和民间的信息、需求不对称，某种程度上导致了在物资发放、项目落实等活动中沟通成本更高、对接难度更大、执行效率偏低等问题。

2. 能力水平参差不齐

虽然长期参与救灾的大型基金会已经发展出全周期、全链条式的风险治理参与路径，并建立与多元主体的合作伙伴关系，但是灾害领域基金会的整体发展还需要继续推进。灾害发生后的需求是长期且多元的，很多基金会还未找到专业切口，以及未建立与原本业务链条之间的联系。基金会通过进一步了解灾害治理逻辑、锚定机构定位、细化项目设计，在灾害发生时快速有效参与，不断提升灾害治理参与深度尤为重要。此外，各大基金会缺乏对行业基础设施的支持，也在一定程度上导致了行业基础能力、供需信息、资源对接的不足。

3. 参与视角过于单一

虽然部分老牌参与防灾减灾救灾的基金会已经运作出一系列品牌项目，涉及灾害的全周期，但是行业内系统性开展防灾减灾救灾设计的基金会仍属少数。此外，从资金流向回溯，基金会参与应急响应整体依然存在如下问题：紧急救援阶段资金井喷、常态化减防灾阶段投入较少；灾后恢复阶段重硬件建设、轻社区发展和能力建设；长期灾害（如旱灾）关注度小，中小灾害关注度小，非明星灾区关注度小，边缘地区关注度小等问题。部分原因是捐赠人要求，为此，如何在灾区需求和捐赠人要求间做好平衡、开展好对公众和捐款人灾害救援的认知引导也是需要反思的问题之一。

四　建议及展望

（一）关注多元需求

随着社会经济的发展，灾害救援从以往的满足生存需要转向现在满足多样化需求。基金会可以结合自身业务内容开展与灾害相关的内容设计，如平时开展助老服务的基金会，灾时可以设计和延续助老服务的灾害场景下应用。救助形式和内容要向更精细的方向转变，多领域、多议题、多主体统筹协调救灾工作。此外，随着全球局势变化，国际人道救助也成为国内基金会响应和参与、展现中国精神的渠道。

（二）加强主体间协同

推动政社伙伴关系的建立，建立协调机制、形成保障合力、强化现场保障。加强平台性机构能力建设，在信息共享、物流协调、现场保障、培训演练等方面联动相关部门开展政社协同。此外，加强行业内部沟通，加强与企业、公众、媒体、学者等主体间的交流，建立和拓展伙伴关系，提高行动能力和响应效率。

（三）推动行业共识

对于基金会参与灾害响应中存在的问题、意识盲区，要加强行业机构间对话，推动行业共识的形成。对于一些共识性议题，制定行业标准。关注行业发展、开展平台支持，对单一基金会难以推动达成的标准共识，如公众倡导、行业倡导等，可由基金会救灾协调会等行业平台来牵头推动，进一步推动协同机制完善、意识塑造、知识技能普及。

参考文献

李悟、侯雪源、郦洋：《危机治理中的救灾类社会组织：现状、模式与优化路径——以浙江省为例》，《中国应急救援》2023 年第 4 期。

何国胜：《一顶帐篷背后，被忽略的灾后应急公益》，《南风窗》2023 年第 19 期。

广州市社会组织联合会：《基金会驰援积石山地震救灾，建议关注过渡安置和灾后重建》，南方报业网站，2023 年 12 月 20 日。

《灾害常态化筹款模式探讨沙龙圆满落幕》，基金会救灾协调会公众号，2022 年 12 月 27 日。

中国灵山公益慈善促进会：《1978-2018：中国公益慈善 40 年大事记》，北京基业长青社会组织服务中心网，2018 年 12 月 18 日。

杨瑞雪：《20 年“救”在乡村——中国乡村发展基金会灾害救援记》，澎湃新闻网，2023 年 5 月 16 日。

刘朋：《凝聚行业共识　自觉自律自治——〈社会力量参与一线救灾行动指南〉在京发布》，《中国减灾》2018 年第 3 期。

张强、谢静、杨晶等：《“十四五”期间社会力量参与应急管理的机遇探析与路径研究》，《中国应急管理科学》2022 年第 4 期。

陈泽源、谢建林、李兴莉等：《我国应急管理体系演变历程现存问题及优化路径》，《现代职业安全》2024 年第 1 期。

万美君、袁世杰、黄靖秋：《社会组织应对公共危机协同治理路径研究——以四川省 L 市为例》，《国际公关》2023 年第 3 期。

刘清华、包进：《重大公共危机中社会组织参与基层协同治理运行机制研究》，《重庆行政》2021 年第 4 期。

B.14
上海韧性城市建设专题报告

周彦如　董幼鸿*

摘　要： 面对传统风险复合叠加、新兴风险不断涌现和城市脆弱性逐渐凸显等挑战，上海市以《上海市城市总体规划（2017-2035年）》为起点，加快构建具有上海特点的韧性安全城市，努力走出一条中国特色超大城市治理现代化的新路。上海韧性安全城市建设经历了"更可持续的韧性生态之城""适应城市运行发展的韧性城市""面向全球前列的安全韧性城市"等三个阶段，实现了从萌芽到起步再到加快升级的跨越。通过统筹推进制度韧性、组织韧性、空间韧性、社会韧性和技术韧性等维度建设，上海城市韧性安全水平逐步提升，并在2023年取得新进展。上海韧性安全城市建设的关键经验在于，通过精细理念、数字转型和党建引领，塑造韧性品质、赋能韧性治理和筑牢韧性之基，实现城市韧性安全的整体强化。

关键词： 韧性安全城市　城市风险　应急管理　上海

上海是我国的直辖市之一，长江三角洲世界级城市群的核心城市。作为一座拥有2487万常住人口的超大城市，上海维护保障城市安全运行的责任重大、任务艰巨。特别是在"十四五"时期，上海处于全面深化"五个中心"建设、加快建设具有世界影响力的社会主义现代化国际大都市的关键时期，防范城市安全重大风险，尤为重要与迫切。2023年，习近平总书记在上海考察时强调，要全面推进韧性安全城市建设，努力走出一条中国特色

---

* 周彦如，中共上海市浦东新区委员会党校研究人员，研究方向为城市安全、应急管理；董幼鸿，中共上海市委党校公共管理教研部主任、教授，研究方向为城市安全、应急管理和数字治理。

超大城市治理现代化的新路。所谓韧性安全城市，是指城市具有较强抗压、适应、恢复和可持续发展能力，能够预防和抵御内外多种风险冲击①。“韧性安全城市”是对原有“韧性城市”概念的突破与创新，是一种通过自身韧性建设实现安全发展的城市形态，体现了总体国家安全观、统筹发展和安全等重要理念。面对全球气候变化、深度全球化和技术变革等带来的不确定因素的增加，上海在韧性安全城市建设方面进行了有益探索。

一　上海韧性安全城市建设的背景与历程

推进韧性安全城市建设，既是上海走出超大城市治理现代化新路的有益探索，也是其统筹发展和安全、维护经济社会稳定的必然要求。

（一）上海韧性安全城市建设的背景

上海推进韧性安全城市建设的客观动因在于，它面临着传统风险与新兴风险复杂交织，城市容易遭受意外扰动；主观动因在于，城市面对复合风险的预防和应对能力有待提升，容易因意外扰动造成更严重损失。

1. 传统风险复合叠加

上海地处长江入海口，面向太平洋，行政区划面积达 6340.5 平方千米，常住人口超过 2487 万。作为超大城市，上海具有复杂巨系统特征，人口、各类建筑、经济要素和重要基础设施高度密集，致灾因素叠加，一旦发生突发事件，可能引发连锁反应、形成灾害链。《上海市人民政府关于进一步加强城市安全风险防控的意见》（2021 年）将涉及危险化学品、建筑、消防、城市“生命线”重要基础设施、大型群众性活动、自然灾害等 9 类安全风险，确定为上海城市安全风险防控的工作对象②。总的来看，目前上海城市

① 文宏：《全面推进韧性安全城市建设》，《人民日报》2024 年 3 月 20 日。

② 《上海市人民政府关于进一步加强城市安全风险防控的意见》，上海市人民政府网站，2021 年 5 月 13 日，https：//www. shanghai. gov. cn/nw12344/20210513/99938af858704f129d12894b244688e3. html，最后访问日期：2024 年 4 月 14 日。

公共安全风险具有复合性、叠加性、联动性、扩散性、隐蔽性增大等特征。传统风险与非传统风险交织，且在一定条件下容易由潜伏状态转化成激活状态，从单一风险演变为一系列系统性风险，威胁整个城市的公共安全。

2. 新兴风险不断涌现

作为全球科技创新中心和国际化大都市，上海各类新业态、新产业、新技术不断涌现。与之相应，城市风险的范畴也逐渐超越传统风险概念，城市风险管理难度也日益增大。如在新能源方面的电化学储能电站、醇基燃料、海上风电，文旅体育方面的密室逃脱、剧本杀、室内冰雪运动、围炉煮茶等，游乐设施方面的热气球、玻璃栈道、网红吊桥等，上海面临着日益多样化的新兴业态风险。随着上海三大新兴产业加快布局，新材料、新技术、新工艺大量投入使用，可能带来更多风险隐患。大数据、人工智能、无人驾驶等新兴技术加快推广应用，新技术带来的“双刃剑”效应将逐步显现。特别是人工智能、智能制造等新技术，在智能设备安全、网络信息安全、人工智能安全、数据保护和确权等方面给信息安全和风险管理带来了挑战①。

3. 城市脆弱性逐渐凸显

“十三五”以来，上海安全生产治理能力、自然灾害综合防治能力和应急抢险救援能力明显提高，各类生产安全事故总量和死亡人数总体保持下降态势，城市安全运行总体平稳、基本受控、趋势向好。然而，面向“十四五”时期，上海在建设符合超大城市治理特点的现代化应急救援体系、灾害综合防治体系方面还存在诸多“短板”：应急管理统筹协调机制作用发挥不足；灾害事故风险综合防控能力不强；应急救援体系统筹建设实效不足；应急管理基层基础建设力度不够②。这些短板的存在，使得城市在面对传统与新兴风险时暴露出脆弱性。例如，在极端干旱天气影响下，2022 年上海长江口咸潮

① 伍爱群、郭文炯、韩佳：《加强上海韧性城市建设提升防抗风险能力的建议》，《华东科技》2022 年第 9 期，第 98~103 页。

② 《上海市人民政府办公厅关于印发〈上海市应急管理“十四五”规划〉的通知》，上海市人民政府网站，2021 年 8 月 16 日，https：//www.shanghai.gov.cn/nw12344/20210816/7c35057f10ff46a1a47f1be37e1a01f9.html，最后访问日期：2024 年 4 月 14 日。

入侵严重，引起供水原水系统安全问题，引发市民恐慌。因此，随着城市脆弱性的增强，上海加快韧性安全城市建设，具有极端重要性和现实紧迫性。

（二）上海韧性安全城市建设的历程

通过对相关政策文件的梳理，可以发现上海韧性安全城市建设大致经历了三个不同的历史时期。

1. 萌芽阶段（2014~2018年）：探索建立更可持续的韧性生态之城

上海韧性安全城市建设最早聚焦于城市生态安全。在资源环境紧约束压力持续加大、城市安全风险日益凸显的背景下，上海市于 2014 年 4 月启动编制《上海市城市总体规划（2017-2035 年）》（以下简称“2035 总规”），明确上海的城市发展要牢固树立“底线思维”，严守土地、人口、环境、安全四条底线，把保护城市生态环境和保障城市安全放在优先位置，实现内涵发展和弹性适应①。该规划提出，到 2035 年，基本建成更可持续发展的韧性生态之城，并从生态、环境保护和城市防灾减灾三个维度提出了韧性城市建设举措。该规划的制定符合我国韧性城市建设的基本实践，在城市弹性、应对不确定性、可持续发展理念、安全风险管控以及公众视角等方面，都是我国当前城市总体规划的新标杆。在此规划的指引下，上海于 2016 年启动编制《上海市海绵城市专项规划（2016-2035 年）》，提出以建设“韧性城市、水和谐城市、生态文明城市”为发展目标，到 2040 年建成能够适应全球气候变化趋势、具备抵抗雨洪灾害能力的韧性城市②。

2. 起步阶段（2019~2020年）：探索适应城市运行发展的韧性城市

为提升风险防控和隐患治理能力，提高城市精细化管理水平和安全能级，上海开始在市级层面推出一系列政策举措，着力完善“韧性城市”建

① 《上海市城市总体规划（2017-2035 年）文本》，上海市人民政府，2018 年 1 月，https：//ghzyj. sh. gov. cn/cmsres/00/0060109cf6774f47b41a134c741c4491/1bc3674ead17e0e475c5f1a3b5982ead. pdf，最后访问日期：2024 年 4 月 14 日。

② 《〈上海市海绵城市专项规划〉规划公示》，上海市规划和自然资源局网站，2016 年 11 月 4 日，https：//hd. ghzyj. sh. gov. cn/hdpt/gzcy/sj/201611/t20161104_ 698481. html，最后访问日期：2024 年 4 月 14 日。

设的顶层设计。根据中央《关于推进城市安全发展的意见》精神，上海于 2019 年 9 月推出《上海市推进城市安全发展的工作措施》，提出要在 2035 年基本建成能够应对发展中各种风险、有快速修复能力的“韧性城市”，并部署了 5 个方面的 20 项具体工作措施①。

3. 升级阶段（2021年至今）：探索面向全球前列的安全韧性城市

随着城市能级的不断提升，上海与世界的联系日益紧密，城市风险也越来越具有全球性特征。2021 年 1 月，上海市人大批准《上海市国民经济和社会发展第十四个五年规划和二〇三五年远景目标纲要》（以下简称“上海十四五规划”），提出要“提高城市治理现代化水平，共建安全韧性城市”，“韧性城市”作为专门篇章被正式写入上海市的战略规划②。“上海十四五规划”首次提出，要全面提升城市运行的功能韧性、过程韧性、系统韧性，构筑城市安全常态化管控和应急保障体系，使上海始终位于全球最安全城市之列。为扎实推进全市城市安全发展，2021 年 5 月，上海市人民政府发布《关于进一步加强城市安全风险防控的意见》，明确了在指导思想上强化安全发展和安全韧性适应理念，细化了城市安全风险防控的 9 类工作对象以及 8 项重点任务，强化了区域性安全风险防控机制建设的顶层设计，为推动构建以点连线扩面的城市安全风险防控体系提供了制度保障③。同年 7 月，上海发布了《上海市应急管理“十四五”规划》，围绕韧性城市建设目标提出 19 个重点工程项目④。在此基础上，2022 年上海市自然灾害防治委员会出

---

① 《上海市推进城市安全发展的工作措施》，上海市人民政府网站，2019 年 9 月 2 日，https：//www. shanghai. gov. cn/nw44142/20200824/0001-44142_ 61685. html，最后访问日期：2024 年 4 月 14 日。

② 《上海市国民经济和社会发展第十四个五年规划和二〇三五年远景目标纲要》，上海市人民政府网站，2021 年 1 月 30 日，https：//www. shanghai. gov. cn/nw12344/20210129/ced9958c16294feab926754394d9db91. html，最后访问日期：2024 年 4 月 14 日。

③ 《上海市人民政府关于进一步加强城市安全风险防控的意见》，上海市人民政府网站，2021 年 5 月 13 日，https：//www. shanghai. gov. cn/nw12344/20210513/99938af858704f129d12894b244688e3. html，最后访问日期：2024 年 4 月 14 日。

④ 《上海市人民政府办公厅关于印发〈上海市应急管理“十四五”规划〉的通知》，上海市人民政府网站，2021 年 7 月 20 日，https：//www. shanghai. gov. cn/202119bgtwj/20211008/0dec51ade1f3491ba1d87d2e01390409. html，最后访问日期：2024 年 4 月 14 日。

台《上海市综合防灾减灾规划（2022-2035 年）》。作为“2035 总规”系列配套专项规划之一，该规划构筑“一体、两化、三级、四类、多支撑”的空间韧性格局，为上海在 2035 年建设成为更可持续发展的韧性生态之城明确了目标和路径①。为推进其落实，上海市于 2023 年 9 月发布《上海市综合防灾安全韧性分区分级建设指南》，进一步明确三级防灾分区韧性建设的要求。2024 年 3 月，上海市将“制定上海市加快推进韧性安全城市建设的意见”列入《2024 年度上海市人民政府重大行政决策事项目录》。

二　上海韧性安全城市建设的举措及成效

上海在探索建设韧性安全城市上走在全国前列。2023 年 3 月，中国发展研究基金会与普华永道联合发布的《机遇之城 2023》报告显示，上海在城市韧性专项上首次在全国城市中排名第一。作为较早提出“韧性城市”建设目标的城市，上海近年来采取了一系列举措和行动，加快构建符合超大城市特点的韧性安全城市。借鉴国内外相关研究，本文将这些探索分为制度韧性、组织韧性、空间韧性、社会韧性和技术韧性等五个方面分别进行阐述。

（一）健全规则标准体系，提升城市制度韧性

健全完善的制度体系是构建韧性安全城市的根本保障。近年来，上海通过持续完善应急制度体系，不断增强城市制度韧性。

1. 强化规范标准制定

在市级层面完善各类应急法规和标准。一是持续推进应急法治建设。从 2020 年开始，上海修订出台了 17 部地方性法规、11 部政府规章，以及各类标准规范性文件 78 件。其中，《上海市安全生产条例》成为新《安全生产

① 《上海市综合防灾减灾规划（2022-2035 年）》，上海市自然灾害防治委员会，2022 年 9 月，https://www.shanghai.gov.cn/cmsres/6c/6cc97f4793a243c1a345c90f68ddcec4/c9a6ee90f5d43732e3f6cf4dcaa8493c.pdf，最后访问日期：2024 年 4 月 14 日。

法》颁布后出台的第一个地方性安全生产条例。按照新形势新要求，研究制定数据安全领域“1+5+X”政策文件，强化网络和信息安全制度体系建设；推动出台《上海市公共卫生应急管理条例》，构建“预防为主、平战结合”的公共卫生应急管理体制机制。二是加强安全管理标准建设。“十四五”以来，上海在综合防灾评估、防灾安全布局、应急保障基础设施、应急服务设施等方面加快推进城市安全管理标准建设。如《防汛防台应急避难场所运行管理保障要求》成为机构改革以来全国首个由应急部门提出的、针对管理保障类的防汛防台应急避难场所地方标准。推进韧性城市相关技术标准研究，构建适应于超大城市运行特点的城市及基础设施在多灾害作用下的韧性评价与韧性提升技术标准体系。

2. 落实预案修编管理

2020年以来，上海市成立了以市应急局主要领导为组长的市总体预案修订工作小组，对长期实施的《上海市突发公共事件总体应急预案》（2006年版）进行了全面修订，在突出体现上海特点和应急工作实际的同时，努力构建覆盖市、区、街镇、社区、居村委、小区的应急预案体系。在做好市级层面预案工作的同时，指导基层各级全面开展预案编修，推动构建“横向到边、纵向到底”的应急预案体系。在基层应急预案编修中，明确基层单位在应急值守、信息报告、先期处置和舆情应对等方面的作用，强化其第一响应人和先期处置功能。为提升应急预案实施效果，上海市应急局会同市测绘院，以黄浦区地铁站“四长联动”预案为试点，在全国范围内率先探索推进预案结构化工作；依托数字化转型和城市运行管理平台建设，将28个已完成结构化的预案数据录入该系统，探索创新以结构化预案、数字化系统为突发事件线上（桌面）应急演练提供数字化解决方案。

3. 健全应急工作机制

上海市从超大城市治理的特点出发，围绕风险治理、联勤联动、应急动员等构建了一系列应急工作机制。一是构建精准有力的风险治理机制。“十三五”以来，上海推进风险防控和隐患排查治理双重预防机制建设，加强

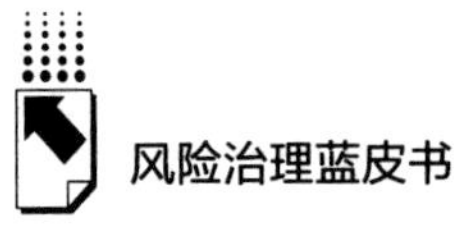

对重点领域的风险管控、隐患排查，坚持实施政府挂牌督办隐患治理。各类重大风险隐患排查在先、预警在前、发现在早、处置在小，积极推进事故隐患动态“清零”。二是构建协同高效的联勤联动机制。2004 年，上海通过整合 110、119 和交巡警三个指挥平台，成立市应急联动指挥中心，作为突发事件应急联动处置的职能机构，组织、协调、指挥、调度相关联动单位开展应急处置。三是构建响应迅速的应急动员机制。为吸收巩固疫情防控经验，推出党建引领基层治理“动员工程”，健全党员干部下派、报到机制，常态化选派年轻干部到居村挂职或任职，组织在职党员到社区报到、在社区服务。

（二）优化管理组织体系，提升城市组织韧性

通过探索应急管理体制改革，上海持续完善城市安全管理组织体系，为韧性安全城市建设提供了有效的组织保障。

1. 推动领导议事协调机构建设

自 2005 年成立突发公共事件应急管理委员会以来，上海根据城市突发事件发生频率，在市级层面成立了防汛指挥部等 13 个专项议事协调机构。这些机构基本涵盖了四大类突发公共事件，以对应的水务、地震、应急等部门作为办事机构，在常态化时期承担监测预警工作，在非常态时期则发挥领导指挥功能。2018 年，上海市应急管理局挂牌成立，整合市政府原应急办、市安全生产监督管理、市民政救灾、公安消防以及防汛抗旱、地震地质灾害、森林防灭火等相关职能。继 2021 年初出台《关于进一步加强城市安全风险防控的意见》之后，通过设立专业委员会等方式强化了安委会、灾防委的职能，调整设立了上海市城市运行和突发事件应急管理委员会，探索建设与上海城市定位相匹配的应急工作体制。

2. 推动应急综合执法队伍建设

上海市应急局配合市委组织部推动完善“统一指挥、专长兼备、反应灵敏、上下联动、平战结合”的应急处突工作体制。2022 年，上海市发布《关于深化我市应急管理综合行政执法改革的实施方案》，统筹对接应急、

消防、军地及社会化专业应急救援体系建设，将分散于应急部门的部分行业安全生产监管，以及部分领域的行政处罚、行政强制职能进行整合，实行“按编配备、专岗使用、严格准入、一专多能、强化监督”的配置原则，新组建市应急管理局执法总队和各区应急管理局执法大队（支队），以本级应急管理部门名义统一执法。本次改革后，市区两级机构编制人数达到535人，其中，市应急管理局执法总队45人、各区应急管理局执法大队（支队）490人，从事一线行政执法人员的编制人数是改革前的1.8倍，执法力量明显提升。

3. 推动区域应急协同能力建设

2020年，上海参与组建长三角应急管理专题合作组，积极探索应急管理协同发展制度创新和工作联动的路径模式。一是提升区域应对处置能力。参与优化完善长三角区域应急管理信息交互平台，探索开展长三角应急指挥联动推演，共同研究长三角重大突发事件联合应急预案。二是提升区域联防联控能力。在长三角地震应急救援和森林防灭火领域，分别参与建立了相应的区域协作联动、应急联动机制，参与签约《长三角一体化危险货物道路运输联防联控协议》，设立长三角一体化发展示范区应急指挥平台。三是提升区域资源共享能力。参与制定《长三角应急物资协同保障协议》，在应急物资储备库建设、信息共享机制建设、跨省应急支援、日常交流等方面，探索三省一市区域合作路径。四是提升区域协同发展治理能力。参与探索长三角安全生产领域失信惩戒制度，试点推进长三角地区初级注册安全工程师资格及继续教育学时互认。

（三）强化基础保障体系，提升城市空间韧性

在推动空间韧性建设方面，上海依托其强大的经济和区位优势，强化空间资源和设施功能布局，开展了前瞻性的探索。

1. 建强应急物资储备体系

2017年，上海建立了首个省级现代化救灾物资储备库。该储备库定位

于启动三级应急响应时，满足受灾群众转移安置的物资供应需求①。经过多年的实践和探索，上海市逐步建立起“市、区、街镇、居村和家庭”五级储备，已初步形成具有上海城市特色的地方物资储备管理体系。机构改革后，通过完善“市—区—街镇”三级物资储备体系，确保灾后12小时内，群众基本生活需求得到保障。除了政府储备的应急物资外，组织开展社会化的协议储备，针对部分对储存时间要求较高的物资，与相关市场主体签订代储代供协议，实现动态储备。加强社区和家庭储备宣传，提高基层社会应急储备意识和主动性。针对疫情防控特殊形势，起草制定《关于进一步加强应急救灾物资使用管理的通知》《关于做好方舱医院应急救灾物资处置工作的通知》等文件，指导各相关基层单位做好物资储备管理工作。

2. 提高基础设施抗逆水平

一是灾害防治工程建设。“2035总规”明确了城市在供水、排水、固废处理等重点基础设施领域的韧性建设目标。如在防汛防台方面，上海经过多年建设，基本形成“千里海塘、千里江堤、区域除涝、城镇排水”四道防线，通过扎实有力的防汛工程体系，成功抵御了近年来的多场台风、洪水及强降雨等气象灾害。二是应急避难设施建设。结合城市更新改造，采取“融合式建设、标准化嵌入、功能性叠加、多灾种防护”的方法，在全市范围大力推进应急避难场所建设。截至2020年底，上海已建成等级应急避难场所117个，2022年全年新建应急避难场所721个。三是老旧设施更新建设。近年来，上海市大力推进城市更新工作，增加社区公园绿地和公共通道，极大提高了应急疏散避难的能力；改造供水管网、排查燃气管隐患、更换老化电线、建设海绵城市，降低了社区生命线设施的事故风险。

3. 加快冗余功能空间布局

2014年，在首届世界城市日论坛上，上海率先提出“15分钟社区生活圈”的基本概念，在市民15分钟慢行范围内，完善教育、文化、医疗、养

① 李琼、宋慧娟：《韧性治理视阈下上海城市风险评估及防控研究》，《贵州社会科学》2023年第6期，第100~106页。

老、休闲及就业创业等服务功能，提升各类设施和公共空间的服务便利性。在“2035 总规”中，上海提出“建立空间留白机制”，通过科学的城市规划，增强城市空间的包容性，提高城市应对突发重大事件的缓冲能力。最新一轮城市规划将“15 分钟生活圈”作为社区公共资源配置和社会治理的基本单元，15 分钟生活圈内，既可以满足日常基本生活和公共活动的需求，又可在面对突发公共卫生事件时转化为防灾抗疫的基本空间单元。结合新冠疫情防控时期经验，上海长宁区仙霞新村街道探索建立了社区党群服务中心“平急转换”机制，进一步发挥党群服务阵地应对突发公共事件时服务与保障的双重作用。

（四）完善多元共治体系，提升城市社会韧性

上海围绕打造共建共治共享的社会治理共同体目标，协同市场和社会力量参与城市安全治理，持续提升城市社会韧性。

1. 发挥市场机制作用

探索在全市推开灾害保险制度，是上海利用市场化手段减轻巨灾风险、建立韧性城市的重要手段。2018 年 5 月，上海在黄浦区试点开展第 1 轮（2018~2021 年）台风巨灾保险，保险费用由区财政支付。保险期间，因遭受台风、暴雨、洪水导致黄浦区行政区域内住房及其室内家庭财产发生损失，或自然人死亡时，保险公司按合同约定予以赔偿。2021 年 11 月，黄浦区开展第 2 轮（2021~2024）巨灾保险，保障范围实现“海陆空”灾种全覆盖，并优化了启动保单条件。黄浦区两轮巨灾保险试点的开展为上海市巨灾保险制度的进一步完善提供了宝贵的实践经验。此外，上海市精细化办还会同市房管局推出公众责任保险，引导业主大会明确本住宅小区共用部分公众责任保险费用分摊及投保方式，各街镇也自主安排了社区综合保险。在重点行业领域，推进优化安全生产责任保险制度，全力打造多元共治的风险防控格局。

2. 鼓励引导社会参与

上海市应急局通过摸排走访，遴选出首批 28 支市级社会化应急救援队伍，初步形成“全灾种、大应急”市级社会化应急救援队伍体系。印发

《上海市市级社会化应急救援队伍工作规范（试行）》，明确队伍遴选、建设管理、指挥调度、征用补偿、考评奖励工作。结合疫情防控经验，指导基层吸纳疫情防控中表现突出的楼长、团长、能人、队长等，进入社区志愿者队伍，在突发事件发生时就地转化为应急处置力量。积极推动举报奖励机制。上海市城运中心与“12345”市民服务热线共同推出“随申拍”小程序，鼓励社会、企业、市民积极参与城市安全问题发现，并将发现问题纳入闭环处置流程。营造安全文化氛围。编制中小学消防安全知识读本，在全国首创初一年级学生消防救援站实训必修课程，并将其纳入学生综合素质评价。以“市安全发展和综合减灾示范社区”创建为契机，深入基层村居和社区，向居民宣传普及综合减灾和应急避险知识和技能。

（五）建设数字平台体系，提升城市技术韧性

依靠强大的技术和经济优势，上海在韧性安全城市的“硬件”建设上处于全国领先位置。

1. 建立全域感知的数字体征系统

2021 年，上海构建了全国首个城市生命体征系统，结合全市 1.9 亿个物联感知终端，汇集 1.1 万项实时动态信息，开发出 1205 个智能应用场景，每天多达 10 亿条数据被汇聚、共享、交换。数据大屏可反映城市各领域运行状态，并叠加辅助分析预判功能，便于准确把握超大城市生命体征。浦东新区提取交通路况等 35 个城市核心特征，将其纳入城市运行“一网统管”平台，并结合阈值和颜色管理，实现对城市风险的动态感知、态势分析和处置决策。开发建设自然灾害综合监测预警系统，分期分批将气象、地震、水务、海洋、规划资源、农业农村、绿化市容等部门监测预警信息有序有效接入，形成纵向贯通、横向集成、覆盖全面的信息共享模式，为灾害综合监测预警提供信息保障。

2. 建设专业运作的数字治理平台

2018 年机构改革以来，上海市应急部门聚焦安全生产、应急救援、防灾减灾等核心职能，组织开发了应急管理综合应用平台（一期），着力增强

智能化响应、可视化指挥的智慧监管与协同处置能力，实现安全生产、灾害防治、应急处置等数据的融合应用。平台下已建成使用的应急救援指挥系统，接入110、119、市府总值班室、气象等实时监测数据，赋能各层级应急部门实现城市运行和安全隐患“早发现、早预警、早研判、早处置”。近年来，上海还先后建设了上海市无线传感网专业技术服务平台、上海市地质资料信息专业技术服务平台、上海市建筑智能专业技术服务平台、上海市气象专业技术服务平台以及上海市传感器与测量仪器专业技术服务平台等数字化、智能化平台。各平台综合运用物联网、云计算、智能感知、大数据分析等技术手段，为城市公共设施监测、数字化运营、安全预控、风险评估及智能运维等方面提供专业化支撑，有力地促进上海超大城市韧性建设。

三　2023年上海韧性安全城市建设重点

2023年，上海在原有韧性城市相关规划的基础上，继续加快推进韧性安全城市建设。2023年11月，首批联合国“创建韧性城市2030行动计划”正式对外发布，上海市长宁区是国内成功入选的五座城市之一，代表上海站在了更高起点上。这一年，上海韧性安全城市建设主要涉及如下几项内容。

（一）以全过程理念深化制度韧性

一是突出预防为先。完成《上海市突发事件预警信息发布管理办法》的修订，拓展预警信息发布范围，建立预警信息发布清单动态管理制度，进一步固化发布原则和相关部门责任，全面提升预警信息发布的精准度和实效性。制定《上海市应急管理部门灾害事故信息报告管理办法（试行）》，规范灾害事故信息报送流程，提高综合处理与分析研判能力。制定《上海市综合防灾安全韧性分区分级建设指南》，推动各级防灾分区安全韧性建设落实落地。

二是强化风险管控。制定《关于进一步落实“管行业必须管安全　管业务必须管安全　管生产经营必须管安全”责任体系意见》，针对行业新业态领域部门监管职责不明确问题，建立安全生产监管职责清单，明确平台经济、新能源、密室逃脱等 10 余个行业领域部门监管职责。为防范房地产、金融等领域风险，出台实施《防范和处置非法集资条例》，加强源头治理和风险管控。

三是落实应对处置。制定突发事件物资装备保障、处置火灾事故等专项应急预案，完成《上海市危险化学品安全管理办法》《上海市实施〈生产安全事故报告和调查处理条例〉的若干规定》的修订。《危险化学品安全生产监督检查指导手册》入选“人民群众最期待的法治为民办实事项目”。编写《乡镇人民政府、街道办事处安全生产检查工作指引（工贸篇 2023 年版）》，列举了乡镇人民政府、街道办事处对辖区内工贸企业开展安全生产检查的重点事项、方法及相关流程规范，为基层安全生产监督检查工作提供指导。

（二）以高质量标准巩固组织韧性

一是巩固深化机构改革成效。健全市安委办、市灾防办机构设置和运行规则，充分发挥各议事协调机构职能。市安委办持续开展约谈警示，完成首轮 16 个区全覆盖的安全生产和消防安全巡查，将结果纳入地区和部门高质量发展考核指标。深化行政执法体制改革，市应急管理执法总队和 10 个区执法大队（支队）陆续挂牌，在编人员 325 名，队伍建设管理日趋标准化、规范化、专业化、数字化、准军事化。

二是促进区域协作体系有效运转。承办第二届虹桥国际经济论坛应急管理分论坛，成功举办第二届长三角国际应急减灾和救援博览会，参与制定长三角区域安全生产信用联合激励惩戒等合作框架协议。协议以体系共建、信息共享、监管共为为原则，对在长三角区域内从事生产经营活动的单位及其有关人员联合激励惩戒。共同建立会商协调、调度通报、动态衔接等机制，以更高站位、更宽领域、更高质量、更深协同，推进长三角区域安全生产信用一体化高质量发展。

（三）以多样性原则提升空间韧性

一是加强应急物资储备多元合作。2023 年 7 月，上海市粮食和物资储备局与菜鸟集团签署战略合作协议，双方围绕粮食和物资储备应急保供展开合作，共同探索更为高效的物资筹措和应急物流体系，提升应急状态下的保供能力和救灾效率。菜鸟基于长期建设的全球物流网络、国内供应链和配送能力，已搭建完成涵盖备灾管理、紧急运输、中转调拨等立体的应急物流体系。合作协议的签署，有利于充分发挥其国内外仓储、物流、供应链方面的业务能力和优势，提升社会救援响应速度和应急物流运行效率。

二是实施安全韧性分区分级规划建设。2023 年 9 月，上海市自然灾害防治委员会印发《上海市综合防灾安全韧性分区分级建设指南》，根据行政区划、自然分布等因素，将全市陆域、行政辖区和部分特定区域、街道（乡镇）依次划分为 1~3 级防灾分区。其中，2 级分区涵盖 16 个行政区和 5 个特定区域，主要聚焦区域空间的风险特征和资源特点，关注应急疏散避难、抢险救援及物资储备建设；3 级分区主要聚焦市民应急响应需求，关注微观尺度空间资源的高效利用。

（四）以立体化服务增强社会韧性

一是规范社会应急力量建设。2023 年 12 月，上海市应急管理局发布《关于鼓励和引导社会应急力量参与应急工作的指导意见》，按照培育、发展、规范、提升的步骤，推动社会应急力量建设，促进政府应急救援队伍和社会应急队伍共同发展。该意见提出，至 2025 年，培育 2~3 支社会应急力量并纳入市级社会救援力量管理体系，培育不少于 30 支社会应急力量并纳入市、区、街镇社会应急力量管理体系；到 2030 年，构建统一指挥、统筹调用、分级管理、协同高效的管理体系，社会应急力量管理水平明显提升。

二是加大安全应急科普演练力度。上海市灾防办以开展第 15 个全国防灾减灾日为契机，在全市范围内组织开展宣传展示、知识普及、技能培训、隐患排查、应急演练等工作，普及各类灾害事故防范知识和技能。宣传周期间，全市各区、各有关部门（单位）创新使用新媒体直播、在线访谈等多种形式，有序开放科技馆、科普教育培训体验基地，向公众普及灾害事故防范知识和技能。如在长宁区北新泾街道综合防灾体验中心，市民可以借助

VR 等新技术，以“沉浸式”互动体验的形式，学习应急、消防安全、治安安全等知识。宝山区应急管理局组织开展“为 10 万群众开展应急知识与技能培训”实事项目，重点聚焦基层七类人群，确立培训清单点单制，保证培训按需开展。

（五）以全方位资源打造技术韧性

一是全面推动城市安全治理数字化转型。2023 年，上海实施新一轮城市运行“一网统管”三年行动计划，上线基层治理数字化平台，气象、交通、安全等城市运行数字体征系统全面升级。统筹推进市政和交通设施上的智能感知设备建设与应用，推动全市建设物联感知神经元节点数量累计超 2000 万个，住宅电梯物联网覆盖率达 44.7%。同时，将地磁感应、红外感应、独立烟感等感知设备纳入新建小区配套设施范围，对存量小区进行查漏补缺，实现高空抛物、消防通道占用等安全风险自动预警与及时处置。

二是深化应急管理科技创新源头支撑。上海市应急管理局起草发布《上海市应急管理局重点实验室管理办法》，组织开展数据上链“集中会战”，进一步拓展“一网统管”在应急管理领域的应用。应急管理重点实验室主要面向应急管理实战需求，开展相关基础理论研究、技术攻关和装备研发等，是上海应急管理科技创新体系的重要组成部分。

四　上海构建韧性安全城市的经验启示

作为我国超大城市和改革开放的前沿阵地，上海构建韧性安全城市的过程具有鲜明的城市特征。这些特征不仅从理念上塑造了上海的城市韧性品质，也从方法上赋予了上海韧性建设的手段，从原则上明确了上海韧性建设的价值导向。

（一）精细理念塑造韧性品质

早在 2014 年，上海市委就推出“一号课题”，在城市精细化治理方面进行了许多有益探索，初步确立了“全覆盖、全天候、全过程、法治化、社会化、标准化和智慧化”的城市精细化治理目标，也积累了许多优秀做法和先进经验。2017 年 3 月，习近平总书记在参加全国人大上海代表团审议时指出，上海城市管理应该像绣花一样精细。此后，“精细化”不仅成为中国城市追求的治理创新目标，更成为上海探索韧性安全城市建设的重要路径[①]。2018 年初，上海市政府发布城市治理精细化工作三年行动计划（2018~2020 年），上海加快进入精细化治理时代。

精细化的治理理念强调改变过去粗放的治理方式，对待城市安全工作应该像绣花一样，通过绣花般的细心、耐心、巧心提高精细化水平。多年来，上海通过分级分类管控、制定风险管理清单、强化科技手段应用等方式，建立健全城市风险管理体系，取得了明显成效。2021 年 8 月，上海发布《上海市城市管理精细化“十四五”规划》，从强化城市运行风险综合防控机制建设、全面排摸管控城市运行安全隐患，提升城市排水防涝保障能力、交通管理安全保障能力和建设工程质量安全保障能力等方面，提出强化安全监管和运维效能、系统性提升城市韧性的措施[②]。2023 年 9 月，上海根据《上海市综合防灾安全韧性分区分级建设指南》，采取差异化、多层次的策略推进综合防灾安全韧性建设，更加体现了上海韧性安全城市规划建设中的精细化特点。从这些做法来看，精细化治理理念融入了上海韧性安全城市的规划、建设和管理过程，成为上海城市韧性品质的一部分。

（二）数字转型赋能韧性治理

超大城市的韧性治理是一项复杂的系统工程。习近平总书记在上海考察时，曾把上海“两张网”建设比喻为城市管理的“牛鼻子”工作，体现了

---

① 贺小林：《建设韧性典范城市——上海实践与创新探索》，复旦大学出版社，2023，第 111 页。

② 《上海市人民政府办公厅关于印发〈上海市城市管理精细化“十四五”规划〉的通知》，上海市人民政府网站，2021 年 8 月 27 日，https：//www. shanghai. gov. cn/hfbf2021/20210827/0630088139a84697a55c0a982437b1bb. html？ eqid = 8010f635000b50bd0000000464818398，最后访问日期：2024 年 4 月 14 日。

对上海数字化治理工作的肯定。针对城市风险的复杂性和不确定性，上海于2019年率先启动“一网统管”建设，以“一屏观天下，一网管全城”为愿景，为城市韧性筑造起坚实的数字基座①。通过加强“一网统管”建设，上海成功地将大数据、云计算、物联网等最新技术，运用于城市风险的监测预警和响应处置等工作。

“一网统管”的意义，不仅在于整合了数据这一关键的治理资源，更在于通过跨部门平台化运作，突破传统以部门为中心的碎片化结构，建立以事件为中心、跨部门的整体治理结构，从而实现治理的智慧化、精细化。通过建构技术权威、推动智能化治理和建构网络化协同联动机制等技术路径，能够有效地完善风险预警机制、提升政府应急行政能力、推动风险协同治理，从而提升特大城市风险治理效能②。依托数字化、可视化的数字体征系统，构建起精准高效的风险感知、预警和处置机制，确保城市运行更安全、更有序。因此，上海以治理数字化转型为牵引，强化城市运行“一网统管”建设，探索出了以技术赋能韧性安全城市建设的创新路径。

（三）党建引领筑牢韧性之基

基层是保障城市安全运行的基础和重心，也是直接关系群众安全、巩固党的执政基础的关键所在，因此是韧性安全城市建设的重点。上海作为党的诞生地，在基层治理领域具有鲜明党建基因和优势。通过党建引领，上海将党组织力量深入基层社会，通过高效的社会动员，切实解决了一系列群众急难愁问题。这种优势不仅体现在常态化的基层治理中，也延伸到了非常态的安全应急领域。例如，在突发公共卫生事件中，上海通过干部下派、党员报到等应急动员机制，发动各机关企事业单位职工、党员干部等参与应急响应工作，引导社区党员就地转化为应急志愿者。

2022年9月，上海在总结疫情防控经验的同时，推动出台《关于进一步

---

① 熊易寒主编《城市治理的范式创新——上海城市运行“一网统管”》，中信出版社，2023，第369页。

② 贺小林：《建设韧性典范城市——上海实践与创新探索》，复旦大学出版社，2023，第81页。

加强党建引领基层治理的若干措施》《关于进一步加强居村干部队伍建设和激励关怀的若干措施》，以网格工程、连心工程、家园工程、强基工程、动员工程、赋能工程等“六大工程”作为党建引领基层治理的重要抓手，引导更多力量为基层赋权、减负、增能。因此，党建引领不仅是上海常态治理中的重要工作原则，更是其构建适应非常态情境的韧性安全城市的重要依托。

参考文献

李蔚：《安全韧性城市建设——理论演进与上海实践》，上海人民出版社，2022。

孙建平等：《超大城市韧性建设——关键基础设施安全运行的上海实践》，上海人民出版社，2023。

贺小林：《建设韧性典范城市——上海实践与创新探索》，复旦大学出版社，2023。

熊易寒主编《城市治理的范式创新——上海城市运行“一网统管”》，中信出版社，2023。

容志：《与城市管理相融合的应急管理体系建设：上海经验及其启示》，《城市观察》2019 年第 3 期。

卢溪：《基于“全球安全城市指数”的上海韧性城市建设思考》，《科学发展》2021 年第 2 期。

赵来军：《上海安全韧性城市建设面临的问题和对策》，《科学发展》2022 年第 2 期。

于水、杨杨：《重大风险应对中的城市复合韧性建设——基于上海疫情防控行动的考察》，《南京社会科学》2022 年第 8 期。

李琼、宋慧娟：《韧性治理视阈下上海城市风险评估及防控研究》，《贵州社会科学》2023 年第 6 期。

B.15

北京韧性城市建设专题报告

张 强 李 瑶 韩佳洋*

摘 要： 推进韧性城市建设是应对当前复杂风险挑战的客观要求，是推动城市治理体系和治理能力现代化的重要内容，更是遵循城市发展客观规律的必然要求。自“十四五”规划发布以来，北京韧性城市建设已取得较大进展。本文首先从总体思路与组织机制上对北京韧性城市建设做了总体概述；其次按照空间韧性、工程韧性、管理韧性、社会韧性四个维度梳理了北京韧性城市建设的进展、成效与经验启示，并分析了北京当前面临的风险挑战与战略机遇；最后，依据北京韧性城市建设目标，从顶层设计与科学规划、风险意识与防灾科普、智慧技术与基础设施、专业力量与社会协调四个方面提出了具体的建议措施。

关键词： 韧性城市 风险治理 应急管理 北京市

一 北京韧性城市建设的进展与成效

韧性城市是具备在逆变环境中承压、适应和快速恢复能力的城市，是安全发展的新范式。2020 年 4 月，习近平总书记在中央财经委员会第七次会议讲话中将“打造韧性城市”作为完善城市化战略的重点内容。2021 年 3 月，

* 张强，北京师范大学风险治理创新研究中心主任、博士生导师，研究方向为应急管理、公共政策、志愿服务、非营利组织管理与社会创新等；李瑶，北京师范大学风险治理创新研究中心博士研究生，研究方向为应急管理与城乡治理；韩佳洋，北京师范大学风险治理创新研究中心硕士研究生，研究方向为社区发展与防灾减灾。

“建设宜居、创新、智慧、绿色、人文、韧性城市”被写入《中华人民共和国国民经济和社会发展第十四个五年规划和2035年远景目标纲要》，从国家层面明确提出要建设韧性城市，提高城市治理水平，加强城市治理中的风险防控。

2023年11月10日，习近平总书记在北京、河北考察灾后恢复重建工作时，再次强调建设韧性城市，要求“不断提升防灾减灾救灾能力”，将韧性城市建设与灾害应对紧密关联。2023年12月，习近平总书记在上海考察时首次提出“全面推进韧性安全城市建设”，丰富了韧性城市建设中提升城市安全治理水平的内涵。建设韧性城市是以习近平同志为核心的党中央，深入理解城市发展规律，为新时代和新阶段城市工作制定的重要战略决策。

（一）建设思路与组织机制

为全面贯彻落实党的二十大报告和习近平总书记关于北京城市建设的系列重要讲话精神，2021年10月，北京市出台《关于加快推进韧性城市建设的指导意见》（以下简称《指导意见》），提出了北京韧性城市建设的两个阶段性目标：到2025年，基本建立韧性城市的评价指标和标准体系，建成50个韧性社区、韧性街区或韧性项目，并形成可推广和复制的典型经验；到2035年，韧性城市建设取得显著进展，显著提升应对重大灾害的能力、适应能力和快速恢复能力。《指导意见》提出了推进韧性城市建设的主要措施，要求把韧性城市要求融入城市规划建设管理发展之中，最终实现城市发展具有空间、余量、弹性和储备，形成全天候、系统化、现代化的城市安全保障体系，为建设国际一流的和谐宜居之都提供坚实的安全保障。

《指导意见》将韧性城市解构为“空间韧性”“工程韧性”“管理韧性”“社会韧性”四个维度，提出通过拓展城市空间韧性、强化城市工程韧性、提升城市管理韧性、培育城市社会韧性等路径，稳步提升北京城市韧性水平（见图1）。

在具体建设工作上，北京市本着“工程化、项目化”的原则来推进工作，在以上四个维度明确了78类任务分工，要求从2022年开始，各区、各部门分年度、分步骤制定韧性城市建设重点工作任务清单并报送北京市审

空间韧性	工程韧性	管理韧性	社会韧性
· 城市空间布局 · 防灾空间格局 · 救援避难空间	· 建筑防灾安全性能 · 城市生命线工程 · 灾害防御工程 · 海绵城市建设	· 韧性制度体系 · 城市感知体系 · 风险防控和隐患排查治理体系 · 风险研判和预警能力 · 应急救援能力 · 应急物资保障能力 · 应急医疗救治能力 · 交通和通信保障能力	· 城市韧性素养 · 社会救助和风险分担机制 · 安全应急科技和产业 · 社会动员和秩序保障能力

图 1　北京韧性城市建设体系

资料来源：作者自绘。

批，汇总形成各区、各部门阶段性重点工作清单，由市级部门督促实施。

在组织机制方面，为了保障韧性城市建设工作有效组织实施，2022 年 4 月，北京在主管副市长的带领下成立“市推进韧性城市建设协调工作机制”，通过协调工作机制来发文、召集会议，为韧性城市建设工作中的信息传递、沟通交流和分工合作搭建了高效的平台。此外，《指导意见》还提出要建立韧性城市评估咨询机制。一是构建韧性城市评价指标体系，定期开展韧性评价或压力测试。二是建立评估机制和评定制度，每三年评估一次韧性城市建设情况，并评定一批韧性社区、街区或项目。三是建立专家咨询机制，邀请各领域专家支持韧性城市建设。

（二）建设进展与成效

1. 完善防灾格局与应急避难空间，拓展空间韧性

北京市空间韧性建设聚焦于城市空间布局安全、防灾空间格局和疏散救援避难空间建设，坚持发展与安全相统筹、平时与灾时相结合、资源与需求相适应，不断拓展北京市空间韧性。

（1）在整体空间布局方面。

北京市按照人口分布特征、地区灾害风险特征和安全保障要求，在《北京市城市总体规划（2016 年—2035 年）》中确定了“一核一主一副、两环多点一区”城市空间布局结构。为进一步落实韧性城市建设工作，立

足国土空间规划体系，市规划自然资源委于2024年3月发布了《北京市韧性城市空间专项规划（2022年—2035年）》（以下简称《空间专项规划》），统筹人口分布、功能布局和生命线系统，通过空间布局创新为韧性能力提升留足空间和接口，构建“集中式+分布式”的韧性城市空间布局结构。依托市域圈层、韧性城市组团、韧性街镇单元、韧性社村生活圈等空间单元，分层次、多维度推动韧性城市建设，以空间的确定性应对灾害风险的不确定性，提高城市有效应对长期风险和不确定性的能力。

（2）在关键设施布局方面。

北京市以《指导意见》和《空间专项规划》为指引，协调相关规划，科学考虑“平急两用”公共基础设施、生命线系统与市政基础设施以及城市生态安全等空间布局的划定和预留。

“平急两用”公共基础设施建设是统筹发展与安全、推进韧性城市建设的重要方面，将“系统观念、量力而行、尽力而为、有备无患”的总体考虑贯通建、管、用各个环节，着力补齐各类基础设施短板，打造“功能可转换、空间可承载、发展可持续、经济有支撑、安全有保障”的“平急两用”体系。具体工作安排可以初步概括为“五个一”：一个方案、一个试点、一个平台、一批项目、一组政策（见图2）。

“平急两用”具体工作安排				
一个方案	一个试点	一个平台	一批项目	一组政策
“平急两用”公共基础设施建设落实方案 作为此项工作总的抓手和蓝图，明确建设目标、总体布局、重点任务等，为全市“平急两用”工作提供指导	支持平谷区先行示范和率先探索 积极创建国家“平急两用”发展先行区，率先打造一批“平急两用”公共基础设施建设样板，形成一批可复制推广的规范标准和政策经验	全市“平急两用”智能信息管理平台 系统推进设施建设向能力提升转化，作为北京市智慧城市、韧性城市、应急体系能力现代化的重要内容	围绕旅游居住设施、医疗应急服务、物流枢纽、高速公路服务区旅居以及多功能公共服务设施等五类设施谋划建设一批“平急两用”项目，做好应急能力储备	储备政策工具箱，聚焦投融资、规划用地、项目管理等方面研究支持政策，视市场反应和工作推进情况分类制定建设标准规范和平急转化预案体系，确保尽快形成应急能力

图2　北京市“平急两用”工作安排

资料来源：作者自绘。

生命线系统与市政基础设施韧性建设重点从五个方面开展。一是建立全市市政交通基础设施综合管理信息平台，持续开展全市基础设施综合管理信息平台功能升级；二是开展市政基础设施韧性提升工作，涵盖“水、电、气、热、通信、环卫”等方面；三是开展应急防灾交通专项规划研究，筛选需要交通提供重要保障的灾害事故类型，进行交通脆弱度评估和疏散救援通道研判；四是推动应急避难场所科学、规范建设，构建综合性、专业性、特定性三类应急避难场所；五是制定重要基础设施内涝防治标准，为提高极端降雨条件下城市内涝风险防护能力提供支撑。目前，北京市按照人口分布与安全需求，结合自然灾害、事故灾难、公共卫生事件、社会安全事件等不同类型灾害的风险特征，将应急避难场所按行政层级划分为市、区、乡镇（街道）、村（社区）四个层级，从避难时长、空间类型、避难功能 3 个维度对应急避难场所进行类别划分，重点解决了北京市应急避难场所分级分类不统一的问题。全市共创建国家级综合减灾示范社区 535 个，市级综合减灾示范社区 861 个[①]。

城市生态安全方面，北京市相继发布了《北京市生态安全格局专项规划（2021 年—2035 年）》《北京市绿道系统专项规划（2023 年—2035 年）》《北京花园城市专项规划（2023 年—2035 年）》等，强调统筹协调跨区域空间联动，持续优化空间布局，划定了 15 片花园城市精华示范片区，进一步优化城市空间体系，促进形成功能复合、布局均好、服务完备、安全智慧、平急两用的全域绿道系统，灾时承担应急避难人员的集散、转运、安置等功能。近年来，通过“留白增绿”政策，增加了 3773 公顷的城市绿地，并建设了 316 处绿色空间，如云林芳歌园、广阳谷城市森林、安康口袋公园等[②]，新增城市森林 52 处、健康绿道 597 公里[③]。同时，依托城市公共绿地，在“十三五”

---

① 北京市应急管理局：《北京市“十四五”时期应急管理事业发展规划》，2021 年 11 月 29 日印发。

② 《〈北京花园城市专项规划（2023 年—2035 年）〉公开征求意见》，京报网，2024 年 1 月 3 日，https：//news. bjd. com. cn/2024/01/03/10665886. shtml，最后访问日期：2024 年 4 月 17 日。

③ 北京市人民政府：《北京市“十四五”时期重大基础设施发展规划》，2022 年 3 月 3 日印发。

期间，北京市建成各级地震应急避难场所 165 处，可容纳 300 余万人[①]。

2. 建设防御工程与生命线工程，强化工程韧性

北京市工程韧性着眼于建筑防灾、生命线工程、灾害防御工程和海绵城市建设四方面，秉持“工程化、项目化”的原则，不断提升城市集中控制和灾害防御的坚强可靠性。

（1）在水利工程设施方面。

供水方面，北京市已初步建成“两干一环多点多支”的全市水资源输配体系，构建了地表水、地下水、外调水、再生水、雨洪水五水联调的多源共济水资源保障体系，在南水北调来水中断时可应急启用本地水源供水。城区供水管网采取环状、支状设计，重点用户采取双路或多路供水形式，并设置抢修站点 14 处、配备应急水车 155 辆[②]，可全力保障突发情况应对和应急供水。同时，北京着力提升城乡供水一体化水平，连续实施农村集约化供水及村级供水设施巩固提升，持续推进自备井置换和老旧小区内部供水管网改造，近年来先后建成郭公庄水厂、第十水厂、亦庄水厂等大型水厂并投入运行，本市日供水能力和安全系数大大提升。“23・7”流域特大洪水救灾和重建工作中，秉持“路通水到”的救灾原则进行极端条件下供水，并在灾后一个月内恢复了受影响的 400 多个村庄的供排水设施。

防洪方面，北京市积极开展全市中小河流治理，近年来累计完成河道治理 1000 余公里、消除阻点超 500 个[①]，河道行洪能力大幅提升。在海绵城市建设的要求下，明确了雨水排除与防涝规划，并对地势复杂地区开展了竖向规划，全市排水管线由 2012 年的 1.3 万公里增加到 2.9 万公里，目前海绵城市建设达标面积占建成区的 31.13%[①]。建成宋庄蓄滞洪区二期，完成温榆河通州段、北运河综合治理，城市副中心“通州堰”防洪工程体系日趋

① 北京市应急管理局：《北京市“十四五”时期应急管理事业发展规划》，2021 年 11 月 29 日印发。

② 《“北京市贯彻落实党的二十大精神”系列主题新闻发布会（第十二场）——“北京市韧性城市建设”专场》，北京市人民政府网站，2023 年 12 月 27 日，https://www.beijing.gov.cn/shipin/Interviewlive/1012.html，最后访问日期：2024 年 4 月 17 日。

完善，中心城“西蓄、东排、南北分洪”防洪排涝格局基本形成。此外，北京市规划和自然资源委员会印发《北京市城市重要基础设施及建筑物内涝防护技术要点》，为提高极端降雨条件下城市内涝风险防护能力提供了支撑。

（2）在电力工程设施方面。

全市发电总装机达到1364万千瓦，外调电比例达到70%左右，500千伏外送通道达到13条，输电能力达到3400万千瓦。北京环网东、南、西、北四个方向均有主力通道送电，全市供电可靠率达99.9955%[①]。此外，积极推动错峰避峰用电试点，确保电网迎峰度夏、迎峰度冬。组建“市级综合、专业公司和基层抢修”三级电力应急救援队伍，完善电力应急救援体系。在项目建设方面，2023年推动创意园、丰台火车站220千伏等一批输变电工程开工，实现工体110千伏等一批输变电工程竣工投产，将有力支撑新增负荷用电需求。

（3）在燃气工程设施方面。

在燃气运行保障方面，北京市及周边形成“三种气源、八大通道、10兆帕大环”的供气格局，日输气能力达到2亿立方米，形成了较为完善的外围输气体系。在市内燃气管网建设方面，全市已建成城镇燃气管线3万余公里，形成“一个平台、三个环路、多条联络线”的管网系统。同时，在河北唐山建成了2座LNG储罐，天津南港LNG应急储备项目一期工程已建成，进一步提高了北京市天然气应急储备和调峰能力。此外，持续推进城镇燃气安全专项整治工作，2023年完成老旧燃气管线更新改造384公里、消除占压燃气管线隐患400余处，进一步提升燃气安全运行水平[①]。

（4）在供热工程设施方面。

北京市以既有供热设施空间布局为基础，持续推动建设韧性、绿色、智慧的新型供热系统。从供热运行保障方面看，全市集中供热面积在2023年

---

① 《“北京市贯彻落实党的二十大精神”系列主题新闻发布会（第十二场）——“北京市韧性城市建设”专场》，北京市人民政府网站，2023年12月27日，https：//www.beijing.gov.cn/shipin/Interviewlive/1012.html，最后访问日期：2024年4月17日。

采暖季达到10.47亿平方米，其中居民供热面积约6.79亿平方米，全市城镇地区基本实现清洁取暖①。推动实施鲁谷、北重应急热源厂及配套管网建设，及二热应急供热设施清洁改造等项目，进一步提升城市热网应急保障能力。各调峰热源和应急热源建设，改变了北京市能源结构单一的局面，支撑城市热网、电网的安全运行。此外，积极、适时开展供暖会商，2023年冬通过与气象部门合作进行天气预测，提前8天供暖。市应急管理局还修订了《北京市供热突发公共事件应急预案（2024年修订）》，为集中供热突发事件应对和处置工作提供参考。

（5）在地下管网设施方面。

积极探索小型综合管廊（缆线管廊）建设模式，推动解决“马路拉链”问题。北京已建成综合管廊220公里，入廊管线3000余公里，形成了环状、支状设计的管网系统，提升首都功能核心区、城市副中心、重点功能区城市综合承载能力。推动地下管线消隐和管网更新改造，2022年完成市级管线消隐工程1175项、107.4公里，2023年计划市政公共区域范围内地下管线老化更新改造消隐项目1109项、108.3公里。开展地下管网更新改造，组织气象部门及电力、燃气、热力等企业，建立热、电、气联调联供工作机制，统筹协调热电气供需衔接配合。

3.优化制度体系，加强应急救援能力，提升管理韧性

北京市管理韧性建设立足北京转型发展实际，聚焦提升韧性管理能力，着力补短板、强弱项，全面夯实韧性管理基础，在韧性制度体系、城市感知体系、风险防控和隐患排查治理体系、风险研判预警、应急救援和保障能力等方面取得了显著成效。

（1）韧性制度体系建设方面。

其一，在韧性城市规划方面，北京已出台《北京市韧性城市空间专项规划（2022年—2035年）》，从空间视角出发，提出了稳健可持续、分布

① 《“北京市贯彻落实党的二十大精神”系列主题新闻发布会（第十二场）——“北京市韧性城市建设”专场》，北京市人民政府网站，2023年12月27日，https://www.beijing.gov.cn/shipin/Interviewlive/1012.html，最后访问日期：2024年4月17日。

式与集群式相结合、多元备份、转换适应等基本原则。但韧性城市建设是一项系统工程，要同时兼顾《指导意见》提出的空间、工程、管理、社会四个维度的韧性城市建设工作。因此，北京市谋划于 2024 年编制《北京市韧性城市专项规划》，遵循前瞻性、指导性、实践性的总体原则，从城市规划、建设、管理全过程谋划提升城市整体韧性，加快推进韧性城市建设制度化、规范化、标准化。同时，加紧谋划制定《北京市 2024 年推进韧性城市建设重点工作方案》，分级分类明确韧性城市建设年度项目，主要涉及完善防洪排涝体系、推进城市运行价值体系建设、提升城市生命线韧性、强化基层应急管理能力等方面工作。

其二，在韧性城市标准规范方面，创新编制了《城市韧性评价导则（征求意见稿）》《社区韧性评价导则（征求意见稿）》《应急避难场所场址及配套设施（征求意见稿）》等城市韧性相关标准，积极开展城市韧性和社区韧性试评价。围绕降低气象灾害风险、改善城市气候环境、提高城市气候变化适应能力方面，构建了适用于城市规划气候评估的区域、城市、街区、建筑体多尺度的数据模拟系统，分层分类型建立了城市规划气候评估的指标体系、计算方法；北京市地震局主编的北京市地方标准《城市社区地震安全韧性评估技术规范》于 2024 年 3 月发布，北京市气象局研究制定的《北京市气象灾害防御标准体系》于 2022 年 7 月发布，为韧性评估提供了参考。

其三，在应急预案体系建设方面，北京市印发了《北京市突发事件总体应急预案（2021 年修订）》，市应急局组织修订了《北京市防汛应急预案（2022 年修订）》及雷电、大风、冰雹、沙尘暴、停电、供热、食品安全、药品安全等多部专项应急预案，为突发事件应急处置提供参照和抓手。

其四，在工作规范方面，北京市印发了《关于加强极端天气风险防范应对工作的若干措施》（以下简称《措施》），逐步建成与首都功能定位相适应的全天候、系统性、现代化极端天气风险防范应对工作体系，不断提升极端天气风险识别、监测感知、精准预警等能力，切实维护人民群众生命财产安全。《措施》指出，北京市将着力提升气象精准预报和提前预警能力，对强对流天气提前1~3小时预报预警，对其他极端天气提前6~12小时预报预警，并力争提前24小时；实行分落区精准预报，落区精准到流域、区、街道（乡镇）、重要景区；强化短临预报，精准落区预报提前1小时以上发布，并加密滚动预报。在预报工作中，市气象局修订市、区强降水天气“叫应”服务标准和工作流程，强化“直通式”叫应服务。市、区两级全部出台高级别气象预警服务“叫应”标准和规范。

（2）城市感知体系构建方面。

北京市完善了科技信息化和装备建设工作领导机制，以及相关配套制度体系，推进自然灾害监测预警信息化工程实施，构建起覆盖重大风险隐患的多层级自然灾害监测预警体系。加强气象水文预报的耦合，使得洪水、山洪和积水预见期提前6~12小时。为排水集团建设防汛预测预警系统，提供百米级、分钟级实况预报和0~2小时排水单元格逐10分钟精细化降水预报以及北京六环内易涝点风险预报预警服务，形成城市内涝风险点“一张图”。综合地铁线路、风险点信息，建立地铁气象灾害风险阈值指标，搭建地铁气象数字化智能平台，绘制轨道运营站点、线路、片区防汛指挥“一张图”。升级完善铁路气象服务系统，融合气象雨量站、车站、铁路防洪点信息，实现基于风险点的预报预警服务。增加多波段雷达，基本上实现雷达监测在北京区域全覆盖，并开展强对流天气预报和雷达自适应观测实验，实现强对流天气监测。统筹地极遥感综合监测、智能V形地面观测等，对北京重大活动需要关注的天安门、鸟巢、国家体育场等关键区域构建了高频次、立体化、智能化、精密的监测体系。此外，市气象局还启动了风光新能源预报服务，研发未来96小时逐15分钟多模式集成新能源气象预报服务产品，支撑电力负荷预测和风能太阳能功率预测。

（3）风险防控和隐患排查治理体系方面。

其一，在自然灾害综合风险普查方面，北京市对地震、地质灾害、气象灾害、水旱灾害、森林火灾等5个灾种，政府、社会、基层3类减灾能力进行了摸底调查。通过汇集 11 大领域 80 小类约 587 万条调查数据①，编制完成房山风险“一张图”，积极探索研究灾害风险评估与区划工作，为全国、全市风险普查提供了“房山经验”“北京模式”，在全国率先形成了市、区两级自然灾害单灾种和综合风险评估成果。市气象局基于普查结果开展了暴雨灾害风险预警技术研发，通过感知城市水文模型中的雨量分配和临界雨量算法，研发了针对北京大城市气象灾害的风险预估预警产品，有效支撑了风险预估业务。

其二，在综合防控和隐患排查治理方面，印发《北京市城市重要基础设施及建筑物内涝防护技术要点（暂行）》《北京市重点工程气候可行性论证目录》《北京市重点工程建设项目气候可行性论证工作实施办法》《北京市城市内涝隐患排查治理规范》《城市基础设施防汛隐患排查治理规范》等相关文件，进一步完善了风险防控和隐患排查治理体系。除此之外，北京市还持续开展地灾隐患排查治理工作。在“23·7”特大暴雨洪涝灾害期间，北京市严格做好在岗值守、密切监督监控工作。降雨结束后，第一时间开展灾险情排查处置，及时向各区提交排查报告，为灾后重建、规划选址提供了信息支撑。

（4）风险研判和预警能力提升方面。

其一，在机理研究方面，市气象局开展近十年汛期降雨规律、京津冀暖区暴雨、冷涡暴雨、局地强对流云团触发新机制等研究，提炼出预报关键因子。

其二，在精准预报方面，深化数字气象台建设，扩充技术团队，升级分类强对流识别预警技术、概率预报技术和自适应对流性降水临近集合预报方法等，强对流识别准确率提高到 70%以上、预报准确率提升 8.9 个百分点。升级短临监测预警平台（VIPS），实现强对流系统三维定制化综合显示和灾害天气智能判识与自动报警，暴雨、雷电、冰雹预警信号发布较

① 《北京市应急管理局 2022 年绩效工作总结》，北京市应急管理局网站，2023 年 1 月 5 日，https://yjglj.beijing.gov.cn/art/2023/1/5/art_8998_638334.html，最后访问日期：2024 年 4 月 17 日。

2022 年分别提早 405 分钟、235 分钟和 12 分钟，“23 · 7”极端强降雨提前 36.5 小时发布暴雨红色预警。此外，围绕城市气象精细预报与城市气候前沿关键科技问题，气象部门联合中山大学、南京大学、北京大学申请并获批，于 2023 年 4 月 7 日揭牌成立“中国气象局城市气象重点开放实验室”，瞄准首都及京津冀超大城市群湍流边界层、城市精细化数值预报、城市气候与气候变化等关键科学问题和核心技术难题开展攻关，为韧性城市建设提供科学支撑。

其三，在预警能力方面，市气象局联合市农业农村局于 2022 年 8 月 18 日印发《北京市农业气象灾害风险预警工作方案（试行）》，建立农作物气象灾害风险等级指标，分区开展农作物气象灾害风险评估和预警工作，2022 年首次发布冬小麦干热风灾害风险预警。建立“31631”气象预报服务模式，使得“递进式预报、渐进式预警、跟进式服务”深度融入全市应急指挥体系和市区街道（乡镇）村（社区）“最后一公里”。提升预警信息传播能力，打通“京通”便民服务渠道。数字化气象服务成功融入“京通”三端（即京通小程序微信端、支付宝端和百度端），实现天气实况预警信息首页显示和气象信息模块公众定制；从“三京”端口开发“企安安”隐患自查和检查系统，规范全市隐患排查工作，并持续整合各部门信息资源，建设数据共享、页面友好的智慧应急指挥平台。

（5）应急救援和保障能力提升方面。

其一，在应急救援队伍建设方面，专业应急救援队伍作为防范和应对各类突发事件的重要支撑力量，在保障城市安全运行、维护首都社会和谐稳定方面发挥着重要作用。为强化极端灾害条件下应急救援能力，应急管理、电力、燃气、供热等行业部门研究制定了《专业应急救援队伍能力建设规范 电网》《专业应急救援队伍能力建设规范 燃气》《专业应急救援队伍能力建设规范 供热》等应急救援能力建设规范并于 2021 年 12 月 28 日发布，就电网、燃气、供热等重点行业领域专业应急救援队伍的专业救援、综合保障、技能提升和组织管理等方面作出了具体规范。在全国率先组建航空应急救援队、300 人市级森林消防综合救援队伍，以及 61 支 2440 人区级森林消防综合救援队伍。认定涵盖 10 多个重点行业领域的市级专业应急救援队伍 25 支 5000 余人，实名制注册应急志愿者队伍 500 余支 13.1 万人。建立了 90 座小型消防站、7208 座微型消防站和 4 个区级的消防训练及战勤支援中心，使得全市每万居民所拥有的消防员比例从 3.5 名增加到了 4.6 名[①]。着力建强基层应急力量，组建街道（乡镇）专兼职应急救援队伍，积极培育社区（村）“应急响应人”，构建“综合+专业+社会”的基层救援力量。同时，优化基层应急响应机制，推动市、区、街道（乡镇）、社区（村）四级应急指挥互联互通，指导街道（乡镇）和社区（村）编制应急预案、应急工作手册和处置方案，规范培训演练等，每年至少开展一次应急演练。

其二，在应急物资保障方面，为加强市级应急物资储备管理，优化应急物资仓储布局，2022 年 12 月底，市应急局依托综合性国家储备基地建立了约 4000 平方米的市级综合应急物资储备库（昌平库），主要存救生衣、折叠椅等 10 类专项应急物资。

其三，在应急医疗救治方面，北京市卫健委发布《关于加强本市院前医疗急救管理体系建设的通知》，提出以首善标准加快完善院前医疗急救管理体系，坚持以人民为中心，谋划进一步健全以组织管理、指挥调度、质控管理、专业培训、急救科普、绩效管理六个子系统为重要支撑，信息化赋能的首善标准院前医疗急救管理体系（简称“6+1”管理体系），为促进院前医疗急救事业高质量发展奠定更加坚实的基础。

其四，在交通和通信保障方面，开展应急防灾交通专项规划研究，筛选需要交通提供重要保障的灾害事故类型，进行交通脆弱度评估和疏散救援通道研判，为应对灾害事故提供了重要的交通保障。“23・7”特大洪涝灾害后，北京交通部门将“一年基本恢复、三年全面提升、长远高质量发展”作为恢复重建的总体思路，将道路重建工作与韧性城市建设结合起来，以恢复公路使用功能、提升防灾能力和设施韧性为目标，全力开展灾后道路恢复重建工作；北京市通信管理局组织各基层电信运营企业和铁塔公司成立通信基础设

---

① 北京市应急管理局：《北京市“十四五”时期应急管理事业发展规划》，2021 年 11 月 29 日印发。

施灾后复建工作组，在房山、门头沟、昌平等地区修复及新建基站6000多个、光缆7000公里[①]。市通信局计划持续提升跨行业巨灾情景应急保障能力，总结“23·7”抢险救灾经验，强化极端条件应急救援通信保障能力建设，组织开展多场景应急通信保障演练，不断提升行业应急保障指挥体系信息化水平。

4. 提升韧性素养与社会动员能力，培育社会韧性

北京市社会韧性培育工作坚持“人民城市人民建、人民城市为人民”的原则，注重城市韧性素养、社会救助和风险分担机制、安全应急科技/产业和社会动员/秩序保障能力的构建和提升，鼓励和动员各类社会成员参与社会韧性提升工作。

（1）城市韧性素养培育方面。

其一，推动韧性城市宣传教育，北京市举办2023年城市管理安全应急培训，专题学习习近平总书记关于安全生产、防灾减灾救灾和应急管理方面的重要论述；2022年9月、12月，2023年12月，市政协、市政务服务局、市应急局等部门分别举办韧性城市专题议政会、“北京党建引领接诉即办改革论坛‘韧性治理’分论坛”及“扎实推进韧性城市建设，提升防灾减灾救灾能力”安全文化论坛，汇聚政、产、学、研各方力量，群策群力推动韧性城市建设；策划制作《北京市中小学生公共安全开学第一课》特别节目，将应急管理知识纳入基础教育。

其二，深入开展安全应急培训，扎实开展应急安全进企业、进农村、进社区、进学校、进家庭活动，普及防灾减灾救灾知识，提高群众避灾避险意识和自救互救能力。在门头沟区军庄镇组织开展了地质灾害科普宣传进校园、进乡镇、进险户活动。在海淀区苏家坨镇凤凰岭景区组织开展了突发地质灾害应急调查技术演练活动。

（2）社会救助和风险分担机制完善方面。

北京市着力推动巨灾保险发展，加强城市管理行业企业安责险制度建设，

① 《房山门头沟昌平通信服务恢复至灾前水平》，北京市人民政府网站，2023年11月9日，https：//www.beijing.gov.cn/ywdt/gzdt/202311/t20231109_3297811.html，最后访问日期：2024年4月17日。

将安责险列为企业主体责任评估和区级部门考核指标，为参保企业开展事故预防和隐患排查服务。在具体实践中，市气象部门与平安保险公司合作，将数字网格降水实况和预报融入“平安好车主”App，提供内涝预警实时地图及避险提示，减损约800万元；联合市农业农村局推动气象服务与农业保险合作，发展政策性农业保险，帮助保险公司自主设计险种，帮助农户减少损失。

（3）加强安全应急科技和产业支撑方面。

市应急管理局推动怀柔区在燃气监测、天然气监测、消防安全、森林防火等方面开展智能感知应用场景建设，打造区级韧性城市建设试点。开展暴雨灾害风险预警技术研究，改进城市水文模型，研发城市气象灾害风险预估预警产品，支撑风险预估业务。市气象局完成了市区两级8种气象灾害风险评估分区划分工作，初步建成气象灾害综合风险可视化系统，开发暴雨、大风、雷电灾害风险提示产品；在城市通风廊道规划核心技术研发方面，建立完整的城市规划和通风廊道设计气候可行的论证技术和服务体系，形成了多项核心技术。

（4）提高社会动员和秩序保障能力方面。

北京市每年发动应急志愿者20余万人次，直接服务社会公众超过100万人次[①]。为了进一步规范基层应急管理体系，市应急局正在研究制定《关于进一步加强基层应急管理体系和能力建设的若干措施》，为建强基层应急力量提供抓手。

为加强北京市应急管理社会动员能力建设，汇聚全民预防和应对突发事件合力，聚焦提升自然灾害和事故灾难应急管理社会动员能力，市应急管理局颁布了《关于进一步加强应急管理社会动员能力建设的指导意见》，旨在通过建立权责明确的组织管理架构、深度整合的动员协作机制、多元化互动的支持力量体系、广泛而深入的社会赋权体系以及全面有序的资源保障体系，完善社会响应、协调沟通、模拟演练、补偿激励和社会评估等各项制度，从而全方位提升全市在灾害事故应急管理中的社会动员能力，包括组织

① 《“北京市贯彻落实党的二十大精神”系列主题新闻发布会（第十二场）——“北京市韧性城市建设”专场》，北京市人民政府网站，2023年12月27日，https://www.beijing.gov.cn/shipin/Interviewlive/1012.html，最后访问日期：2024年4月17日。

领导力、响应统筹力、社会共治力、全民响应力和能量聚合力，力求打造一个“统筹调度有平台、协作联动有机制、应急动员有预案、日常推动有活动、社会响应有力量、物资保障有资源”的灾害事故应急管理社会动员新局面。到2025年，力争全市培育应急管理领域社会组织不少于150家；各街道（乡镇）全部成立应急志愿者队伍，应急志愿者数量达到本市常住人口的1%；公民安全科普教育基地覆盖率达到100%，本市居民培训普及率累计达到常住人口总量的25%左右①。

二 北京韧性城市建设的经验启示

（一）协调工作机制促进了跨部门协作推动韧性城市建设

首先，北京市通过建立“北京市推进韧性城市建设协调工作机制”，成功实现了跨部门的协作和信息共享。这一机制为各部门之间的信息传递、沟通交流和分工合作提供了有效的平台，大大减少了工作重复和信息孤岛现象的发生。其次，在实际操作层面，通过定期召开协调工作会议、建立联络协调机制等方式，促进了各部门之间的信息共享和资源整合，实现了工作的协同推进。此外，还建立了工作考核和督导机制，对各部门的工作进展和成效进行监督和评估，确保了韧性城市建设工作的质量和效率。这一工作机制不仅促进了不同部门之间的协作，还确保了韧性城市建设工作的顺利推进，为其他城市提供了如何通过有效的组织结构和管理流程来推动跨部门协作的重要经验。

（二）工程化和项目化的管理原则保障了重点工作任务清单的实施

北京市在推进韧性城市建设中，采取了工程化和项目化的管理原则，将

① 《关于进一步加强应急管理社会动员能力建设的指导意见》，北京市应急管理局网站，2023年3月15日，https：//yjglj. beijing. gov. cn/art/2023/3/15/art_ 6032_ 13740. html，最后访问日期：2024年4月17日。

韧性城市建设的各项任务具体化为可操作的项目，并制定了详细的工作任务清单。这种做法有助于明确工作目标和责任主体，确保各项任务得到有效实施。北京市将韧性城市的概念解构为四个维度，即“空间韧性”、“工程韧性”、“管理韧性”和“社会韧性”，明确了78类任务分工，不仅提高了工作效率，还保障了重点工作任务的顺利实施。

工程化和项目化的管理原则为韧性城市建设提供了清晰的工作路线图和执行路径，使得工作目标和责任更加具体明确、工作成果更加可衡量。此外，工程化和项目化的管理原则还能够有效提升工作效率、降低工作风险、提高工作质量，是推动韧性城市建设取得实质性进展的重要保障。

（三）数字化、网络化、智能化手段有效提升了首都风险治理能力

北京市利用数字化、网络化和智能化的手段，通过建立智能监控系统、数据分析平台和决策支持系统，提高了灾害预警的准确性和及时性，通过实时监测气象、地质等数据，系统可以及时发现潜在风险，并提前预警，使得城市管理者和居民预留防范工作准备时间。网络化技术通过建立城市应急指挥中心和相关部门的信息共享平台，可以实现灾害应急资源的快速调配和协同处置，提高了灾害应急响应的效率和协同性。通过建立智能监控系统和智能决策支持系统，可以实现对城市运行状态的实时监测和分析，快速响应突发事件，并为城市管理者提供科学决策的依据，有效地进行资源调配和协同处置，提高了城市管理的精细化和智能化水平。

三　北京韧性城市建设的挑战与机遇

（一）风险挑战

1. 首都城市安全特殊性

北京作为首都，是党中央所在地，地位特殊、责任重大。党的十八大以

来，习近平总书记统筹中华民族伟大复兴战略全局以应对世界百年未有之大变局，提出了一系列城市工作新理念、新战略，为进一步推进韧性城市建设工作、防范化解重大灾害风险提供了根本遵循。北京坚决贯彻落实习近平总书记对北京工作一系列重要讲话精神，始终遵循“看北京首先要从政治上看”的要求，紧密围绕着加强“四个中心”功能建设、提高“四个服务”水平两条主线开展工作，涵盖政治、文化、国际交往、科技创新、民生福祉等多方面内容，始终将更好地服务党和国家工作大局、更好地满足人民群众对美好生活需要作为工作目标。

首都作为一个具有多重功能的全球性大都市，其在城市风险治理方面既展现出与一般超大城市风险治理的普遍特征，又呈现独特的属性。在灾害风险的语境下，相较于一般的大都市，首都作为国家政治中心，对公共安全风险的防控提出了更为严苛的要求。这包括对应急安全保障设施的构建和配置标准的提升，以及对重点保障对象的防护标准的提高。同时，首都也面临着更为复杂的挑战。从城市风险治理的视角来看，首都的风险治理主体不仅包括中央政府，还涉及直辖市政府、区政府、乡镇街道政府、市场和社会等多元主体，显示出治理结构的强化和多元化特征，协同治理难度更大。从维护政治安全的角度来讲，北京正处于转型发展的关键时期，面临着诸多方面的风险挑战，是各类利益和矛盾的聚集地、各种思潮的交汇地，维护北京的政治安全是首要工作。

2. 超大城市系统复杂性

城市作为经济、社会、人口、环境、资源、基础设施等构成的复杂系统，是人类实现经济社会可持续发展的重要空间，不断面临着各类风险。城市规模越大，密度越高，对基础设施使用强度也越大，然而在一个充满易变性、不确定性、复杂性与模糊性的世界里，自然灾害、基础设施老化等单一风险正交织、演化为复杂风险，增强了单一风险在城市空间的破坏力、增加了不可预估的后果。

2023 年末，北京全市常住人口 2185. 8 万人，常住外来人口 824. 0 万人，占常住人口的比重为37.7%[①]。在超大城市中，人口规模的庞大性、流动性的增强以及居住人口的高度集中，使得其安全问题相较于乡村地区和中小城市而言，展现出更为显著的独特性。从致灾因子的角度分析，超大城市由于人口高度集聚和活动高度集中，城市系统承受着巨大的人为干扰，呈现明显的脆弱性，从而使得人为灾害的发生频率增加，城市也易受到人为因素影响而引发自然灾害。在灾害过程方面，由于超大城市中人口密度高和人际接触概率增加，灾情的扩散控制面临着更大的挑战。灾害演变方面，超大城市在经历原发性灾害事件后，极易触发次生和衍生灾害。所以从灾害后果来看，相同等级的灾害在超大城市中可能导致更为严重的危害。

3. 灾害风险的不确定性

随着城市化进程的不断深入，城市空间内人口数量和经济活动的密度呈现显著增长的趋势。在气候变暖的背景下，极端天气事件的频发进一步加剧了城市面临的灾害风险。因此，城市在遭受灾害冲击时，潜在的损失风险持续增大。

北京位于华北平原，遭受多种类型灾害的威胁，区域灾害风险系数相对较高。受全球气候变化的影响，诸如强降雨、高温、大雾、冰雪、沙尘暴等极端天气灾害的发生特征动态变化，表现为广布型灾害与集中型灾害频繁并发的态势。随着全市森林覆盖率的不断提升，受高温、干旱、大风等极端天气和农业、旅游等生产活动影响，火源管控难度增大。此外，作为中国大陆唯一发生过8级地震的特大城市[②]，防范由地震引发大灾、巨灾的工作仍不容忽视。

在安全生产方面，北京市安全隐患分布范围广、种类多。据《北京市2023年国民经济和社会发展统计公报》统计，北京市2023年共发生各类生

① 《北京市2023年国民经济和社会发展统计公报》，北京市统计局、国家统计局北京调查总队网站，2024年3月21日，https://tjj.beijing.gov.cn/tjsj_31433/sjjd_31444/202403/t20240319_3594001.html，最后访问日期：2024年4月17日。

② 《〈北京市“十三五”时期防震减灾规划〉解读》，北京市地震局网站，2021年9月29日，https://www.bjdzj.gov.cn/bjsdzj/zwgk/zcjd/20220308154553256 79/index.html，最后访问日期：2024年4月17日。

产安全死亡事故401起，死亡440人[①]。在建筑建设、道路运输、消防安全、燃气使用、特种设备操作、危险化学品管理等传统高风险行业，安全风险问题依然显著。城乡接合部、大型城市商业综合体、高层建筑群、地下空间等关键区域和部位的安全隐患尚未得到彻底解决。同时，随着储能电站、观光农业等新兴业态、新模式和新产业的迅速发展，新的安全风险问题不断出现。

在事故灾难方面，北京市人口密集，外来人口较多，城市供水管网、燃气管网、电力管线盘综错杂，因极端天气、设施故障、调度失误及不安全使用等其他人为因素造成的事故灾难频发。事故灾害常由多种因素叠加造成，由于不确定性较高，预测预警难度较大，但对生命安全、经济发展、社会稳定等造成的负面影响巨大。

在公共卫生方面，北京市优质医疗卫生资源主要集中在中心城区，区域分布不均衡，卫生健康服务体系整合协同性不够；各级医院与基层医疗卫生机构之间缺乏成熟紧密的协作机制，基层医疗卫生服务能力与分级诊疗要求存在一定差距，有序就医的格局尚未真正形成；“智慧医疗”等新技术运用不足，“互联网+”健康医疗亟待扩容提质；疾控、院前急救、血液保障、妇幼保健等服务体系亟须完善，公共卫生应急管理能力有待提升。此外，重大公共卫生事件对北京市的公共卫生安全形成严峻的挑战。

（二）战略机遇

1. 社会各界广泛关注并参与韧性城市建设

首先，中央政府及各部门、北京市委市政府高度重视北京韧性城市建设工作，将韧性城市建设工作摆在了重要位置，并在人力、物力和政策方面加大支持力度。如北京市人民政府办公厅印发了《关于加快推进韧性城市建设的指导意见》，北京市规划和自然资源委员会组织编制《北京市韧性城市

① 《北京市2023年国民经济和社会发展统计公报》，北京市统计局、国家统计局北京调查总队网站，2024年3月21日，https：//tjj. beijing. gov. cn/tjsj_ 31433/sjjd_ 31444/202403/t20240319_ 3594001. html，最后访问日期：2024年4月17日。

空间专项规划（2022 年—2035 年）》，北京市应急管理局正抓紧推进《北京市韧性城市建设专项规划》。其次，各类社会组织一方面积极组建并培育应急救援队伍，通过项目合作等方式，参与灾害风险治理领域的信息、技术和知识共享；另一方面积极筹措资金，通过参与社会韧性素养培育、支持韧性社区建设等方式参与韧性城市建设。最后，学术领域对韧性城市建设的关注度也日益提升，管理、规划、防灾等应急管理领域的专家学者积极参与韧性城市的相关研究。随着学科热度的提升，我国合并组建应急管理大学，有望加强韧性城市建设的专业人才能力和提升人才储备。

2. “23 · 7”流域性特大洪水灾后重建契机

为提升防灾减灾救灾能力，加快受灾地区的恢复发展，北京市按照“一年基本恢复、三年全面提升、长远高质量发展”的总体思路，持续推进灾后恢复重建任务，推动 168 个灾后恢复重建项目上半年建成投用①。中央为支持灾后恢复重建出台了一系列金融政策、财税优惠政策、土地政策、项目审批政策、就业援助政策等文件，形成北京韧性城市建设的政策优势。在重建过程中采用更加科学合理的规划和建设方案，提升城市的韧性；并借此机会重新评估城市的脆弱性，加强防灾减灾工作，提高城市抵御自然灾害的能力。同时，灾后重建也形成巨大投资需求，有利于扩大内需、保持经济平稳较快发展。

3. 新兴智慧技术赋能韧性城市建设与治理

《北京市“十四五”时期重大基础设施发展规划》提出要“加快新型基础设施建设，推动互联网、大数据、人工智能等技术的深度应用，支撑传统基础设施转型升级，推动基础设施融合发展，提升信息化智能化水平”的目标。在新一轮科技革命的推动下，韧性城市的建设得到了技术层面的强化支持，包括确保了智能化预测预警系统的实施和应急响应，实现对整个灾害应对过程的实时感知与趋势分析，并促进多领域、多方面的协同应对机制发

① 《北京市发改委：推动 168 个灾后恢复重建项目上半年建成投用》，北京市发展和改革委员会网站，2024 年 1 月 21 日，https：//fgw. beijing. gov. cn/gzdt/fgzs/mtbdx/bzwlxw/202401/t20240122_ 3541943. htm，最后访问日期：2024 年 4 月 17 日。

挥作用。通过数据的采集、分析和应用，可以更好地了解城市运行状态，优化资源配置，提高城市管理效率和决策水平。这些技术的应用将大大提升城市韧性建设与治理的效能和水平，为城市的安全与发展提供更加坚实的技术支持。

四　推动北京韧性城市建设的对策建议

（一）加强顶层设计，科学统筹韧性规划

将韧性理念引入城市规划全流程，坚持多措并举、多元融合，谋划统筹北京韧性城市建设，提升建设的全局性和整体性。加强韧性建设制度保障，在城市规划和法律法规体系、城市更新行动全过程中落实韧性建设要求。坚持“让”“防”“避”相结合的原则，开展潜在风险识别、评估和分类工作，完善韧性城市规划指标体系，研究编制韧性城市专项规划，强化城市韧性提升在各项国土空间规划中的刚性约束。

在组织机制上，充分发挥“北京市推进韧性城市建设协调工作机制”的平台作用，加强信息的传递和交流，确保韧性规划与城市总体规划、专项规划和其他相关规划相衔接，加强资源整合，形成统筹协调应对合力，促进城市常态与应急态协同治理制度体系的转化衔接，推动提升城市在面对重大突发事件时的适度冗余性与灵活性。

（二）增强风险意识，加强防灾知识科普

韧性城市要求政府、企业、社会组织和公众等多主体共同参与构建“韧性共同体”，建立健全社会组织合作机制，鼓励社会组织参与防灾减灾、紧急救援和灾后重建工作，形成多方参与的韧性建设协同机制，全面提升社会风险意识。

以应急、宣传等部门牵头，开展防灾知识科普工作。着重强调综合性防灾公共文化设施在规划建设中的重要性，强调其在灾害情景模拟、体验学

习、训练演练、服务提供以及博物展示等多方面的功能。将防灾减灾知识纳入学校教育课程，增强学生和市民的防灾减灾意识。同时，开展专业培训，提升救援队伍和志愿者的防灾减灾能力。优化政府部门、社会组织、新闻媒体等在防灾减灾宣传教育方面的协作机制，确保政府的主导作用、部门的协同合作以及社会的广泛参与得到充分实现。通过这些措施，促进全社会形成“减轻灾害风险即促进发展，降低灾害损失亦等同于增长”的共识，致力于创造积极向上的防灾减灾文化环境。

（三）利用智慧技术，更新城市基础设施

智慧技术可以提高城市基础设施的效率、可持续性和韧性，使城市更好地应对各种挑战和灾害。

一是建立标准化灾害评估体系、数据库与信息化平台。推动大数据融合工作重心向下，以区县为单元打破部门间“数据孤岛”，构造“全域、全要素、全灾种”的数据支撑体系；建立长效机制，持续更新与动态维护普查数据库，发挥灾害监测与短临预警功能。

二是借助大数据、云计算、AI 等智慧技术，城市建设实时响应系统，开展实时动态的灾情监测；实现对灾害和紧急情况的快速响应和决策支持，提高城市的灾害应对效率和准确性；优化能源、水务、交通等资源的调度和管理，提高城市的韧性和可持续性。

三是利用新技术支持建设智能基础设施，包括智能交通系统、智能能源系统、智能水务系统、智能通信系统等，提高城市基础设施的使用效率、可靠性和韧性，充分利用社会媒体资源，形成更快、更准、更广的预警信息发布“高速公路”，为城市的发展和应对灾害提供支撑。

（四）依托专业力量，强化社会协同治理

依托专业力量能够有效提升社会协同治理的效果。第一，建立专业的城市规划、应急管理、环境保护等领域的团队，包括政府部门、学术机构、企业和社会组织等；第二，建立城市信息共享平台，促进不同部门之间的协调

合作，共同制定城市韧性发展的规划和政策，实现资源共享和信息互通；第三，加强对城市管理者、应急管理人员、环境保护人员等专业人才的培训，提升其技能，提高其专业水平和应对能力；第四，积极吸纳社会力量并与社会资本有效链接，以社区、社会组织、社会工作者、社区志愿者、社会慈善资源“五社联动”为支撑，构建多元主体参与城市韧性建设事务的合法性途径。

基于以上专业力量，鼓励社会各界积极参与城市韧性建设，包括居民、企业、学校、社会组织等，共同参与城市规划、环境保护、灾害应对等工作。通过精细化的社区网格建设，直达社会治理体系的神经末梢，实现事件的“发现—分派—处置—反馈—评价”流程的标准化、精细化和自动化，不断提高基层韧性治理效能，从而建设形成社会与政府、市场相互联系、相互包容的现代化治理新格局。

参考文献

陈华：《以整体性治理推进安全韧性城市建设》，《新华日报》2024 年 3 月 26 日，第 10 版。

樊志宏、胡玉桃：《基于复杂适应系统理论的超大城市发展和安全治理研究》，《城市发展研究》2022 年第 7 期。

龚正：《加快转变超大特大城市发展方式》，《人民日报》2022 年 12 月 16 日，第 9 版。

陶希东：《中国韧性城市建设：内涵特征、短板问题与规划策略》，《城市规划》2022 年第 12 期。

陶希东：《韧性城市：内涵认知、国际经验与中国策略》，《人民论坛·学术前沿》2022 年第 Z1 期。

王佃利：《基于城市生命体理念的韧性城市提升路径》，《人民论坛·学术前沿》2022 年第 Z1 期。

张强、李瑶：《增强城市韧性　打造韧性未来》，《中国应急管理报》2023 年 10 月 14 日，第 3 版。

附录一
2023年中国风险治理大事记

1月

1月3~4日　全国应急管理工作会议在京召开。

1月17日　西藏林芝市米林县派镇至墨脱县公路多雄拉隧道出口处（墨脱方向）发生雪崩，部分车辆和人员被埋，造成28人死亡。

1月19日　应急管理部召开2023年度应对重特大灾害应急力量准备工作协调会，深入学习贯彻习近平总书记关于防范化解重大风险的重要指示和党的二十大精神，通报全国灾情形势，审议《中央企业参加抢险救援应急力量准备预案》，部署应急力量准备工作。

2月

2月8~16日　中国救援队参与土耳其7.8级地震救援任务。在执行救援任务期间，累计共派出救援人员21个批次、308人次，搜索评估建筑87栋，排查总面积超过70万平方米，共营救被困人员6人，搜寻遇难者11人。

2月15日　国务院新闻办公室举行第一次全国自然灾害综合风险普查工作发布会。

3月

3月23日　中共中央办公厅、国务院办公厅印发《关于进一步完善医疗卫生服务体系的意见》，提出提高医疗卫生技术水平，强化科研攻关在重大公共卫生事件应对中的重要支撑作用，推进重大传染病、重大疾病等相关疫苗、检测技术、新药创制等领域科研攻关。

4月

4 月 6 日　国务院联防联控机制综合组、中国疾病预防控制中心印发《应对近期新冠病毒感染疫情疫苗接种工作方案》。深入贯彻落实党中央、国务院决策部署，结合疫情形势、疫苗研发、免疫效果评估人群免疫力水平，有效应对新冠病毒感染疫情，保障和维护人民群众身体健康。

4 月 18 日　北京市丰台区靛厂新村 291 号北京长峰医院发生重大火灾事故。

4 月 20 日　国家减灾委员会专家委员会主办的第十三届国家综合防灾减灾与可持续发展论坛在四川省雅安市举办。

5月

5 月 6~12 日　2023 年防灾减灾宣传周，主题是“防范灾害风险　护航高质量发展”。各地区、各有关部门深入贯彻落实习近平总书记关于防灾减灾救灾重要论述，突出主题、创新形式，精心组织开展防灾减灾宣传教育活动，努力营造人人讲安全、个个会应急的良好氛围，形成“防患于未然”的社会共识。

5 月 10 日　应急管理部举行全国重大事故隐患专项排查整治 2023 行动专题新闻发布会。

5 月 18 日　第 77 届联合国大会召开，对《2015—2030 年仙台减少灾害风险框架》实施进展情况进行中期审查。

6月

6月13日 国务院安全生产委员会围绕16个重点行业领域以及新业态新领域开展重大事故隐患2023专项执法督查活动。

6月底至7月初 重庆部分地区遭受强降雨袭击，引发洪涝和地质灾害，造成万州、巫山、巫溪、石柱、綦江等27个县（区）35.8万人不同程度受灾。

7月

7月23日 黑龙江省齐齐哈尔市龙沙区的齐齐哈尔市第三十四中学校体育馆屋顶发生坍塌事故，造成11人死亡、7人受伤。

7月28日 第5号台风“杜苏芮”以强台风级强度登陆福建晋江沿海。福建东部、浙江东部等地，部分地区出现8~10级阵风，局地11~16级；福建泉州、莆田、福州共计5个国家气象观测站日降水量突破历史极值。

7月29~8月2日 受台风“杜苏芮”残余环流影响，京津冀等地遭受极端强降雨，引发严重暴雨洪涝、滑坡、泥石流等灾害，造成北京、河北、天津551.2万人不同程度受灾。

8月

8月初 受台风残留云系北上和西风槽叠加影响，东北地区多地出现强降雨，引发洪涝灾害。造成黑龙江、吉林119.4万人不同程度受灾。

8月11日 陕西省西安市长安区滦镇街道喂子坪村鸡窝子组突发山洪泥石流灾害，造成27人死亡或失踪。

8月17日 应急管理部办公厅印发《乡镇（街道）突发事件应急预案编制参考》和《村（社区）突发事件应急预案编制参考》。

8月20~24日 中共中央组织部、中共中央社会工作部、中共中央党校（国家行政学院）联合举办全国社区党组织书记和居委会主任视频培训班。

8月21日 四川省凉山州金阳县受短时强降雨影响突发山洪泥石流灾害，冲毁沿江高速JN1标段项目部钢筋加工场施工人员驻地，造成52人死亡或失踪。

9月

9月5日 上海市自然灾害防治委员会印发《上海市综合防灾安全韧性分区分级建设指南》。

9月5日 2023年第11号台风“海葵”先后登陆福建东山县和广东饶平县沿海。“海葵”环流及残涡影响时间长。

9月5日 国务院联防联控机制综合组、中国疾病预防控制中心印发《中国流感疫苗预防接种技术指南（2023-2024）》。

9月19~20日 江苏盐城、宿迁等地出现强对流天气，局地遭遇龙卷风，引发风雹灾害，灾害造成2万人不同程度受灾。

10月

10月13日 2023年“国际减少灾害风险日”。本年度主题是“消除不平等，创造更具复原力的未来”，旨在提高人们对与灾害相关的严重不平等现象的认识。

10月27日 国务院安全生产委员会办公室、应急管理部在深圳召开国家安全发展示范城市创建工作现场推进会。

10月至12月 全国综合减灾示范县（市）开展了创建试点的现场验收评估工作。

11月

11 月 2 日 应急管理部救援协调和预案管理局发布了《社会应急力量分类分级测评实施办法（征求意见稿）》，向社会公开征求意见。

11 月 10 日 习近平总书记在北京、河北考察灾后恢复重建工作。

11 月 16 日 2023“一带一路”自然灾害防治和应急管理国际合作部长论坛在京举行。

11 月 国际生物多样性论坛暨城市韧性与气候适应主题研讨会在云南省昆明市召开。浙江省丽水市与四川省成都市、广元市，上海市长宁区，天津市中新天津生态城等城区成为首批联合国“创建韧性城市 2030 行动计划”国内入选城市。

11 月 28 日 2023 年全国救灾和物资保障工作暨受灾群众冬春救助工作会议在吉林省长春市召开。

12月

12 月初 习近平总书记在上海考察时强调“全面推进韧性安全城市建设”。

12 月 18 日 甘肃临夏积石山县发生 6.2 级地震，震源深度 10 公里，共造成甘肃、青海两省 77.2 万人不同程度受灾。

12 月 18 日 国务院常务会议审议通过《关于推动疾病预防控制事业高质量发展的指导意见》。

12 月 25 日 应急管理部召开全国危化品安全生产警示视频会议。

12 月 29 日 十四届全国人大常委会第七次会议表决通过关于修改《中华人民共和国慈善法》的决定，新修改的《慈善法》自 2024 年 9 月 5 日起施行。

附录二

相关政策法规列举及搜索指引

一、以下列举的相关政策法规均可通过扫描条目下的二维码进行查阅：

序号	政策法规名称	发布年份	二维码
1	《学校卫生工作条例》	1990 年	
2	《公安部、教育部关于进一步加强高校治安保卫工作的通知》	2000 年	
3	《学生伤害事故处理办法》	2002 年	
4	《学校食堂与学生集体用餐卫生管理规定》	2002 年	
5	《中小学幼儿园安全管理办法》	2006 年	
6	《国务院办公厅关于转发教育部中小学公共安全教育指导纲要的通知》	2007 年	
7	《教育部办公厅、中国银监会办公厅关于加强校园不良网络借贷风险防范和教育引导工作的通知》	2016 年	

续表

序号	政策法规名称	发布年份	二维码
8	《北京市供热突发公共事件应急预案》	2017 年	
9	《中共中央办公厅　国务院办公厅印发〈关于推进城市安全发展的意见〉》	2018 年	
10	《中共北京市委办公厅　北京市人民政府办公厅印发〈关于加快推进韧性城市建设的指导意见〉的通知》	2021 年	
11	《应急管理部　中央文明办　民政部　共青团中央联合印发关于进一步推进社会应急力量健康发展的意见》	2022 年	
12	《教育部办公厅关于印发〈高等学校实验室安全规范〉的通知》	2023 年	
13	《教育部办公厅关于开展第二批全国学校急救教育试点工作的通知》	2023 年	
14	《全国重大事故隐患专项排查整治 2023 行动总体方案》	2023 年	
15	《民政部办公厅关于印发〈2023 年中央财政支持社会组织参与社会服务项目实施方案〉的通知》	2023 年	
16	《北京市城市重要基础设施及建筑物内涝防护技术要点(暂行)》	2023 年	
17	《北京市韧性城市空间专项规划(2022 年—2035 年)》	2024 年	

二、以下列举的相关政策法规均可通过下方链接进行查阅：

序号	政策法规名称	发布年份	网址链接
1	《高等学校消防安全管理规定》	2009 年	https://www.gov.cn/zhengce/2009-10/09/content_5713378.htm
2	《校车安全管理条例》	2012 年	https://www.gov.cn/zwgk/2012-04/10/content_2109706.htm
3	《中华人民共和国网络安全法》	2016 年	https://www.gov.cn/xinwen/2016-11/07/content_5129723.htm
4	《国务院办公厅关于加强中小学幼儿园安全风险防控体系建设的意见》	2017 年	https://www.gov.cn/zhengce/content/2017-04/28/content_5189574.htm
5	《上海市城市总体规划(2017-2035 年)》	2018 年	https://www.shanghai.gov.cn/newshanghai/xxgkfj/2035004.pdf
6	《上海市人民政府关于进一步加强城市安全风险防控的意见》	2021 年	https://www.shanghai.gov.cn/nw12344/20210513/99938af858704f129d12894b244688e3.html
7	《中华人民共和国数据安全法》	2021 年	http://www.npc.gov.cn/npc/c2/c30834/202106/t20210610_311888.html
8	《国务院关于印发“十四五”国家应急体系规划的通知》	2021 年	https://www.gov.cn/gongbao/content/2022/content_5675949.htm
9	《国家减灾委员会关于印发〈“十四五”国家综合防灾减灾规划〉的通知》	2022 年	https://www.gov.cn/zhengce/zhengceku/2022-07/22/content_5702154.htm
10	《应急部关于印发〈“十四五”应急救援力量建设规划〉的通知》	2022 年	https://www.gov.cn/gongbao/content/2022/content_5708947.htm
11	《国家粮食和物资储备局　应急管理部　财政部关于印发〈中央应急抢险救灾物资储备管理暂行办法〉的通知》	2023 年	https://www.gov.cn/zhengce/zhengceku/2023-02/25/content_5743273.htm
12	《中共中央办公厅　国务院办公厅印发〈关于进一步完善医疗卫生服务体系的意见〉》	2023 年	https://www.gov.cn/zhengce/2023-03/23/content_5748063.htm
13	《关于印发应对近期新冠病毒感染疫情疫苗接种工作方案的通知》	2023 年	https://www.gov.cn/lianbo/2023-04/10/content_5750733.htm
14	《国家卫生健康委办公厅关于进一步做好突发事件医疗应急工作的通知》	2023 年	https://www.gov.cn/zhengce/zhengceku/2023-04/29/content_5753751.htm
15	《上海市应急管理局关于印发上海市应急管理局重点实验室管理办法的通知》	2023 年	http://yjglj.sh.gov.cn/xxgk/zfxxgk/zcwj/gfxwj/20230810/fec10ea077444fef815573b677836efb.html

续表

序号	政策法规名称	发布年份	网址链接
16	《应急管理部办公厅关于印发〈乡镇(街道)突发事件应急预案编制参考〉和〈村(社区)突发事件应急预案编制参考〉的通知》	2023 年	https://www.mem.gov.cn/gk/zfxxgkpt/fdzdgknr/202308/t20230825_460298.shtml? share_token=8b2d4849-7ba9-4fb5-a2de-a07989e7faf0
17	《中国流感疫苗预防接种技术指南(2023-2024)》	2023 年	https://www.chinacdc.cn/jkzt/crb/bl/lxxgm/jszl_2251/202309/P020230905701009356144.pdf
18	《上海市自然灾害防治委员会关于印发上海市综合防灾安全韧性分区分级建设指南的通知》	2023 年	http://yjglj.sh.gov.cn/xxgk/zfxxgk/zcwj/yjczyzh/20230920/aacce4f9ebd14a0e8e47ea8674ddcee8.html
19	《工业和信息化部　国家发展改革委 科技部 财政部 应急管理部关于印发〈安全应急装备重点领域发展行动计划(2023—2025 年)〉的通知》	2023 年	https://www.mem.gov.cn/gk/zfxxgkpt/fdzdgknr/202310/t20231013_465476.shtml
20	《关于公开征求〈社会应急力量分类分级测评实施办法(征求意见稿)〉意见的函》	2023 年	https://www.mem.gov.cn/gk/zfxxgkpt/fdzdgknr/202311/t20231103_467510.shtml
21	《关于印发〈突发事件医疗应急工作管理办法(试行)〉的通知》	2023 年	https://www.gov.cn/zhengce/zhengceku/202312/content_6919826.htm
22	《全国人民代表大会常务委员会关于修改〈中华人民共和国慈善法〉的决定》	2023 年	https://www.gov.cn/yaowen/liebiao/202312/content_6923390.htm
23	《国务院办公厅关于印发〈国家自然灾害救助应急预案〉的通知》	2024 年	https://www.gov.cn/gongbao/2024/issue_11186/202402/content_6934543.html
24	《教育部办公厅 国家消防救援局办公室关于印发〈中小学校、幼儿园消防安全十项规定〉的通知》	2024 年	https://www.gov.cn/zhengce/zhengceku/202403/content_6941038.htm

附录三
后　记

“风险治理蓝皮书”编写自2020年启动以来，至今已是第四个年头，《中国风险治理发展报告（2024）》是这个蓝皮书系列中的第三部。该蓝皮书的出版是我国风险治理领域诸多专家学者、行业伙伴及社会各界力量共同努力的成果，是集体智慧的结晶。

2023年是全面贯彻党的二十大精神的开局之年，是实施“十四五”规划承前启后的关键之年，是三年新冠疫情防控转段后经济恢复发展的一年。我国风险治理工作取得了积极进展。一年来，面对复杂多变的外部环境和交织叠加的风险挑战，尤其是疫情防控平稳转段后一些长期积累的生产安全风险隐患集中显现，以及极端灾害天气趋多趋强带来的挑战，我国坚持常态应急和非常态应急相结合，把预防摆在更加突出位置。按照“建立大安全大应急框架”的要求，我国进一步强化综合统筹，推动构建与中国式现代化相适应的应急管理体系和能力，推动公共安全治理模式向事前预防转型。聚焦打早打小和攻坚打赢实战需要，我国统筹推进应急救援力量体系建设，不断提高防范风险挑战、应对突发事件的能力。

伴随2023年我国风险治理在理论研究和实践工作方面取得的积极进展，我们完成了本年度蓝皮书的编撰工作。本皮书相较于前两部，除总报告、分报告、案例报告外，还新增了专题报告，共包含15篇报告，其中：第1篇为总报告，第2篇到第8篇为分报告，第9篇到第11篇为专题报告，第12篇到第15篇为案例报告。我们系统梳理了2023年我国自然灾害、公共卫生、社会安全等风险治理领域的理论研究、政策趋势与最新动态，基于社区、学校等不同单元，社会组织、企业等多元主体以及信息化建设、公共服务等不同领域的视角，尽可能比较完整地呈现我国风险治理的复杂场景。我们重点刻画了京津冀 23·7 特大洪灾以及上海、北京两地的韧性城市建设等实践案例。希望通过全面展示 2023 年度中国风险治理在促进经济社会发展中的重要作用，总结当前我国风险治理工作面临的挑战，能够为进一步推动我国风险治理体系和能力建设、更好地为中国式现代化保驾护航提供有益建议。

共有数十位专家学者参与本年度书稿编撰，他们为本书的编写出版做了大量的工作。高小平教授、李京教授、程晓陶教授对每一篇报告都提出了专业细致的建议。中国应急管理学会、清华大学应急管理研究基地、北京师范大学政府管理学院、北京市科学技术研究院城市系统工程研究所、南京大学政府管理学院、山东大学政治学与公共管理学院、北京航空航天大学公共管理学院、应急管理部国家减灾中心、国家卫生健康委卫生发展研究中心、北京市气象局、四川大学、上海市委党校（上海行政学院）、四川尚明公益发展研究中心、商道纵横、上海爱德公益研究中心、基金会救灾协调会、北京博能志愿公益基金会等本领域相关机构，为相关研究和本书编写出版提供了大力支持。“风险治理蓝皮书”系列丛书学术秘书徐硕女士承担了大量具体的组织协调工作。本书的出版得到了南都公益基金会、北京师范大学“全球发展战略合作伙伴计划之国际人道与可持续发展创新者计划全球在线学堂项目”等的资助。在此一并表示感谢。

《中国风险治理发展报告（2024）》主编团队
2024 年 5 月于北京

Abstract

The period between 2023 – 2024 marks a crucial phase for China, as it continues to deepen reforms, embrace further openness on a comprehensive scale, strive for high-quality development and progress towards a modern socialist country. Throughout this period, China's economy has maintained steady growth amidst a complex global landscape. Advancements have been made in optimizing its economic structure, accelerating the development of a unified nation-wide market, achieving breakthroughs in scientific and technological innovation, and bolstering independence in energy supplies and crucial industrial supply chains. As China's endeavors in risk governance advance steadily, the challenges it faces have also evolved. Such risks are characterized by heightened complexity, intricacy, and cross-border attributes, particularly in the realms of climate change, production safety, and social risks.

Given the political and economic complexity and volatility globally, alongside prominent structural and cyclical challenges domestically, China faces severe and intricate risks with the ever growing possibility of risk coupling across sectors. In response to the changing and complicated external environment and stabilizing transition internally after the epidemic control measures, China has honed its risk governance system and regulations, leading to progress in averting major economic risks, responding promptly to extreme weather events, enhancing resilience in urban development, ensuring safety in production activities to avoid major and catastrophic accidents through multifaceted actions. Digital and intellectual technologies have been extensively leveraged in emergency contexts. Moreover, international exchanges in risk governance have also seen progress.

The year 2023 marks the first year of all-out efforts to thoroughly implement the spirit of the 20th CPC National Congress. It is also a year of continuous volatility as the world navigates the new norm of post-pandemic era and a year of critical importance for the delivery of sustainable development. The principle that emphasizes proactive prevention has translated into tangible actions across diverse domains, elevating China's risk governance performance in climate change, economic development, and production safety. The integration and establishment of the National Committee on Disaster Prevention, Mitigation, and Relief have bolstered the coordination and alignment of disaster response efforts comprehensively. Enhancements have been made to the working mechanisms and emergency response protocols for national-level major disaster relief. The successful completion of a nationwide comprehensive natural disaster risk survey allows for a general stock-taking of natural disaster risks and hazards across the nation. In response to the regular post-pandemic context, cautious actions have been taken to properly address epidemic risks. Such actions seek to safeguard people's health and safety through proactive development of public health risk governance system. By strengthening the resilience of urban infrastructures, fostering integrated disaster-resilient model communities, and nurturing community-based risk governance practices, the society-wide capacity to withstand natural disasters and cope with social risks has been enhanced. China in 2023 has been actively exploring the combination of digital and intelligent technologies with risk governance practices, leveraging big data analytics, artificial intelligence, and other technologies to refine risk identification, assessment, early warning, and response mechanisms for better accuracy and efficiency. Furthermore, China's risk governance system has continued to improve, fostering a multi-stakeholder collaborative governance paradigm that involves government agencies, enterprises, social organizations, and the public. The fruitful engagement of social forces in emergency responses, notably in the Beijing-Tianjin-Hebei rainstorms and the Jishishan earthquake emergency response, have yielded commendable outcomes.

Apart from such great accomplishments, China is still faced with an array of intricate and interwoven risk factors, posing formidable challenges amid the evolving globalization and societal changes. The world, the times and the history are changing in unprecedented ways for human society. Looking into the future, any of these challenges would necessitate new approaches to China's reform agenda, developmental aspirations, and stability pursuits. Given such a plethora of potentially complex and demanding challenges, China needs to deepen reforms continuously, foster innovation, enhance coordination, extend openness, and create a better-structured risk governance framework. Notably, efforts are needed to better navigate the new context of multifaceted risks coupled with one another, steer economic and social progress towards sustained and healthy trajectories and safeguard Chinese path to modernization by building a community of shared future on security governance, developing new quality productive forces and strengthening technology governance and risk control measures.

Keywords: Risk Governance; Climate Change; Resilient Cities; Social Engagement; Artificial Intelligence

Contents

I General Report

Abstract: The current era is experiencing unprecedented global transformations unseen in a century, where an array of risks intertwine and converge into a labyrinth of complexity. From 2023 to 2024, amidst a turbulent external landscape and a gradual transition in epidemic management, China stays committed to strengthening its risk governance framework and regulatory measures. The goal is to proactively forestall economic risks, effectively address extreme weather-related disasters, and drive for new progress in resilient urban infrastructure development. Multiple measures have been taken in production safety to effectively restrain occurrence of major accidents. Digital and intelligent technologies have been utilized in emergency response scenarios in great depth. Additionally, an active approach has been taken on international collaboration in risk governance. The principle that emphasizes on prevention has translated into concrete initiatives across various sectors, resulting in steady improvements in China's risk governance performance in climate change, economic progress, and production safety. Looking ahead, China will be guided by the principles of coordinating development with security while adopting a holistic approach to national security. This trajectory involves fostering a global and domestic community of shared future on security governance. Efforts will be directed towards cultivating new quality productive forces that align top-level strategies with practical experience both through policies and technologies. By systematically and inventively addressing multidimensional risks with full-process responses, such efforts aim to preemptively tackle major risks and build a safer and more resilient foundation for national development.

Keywords: Climate Change; Compound Risks; Collaborative Governance; Development and Security; Disaster Response

Ⅱ Topical Reports

Abstract: This paper systemically takes stock of the general situation of natural disasters in China throughout 2023, delving into key ongoing initiatives, prevailing challenges, and future trends regarding China's response to natural disasters. In the context of recurrent extreme weather events and severe natural disaster risks with escalating complexity, the Central Committee of the Communist Party of China, with the strong leadership of Xi Jinping at its core, has spearheaded the development of a disaster governance framework attuned to the Chinese path to modernization with strengthened coordination. The integration and establishment of the National Committee on Disaster Prevention, Mitigation, and Relief by Chinese government have bolstered the coordination and alignment of disaster response efforts comprehensively. This initiative has enhanced institutional frameworks and led to the release of an updated *National Emergency Plan for Natural Disasters*. Enhancements have been made to the working mechanisms and emergency response protocols for national-level major disaster relief, with a steadfast commitment to excelling in disaster prevention, mitigation, and relief activities. As China transitions from pursuit of rapid growth to a phase that emphasizes high-quality development, there arises heightened requirements on integrating development imperatives with security concerns. China is ready to advance reform agendas with greater depth while expediting comprehensive legislative efforts in natural disaster prevention and governance. Strengthening grassroots-level emergency management capabilities alongside comprehensive risk monitoring, early warning and reporting capacities are critical focal points. While leveraging its institutional strengths, China needs to coordinate governmental, market, societal, and individual roles, with diversified governance modalities. It will also actively foster international collaboration mechanisms in natural disaster prevention, governance, and emergency response, as part of its efforts towards modernization of emergency management system and disaster risk governance capacities.

Keywords: Natural Disasters; Risk Governance; Risk Survey; Prevention and Governance Philosophy; Disaster Prevention and Mitigation Planning

B.3 2023 Annual Report on Public Health Events Risk Governance Development of China

Hao Xiaoning, *Feng Zhiqiang* / 056

Abstract: In recent years, China has been enhancing its public health risk governance system, bolstering its public health emergency management system and overall management capabilities. Science-based prevention and effective responses to public health crises are paramount for safeguarding social stability, economic growth, and the well-being of the public. This article systemically takes stock of the advancements in China's public health risk governance throughout 2023 while proposing actionable recommendations to optimize, enhance, and sustainably develop risk governance practices. China has made significant strides in leveraging artificial intelligence technology, integrating disease prevention and control measures, and implementing urban-rural research initiatives within its public health risk governance framework. To further scale up China's capacity for risk governance, continuous enhancements in institutional mechanisms and risk management proficiency are needed. Greater efforts are required for legislation on risk alert systems and digital empowerment of public health risk governance. The vulnerable groups also need to be better supported in risk governance.

Keywords: Risk Governance; Public Health Events; Emergency Management; Integration of Disease Prevention and Control

Abstract: Public security is an essential component of national security. Efforts to strengthen its risk governance are therefore important for the holistic approach to national security. This chapter reviews public security risk governance regarding the contents, types, current situation, and governance challenges. Then, a brief literature review is taken on the latest public security studies published in 2023, covering theories, perspectives, topics, contents, methods and techniques. Furthermore, this report takes stock the basic situation of public security practice in 2023, the resolution of social conflicts and disputes in communities, and the policy and practical cases of the "Fengqiao Experience" in the new era. Finally, suggestions regarding the public security risk governance are proposed with five elements: improving the public security risk governance system, elevating resilience in social governance, strengthening adaptive governance to stay tuned to new technologies, nurturing healthier mentality by providing more accessible and people-centered mental health services and investing in scientific research on risks, hazards and crisis. These suggestions are intended to empower modernization of governance system and governance capacity.

Keywords: Public Security; Risk Governance; Public Safety; Risk Society

B.5 2023 Annual Report on Community Risk Governance Development of China

Zhu Wei / 109

Abstract: This article draws upon the analysis on establishment of comprehensive disaster reduction demonstration communities and the practices of community risk governance. It gathers data on the number of such demonstration communities from nation-wide emergency management department websites across China, to run macro-level statistical and comparative analyses. It compares the total numbers of such communities in each province and city while examining variations in community/village types. The findings indicate that Beijing is making significant progress, particularly in transitioning its focus from urban to rural areas. This study provides a micro-level analysis of specific communities in Beijing, scrutinizing their risks, disaster chains, and risk characteristics. It advocates for creation of a comprehensive risk governance model at the community level, an approach that integrates safety planning with residents' daily lives alongside initiatives such as urban renewal, integrated community, and smart city development. Moreover, it emphasizes advancing digitalization in community risk governance while fostering community cohesion and bolstering disaster prevention and mitigation capabilities.

Keywords: Community; Risk Governance; Disaster Prevention and Mitigation

B.6 2023 Annual Report on Participation of Social Organizations in Risk Governance Development of China

Lu Yi, *Li Jianqiang* / 139

Abstract: In 2023, Chinese social organizations demonstrated their professional expertise and superior functions in responding to various disaster events. Social forces have been seamlessly integrated into the national relief system, as a part of the national risk governance framework. This article provides an overview of the development and related policies surrounding Chinese social organizations and their involvement in risk governance throughout 2023. It also encapsulates valuable experience derived from these organizations' participation in domestic disaster emergency responses, citing instances such as the Beijing-Tianjin-Hebei rainstorms and Jishishan earthquake. While acknowledging the commendable outcomes of social organizations' contributions to risk governance, this study also looks into the remaining challenges such as shortage of specialized rescue entities, funding constraints, inadequate safeguard systems, poor synergy within emergency management system, and room for improvements in participation mechanisms. Nonetheless, with supportive policies from the government, heightened social awareness and bolstered capabilities within social organizations themselves, their influence and contributions to risk management are poised to expand further with promising prospects. Looking ahead, stronger proficiency, intensified collaborations, and further modernized governance will represent pivotal directions for social organizations.

Keywords: Social Organizations; Risk Governance; Emergency Response; Coordinated Relief

Abstract: Enterprises are pivotal stakeholders in risk governance. Delving into the participation of Chinese enterprises in risk governance during 2023, this article unveils emerging risk challenges encountered by these entities and their coping strategies by reviewing theoretical advancements and real-world case studies. The article sets the stage by taking stock of the theoretical evolution of corporate engagement in risk governance over recent years. Proceeding from this, it illustrates through specific examples the relevant actions taken by Chinese enterprises in response to events such as the Turkey earthquake relief, the 23 · 7 extreme rainstorm and flooding in Beijing-Tianjin-Hebei Region, the 12 · 18 Jishishan earthquake and climate events in Gansu. The study identifies an array of emerging risks, such as those related to climate, nature, and AI. They are swiftly materializing as formidable challenges for companies. The practices observed in 2023 demonstrate that Chinese enterprises have persistently enhanced their disaster response capabilities while fortifying inter-and cross-sector collaborations in risk governance.

Keywords: Risk Governance; Sustainable Development; Chinese Enterprises; Overseas Delivery of Responsibilities

Abstract: With the improvement of the risk governance volunteer service system, the number of volunteers participating in risk governance in China increased in 2023, with richer scenarios of participation, improved capacity for organizational mobilization, and significantly increased offline service time. The total number of volunteer service organizations involved in risk governance continued to grow, and the frequency of volunteer services was high. Among various projects, volunteer firefighting services saw the largest increase, responding to a wide range of needs due to increased disaster demands, and greater participation in disaster relief and rescue. Gansu Jishishan earthquake relief volunteer service demonstrated a multi-organization collaborative model primarily led by local volunteer service organizations and volunteers, as they provided diversified and full-cycle earthquake relief volunteer services with remarkable results. The primary problems and challenges of volunteerism in risk governance include the insufficiency of multifaceted coordination mechanism, the untapped potential of collective complementary advantages in volunteerism, and the need for enhanced equipment and professional capacity building among volunteer organizations and volunteers. It is therefore imperative to elevate the importance of volunteerism across all government tiers, optimize the volunteering ecosystem for risk governance, bolster diversified collaboration mechanisms for risk governance, empower professional volunteers and teams, as well as enhance the caliber and efficacy of risk governance efforts driven by volunteer services.

Keywords: Volunteer Service; Risk Governance; Gansu Jishishan Earthquake

Ⅲ Special Reports

Abstract: From 2022 to 2023, theoretical research on risk governance in China has achieved considerable progress. First, the risk governance of Generative Artificial Intelligence (GAI) has become a prominent focus throughout the year. On the one hand, domestic scholars have identified potential risks from different perspectives and dimensions; on the other hand, they have provided diverse risk governance frameworks by introducing relevant theoretical frameworks and international comparative perspectives. Second, the vision of risk governance in various fields under the holistic approach to national security continues to expand. This is reflected in the analysis of the holistic national security concept and framework as well as the clarification of risk governance pathways in specific areas including food security, digital and information security, biosecurity, and financial security. Third, consolidating the foundation for the resilience of the whole society has become the focus of theoretical research on risk governance. Resilience-driven risk governance has achieved considerable research results in both analytical frameworks and empirical case analysis. At the same time, rural and local risk governance systems and capacity building have also received proper attention. Based on the above review, this report points out that theoretical research in China's risk governance has flourished in 2023, with remarkable strides in quality, interdisciplinary collaboration, and practical implications. At the same time, in the future, China's risk governance theoretical research should be further strengthened in theoretical accumulation, dialogue engagement, and in better serving the modernization of national security system and capabilities.

Keywords: Risk Governance; Generative Artificial Intelligence; A Holistic Approach to National Security; Resilience

B.10 2023 Annual Report on the Development of Risk Governance Informatization in China

Abstract: The Chinese government's informatization efforts in the field of risk governance is continuously deepening, as it strives to effectively empower governance capabilities and efficiency with new-generation information technologies. Since 2023, government entities at all levels, public institutions and enterprises have intensified their efforts in upgrading and applying big data, artificial intelligence, the Internet of Things, among other technologies in their risk governance information technology platforms. Governments at all levels place great importance on informationization, and the continuous and stable economic development provides a good market environment for such endeavors. Currently, emergency management information systems, urban safety operation monitoring platforms, and others are gradually being established nationwide, enhancing the extent of intelligence in risk governance. In the future, risk governance will further rely on information technology to achieve more precise risk early warning and decision support. This report has extensively collected public data such as relevant reports, commentaries, and summaries from online media in 2023 to establish a media report database focused on China's risk governance and emergency management informatization. Utilizing second-generation large language models and natural language processing technologies, this study interprets and organizes these textual data to analyze the current status, environment, progress, and trends of China's risk governance informatization efforts in 2023 from the perspective of public media data. By analyzing the characteristics of typical cities' risk governance informatization endeavor as case studies, and summarizing international experience and lessons, this report serves to provide references for China's informatization efforts in risk governance.

Keywords: Risk Governance; Information Technology; Informatization

Abstract: Being safe stands as a fundamental human need, essential for the continuous advancements of society and our very existence. It resonates deeply with the general public, serving as a cornerstone for progress. Schools are cradles for talents. Thus the safety of teachers and students holds direct sway over a country's prosperity and growth. A secure campus environment forms the bedrock for daily educational activities within schools. In 2023, school safety incidents in general exhibit the following new features, including diverse types, substantial losses and impacts, as well as heightened complexity and challenges in prevention and control efforts. Emergencies of various kinds—such as meteorological disasters, fires, laboratory safety issues, traffic accidents, infectious diseases, food safety concerns, and bullying—are occurring more frequently and extensively on school grounds with concurrent occurrences. The degree of harm of these incidents has notably increased. In addition to traditional types of school safety incidents, non-traditional threats such as psychological problems, cybersecurity, and campus violence are also frequently occurring. Therefore given the multitude of challenges such as insufficient risk prevention awareness, deficiencies in risk management organizational structures, a lack of systematic risk management mechanisms, and insufficient legal safeguards for risk governance, it is imperative that all stakeholders are encouraged to actively participate in addressing school emergencies in the future, so as to create a risk governance framework for school safety. The school safety strategy has shifted from emergency management only to comprehensive risk governance and emergency management, with emphasis on preemptive measures over reactive responses. Such efforts intend to achieve institutionalization, normalization, and rationalization of school safety risk management and thereby enhance the efficiency of school emergency management at a more foundational level.

Keywords: School Safety; Emergency Management; Risk Governance

Ⅳ Case Reports

Abstract: The 23 · 7 extreme rainfall event unleashed devastating rainstorms and floods across Beijing-Tianjin-Hebei Region, imperiling lives, properties, and triggering substantial economic losses. Analysis of the formation mechanism indicates presence of abundant water vapor conditions resulted from the combined influence of Typhoon Doksuri, Typhoon Khanun, and subtropical high pressure systems. Prolonged strong water vapor convergence was sustained due to the vapor transport from two typhoons. They were mostly concentrated in the eastern foothills of the Taihang Mountains and stabilized by a high-pressure dam effect from Doksuri. This stable condition led to slow residual circulation movement of Typhoon Doksuri and prolonged rainfall. A scrutiny of response measures reveals that governments at various levels have implemented active and effective initiatives in early warnings, emergency responses, rescue operations, and public awareness campaigns. They have resulted in commendable outcomes but also uncovered shortcomings in resilient emergency facilities for managing extreme disasters, weather forecast capabilities, and public awareness of early warning system. This paper presents recommendations and actions to forestall future catastrophes across four dimensions: enhancing policies and regulations by improving disaster prevention-related laws, creating high-standard planning policies and bolstering the emergency response mechanisms in the Beijing-Tianjin-Hebei Region to promote regional collaborative governance; advancing technological research and development by fortifying monitoring and early warning systems, and deepening research in regional extreme weather patterns; fostering social engagement through scientific outreach to elevate disaster prevention awareness among the general public, alongside efforts to build diverse and systemic communication channels for catastrophic risk information while boosting skills training on disaster prevention, relief and preparedness; strengthening risk governance and reconstruction efforts through better risk governance planning, refined monitoring and early warning systems as well as communication infrastructure and stronger synergy in all-hazards disaster warning networks to enhance coordination across the Beijing-Tianjin-Hebei Region for better risk preparedness and response amid escalating flooding and other risks posed by global climate change scenarios.

Keywords: 23 · 7 Rainstorm; Climate Change; Risk Governance; Beijing–Tianjing–Hebei Region

Abstract: With the progression of China's economic and social

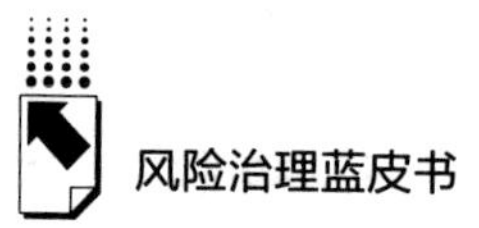

development, advancements in social governance, and a heightened focus on climate change-related disaster risks, an increasing number of foundations are engaging in disaster prevention, mitigation, and relief efforts. Additionally, revisions to existing laws and the introduction of new policies have provided clearer policy guidance for involving social organizations in disaster management, such as the *Charity Law*, the *14th Five-Year Plan for National Emergency Response System*, and the *Opinions on Further Promoting the Healthy Development of Social Forces in Emergency Response*. Given the context, this paper presents a comprehensive overview of pioneering practices undertaken by foundations in risk governance within China during 2023. It delves into the outcomes of their in-depth involvement in risk governance throughout the year. Taking the examples of digital application of coupons in disaster relief efforts, digital model of employment provision as a form of relief and shower tent public welfare project, the study demonstrates the acute insights on demand and innovation excellence of foundations as they swiftly mobilize resources, address specific group needs and explore digital technology applications. Nonetheless, challenges still persist. Lack of effective coordination between the government and society, varying levels of competency across entities involved, and unilaterally-focused perspectives in disaster relief processes call for greater attention. There is still room for improvements in three directions: attention to diverse needs, greater consensus among stakeholders and consensus cultivation within the sector.

Keywords: Foundation; Disaster Prevention and Mitigation; Collaborative Participation; Risk Governance

B.14 Special Report on Resilient City Development in Shanghai

Abstract: Confronted with the compounding challenges of traditional risks, emerging risks, and the growing recognition of urban vulnerabilities, Shanghai has embraced the *City Master Plan* (*2017-2035*) as a cornerstone to accelerate its pace in building a resilient and safe metropolis that reflects its unique governance traits as a modernized mega-city with Chinese characteristics. Its efforts have unfolded in three stages from inception, initiation, to accelerated leapfrog development: "towards a resilient and ecological city with greater sustainability", "towards a resilient city that fits with urban operations and development", and "towards a world-leading resilient and safe city." By pursuing an integrated approach that fosters institutional, organizational, spatial, social, and technological resilience, Shanghai has steadily enhanced its level of urban resilience and safety, with new progress made in 2023. Key insights gained from Shanghai's efforts hinge on its comprehensive strengthening of urban resilience and safety through initiatives such as refined philosophy, guidance from digital transformation and party-building efforts, in order to shape its attributes of resilience, empower resilient governance system, and strengthen resilience foundations.

Keywords: Resilient and Safe Cities; Urban Risks; Emergency Management; Shanghai

Abstract: Promoting the development of resilient cities is a necessity in addressing today's complex risks and challenges. It serves as a crucial component in advancing the modernization of urban governance systems and capacities. It is also necessitated by the objective rules of urban development. Since the release of the 14th Five-Year Plan, Beijing has made major strides in resilient city development. This article begins by providing an overview of Beijing's resilient city efforts, with both overarching principles and organizational framework. It then takes stock of the progress, effectiveness, and lessons learned from Beijing's efforts across four dimensions: spatial resilience, engineering resilience, managerial resilience, and social resilience. The analysis also highlights current risks, challenges faced by Beijing, along with strategic opportunities. Finally, drawing on the objectives set for Beijing's resilient city development, the article presents specific recommendations and measures across four aspects: top-level design and science-based planning, risk awareness and disaster prevention campaigns; intelligent technologies and infrastructure; specialized forces and social coordination.

Keywords: Resilient Cities; Risk Management; Emergency Management; Beijing

皮书

智库成果出版与传播平台

皮书定义

皮书是对中国与世界发展状况和热点问题进行年度监测，以专业的角度、专家的视野和实证研究方法，针对某一领域或区域现状与发展态势展开分析和预测，具备前沿性、原创性、实证性、连续性、时效性等特点的公开出版物，由一系列权威研究报告组成。

皮书作者

皮书系列报告作者以国内外一流研究机构、知名高校等重点智库的研究人员为主，多为相关领域一流专家学者，他们的观点代表了当下学界对中国与世界的现实和未来最高水平的解读与分析。

皮书荣誉

皮书作为中国社会科学院基础理论研究与应用对策研究融合发展的代表性成果，不仅是哲学社会科学工作者服务中国特色社会主义现代化建设的重要成果，更是助力中国特色新型智库建设、构建中国特色哲学社会科学“三大体系”的重要平台。皮书系列先后被列入“十二五”“十三五”“十四五”时期国家重点出版物出版专项规划项目；自 2013 年起，重点皮书被列入中国社会科学院国家哲学社会科学创新工程项目。

皮书网

（网址：www.pishu.cn）

发布皮书研创资讯，传播皮书精彩内容
引领皮书出版潮流，打造皮书服务平台

栏目设置

◆关于皮书

何谓皮书、皮书分类、皮书大事记、皮书荣誉、皮书出版第一人、皮书编辑部

◆最新资讯

通知公告、新闻动态、媒体聚焦、网站专题、视频直播、下载专区

◆皮书研创

皮书规范、皮书出版、皮书研究、研创团队

◆皮书评奖评价

指标体系、皮书评价、皮书评奖

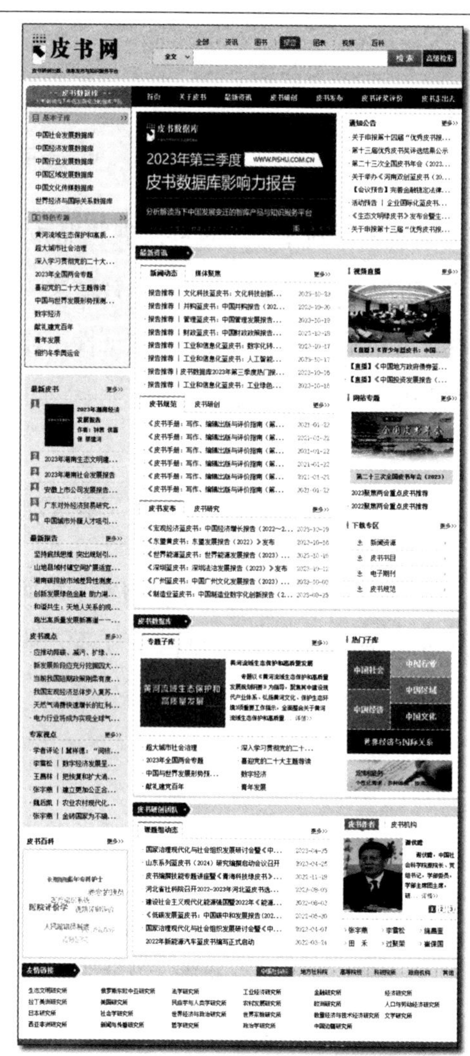

所获荣誉

◆2008 年、2011 年、2014 年，皮书网均在全国新闻出版业网站荣誉评选中获得“最具商业价值网站”称号；

◆2012 年，获得“出版业网站百强”称号。

网库合一

2014年，皮书网与皮书数据库端口合一，实现资源共享，搭建智库成果融合创新平台。

皮书网

“皮书说”
微信公众号

S 基本子库
UB DATABASE

中国社会发展数据库（下设 12 个专题子库）

紧扣人口、政治、外交、法律、教育、医疗卫生、资源环境等 12 个社会发展领域的前沿和热点，全面整合专业著作、智库报告、学术资讯、调研数据等类型资源，帮助用户追踪中国社会发展动态、研究社会发展战略与政策、了解社会热点问题、分析社会发展趋势。

中国经济发展数据库（下设 12 专题子库）

内容涵盖宏观经济、产业经济、工业经济、农业经济、财政金融、房地产经济、城市经济、商业贸易等12个重点经济领域，为把握经济运行态势、洞察经济发展规律、研判经济发展趋势、进行经济调控决策提供参考和依据。

中国行业发展数据库（下设 17 个专题子库）

以中国国民经济行业分类为依据，覆盖金融业、旅游业、交通运输业、能源矿产业、制造业等 100 多个行业，跟踪分析国民经济相关行业市场运行状况和政策导向，汇集行业发展前沿资讯，为投资、从业及各种经济决策提供理论支撑和实践指导。

中国区域发展数据库（下设 4 个专题子库）

对中国特定区域内的经济、社会、文化等领域现状与发展情况进行深度分析和预测，涉及省级行政区、城市群、城市、农村等不同维度，研究层级至县及县以下行政区，为学者研究地方经济社会宏观态势、经验模式、发展案例提供支撑，为地方政府决策提供参考。

中国文化传媒数据库（下设 18 个专题子库）

内容覆盖文化产业、新闻传播、电影娱乐、文学艺术、群众文化、图书情报等 18 个重点研究领域，聚焦文化传媒领域发展前沿、热点话题、行业实践，服务用户的教学科研、文化投资、企业规划等需要。

世界经济与国际关系数据库（下设 6 个专题子库）

整合世界经济、国际政治、世界文化与科技、全球性问题、国际组织与国际法、区域研究 6 大领域研究成果，对世界经济形势、国际形势进行连续性深度分析，对年度热点问题进行专题解读，为研判全球发展趋势提供事实和数据支持。

法律声明